PyTorch深度学习和图神经网络

（卷2）开发应用

李金洪◎著

人民邮电出版社

北京

图书在版编目（CIP）数据

PyTorch深度学习和图神经网络. 卷2, 开发应用 / 李金洪著. -- 北京 : 人民邮电出版社, 2021.12（2022.7重印）
ISBN 978-7-115-56092-6

Ⅰ. ①P… Ⅱ. ①李… Ⅲ. ①机器学习 Ⅳ. ①TP181

中国版本图书馆CIP数据核字(2021)第041110号

内 容 提 要

本书通过深度学习实例，从可解释性角度出发，阐述深度学习的原理，并将图神经网络与深度学习结合，介绍图神经网络的实现技术。本书分为6章，主要内容包括：图片分类模型、机器视觉的高级应用、自然语言处理的相关应用、神经网络的可解释性、识别未知分类的方法——零次学习、异构图神经网络。本书中的实例是在PyTorch框架上完成的，具有较高的实用价值。

本书适合人工智能从业者、程序员进阶学习，也适合作为大专院校相关专业师生的教学和学习用书，以及培训学校的教材。

◆ 著　　　李金洪
责任编辑　张　涛
责任印制　王　郁　焦志炜

◆ 人民邮电出版社出版发行　　北京市丰台区成寿寺路11号
邮编　100164　　电子邮件　315@ptpress.com.cn
网址　https://www.ptpress.com.cn
北京捷迅佳彩印刷有限公司印刷

◆ 开本：787×1092　1/16
印张：20.75　　　2021年12月第1版
字数：523千字　　2022年7月北京第4次印刷

定价：129.80元

读者服务热线：(010)81055410　印装质量热线：(010)81055316
反盗版热线：(010)81055315
广告经营许可证：京东市监广登字20170147号

前　言

图神经网络（GNN）是一类基于深度学习的处理图域信息的方法。因为图神经网络具有较好的性能和可解释性，所以它已成为一种广泛应用的图分析方法。

本书通过介绍一些深度学习实例，从可解释性角度出发，阐述深度学习的原理，然后将图神经网络与深度学习结合，实现一些图神经网络的实例。这些实例是在 PyTorch 框架上完成的，具有很高的实用价值。本书中的实例涉及人工智能的多个应用领域，具体包括图像处理领域、视频处理领域、文本分析领域、深度学习的可解释性、零次学习、异构图处理领域等。在每个实例中，都会穿插介绍一些高级的优化技巧和模型搭建方法。

本书具有以下 4 个特色。

（1）**知识系统，逐层递进。**本书主要介绍图神经网络的相关知识和基础原理，内容涵盖与图神经网络相关的完整技术栈（更多基础内容可参考《PyTorch 深度学习和图神经网络（卷1）——基础知识》），结合实践，分别讲解了图像、视频、文本、可解释性等项目级实战案例，并给出实现代码。同时，针对图片分类中常见的样本不足的问题，介绍了零次学习技术及应用实例。

（2）**紧跟前沿技术。**本书介绍的知识贴近前沿技术。在介绍与图神经网络相关的原理和应用的同时，为了拓宽读者的知识面，本书引用了与讲解的原理相关的论文，并给出这些论文的出处，方便读者对感兴趣的知识进行溯源，并可以自主扩展阅读。

（3）**配以简单易懂的图形，学习更直观。**在介绍模型结构和原理的同时，本书还提供了大量插图，用以可视化模型中的数据流向、展示模型拟合能力、细致呈现某种技术的内部原理、直观化模型的内部结构，帮助读者快速理解和掌握书中内容。

（4）**理论和实践结合，并融入作者的经验和技巧。**本书采用了两种讲解知识点的方式：一是先介绍基础知识原理，再对该知识点进行代码实现；二是直接从实例入手，在实现过程中，将相关的知识点展开并详解开发技巧。为了不使读者阅读时感到枯燥，本书将这两种方式结合使用。同时，在一些重要的知识点后面，还会以特殊的样式给出提示和注意内容。这些提示和注意内容中融合了作者的经验，希望帮助读者扫清障碍、解除困惑、抓住重点。

本书作者对书中的原理部分和实战代码进行了反复推敲与更改，限于时间和能力，书中存在纰漏在所难免，真诚地希望读者批评指正。本书编辑联系邮箱：zhangtao@ptpress.com.cn。

李金洪

资源与支持

配套资源

扫描以下二维码，关注公众号“xiangyuejiqiren”，并在公众号中回复“图 2”可以得到本书源代码（见下图）的下载链接。

本书由大蛇智能网站提供有关内容的技术支持。在阅读过程中，如有不理解之处，可以到论坛 https://bbs.aianaconda.com 提问。

与我们联系

如果您对本书有任何疑问或建议，请您发邮件给我们（zhangtao@ptpress.com.cn），并请在邮件标题中注明本书书名，以便我们更高效地做出反馈。

如果您有兴趣出版图书、录制教学视频，或者参与图书翻译、技术审校等工作，可以发邮件给我们（zhangtao@ptpress.com.cn）。

目　录

第 1 章

图片分类模型

图片分类模型在人工智能领域应用很广泛，下面通过实例讲解这类模型的技术。

1.1 深度神经网络起源

深度学习的兴起源于深度神经网络的崛起。2012 年，由 Hinton（辛顿）和他的学生 Alex Krizhevsky 开发的一个深度学习模型 AlexNet，赢得了视觉领域竞赛 ILSVRC 2012 的冠军，其效果大大超过传统的模型，将深度学习正式推上了“舞台”。之后 ILSVRC 竞赛每年都不断被深度学习“刷榜”。

从 2012 年起，在 ILSVRC 竞赛中获得冠军的模型如下。

- 2012 年: AlexNet 模型。
- 2013 年: OverFeat 模型。
- 2014 年: GoogLeNet 模型。
- 2015 年: ResNet 模型。
- 2016 年: Tlrimps-Soushen 模型。
- 2017 年: SENet 模型。

之后，又出现了很多性能更加出色的模型，如 PNASNet、DenseNet、EfficientNet 等。每种模型背后所用的技术都非常具有借鉴意义。

接下来，我们将从几个具有代表性的模型入手，详细讲解其内部的技术。

1.2 Inception系列模型

Inception 系列模型包括 V1、V2、V3、V4 等版本。它主要是针对解决深层网络的如下 3 个问题产生的:

- 训练数据集有限，参数太多，容易过拟合;
- 网络越大，计算复杂度越大，难以应用;
- 网络越深，梯度越往后传，越容易消失（梯度弥散），难以优化模型。

沿着 Inception 模型的进化过程，可以了解到卷积核的优化技术。本节将从 Inception 模型的进化过程入手，阐述卷积核的优化技巧。

1.2.1 多分支结构

原始的 Inception 模型采用了多分支结构（见图 1-1），它将 1×1 卷积、3×3 卷积、5×5 卷积及 3×3 最大池化堆叠在一起。这种结构既可以增加网络的宽度，又可以增强网络对不同尺寸的适应性。

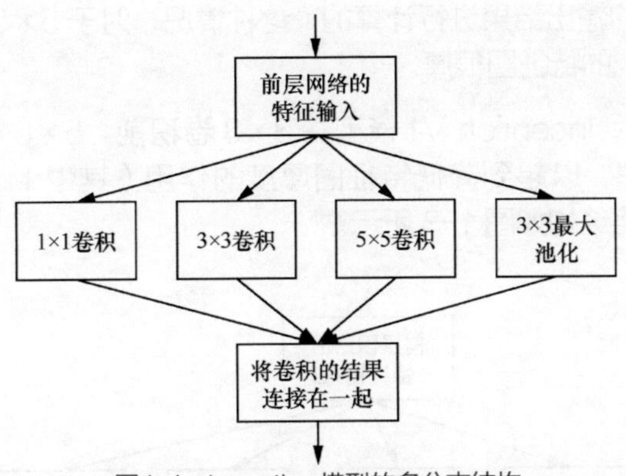

图1-1 Inception 模型的多分支结构

Inception 模型包含 3 种不同尺寸的卷积和 1 个最大池化，增强了网络对不同尺寸的适应性，这一部分和 Multi-Scale 的思想类似。早期计算机视觉的研究中，受灵长类神经视觉系统的启发，研究者使用不同尺寸的滤波器处理不同尺寸的图片，Inception V1 借鉴了这种思想。Inception 模型可以让网络的深度和宽度高效率地扩充，提高准确率。

形象的解释就是：Inception 模型本身如同大网络中的一个小网络，其结构可以反复堆叠在一起形成大网络。

1.2.2 全局均值池化

除了多分支结构，Inception 模型中的另一个亮点是全局均值池化技术。

全局均值池化是指在平均池化层中使用同等大小的过滤器对特征进行过滤。一般使用它用来代替深层网络结构中最后的全连接输出层。这个技术出自"Network In Network"论文。

全局均值池化的具体用法是在卷积处理之后，对每个特征图（Feature Map）的一整张图片进行全局均值池化，生成一个值，即每个特征图相当于一个输出特征，这个特征就表示我们输出类的特征。如在做 1000 个分类任务时，最后一层的特征图个数要选择 1000，这样就可以直接得出分类。

在"Network In Network"论文中，作者利用其进行 1000 个物体分类，最后设计了一个 4 层的 NIN（Network In Network）+ 全局均值池化，如图 1-2 所示。

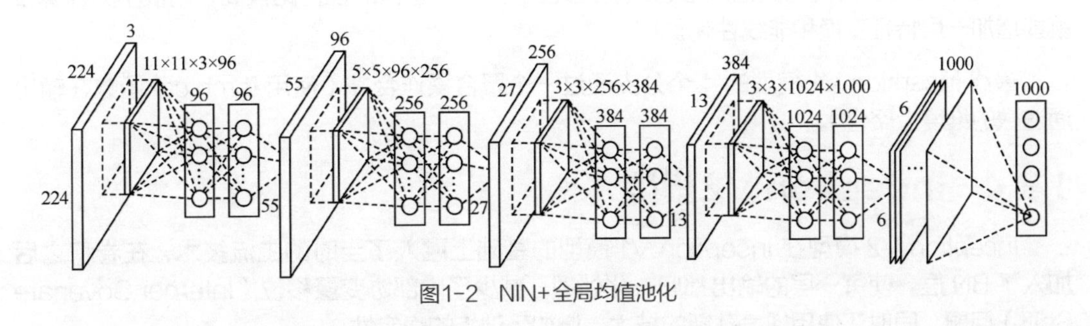

图1-2 NIN+全局均值池化

1.2.3 Inception V1模型

Inception V1 模型在原有的 Inception 模型上做了一些改进。原因是在 Inception 模型中，卷积核是针对其上一层的输出结果进行计算的，这种情况，对于5×5卷积核来说，它所需的计算量就会很大，所生成的特征图很厚。

为了避免这一现象，Inception V1模型在3×3卷积前、5×5卷积前、3×3最大池化后分别加上了1×1卷积，以起到降低特征图厚度的作用（其中1×1卷积主要用来降维）。Inception V1模型的网络结构如图1-3所示。

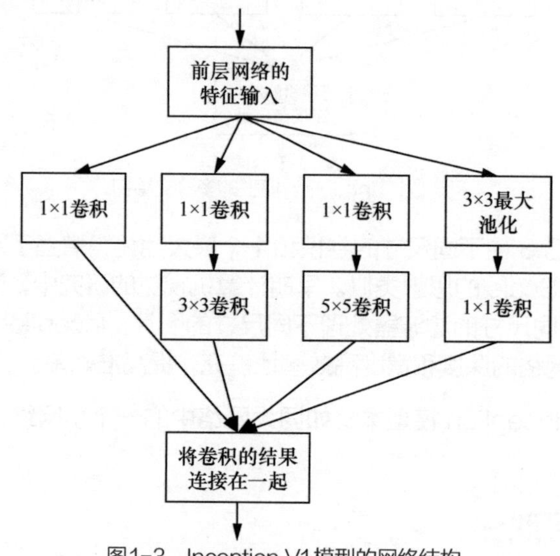

图1-3　Inception V1模型的网络结构

如图1-3所示，Inception V1模型中有4个分支。

- 第1个分支对输入进行1×1卷积，这其实也是NIN中提出的一个重要结构。1×1卷积既可以跨通道组织信息，提高网络的表达能力，又可以对输出通道升维和降维。
- 第2个分支先使用1×1卷积，然后使用3×3卷积，相当于进行了两次特征变换。
- 第3个分支类似，先使用1×1卷积，然后使用5×5卷积。
- 第4个分支则是3×3最大池化后直接使用1×1卷积。

可以发现，4个分支都使用了1×1卷积，有的分支只使用了1×1卷积，有的分支使用了1×1的卷积后也会再使用其他尺寸卷积。这是因为1×1卷积的性价比很高，用很小的计算量就能增加一层特征变换和非线性化。

最终Inception V1模型的4个分支通过一个聚合操作合并（使用torch.cat函数在输出通道数的维度上聚合）。

1.2.4　Inception V2模型

Inception V2模型在Inception V1模型的基础上融入了当时的主流技术，在卷积之后加入了BN层，使每一层的输出都归一化处理，减少了内部协变量移位（Internal Covariate Shift）问题；同时还使用梯度截断的技术，增加了训练的稳定性。

另外，Inception V2模型还借鉴了VGG模型，用两个3×3卷积替代Inception V1模型中的5×5卷积，既降低了参数数量，又提升了运算速度。Inception V2模型的网络结构如图 1-4 所示。

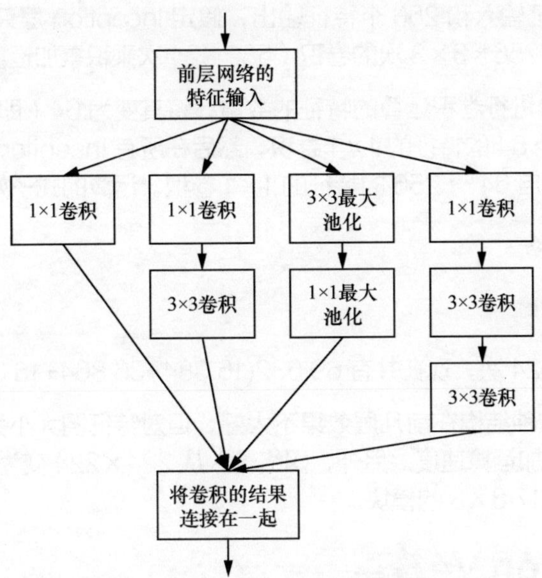

图1-4 Inception V2模型的网络结构

1.2.5 Inception V3模型

Inception V3 模型没有再加入其他的技术，只是将原有的结构进行了调整，一个最重要的改进是分解（Factorization），即将图 1-4 所示的卷积核变得更小。

具体的计算方法是将 3×3 分解成两个一维的卷积（1×3，3×1）。这种做法是基于线性代数的原理，即一个 $[n,n]$ 的矩阵，可以分解成矩阵 $[n,1]$ × 矩阵 $[1,n]$。Inception V3 模型的网络结构如图 1-5 所示。

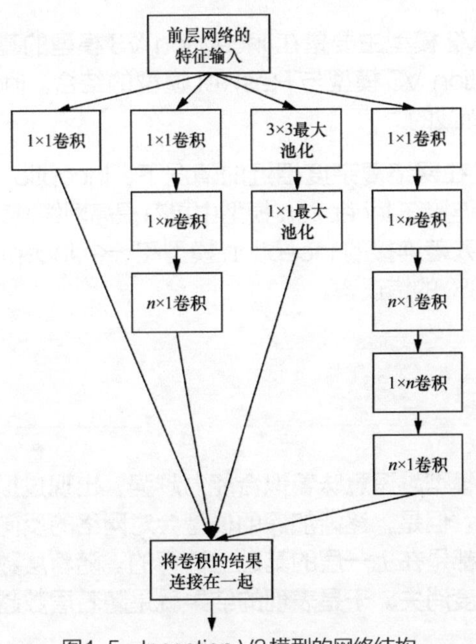

图1-5 Inception V3模型的网络结构

这样做的效果如何呢？下面我们举一个例子来说明。

假设有256个特征输入和256个特征输出，假定Inception层只能执行3×3卷积，也就是总共要完成256×256×3×3次的卷积（589 824次乘积累加运算）。

假设现在需要减少进行卷积运算的特征的数量，将其变为64（即256/4）个。在这种情况下，首先进行256→64的特征的1×1卷积，然后在所有Inception层的分支上进行64次卷积，最后使用一个来自64→256的特征的1×1卷积。运算的式子如下。

```
256×64 × 1×1 = 16384
64×64 × 3×3 = 36864
64×256 × 1×1 = 16384
```

相比之前的589 824次，现在共有69 632(16 384+36 864+16 384)次的计算量。

在实际测试中，这种结构在前几层效果不太好，但对特征图大小为12 ~ 20的中间层效果明显，也可以大大增加运算速度。另外，网络输入从224×224变为299×299，更加精细地设计了35×35/17×17/8×8的模块。

1.2.6　Inception V4模型

Inception V4模型是在Inception V3模型的基础上结合残差连接（Residual Connection）技术进行结构的优化调整，通过二者的结合，得到了两个比较出色的网络模型，即Inception-ResNet V2与Inception V4。二者性能差别不大，结构上的区别在于Inception V4模型仅是在Inception V3模型的基础上做了更复杂的结构变化（从Inception V3模型的4个卷积分支变为6个卷积分支等），但没有使用残差连接。

这里提到了残差连接，它属于ResNet模型里面的核心技术，详细介绍请参考1.3节。

1.2.7　Inception-ResNet V2模型

Inception-ResNet V2模型主要是在Inception V3模型的基础上，加入了ResNet模型的残差连接，是Inception V3模型与ResNet模型的结合。Inception V4模型也是参照ResNet模型的原理研发而成的。

有关论文实验表明：在网络复杂度相近的情况下，Inception-ResNet V2模型略优于Inception V4模型。残差连接在Inception模型中具有提高网络准确率，而且不会增加计算量的作用。通过将3个带有残差连接的Inception模型和一个Inception V4模型组合，就可以在ImageNet上得到3.08%的错误率。

1.3　ResNet模型

在深度学习领域中，模型越深意味着拟合能力越强，出现过拟合问题是正常的，训练误差越来越大却是不正常的。但是，逐渐加深的模型会对网络的反向传播能力提出挑战。在反向传播中，每一层的梯度都是在上一层的基础上计算的。随着层数越来越多，梯度在多层传播时会越来越小，直到梯度消失。于是表现的结果就是随着层数越来越多，训练误差会越来越大。

ResNet 模型的动机是要解决网络层次比较深时无法训练的问题。它借鉴了高速网络（Highway Network）模型的思想，设计出了一个残差连接模块。这种模块可以让模型的深度达到 152 层。

1.3.1 残差连接的结构

残差连接的结构是在标准的前馈卷积神经网络上，加一个直接连接，绕过中间层的连接方式，使得输入可以直达输出。残差连接的结构如图 1-6 所示。

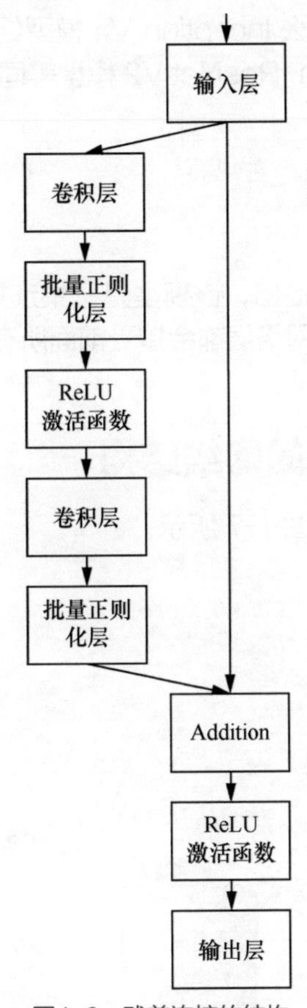

图1-6 残差连接的结构

假设经过两个神经网络层之后，输出的 $H(x)$ 如下所示 [$H(x)$ 和 x 之间存在一个函数的关系，如这两层神经网络构成的是 $H(x)=2x$ 这样的关系]（w 是权重，b 是偏置）:

```
f(x)=relu(xw+b)
H(x)=relu(f(x)w+b)
```

那么残差网络的定义为:

```
H(x)=relu(f(x)w+b)+x
```

1.3.2 残差连接的原理

如图 1-6 所示，残差连接通过将原始的输入绕过中间的变化直接传给 Addition，在反向传播的过程中，误差传到输入层时会得到两个误差的加和，一个是左侧的多层网络误差，另一个是右侧的原始误差。左侧会随着层数变多而梯度越来越小，右侧则是由 Addition 直接连到输入层，所以还会保留 Addition 的梯度。这样输入层得到的加和后的梯度就没有那么小了，可以保证接着将误差往下传。

这种方式看似解决了梯度越传越小的问题，但是残差连接在正向同样也起到作用。由于正向的作用，网络结构已经不再是深层的了，而是一个并行的模型，即残差连接的作用是将网络串行改成并行。这也可以理解为什么 Inception V4 模型结合了残差网络的原理后，没有使用残差连接，反而实现了与 Inception-ResNet V2 模型等同的效果。

1.4 DenseNet模型

DenseNet 模型于 2017 年被提出，该模型是密集连接的卷积神经网络（Convolutional Neural Networks，CNN），每个网络层都会接受前面所有层作为其输入，也就是说网络每一层的输入都是前面所有层输出的并集。

1.4.1 DenseNet模型的网络结构

DenseNet 模型的网络结构如图 1-7 所示。

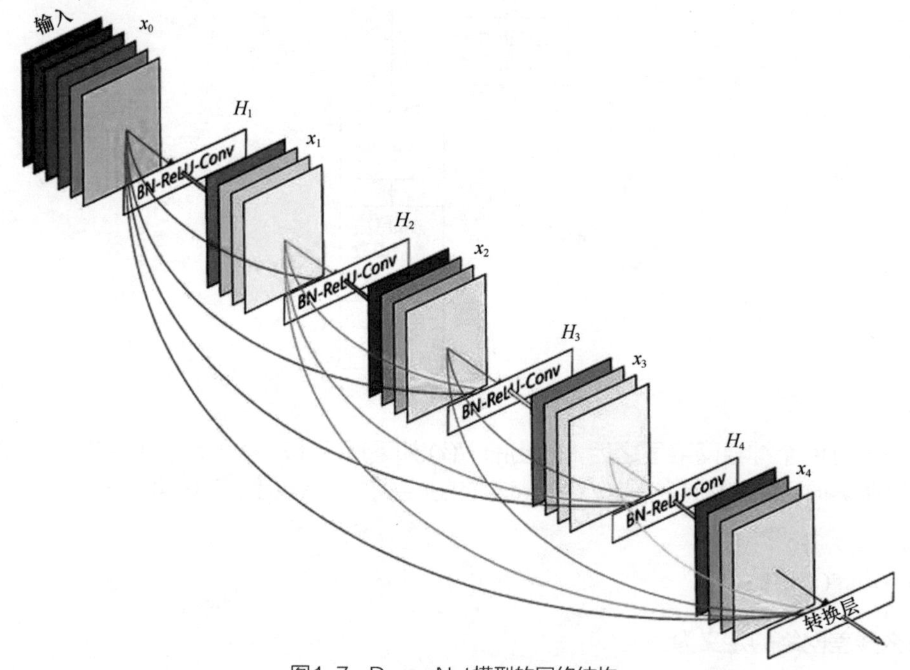

图1-7　DenseNet模型的网络结构

从图 1-7 可知，每一个特征图都与前面所有层的特征图相连，即每一层都会接受前面所有层作为其输入。对于一个 L 层的网络，DenseNet 模型共包含 $L(L+1)/2$ 个连接。

1.4.2 DenseNet模型的特点

DenseNet 模型的优势主要体现在以下几个方面。

（1）DenseNet 模型的每一层都与前面所有层紧密连接，可以直达最后的误差信号，提升梯度的反向传播，减轻梯度消失的问题，使得网络更容易训练。

（2）DenseNet 模型通过拼接特征图来实现短路连接，从而实现特征重用，并且采用较小的增长率，每个层所独有的特征图比较小。

（3）增强特征图的传播，前面层的特征图直接传给后面层，可以充分利用不同层级的特征。

但是 DenseNet 模型也有一些不足。如果实现方式不当的话，DenseNet 模型可能耗费很多 GPU 显存，一般显卡无法存放更深的 DenseNet 模型，需要经过精心优化。

有关 DenseNet 模型的细节，请参考论文“Densely Connected Convolutional Networks”。

1.4.3 稠密块

稠密块（Dense Block）是 DenseNet 模型中的特有结构。DenseNet 模型由多个稠密块堆叠而成。

稠密块中含有两个卷积层，这两个卷积层的卷积核尺寸各不相同（分别为 1×1 和 3×3）。每一个稠密块由 L 个全连接层组成。

全连接仅在一个稠密块中，不同稠密块之间是没有全连接的，即全连接只发生在稠密块中，如图 1-8 所示。

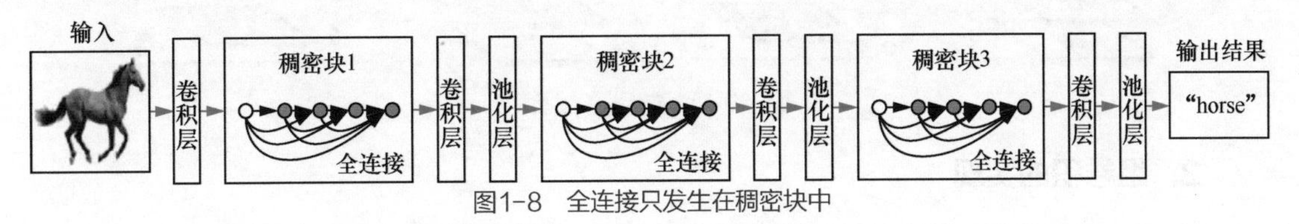

图1-8 全连接只发生在稠密块中

1.5 PNASNet模型

PNASNet 模型是 Google 公司的 AutoML 架构自动搜索所产生的模型。AutoML 架构于 2017 年由 Google 公司的多个部门提出，它使用渐进式网络架构搜索（Progressive Neural Architecture Search）技术，并通过迭代自学习的方式，来寻找最优网络结构。即用机器来设计机器学习算法，使得它能够更好地服务于用户提供的数据。该模型在 ImageNet 数据集上 Top-1 准确率达到 82.9%，Top-5 准确率达到 96.2%，是目前最好的图片分类模型之一。

PNASNet 模型最主要的结构是 Normal Cell 和 Reduction Cell（参见 arXiv 网站上编号为“1712.00559”的论文）。

在 PNASNet 模型的主要结构中，使用了残差结构和多分支卷积技术，同时还添加了深度可分离卷积（Depthwise）和空洞卷积（Atrous Convolution）的处理。

其中，深度可分离卷积是组卷积（Group Convolution）的一种特殊形式，所以要了解深度可分离卷积还需先了解组卷积。

1.5.1　组卷积

组卷积是指对原有的输入数据先分组，再做卷积操作。组卷积不但能够增强卷积核之间的对角相关性，而且能够减少训练参数，不容易过拟合，类似于正则效果。AlexNet 模型使用了组卷积技术。

1. 组卷积的操作规则

普通卷积和组卷积最大的不同就是卷积核在不同通道上卷积后的操作。普通卷积是用卷积核在各个通道上进行卷积求和，所得的每一个特征图都会包含之前各个通道上的特征信息；而组卷积则是按照分组来进行卷积融合操作，在各个分组之间进行普通卷积后融合，融合生成的特征图仅包含其对应分组中所有通道的特征信息。普通卷积和组卷积如图 1-9 所示。

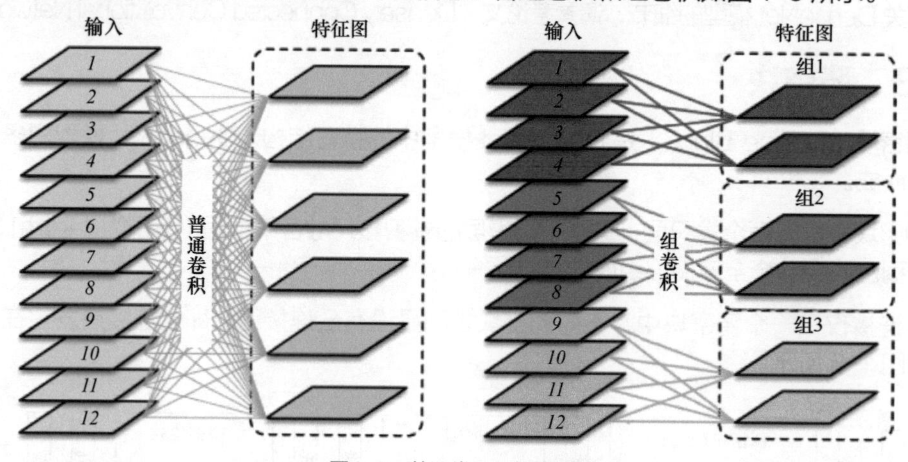

图1-9　普通卷积和组卷积

2. 组卷积的实现

《PyTorch 深度学习和图神经网络（卷 1）——基础知识》介绍过 2D 卷积类，其定义如下。

```
torch.nn.Conv2d(in_channels, out_channels, kernel_size, stride=1, padding=0,
dilation=1, groups=1, bias=True, padding_mode='zeros')
```

其中，参数 groups 就是组卷积中分组的个数。当参数 groups=1 时，就是普通卷积的操作；当 groups 大于 1 时，输入通道和输出通道必须都是 groups 的整数倍。

示例代码如下：

```
import torch
input1 = torch.ones([1, 12, 5, 5])                              #定义一个初始数据
groupsconv = torch.nn.Conv2d(12,6,kernel_size=3,groups=3)       #定义组卷积
conv = torch.nn.Conv2d(12,6,kernel_size=3)                      #定义普通卷积

y = groupsconv(input1)                  #使用组卷积
print(y.size())                         #输出结果的形状,torch.Size([1, 6, 3, 3])
```

```
y = conv(input1)                #使用普通卷积
print(y.size())                 #输出结果的形状,torch.Size([1, 6, 3, 3])

groupsconv.weight.size()        #查看组卷积的卷积核形状,torch.Size([6, 4, 3, 3])
conv.weight.size()              #查看普通卷积的卷积核形状,torch.Size([6,12, 3, 3])
```

在上面的代码中，分别定义了包含 12 个通道的输入数据、输出为 6 个通道的组卷积及输出为 6 个通道的普通卷积。

可以看到，组卷积和普通卷积对输入数据处理后的形状都是一样的，即输出了 6 个通道的特征图。

但是组卷积和普通卷积的卷积核形状却不同。组卷积使用了 6 个 4 通道卷积核，处理过程如下。

（1）将输入数据的 12 个通道分成 3 组，每组 4 个通道。

（2）将输入数据中第 1 组的 4 个通道分别与第 1 个 4 通道卷积核进行卷积操作。

（3）将 4 个通道的卷积结果加和，得到第 1 个通道的特征图。

（4）将输入数据中第 1 组的 4 个通道分别与第 2 个 4 通道卷积核进行卷积操作。

（5）将第（4）步的结果按照第（3）步的方式加和，得到第 2 个通道的特征图。

（6）将输入数据中第 2 组的 4 个通道分别与第 3、4 个 4 通道卷积核按照第（2）~（5）步操作，得到第 3、4 个通道的特征图。

（7）将输入数据中第 3 组的 4 个通道分别与第 5、6 个 4 通道卷积核按照第（2）~（5）步操作，得到第 5、6 个通道的特征图。

最终得到 6 个通道的组卷积结果。

而普通卷积则直接将 12 个通道的卷积核与 12 个通道的输入数据做卷积操作，并对其结果进行加和，得到第 1 个通道的特征图。接着重复 5 次这种操作，完成整个卷积过程。

3. 组卷积的优势和劣势

组卷积的优势是可以减少参数数量和计算量。在实际应用中，可以选择组卷积中的组大小来提高 DNN 的分类精度。在 2.4 节的步态识别模型中也会用组卷积作为深度卷积。

但是，在组卷积中随意地选择组大小会导致计算复杂性和数据重用程度之间的不平衡，从而影响计算的效率。

1.5.2 深度可分离卷积

深度可分离卷积是指对每一个输入的通道分别用不同的卷积核卷积。它来自 Xception 模型（参见 arXiv 网站上编号为“1610.02357”的论文）。

Xception 模型是 Inception 系列模型的统称，其使用深度可分离卷积的主要目的是将通道相关性和平面空间维度相关性进行解耦，使得在通道关系和平面空间关系上的卷积操作相互独立，以达到更好的效果。

在深度可分离卷积中，使用参数k来定义每个输入通道对应的卷积核个数，其输出通道数为k× 输入通道数。

在实现时，直接将组卷积中的groups参数设为与输入通道in_channels相同即可。

示例代码如下。

```
import torch
input1 = torch.ones([1, 4, 5, 5])                    #定义一个初始数据
conv = torch.nn.Conv2d(4,8,kernel_size=3)                 #定义普通卷积
depthwise = torch.nn.Conv2d(4,8,kernel_size=3, groups = 4)#定义k为2的深度可分离卷积

y = conv(input1)                          #使用普通卷积
y_depthwise = depthwise (input1)          #使用深度可分离卷积

print(y.size())                           #输出结果的形状, torch.Size([1, 8, 3, 3])
print(y_depthwise.size())                 #输出结果的形状, torch.Size([1, 8, 3, 3])

depthwise.weight.size()                   #查看深度可分离卷积的卷积核形状, torch.Size([8, 1, 3, 3])
conv.weight.size()                        #查看普通卷积的卷积核形状, torch.Size([8, 4, 3, 3])
```

在上面代码中，实现了k为2的深度可分离卷积，在对输入通道为4的数据进行深度可分离卷积操作时，为其每个通道匹配2个1通道卷积核进行卷积操作。

1.5.3 空洞卷积

空洞卷积也称为扩张卷积（Dilated Convolution），即在卷积层中引入空洞参数，该参数定义了卷积核计算数据时各个值的间距。

1. 空洞卷积的原理

空洞的好处是在不做池化操作而导致损失信息的情况下，加大了卷积的感受野，让每个卷积输出都包含更大范围的信息，如图1-10所示。

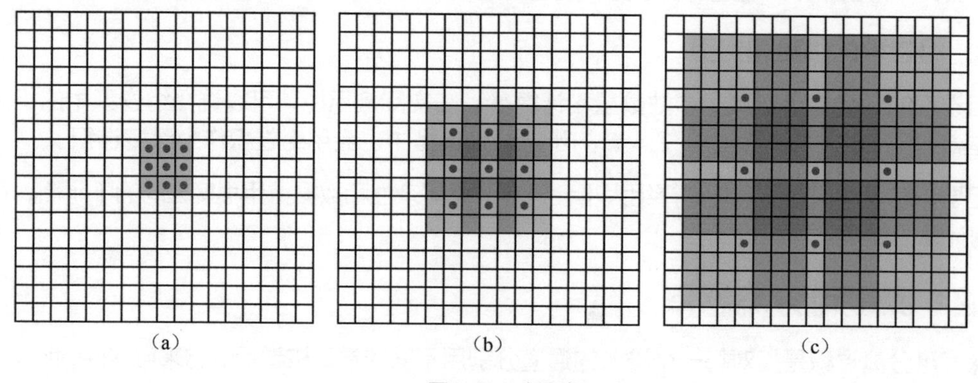

图1-10 空洞卷积

图1-10（a）所示为3×3的1空洞卷积，操作的像素值没有间断，即空洞或间距是0，这和普通的卷积运算一样。

图1-10（b）所示为3×3的2空洞卷积，卷积核大小还是3×3，但是空洞是1。也就

是说，对于一个 7×7 的图像块，只有图中 9 个红色的点和 3×3 的卷积核进行卷积运算，其余的块不参与运算。也可以理解为卷积核大小是 7×7，但是只有图中的 9 个红色的点的权重不等于 0，其余点的权重都等于 0。可以看到，虽然卷积核大小只有 3×3，但是这个卷积的感受野已经增大到 7×7。

图 1-10（c）所示为 3×3 的 4 空洞卷积，空洞是 3，能达到 15×15 的感受野。对比普通的卷积运算，假设 3 层 3×3 的卷积运算，步长为 1，只能达到 7×7 的感受野（7 是由 3-1 的结果再乘以 3 得来），也就是普通卷积的感受野与层数呈线性关系，而空洞卷积的感受野与层数呈指数级关系。

相关内容请查看论文“Multi-scale context aggregation by dilated convolutions”（参见 arXiv 网站上编号为“1511.07122”的论文）。

2. 空洞卷积的实现

空洞卷积也可以直接通过卷积类的 dilation 参数来实现。dilation 参数代表卷积核中每个元素彼此的间隔，默认是 1，代表普通卷积。

示例代码如下。

```
import torch
arr = torch.tensor(range(1,26),dtype=torch.float32) #生成5×5的模拟数据
arr = arr.reshape([1,1,5,5])                         #对模拟数据进行变形
#此时，模拟数据为
#tensor([[[[ 1.,  2.,  3.,  4.,  5.],
#          [ 6.,  7.,  8.,  9., 10.],
#          [11., 12., 13., 14., 15.],
#          [16., 17., 18., 19., 20.],
#          [21., 22., 23., 24., 25.]]]])
conv1 = torch.nn.Conv2d(1, 1, 3, stride=1, bias=False, dilation=1)  #普通卷积
conv2 = torch.nn.Conv2d(1, 1, 3, stride=1, bias=False, dilation=2)  #空洞卷积
torch.nn.init.constant_(conv1.weight, 1)             #对卷积核conv1进行初始化
torch.nn.init.constant_(conv2.weight, 1)             #对卷积核conv2进行初始化
#此时，卷积核conv1和conv2相同，都为
#tensor([[[[1., 1., 1.],
#          [1., 1., 1.],
#          [1., 1., 1.]]]], requires_grad=True)
out1 = conv1(arr)                                                  #卷积操作
#普通卷积结果out1的值为
#tensor([[[[ 63.,  72.,  81.],
#          [108., 117., 126.],
#          [153., 162., 171.]]]], grad_fn=<ThnnConv2DBackward>)
out2 = conv2(arr)                                                  #空洞卷积操作
#空洞卷积结果out2的值为
#tensor([[[[117.]]]], grad_fn=<SlowConvDilated2DBackward>)
```

上述代码所实现的过程如图 1-11 所示。

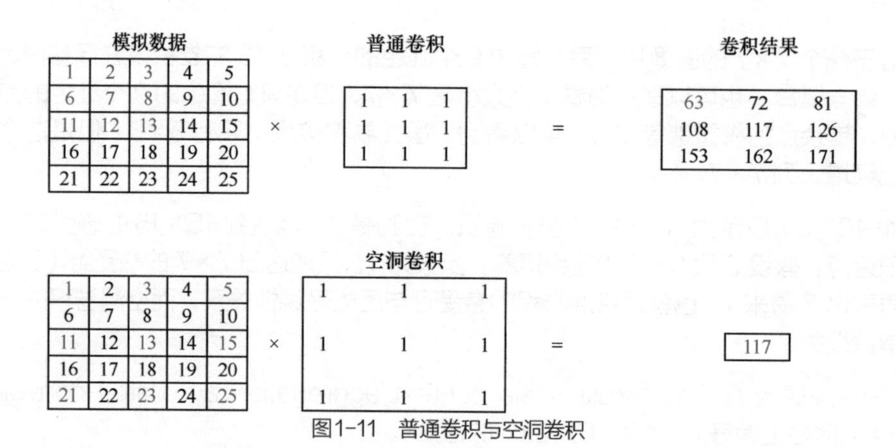

图1-11 普通卷积与空洞卷积

1.6 EfficientNet模型

EfficientNet 模型是谷歌公司通过机器搜索得到的模型。该模型的构建步骤如下。

（1）使用强化学习算法实现的 MnasNet 模型生成基准模型 EfficientNet-B0。

（2）采用复合缩放的方法，在预先设定的内存和计算量大小的限制条件下，对 EfficientNet-B0 模型的深度、宽度（特征图的通道数）、图片尺寸这 3 个维度同时进行缩放。这 3 个维度的缩放比例由网格搜索得到。最终输出了 EfficientNet 模型。

> **提示** MnasNet 模型是谷歌团队提出的一种资源约束的终端 CNN 模型的自动神经结构搜索方法。该方法使用强化学习的思路进行实现。

图 1-12 是 EfficientNet 模型的调参示意图。

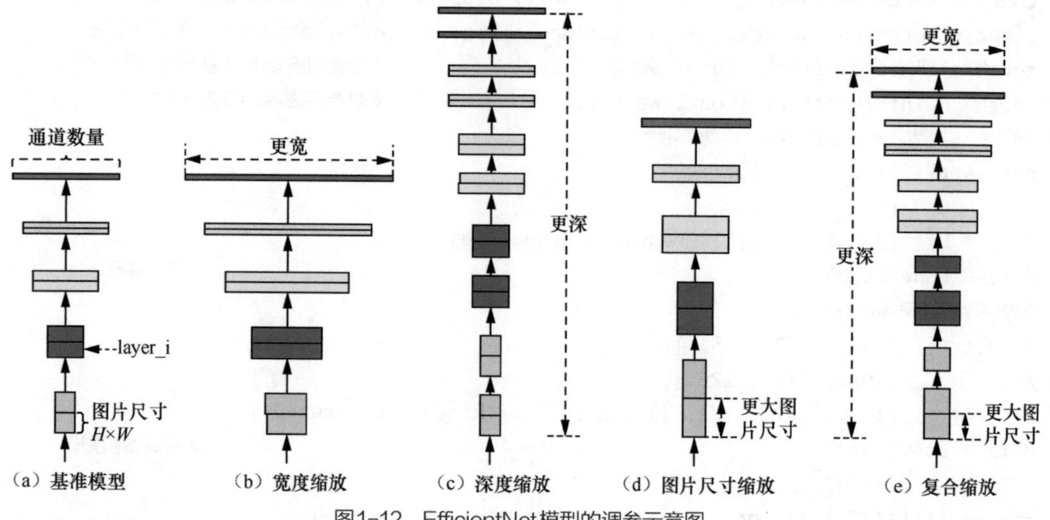

图1-12 EfficientNet模型的调参示意图

图 1-12 有（a）~（e）共 5 张图片，其意义如下。

- 图 1-12（a）是基准模型。

- 图 1-12（b）是在基准模型的基础上进行宽度缩放，即增加图片的通道数量。
- 图 1-12（c）是在基准模型的基础上进行深度缩放，即增加网络的层数。
- 图 1-12（d）是在基准模型的基础上对图片尺寸进行缩放。
- 图 1-12（e）是在基准模型的基础上对图片的深度、宽度、尺寸同时进行缩放。

EfficientNet 模型在 ImageNet 数据集上 Top-1 准确率达到 84.4%，Top-5 准确率达到 97.1%，但是其大小仅仅为已知最好深度卷积模型的 1/8.4，而且速度比已知最好深度卷积模型快 6.1 倍。

EfficientNet 模型满足了在不降低模型准确率的条件下，减少模型的计算量或内存需求（参见 arXiv 网站上编号为“1905.11946”的论文）。

1.6.1 MBConv卷积块

EfficientNet 模型的内部是通过多个 MBConv 卷积块实现的，每个 MBConv 卷积块的结构如图 1-13 所示。

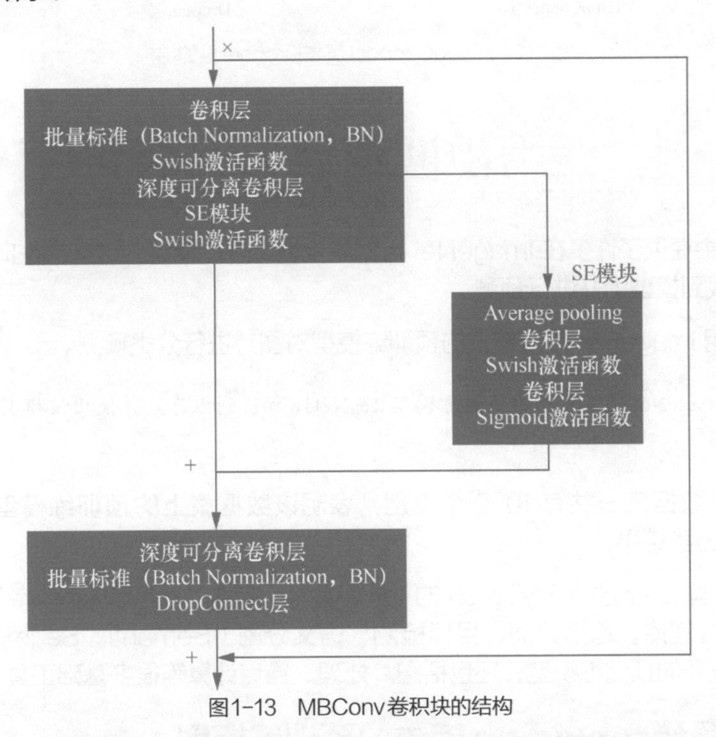

图1-13 MBConv卷积块的结构

从图 1-13 中可以看到，MBConv 卷积块也使用了类似残差连接的结构，不同的是在短连接部分使用了 SE 模块，并且将常用的 ReLU 激活函数换成了 Swish 激活函数。另外，还使用了 Drop Connect 层来代替传统的 Dropout 层。

提示 在SE模块中没有使用BN操作，而且其中的Sigmoid激活函数也没有被Swish激活函数替换。在其他层中，BN是放在激活函数与卷积层之间的（这样做的原理来自激活函数与BN间的数据分布关系，详见《PyTorch深度学习和图神经网络（卷1）——基础知识》中的相关内容）。

图 1-13 所示的 DropConnect 层请参考本书 1.6.2 小节。

1.6.2 DropConnect层

在深度神经网络中，DropConnect 层与 Dropout 层的作用都是防止模型产生过拟合的情况。相比之下，DropConnect 层的效果会更好一些。

DropConnect 层与 Dropout 层不同的地方是在训练神经网络模型的过程中，它不是对隐藏层节点的输出进行随机的丢弃，而是对隐藏层节点的输入进行随机的丢弃。DropConnect 层与 Dropout 层的结构如图 1-14 所示。

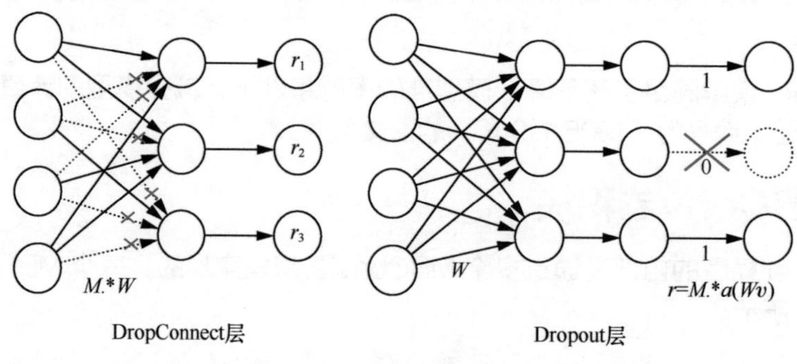

图1-14　DropConnect层与Dropout层的结构

1.7 实例：使用预训练模型识别图片内容

PyTorch 中提供了许多在 ImageNet 数据集上训练好的模型，这些模型叫作预训练模型，可以被直接加载到模型中并进行预测。

本例将使用 ImageNet 数据集上的预训练模型对图片进行分类预测。

实例描述	将ImageNet数据集上的预训练模型ResNet18加载到内存，并使用该模型对图片进行分类预测。

ImageNet 数据集一共有 1000 个类别，表明该数据集上的预训练模型最多可以输出 1000 种不同的分类结果。

预训练模型都存放在 PyTorch 的 torchvision 库中。torchvision 库是非常强大的 PyTorch 视觉处理库，包括分类、目标检测、语义分割（Semantic Segmentation）等多种计算机视觉任务的预训练模型，还包括图片处理、锚点计算等很多基础工具。

1.7.1 了解torchvision库中的预训练模型

《PyTorch 深度学习和图神经网络（卷 1）——基础知识》介绍了 torchvision 库的部分功能，读者可查看相关内容。在 torchvision 库中，还有一个更为强大的功能就是 models 模块。该模块中封装了很多与计算机视觉任务有关的成熟模型，可以方便用户使用。

在 torchvision 库的 models 模块下可以找到 PyTorch 中内置的模型，如作者本机的目录为：

```
D:\ProgramData\Anaconda3\envs\pt15\Lib\site-packages\torchvision\models
```

Models 模块中的模型可以分为四大类，具体如图 1-15 所示。

图 1-15 所示的标号为 1 ~ 4 的内置模型详细介绍如下。

- 1：分类模型，包括 AlexNet、DenseNet、GoogleNet、Inception、MNASNet、MobileNet、ResNet、ShuffleNetv2、SqueezeNet、VGG 等。
- 2：目标检测模型，包括 Faster R-CNN、Generalized R-CNN、Keypoint R-CNN、Mask R-CNN 等。更多详细介绍请参考本书第 2 章内容。
- 3：语义分割模型，包括 DeepLabv3、FCN 等。
- 4：视频处理模型，包括 R3D、MC3、R2Plus1D 等。

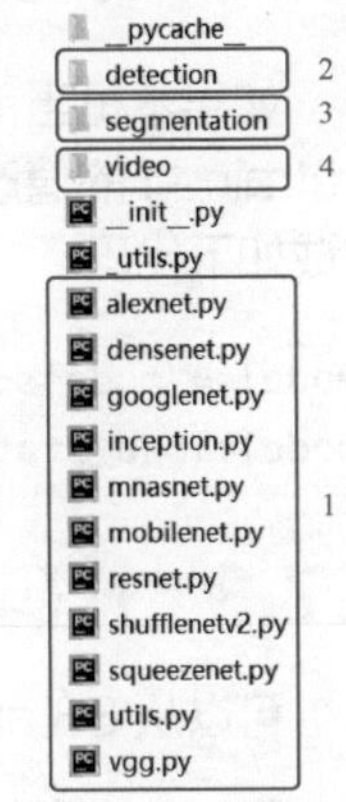

图1-15　内置模型

本例使用 ResNet 模型进行演示。

1.7.2　代码实现：下载并加载预训练模型

引入基础库，并使用 torchvision 库中的 API 下载模型。具体代码如下。

代码文件：code_01_ResNetModel.py

```
01 from PIL import Image                                    #引入基础库
02 import matplotlib.pyplot as plt
03 import json
04 import numpy as np
05
06 import torch                                             #引入PyTorch库
07 import torch.nn.functional as F
08 from torchvision import models, transforms #引入torchvision库
09
10 model = models.resnet18(pretrained=True) #True 代表要下载模型
11 model = model.eval()
```

第 10 行代码调用了 models 模块中的 resnet18 函数。该函数返回一个 ResNet 18 模型。ResNet 18 代表一个具有 18 层的 ResNet 模型。同时，在 ResNet 18 函数的参数中，传入 pretrained 的值为 True，代表要下载模型。

代码运行后，输出结果如下。

```
Downloading: "https://download.pytorch.org/models/resnet18-5c106cde.pth" to C:\
Users\ljh/.cache\torch\checkpoints\resnet18-5c106cde.pth
100%|██████████| 44.7M/44.7M [01:42<00:00, 457kB/s]
```

输出的结果表明，代码在执行时，系统会从如下网址下载模型。

```
https://download.pytorch.org/models/resnet18-5c106cde.pth
```

下载后的模型文件会放在用户文件夹下的 .cache\torch\checkpoints 路径中。如以作者本地的环境为例，其下载的路径如下。

```
C:\Users\ljh/.cache\torch\checkpoints\resnet18-5c106cde.pth
```

如果本机当前的网络不好，也可以事先手动下载好该模型，并将第 10 行代码传入的参数 pretrained 的值改为 False。然后使用加载权重的方式，将模型载入。例如，将第 10 行代码改成如下代码。

```
model = models.resnet18()
model.load_state_dict(torch.load('resnet18-5c106cde.pth'))  #加载本地模型
```

1.7.3　代码实现：加载标签并对输入数据进行预处理

可以从 S3.amatonaws 官网下载 ImageNet 数据集的标签。

同时，本书的配套资源中也包含了一个中文标签文件“中文标签 .csv”。本例将同时加载并显示这两个标签文件。

使用 torchvision 库中的 API 对输入数据进行预处理，步骤如下。

（1）将输入图片的尺寸变为 (256, 256)（见第 23 行代码）。

（2）对变形后的图片沿中心裁剪，得到尺寸为（224, 224）的图片（见第 24 行代码）。

（3）对裁剪后的图片进行归一化预处理（见第 26 ~ 30 行代码）。

具体代码如下。

代码文件：code_01_ResNetModel.py（续）

```
12 labels_path = 'imagenet_class_index.json'  #处理英文标签
13 with open(labels_path) as json_data:
14     idx_to_labels = json.load(json_data)
15
16 def getone(onestr):
17     return onestr.replace(',',' ')
18 with open('中文标签.csv','r+') as f:                    #处理中文标签
19     zh_labels =list( map(getone,list(f))  )
20     print(len(zh_labels),type(zh_labels),zh_labels[:5]) #显示输出中文标签
21
22 transform = transforms.Compose([                  #对图片尺寸预处理
23  transforms.Resize(256),
24  transforms.CenterCrop(224),
25  transforms.ToTensor(),
26  transforms.Normalize(                              #对图片归一化预处理
27      mean=[0.485, 0.456, 0.406],
28      std=[0.229, 0.224, 0.225]
29      )
30 ])
```

第 26 ~ 30 行代码对图片按照指定的均值和方差进行归一化预处理。该预处理方式要与模型实际在训练过程中的预处理方式一致。

注意

本例使用的中文标签总类别为1001类，索引值为0的类为None，代表未知分类；英文标签总类别为1000类，没有None类。

因为PyTorch中的模型是在英文标签中训练的，所以在读取中文标签时，还需要将索引值加1。

1.7.4 代码实现：使用模型进行预测

打开一个图片文件，并将其输入模型进行预测，同时输出预测结果。具体代码如下。

代码文件：code_01_ResNetModel.py（续）

```
31 def preimg(img):                                              #定义图片预处理函数
32     if img.mode=='RGBA':                                      #兼容RGBA图片
33         ch = 4
34         print('ch',ch)
35         a = np.asarray(img)[:,:,:3]
36         img = Image.fromarray(a)
37     return img
38
39 im =preimg( Image.open('book.png') )                          #打开图片
40 transformed_img = transform(im)                               #调整图片尺寸
41
42 inputimg = transformed_img.unsqueeze(0)                       #增加批次维度
43
44 output = model(inputimg)                                      #输入模型
45 output = F.softmax(output, dim=1)                             #获取结果
46
47 # 从预测结果中取出前3名
48 prediction_score, pred_label_idx = torch.topk(output, 3)
49 prediction_score = prediction_score.detach().numpy()[0] #获取结果概率
50 pred_label_idx = pred_label_idx.detach().numpy()[0]           #获取结果的标签ID
51
52 predicted_label = idx_to_labels[str(pred_label_idx[0])][1]#取出英文标签名称
53 predicted_label_zh = zh_labels[pred_label_i   icted_label_zh,
54
55           '预测分数：', prediction_score[0])
```

第 31 ~ 42 行代码所定义的 preimg 函数用于对 4 通道图片（RGBA）进行处理。将 4 通道中代表透明通道的维度 A 去掉，使其变为模型所支持的 3 通道图片（RGB）。

代码运行后，输出结果如下。

```
预测结果：book_jacket 防尘罩 书皮
预测分数：0.27850115
```

1.7.5　代码实现：预测结果可视化

将预测结果以图的方式显示出来。具体代码如下。

代码文件：code_01_ResNetModel.py（续）

```
56 #可视化处理，创建一个1行2列的子图
57 fig, (ax1, ax2) = plt.subplots(1, 2, figsize=(10, 8))
58 fig.sca(ax1)                                    #设置第一个轴是ax1
59 ax1.imshow(im)                                  #第一个子图显示原始要预测的图片
60
61 #设置第二个子图为预测的结果，按概率取出前3名
62 barlist = ax2.bar(range(3), [i for i in prediction_score])
63 barlist[0].set_color('g')                       #颜色设置为绿色
64
65 #预测结果前3名的柱状图
66 plt.sca(ax2)
67 plt.ylim([0, 1.1])
68
69 #垂直显示前3名的标签
70 plt.xticks(range(3), [idx_to_labels[str(i)][1][:15] for i in pred_label_idx ],
   rotation='vertical')
71 fig.subplots_adjust(bottom=0.2)      #调整第二个子图的位置
72 plt.show()                           #显示图片
```

代码运行后，输出结果如图1-16所示。

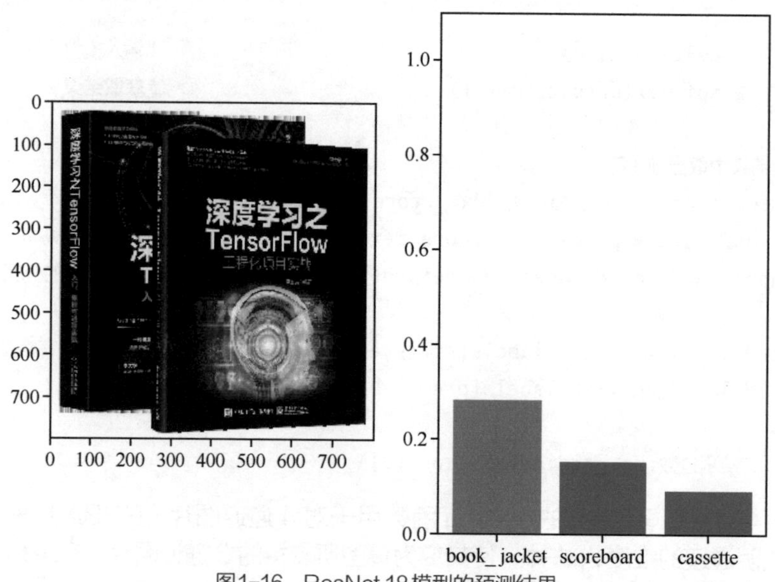

图1-16　ResNet 18模型的预测结果

在实际应用时，还可以根据模型的规模、精度需求来挑选更为合适的模型。读者也可以尝试使用1.7.1小节所介绍的其他分类模型，具体做法和本例中的ResNet18模型完全一致。

1.8 实例：使用迁移学习识别多种鸟类

在实际开发中，常会使用迁移学习（Transfer Learning）将预训练模型中的特征提取能力转移到自己的模型中。本例将详细介绍迁移学习。

实例描述	使用迁移学习对预训练模型进行微调（Fine Tuning），让其学习鸟类数据集，实现对多种鸟类进行识别。

在本例开始之前，需要先了解迁移学习和微调的相关知识。

1.8.1 什么是迁移学习

迁移学习是指把在一个任务上训练完成的模型进行简单的修改，再用另一个任务的数据继续训练，使之能够完成新的任务。

如在 ImageNet 数据集上训练过的 ResNet 模型，原任务是用来进行图片分类的，可以对它进行修改，使之用在目标定位任务上。

迁移学习是机器学习的分支，按照学习方式可以分为基于样本的迁移、基于特征的迁移、基于模型的迁移，以及基于关系的迁移。

1. 迁移学习的初衷

迁移学习的初衷是节省人工标注样本的时间，让模型可以通过一个已有的标记数据领域向未标记数据领域进行迁移，从而训练出适用于该领域的模型。直接对目标域从头开始学习成本太高，故而我们转向运用已有的相关知识来辅助尽快地学习新知识。

使用迁移学习的好处如下。

- 对于数据集本身很小（几千张图片）的情况，从头开始训练具有几千万个参数的大型神经网络是不现实的，因为越大的模型对数据量的要求越大，过拟合无法避免。这时候如果还想用大型神经网络的超强特征提取能力，只能靠微调已经训练好的模型。
- 可以降低训练成本。如果使用导出特征向量的方法进行迁移学习，后期的训练成本非常低。
- 前人花很大精力训练出来的模型在大概率上会比你自己从零开始训练的模型要强大，没有必要重复"造轮子"。

将已经训练好的模型用在其他图片分类任务中的迁移学习，也常常叫作对已有模型的微调。

2. 迁移学习与微调的关系

迁移学习和微调并没有严格的区分，二者的含义可以相互交换，只不过后者似乎更常用于形容迁移学习的后期微调。我个人的理解，微调应该是迁移学习中的一部分，即微调只能说是一个技巧。

1.8.2 样本介绍：鸟类数据集CUB-200

鸟类数据集CUB-200（Caltech-UCSD Birds-200-2010）来自加州理工学院。

该数据集涵盖200种鸟类（这些鸟类主要来自北美），共计6033张图片，并伴有边界框、粗略分割、属性相关注释标注。本例只需要完成对图片的分类任务，不会用到这些标注。

该数据集可以从其官网上进行下载，下载之后，可以使用如下命令进行解压缩。

```
tar  zxvf  images.tgz -C ./data/          #事先需要在本地建立好data文件夹
```

下载并解压缩后，在本地路径的data文件夹的images文件夹里，会看到按类组织的数据集图片，一个类就是一个文件夹，文件夹名就是类名。CUB-200数据集示例如图1-17所示。

图1-17　CUB-200数据集示例

1.8.3 代码实现：用torch.utils.data接口封装数据集

定义load_data函数实现对数据集中图片文件名称和标签的加载，并使用torch.utils.data接口将其封装成程序可用的数据集类OwnDataset。

1. 实现load_data函数加载图片文件名称和标签

load_data函数完成了对数据集中图片文件名称和标签的加载。该函数可以实现两层文件夹的嵌套结构。其中，外层结构使用load_data函数进行遍历，内层结构使用load_dir函数进行遍历。

> 提示　在本例中，CUB-200数据集的外层结构只有一个文件夹，逻辑相对简单，也可以直接使用load_dir函数进行实现。load_data函数遍历外层文件夹，依次调用load_dir函数进行加载，这种结构具有更好的通用性，它可以适用于大多数数据集的样本加载过程。

具体代码如下。

代码文件：code_02_FinetuneResNet.py

```
01 import glob
02 import os
03 import numpy as np                                          #引入基础库
04 from PIL import Image
05 import matplotlib.pyplot as plt                      #plt 用于显示图片
06
07 import torch
08 import torch.nn as nn
09 import torch.optim as optim
10 from torch.optim import lr_scheduler
11 from torch.utils.data import Dataset, DataLoader
12
13 import torchvision
14 import torchvision.models as models
15 from torchvision.transforms import ToPILImage
16 import torchvision.transforms as transforms
17
18 def load_dir(directory,labstart=0):           #获取所有directory中的所有图片和标签
19     #返回path指定的文件夹所包含的文件或文件夹的名称列表
20     strlabels = os.listdir(directory)
21     #对标签进行排序，以便训练和验证按照相同的顺序进行
22     strlabels.sort()
23     #创建文件标签列表
24     file_labels = []
25     for i,label in enumerate(strlabels):
26         jpg_names = glob.glob(os.path.join(directory, label, "*.jpg"))
27         #加入列表
28         file_labels.extend(zip( jpg_names,[i+labstart]*len(jpg_names))  )
29     return file_labels,strlabels
30
31 def load_data(dataset_path):                          #定义函数加载图片文件名称和标签
32     sub_dir= sorted(os.listdir(dataset_path) )   #跳过子文件夹
33     start =1                                          #第0类是none
34     tfile_labels,tstrlabels=[],['none']
35     for i in sub_dir:
36         directory = os.path.join(dataset_path, i)
37         if os.path.isdir(directory )==False: #只处理文件夹中的数据
38             print(directory)
39             continue
40         file_labels,strlabels = load_dir(directory ,labstart = start )
41         tfile_labels.extend(file_labels)
42         tstrlabels.extend(strlabels)
43         start  = len(strlabels)
44     #把数据路径和标签解压缩
45     filenames, labels=zip(*tfile_labels)
46     return filenames, labels,tstrlabels
```

第 22 行和第 32 行代码分别对子文件夹进行了排序。这种操作至关重要。因为文件夹的

顺序与标签的序号是强关联的，在不同的操作系统中，加载文件夹的顺序可能不同。这种目录不同的情况会导致在不同的操作系统中，模型的标签出现串位的现象。所以需要对文件夹进行排序，保证其顺序的一致性。

第34行代码，在制作标签时，人为地在前面添加了一个序号为0的none类。这是一个训练图文类模型的技巧，为了区分模型输出值是0和预测值是0这两种情况。

2. 实现自定义数据集类OwnDataset

在PyTorch中，提供了一个torch.utils.data接口，可以用来对数据集进行封装。在实现时，只需要继承torch.utils.data.Dataset类，并重载其__getitem__方法。

在使用时，框架会向__getitem__方法传入索引index，在__getitem__方法内部，根据指定index加载数据，并返回即可。具体代码如下。

代码文件: code_02_FinetuneResNet.py（续）

```
47 def default_loader(path):                                          #定义函数加载图片
48     return Image.open(path).convert('RGB')
49
50 class OwnDataset(Dataset):
51     def __init__(self,img_dir,labels, indexlist = None,            #初始化
52                  transform=transforms.ToTensor(),
53                  loader=default_loader,cache=True):
54         self.labels = labels                                       #存放标签
55         self.img_dir = img_dir                                     #样本图片文件名
56         self.transform = transform                                 #预处理方法
57         self.loader = loader                                       #加载方法
58         self.cache = cache                                         #缓存标志
59         if indexlist is None:                                      #要加载的数据序列
60             self.indexlist = list(range(len(self.img_dir)))
61         else:
62             self.indexlist = indexlist
63         self.data = [None] * len(self.indexlist)                   #存放样本图片
64
65     def __getitem__(self, idx):                                    #加载指定索引数据
66         if self.data[idx] is None:                                 #第一次加载
67             data = self.loader(self.img_dir[self.indexlist[idx]])
68             if self.transform:
69                 data = self.transform(data)
70         else:
71             data = self.data[idx]
72         if self.cache:                                             #保存到缓存里
73             self.data[idx] = data
74         return data,  self.labels[self.indexlist[idx]]
75
76     def __len__(self):                                             #计算数据集长度
77         return len(self.indexlist)
```

第50行代码所定义的OwnDataset类，代码的复用性比较强。读者在加载自己的数据

集时也可以直接使用。

3. 测试数据集

在完成数据集的制作之后，编写代码对其进行测试。

OwnDataset 类所定义的数据集，其使用方法与 PyTorch 中的内置数据集的使用方法完全一致。配合 DataLoader 接口即可生成可以进行训练或测试的批次数据。具体代码如下。

代码文件：code_02_FinetuneResNet.py（续）

```
78 data_transform = {                                    #定义数据的预处理方法
79     'train': transforms.Compose([
80         transforms.RandomResizedCrop(224),
81         transforms.RandomHorizontalFlip(),
82         transforms.ToTensor(),
83         transforms.Normalize([0.485, 0.456, 0.406], [0.229, 0.224, 0.225])
84     ]),
85     'val': transforms.Compose([
86         transforms.Resize(256),
87         transforms.CenterCrop(224),
88         transforms.ToTensor(),
89         transforms.Normalize([0.485, 0.456, 0.406], [0.229, 0.224, 0.225])
90     ]),
91 }
92 def Reduction_img(tensor, mean, std):                 #还原图片，用于显示
93     dtype = tensor.dtype
94     mean = torch.as_tensor(mean, dtype=dtype, device=tensor.device)
95     std = torch.as_tensor(std, dtype=dtype, device=tensor.device)
96     tensor.mul_(std[:, None, None]).add_(mean[:, None, None])#还原操作
97 dataset_path = r'./data/'                              #加载数据集路径
98 filenames, labels, classes = load_data(dataset_path)
99
100 #打乱数组顺序
101 np.random.seed(0)
102 label_shufle_index = np.random.permutation( len(labels) )
103 label_train_num = (len(labels)//10) *8                #划分训练数据集和测试数据集
104 train_list =  label_shufle_index[0:label_train_num]
105 test_list =   label_shufle_index[label_train_num: ]
106
107 train_dataset=OwnDataset(filenames,                    #实例化训练数据集
108                          labels,train_list,data_transform['train'])
109 val_dataset=OwnDataset(filenames,                      #实例化测试数据集
110                          labels,test_list,data_transform['val'])
111
112 #实例化批次数据
113 train_loader =DataLoader(dataset=train_dataset,
```

```
114                                 batch_size=32, shuffle=True)
115 val_loader=DataLoader(dataset=val_dataset, batch_size=32, shuffle=False)
116
117 sample = iter(train_loader)                              #获取一批次数据，进行测试
118 images, labels = sample.next()
119 print('样本形状：', np.shape(images))
120 print('标签个数：', len(classes))
121 mulimgs = torchvision.utils.make_grid(images[:10], nrow=10)#拼接多张图片
122 Reduction_img(mulimgs, [0.485, 0.456, 0.406], [0.229, 0.224, 0.225])
123 _img= ToPILImage()( mulimgs )                            #将张量转化为图片
124 plt.axis('off')
125 plt.imshow(_img)
126 plt.show()                                               #显示
127 print(','.join(
128             '%5s' % classes[labels[j]] for j in range(len(images[:10]))))
```

第92行代码定义了Reduction_img函数，实现了图片归一化的逆操作。该函数主要用于显示数据集中的原始图片。

> 提示　第96行代码使用了一个张量对象扩展维度的新方法对均值和方差进行维度扩展，再参与计算。其维度变化过程如下：
>
> ```
> std = torch.tensor([0.485, 0.456, 0.406])
> std.size()                                    #torch.Size([3])
> std = a[:, None, None]                        #扩展维度
> std.size()                                    #torch.Size([3, 1, 1])
> ```

第98行代码调用了load_data函数对数据集中图片文件名称和标签进行加载，其返回的对象classes中包含全部的类名。

第101～105行代码对数据文件列表的序号进行乱序划分，分为测试数据集和训练数据集两个索引列表。该索引列表会传入OwnDataset类做成指定的数据集。

> 提示　第101行代码设置了随机数种子，这种做法可以保证每次生成的随机数相同。在训练过程中，如果停止后，再次恢复，可以保证两次运行时得到一样的测试数据和训练数据。

代码运行后，输出结果如下：

```
样本形状：torch.Size([32, 3, 224, 224])
标签个数：201
```

同时输出数据集中的10张图片，如图1-18所示。

图1-18　输出数据集中的10张图片

图1-18所示的图片所对应的标签如下。

```
004.Groove_billed_Ani,002.Laysan_Albatross,004.Groove_billed_Ani,004.Groove_
billed_Ani,001.Black_footed_Albatross,005.Crested_Auklet,001.Black_footed_
Albatross,001.Black_footed_Albatross,005.Crested_Auklet,005.Crested_Auklet
```

1.8.4 代码实现：获取并改造ResNet模型

获取 ResNet 模型，并加载预训练模型的权重。将其最后一层（输出层）去掉，换成一个全新的全连接层，该全连接层的输出节点数与本例分类数（201 类）相同。具体代码如下。

代码文件: code_02_FinetuneResNet.py（续）

```
129 #指定设备
130 device = torch.device("cuda:0" if torch.cuda.is_available() else "cpu")
131 print(device)
132
133 def get_ResNet(classes,pretrained=True,loadfile = None):
134     ResNet=models.resnet101(pretrained) #自动下载官方的预训练模型
135     if loadfile!= None:
136         ResNet.load_state_dict(torch.load( loadfile))   #加载本地模型
137
138     #将所有的参数层进行冻结
139     for param in ResNet.parameters():
140         param.requires_grad = False
141     #输出全连接层的信息
142     print(ResNet.fc)
143     x = ResNet.fc.in_features                          #获取全连接层的输入
144     ResNet.fc = nn.Linear(x, len(classes))             #定义一个新的全连接层
145     print(ResNet.fc)                                   #最后输出新的模型
146     return ResNet
147
148 ResNet=get_ResNet(classes) #实例化模型
149 ResNet.to(device)
```

第 133 行代码定义了 get_ResNet 函数，来获取预训练模型。该函数既可以指定 pretrained=True 来实现自动下载预训练模型，也可以指定 loadfile 来从本地路径加载预训练模型。

第 139、140 行代码设置模型除最后一层以外都不可以进行训练，使模型只针对最后一层进行微调。

代码运行后，输出结果如下。

```
Downloading: "https://download.pytorch.org/models/resnet101-5d3b4d8f.pth" to /
root/.cache/torch/checkpoints/resnet101-5d3b4d8f.pth
100%|████████████████████████████████████████| 170M/170M [02:44<00:00,
1.09MB/s]
Linear(in_features=512, out_features=1000, bias=True)
Linear(in_features=512, out_features=201, bias=True)
```

输出结果的最后两行为迁移学习模型的输出层。其中倒数第二行是原始模型的输出层，最

后一行是改造后模型的输出层，可以看到模型的输出维数从1000变成了201。

1.8.5 代码实现：微调模型最后一层

定义损失函数、训练函数及测试函数，对模型的最后一层进行微调。具体代码如下。

代码文件: code_02_FinetuneResNet.py（续）

```
150 criterion = nn.CrossEntropyLoss()                        #定义损失函数
151 #指定新加的全连接层的学习率
152 optimizer = torch.optim.Adam([ {'params':ResNet.fc.parameters()}],
153                              lr=0.001)
154 def train(model, device, train_loader, epoch, optimizer):#定义训练函数
155     model.train()
156     allloss = []
157     for batch_idx, data in enumerate(train_loader):
158         x,y= data
159         x=x.to(device)
160         y=y.to(device)
161         optimizer.zero_grad()
162         y_hat= model(x)
163         loss = criterion(y_hat, y)
164         loss.backward()
165         allloss.append(loss.item())
166         optimizer.step()
167     print (                                                      #输出训练结果
168       'Train Epoch: {}\t Loss: {:.6f}'.format(epoch,np.mean(allloss)  ))
169
170 def test(model, device, val_loader):                          #定义测试函数
171     model.eval()
172     test_loss = []
173     correct = []
174     with torch.no_grad():
175         for i, data in enumerate(val_loader):
176             x, y= data
177             x=x.to(device)
178             y=y.to(device)
179             y_hat = model(x)
180             test_loss.append( criterion(y_hat, y).item())       #收集损失函数
181             pred = y_hat.max(1, keepdim=True)[1]                #获取预测结果
182             correct.append(                                     #收集准确度
183                      pred.eq(y.view_as(pred)).sum().item()/pred.shape[0] )
184     print(                                                      #输出测试结果
185         '\nTest: Average loss: {:.4f}, Accuracy: ({:.0f}%)\n'.format(
186                  np.mean(test_loss), np.mean(correct)*100 ))
187 if __name__ == '__main__':
188     firstmodepth = './finetuneRes101_1.pth'                #定义模型文件
189
```

```
190    if os.path.exists(firstmodepth) ==False:
191        print("_____训练最后一层__________")
192        for epoch in range(1, 2):                                #迭代训练2次
193            train(ResNet, device, train_loader,epoch,optimizer )
194            test(ResNet, device, val_loader )
195        #保存模型
196        torch.save(ResNet.state_dict(), firstmodepth)
```

第 174 行代码使用了 torch.no_grad 方法，使模型在运行时不进行梯度跟踪。这种做法可以减少模型运行时对内存的占用。

1.8.6 代码实现：使用退化学习率对模型进行全局微调

迁移学习一般都会使用两个步骤进行训练。

（1）固定预训练模型的特征提取部分，只对最后一层进行训练，使其快速收敛。

（2）使用较小的学习率，对全部模型进行训练，并对每层的权重进行细微的调节。

第（1）步已经在 1.8.5 小节完成，下面进行第（2）步的全局训练。将模型的每层权重都设为可训练，并定义带有退化学习率的优化器。具体代码如下。

代码文件：code_02_FinetuneResNet.py（续）

```
197    secondmodepth = './finetuneRes101_2.pth'
198    optimizer2=optim.SGD(ResNet.parameters(),lr=0.001, momentum=0.9)
199    exp_lr_scheduler = lr_scheduler.StepLR(optimizer2,
200                                            step_size=2, gamma=0.9)
201    for param in ResNet.parameters():      #将所有的参数层设为可以训练
202        param.requires_grad = True
203
204    if os.path.exists(secondmodepth) :
205        ResNet.load_state_dict(torch.load( secondmodepth))    #加载本地模型
206    else:
207        ResNet.load_state_dict(torch.load(firstmodepth))#加载本地模型
208    print("_____全部训练__________")
209    for epoch in range(1, 100):
210        train(ResNet, device, train_loader, epoch, optimizer2 )
211        if optimizer2.state_dict()['param_groups'][0]['lr']>0.00001:
212            exp_lr_scheduler.step()
213            print("___lr:" ,
214                    optimizer2.state_dict()['param_groups'][0]['lr'] )
215    test(ResNet, device, val_loader )
216    #保存模型
217    torch.save(ResNet.state_dict(), secondmodepth)
```

第 198 行代码定义了带 有退化学习率的 SGD 优化器。该优化器常用来对模型进行手动微调。有实验表明，使用经过手动调节的 SGD 优化器，在训练模型的后期效果优于 Adam 优化器。

> 提示　本例只使用了一种退化学习率方法和比较简单的优化器技巧。关于更多的退化学习率方法和优化器技巧，读者可查阅《PyTorch深度学习和图神经网络（卷1）——基础知识》这本书。

由于退化学习率会在训练过程中不断地变小，为了防止学习率过小，最终无法进行权重调节，需要对其设置最小值。当学习率低于该值时，停止对退化学习率的操作（见第211行代码）。

代码运行后，输出结果如下。

```
......
Train Epoch: 99    Loss: 2.438665
Test set: Average loss: 1.4251, Accuracy: (100%)
Train Epoch: 100    Loss: 1.179534
Test set: Average loss: 1.0959, Accuracy: (100%)
```

由于本例中的样本比较小，且CUB-200数据集本质上与ImageNet数据集中的样本有重叠，因此训练效果比较好。实际上，如果使用其他数据集，所得到的效果会比这个略差。

1.8.7　扩展实例：使用随机数据增强方法训练模型

在目前分类效果最好的EfficientNet系列模型中，EfficientNet-B7版本的模型就是使用随机数据增强（RandAugment）方法训练而成的。RandAugment方法也是目前主流的数据增强方法，用RandAugment方法进行训练，会使模型的精度得到提升。

RandAugment方法是一种新的数据增强方法，它比自动数据增强（AutoAugment）方法更简单、更好用。它可以在原有的训练框架中，直接对AutoAugment方法进行替换。

> 提示　AutoAugment方法包含30多个参数，可以对图片数据进行各种变换（参见arXiv网站上编号为“1805.09501”的论文）。

RandAugment方法是在AutoAugment方法的基础之上，将30多个参数进行策略级的优化管理，使这30多个参数被简化成两个参数：图片的N次变换和每次变换的强度M。其中每次变换的强度M，取值为0～10（只取整数），表示使原有图片增强失真（Augmentation Distortion）的大小。

RandAugment方法以结果为导向，使数据增强过程更加“面向用户”。在减少AutoAugment的运算消耗的同时，又使增强的效果变得可控。详细内容可以参考相关论文（参见arXiv网站上编号为“1909.13719”的论文）。

1. 代码获取

在GitHub上可以搜到很多有关RandAugment方法的实现代码。本例中使用的RandAugment方法的实现代码来自：

```
https://github.com/heartInsert/randaugment
```

该工程中只有一个代码文件Rand_Augment.py，将其下载后，直接引入代码即可使用。

2. 代码应用

RandAugment方法需要加载模型的数据预处理环节，在1.8.3小节的第78行代码前，引入 RandAugment 方法的代码文件，然后在预处理方法中加入调用方法。具体代码如下。

代码文件：code_02_FinetuneResNet.py（片段）

```
01 from Rand_Augment import Rand_Augment                #新加代码：引入RandAugment方法
02 data_transform = {
03     'train': transforms.Compose([
04         Rand_Augment(),                               #新加代码：使用RandAugment方法
05         transforms.RandomResizedCrop(224),
06         transforms.RandomHorizontalFlip(),
07         transforms.ToTensor(),
08         transforms.Normalize([0.485, 0.456, 0.406], [0.229, 0.224, 0.225])
09     ]),
```

第 04 行代码使用了 RandAugment 方法的默认参数。该代码加入后，可以使用类似 1.8.3 小节中测试数据集的方法，查看效果，如图 1-19 所示。

图1-19 数据增强后的图片

比较图 1-18 和图 1-19 可以发现，图 1-19 中的图片多了很多随机旋转的操作。RandAugment 方法是一个通用方法。在图片分类训练中使用 RandAugment 方法，可以使模型达到更好的精度。

1.8.8 扩展：分类模型中常用的 3 种损失函数

在分类模型中，常用的损失函数有 3 种，具体如下。

- BCELoss 用于单标签二分类或者多标签二分类，即一个样本可以有多个分类，彼此不互斥。输出和目标的维度是 (batch,C)，batch 是样本数量，C 是类别数量。每个 C 值代表属于一类标签的概率。
- BCEWithLogitsLoss 也用于单标签二分类或者多标签二分类，它相当于 Sigmoid 与 BCELoss 的结合，即对网络输出的结果先做一次 Sigmoid 将其值域变为 [0, 1]，再对其与标签之间做 BCELoss。当网络最后一层使用 nn.Sigmoid 时，就用 BCELoss；当网络最后一层不使用 nn.Sigmoid 时，就用 BCEWithLogitsLoss。
- CrossEntropyLoss 用于多类别分类，输出和目标的维度是 (batch,C)，batch 是样本数量，C 是类别数量，每一个 C 之间是互斥的，相互关联的，对于每一个 batch 的 C 个值，一起求每个 C 的 softmax，所以每个 batch 的所有 C 个值之和是 1，哪个值大，代表其属于哪一类。如果用于二分类，那输出和目标的维度是 (batch,2)。

1.8.9 扩展实例：样本均衡

当训练样本不均衡时，可以采用过采样、欠采样、数据增强等手段来避免过拟合。

1. 使用权重采样类

《PyTorch 深度学习和图神经网络（卷 1）——基础知识》，介绍过采样器 Sampler 类。Sampler 类中有一个派生的权重采样类 WeightedRandomSampler，这个类能够在加载数

据时，按照指定的概率进行随机顺序采样。

权重采样类 WeightedRandomSampler 有 3 个实例化参数，具体如下。

- weights：用于指定每一个类别在采样过程中得到的权重大小（不要求综合为 1），权重越大的样本被选中的概率越大。
- num_samples：用于指定待选取的样本数目，待选取的样本数目一般小于全部的样本数目。
- replacement：用于指定是否可以重复选取某一个样本，默认为 True，即允许在一个 epoch 中重复选取某一个样本。如果设为 False，则当某一类的样本被全部选取完，但其样本数目仍未达到 num_samples 时，sampler 将不会再从该类中选取样本，此时可能导致 weights 参数失效。

在实例化权重采样类 WeightedRandomSampler 之后，将其传入 DataLoader 类即可。将 1.8.3 小节的第 113、114 行代码修改如下代码。

代码文件: code_02_FinetuneResNet.py（片段）

```
01 from torch.utils.data.sampler import WeightedRandomSampler
02 import collections
03 from operator import itemgetter
04 trainlabel = list(itemgetter(*train_list)(labels))              #获得训练标签
05 obj = collections.Counter(trainlabel)                           #统计每个标签的样本数目
06 total = len(trainlabel)                                         #计算总样本数目
07 weights = [total-obj[i] for i in trainlabel]                    #为每个样本定义权重
08 #定义采样器
09 train_sampler = WeightedRandomSampler(weights, total, replacement=True)
10 train_loader =DataLoader(dataset=train_dataset,                 #定义数据集加载器
11                          batch_size=32, sampler=train_sampler)
```

第 07 行代码为每个训练样本分配一个采样权重，每个样本的权重值为训练样本的总数减去该类别样本数目。

> **注意**
> 在 DataLoader 类中，使用了采样器 Sampler 类就不能使用 shuffle 参数。
> 有关 PyTorch 中其他种类的采样器介绍，请参考《PyTorch 深度学习和图神经网络（卷 1）——基础知识》。

2. 权重采样的影响

通过采样的方式进行样本均衡，只是一种辅助手段，它也会引入一些新的问题。

- 过采样：重复正比例数据，实际上没有为模型引入更多数据，过分强调正比例数据，会放大正比例噪声对模型的影响。
- 欠采样：丢弃大量数据，和过采样一样会存在过拟合的问题。

在条件允许的情况下，还是推荐将所收集的样本尽量趋于均衡。

3. 通过权重损失控制样本均衡

在多标签非互斥的分类任务（一个对象可以被预测出多种分类）中，还可以使用

BCEWithLogitsLoss 函数，在计算损失时为每个类别分配不同的权重。这种方式可以使模型对每个类别的预测能力达到均衡。例如，多分类的个数是 6, 则可以使用类似的代码指定每个分类的权重:

```
pos_weight = torch.ones([6])  #为每个分类指定权重为1
criterion = torch.nn.BCEWithLogitsLoss(pos_weight=pos_weight)
```

1.9 从深度卷积模型中提取视觉特征

在 1.8 节中的实例，通过替换预训练模型输出层的方式，实现对其他图片的分类任务。这种迁移学习本质上是借助了预训练模型对图片处理后的视觉特征。

预训练模型对图片处理后的视觉特征，在深度学习任务中起到了非常大的作用。在许多深度学习模型中，都有它的应用。如目标检测、语义分割，甚至是图像与文本的混合处理模型等，迁移学习只是其中的应用之一。

在很多模型的搭建场景中，都涉及从预训练模型中提取出其对图片处理后的视觉特征。在 PyTorch 中，一共有两种方式可以实现视觉特征的提取：钩子函数、重组结构。

1.9.1 使用钩子函数的方式提取视觉特征

《PyTorch 深度学习和图神经网络（卷 1）——基础知识》介绍过模型的正 / 反向钩子函数以及对应的实例。通过注册钩子函数，可以在模型的计算过程中插入需要执行的任意代码片段。

在视觉特征提取过程中，可以根据模型的结构，将正向钩子函数注册到指定的层中。然后通过读取该层的输入或输出数据，将视觉特征提取出来。具体做法如下。

1. 找到目标层

我们既可以通过模型的源码，找到指定的目标层；也可以通过 print 函数将模型对象输出，并从中选取要注册钩子函数的目标层。

在 code_02_FinetuneResNet.py 代码文件的基础上续写代码。在该代码文件的最后一行加入如下代码，输出模型内容。

```
print(ResNet)
```

代码运行后，输出结果如下。

```
    ......
 (bn3): BatchNorm2d(2048, eps=1e-05, momentum=0.1, affine=True, track_running_
stats=True)
      (relu): ReLU(inplace=True)
    )
  )
  (avgpool): AdaptiveAvgPool2d(output_size=(1, 1))
  (fc): Linear(in_features=2048, out_features=200, bias=True)  )
```

输出结果的最后一行是模型的输出层，它的输入是2048，输出是200。

输出结果的倒数第二行是模型的全局池化层avgpool，它会输出图片最终的视觉特征，也是需要提取特征的目标层。

2. 注册正向钩子函数

通过注册钩子函数，可以将全局池化层avgpool之前或之后的视觉特征提取出来。在code_02_FinetuneResNet.py代码文件之后添加如下代码。

```
sample = iter(val_loader)                              #借用验证数据集的数据
images, _ = sample.next()
x=images.to(device)                                    #准备输入模型的数据

in_list= []                                            #存放输入目标层的特征
out_list= []                                           #存放输出目标层的特征
def hook(module, input, output):
    print("in",len(input))                             #输入项是传入该层的参数，元组类型。输出：1
    for val in input:                                  #获取每个输入项
        print("input val:",val.size())                 #输出输入特征的形状：([2, 2048, 7, 7])
    for i in range(input[0].size(0)):                  #按照批次个数，逐个保存特征
        in_list.append(input[0][i].cpu().numpy())      #保存单张图片的特征
        print("in",input[0][i].cpu().numpy().shape)    #输出特征形状：(2048, 7, 7)
    print("out",len(output))                           #输出项直接是具体的特征张量，输出：2
    for i in range(output.size(0)):                    #按照批次个数，逐个保存特征
        out_list.append(output[i].cpu().numpy())       #保存单张图片的特征
        print("out",output[i].cpu().numpy().shape)     #输出特征的形状：(2048, 1, 1)
ResNet.avgpool.register_forward_hook(hook)             #注册正向钩子函数
with torch.no_grad():
    y_hat = ResNet(x)                                  #调用模型进行预测
```

代码运行后，模型会自动调用钩子函数hook，并输出如下结果。

```
in 1
input val: torch.Size([2, 2048, 7, 7])
in (2048, 7, 7)
in (2048, 7, 7)
out 2
out (2048, 1, 1)
out (2048, 1, 1)
```

需要注意的是，钩子函数的输入项和输出项内容定义并不一致。输入项是一个元组，元组中的元素个数与该层的输入参数个数一致，每个元素才是真正的特征数据；而输出项直接就是该层处理后的特征数据。

提示　在4.6.3小节，还有一个更高级的视觉特征提取方式：使用注册钩子函数的方式提取视觉特征。

1.9.2 使用重组结构的方式提取视觉特征

重组结构的方式是指按照模型各个网络层进行重新组合，得到一个只能输出视觉特征的新

模型。该方式是借助模型的 children 方法实现的。详细的内容请参考《PyTorch 深度学习和图神经网络（卷 1）——基础知识》。

该方式实现起来比较简单，只需要一行代码（该代码加在 1.9.1 小节的代码之后，可以直接运行）：

```
ResNet2 = nn.Sequential(*list(ResNet.children())[:-1])
```

该代码的含义是将 ResNet 模型中的每个网络层对象转化成列表，然后去掉列表的最后一项，并将其重新组合成模型。

提示 完整的应用实例可以参考本书第 5 章的实例。

使用重组结构的方式提取视觉特征要比使用钩子函数的方式简单一些。但是没有钩子函数方式灵活，因为它只能获取模型的输出特征。

第2章

机器视觉的高级应用

机器视觉是人工智能研究的一个方向，其目标是通过算法让机器能够对图像数据进行处理。本章将具体介绍机器视觉领域中的一些高级应用。

2.1 基于图片内容的处理任务

基于图片内容的处理任务，主要包括目标检测、图片分割两大任务。二者的特点对比如下。

目标检测任务的精度相对较高，主要是以检测框的方式，找出图片中目标物体所在的坐标。目标检测任务的模型运算量相对较小，速度相对较快。

图片分割任务的精度相对较低，主要是以像素点集合的方式，找出图片中目标物体边缘的具体像素点。图片分割任务的模型运算量相对较大，速度相对较慢。

在实际应用中，会根据硬件的条件、精度的要求、运行速度的要求等因素来权衡该使用哪种模型。

2.1.1 目标检测任务

目标检测任务是视觉处理中的常见任务。该任务要求模型能检测出图片中特定的目标物体，并获得这一目标物体的类别信息和位置信息。

在目标检测任务中，模型的输出是一个列表，列表的每一项用一个数组给出检测出的目标物体的类别和位置（常用检测框的坐标表示）。

实现目标检测任务的模型，大致可以分为以下两类。

- 单阶段（1-stage）检测模型：直接从图片获得预测结果，也被称为 Region-free 方法。相关的模型有 YOLO、SSD、RetinaNet 等。
- 两阶段（2-stage）检测模型：先检测包含实物的区域，再对该区域内的实物进行分类识别。相关的模型有 R-CNN、Faster R-CNN、Mask R-CNN 等。

在实际应用中，两阶段检测模型在检测框方面表现出的精度更高一些，而单阶段检测模型在分类方面表现出的精度更高一些。

2.1.2 图片分割任务

图片分割是指对图中的每个像素点进行分类，适用于对像素理解要求较高的场景（如在无人驾驶中对道路和非道路进行分割）。

图片分割包括语义分割和实例分割（Instance Segmentation），具体如下。

- 语义分割：能将图片中具有不同语义的部分分开。
- 实例分割：能描述出目标物体的轮廓（比检测框更为精细）。

目标检测、语义分割、实例分割的区别如图 2-1 所示。

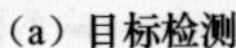

（a）目标检测

（b）语义分割

（c）实例分割

图2-1　目标检测、语义分割、实例分割的区别

图 2-1（a）所示为目标检测的结果，该任务是在原图上找到目标物体的检测框。图 2-1（b）所示为语义分割的结果，该任务是在原图上找到目标物体所在的像素点。图 2-1（c）所示为实例分割的结果，该任务是在语义分割的基础上识别出单个的具体个体。

图片分割任务需要对图片内容进行更高精度的识别，其模型大多都是两阶段检测模型。

2.1.3　非极大值抑制算法

在目标检测任务中，通常模型会从一张图片中检测出很多个结果，其中很有可能会出现重复物体（中心和大小略有不同）的情况。为了确保检测结果的唯一性，需要使用非极大值抑制（Non-Max Suppression，NMS）算法对检测结果进行去重。

非极大值抑制算法的实现过程很简单，具体如下。

（1）从所有的检测框中找到置信度较大（置信度大于某个阈值）的检测框。

（2）逐一计算其与剩余检测框的区域面积的重叠率（IOU）。

（3）按照 IOU 阈值过滤。如果 IOU 大于一定阈值（IOU 过高），则将该检测框剔除。

（4）对剩余的检测框重复上述过程，直到处理完所有的检测框。

在整个过程中，用到的置信度阈值与 IOU 阈值需要提前给定。

提示　IOU（Intersection Over Union）的意思是交并比，即面积的重叠率。

2.1.4　Mask R-CNN模型

Mask R-CNN 模型属于两阶段检测模型，即该模型会先检测包含实物的区域，再对该区域内的实物进行分类识别。

1. 检测实物区域的步骤

检测实物区域的具体步骤如下。

（1）按照非极大值抑制算法将一张图片分成多个子框。这些子框被称作锚点（Anchor），锚点是不同尺寸的检测框，彼此间存在部分重叠。

（2）在图片中为具体实物标注坐标（所属的位置区域）。

（3）根据实物标注的坐标与锚点区域的 IOU 计算出哪些锚点属于前景、哪些锚点属于背景（IOU 高的就是前景，IOU 低的就是背景，其余的就忽略）。

（4）根据第（3）步结果中属于前景的锚点坐标和第（2）步结果中实物标注的坐标，计算出二者的相对位移和长宽的缩放比例。

最终，检测区域的任务会被转化成一堆锚点的分类（前景和背景）和回归任务（偏移和缩放）。如图 2-2 所示，每张图片都会将其自身标注的信息转化为与锚点对应的标签，让模型对已有的锚点进行训练或识别。

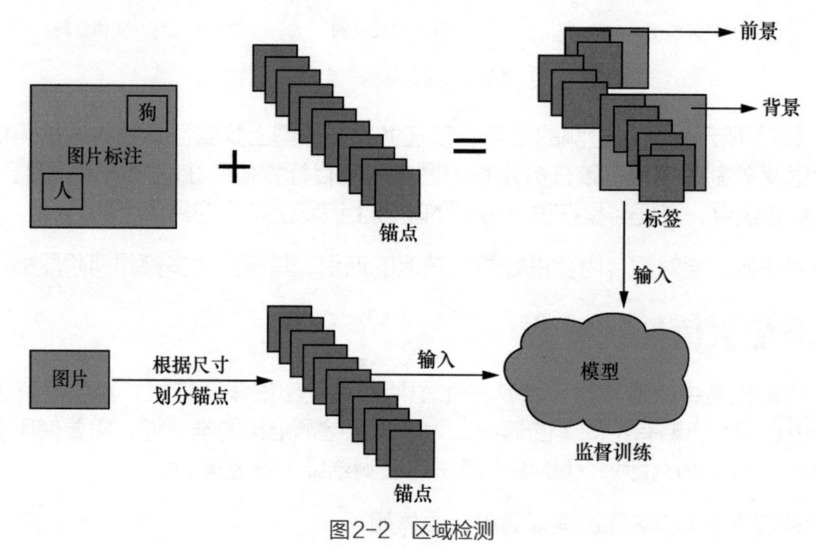

图2-2　区域检测

在 Mask R-CNN 模型中，实现区域检测功能的网络被称作区域生成网络（Region Proposal Network，RPN）。

在实际处理过程中，会从 RPN 的输出结果中选取前景概率较高的一定数量的锚点作为感兴趣区域（Region Of Interest，ROI），送到第 2 阶段的网络中进行计算。

2. Mask R-CNN 模型的完整步骤

Mask R-CNN 模型可以拆分成以下 5 个步骤。

（1）提取主特征：这部分的模型又被称作骨干网络。它用来从图片中提取出一些不同尺寸的重要特征，通常用于一些预训练好的模型（如 VGG 模型、Inception 模型、ResNet 模型等）。这些获得的特征数据被称作特征图。

（2）特征融合：用特征金字塔网络（Feature Pyramid Network，FPN）整合骨干网络中不同尺寸的特征。最终的特征信息用于后面的 RPN 和最终的分类器（classifier）网络的计算。

（3）提取 ROI：主要通过 RPN 来实现。RPN 的作用是，在众多锚点中计算出前景和背景的预测值，并计算出基于锚点的偏移，然后对前景概率较大的 ROI 用非极大值抑制算法去重，并从最终结果中取出指定个数的 ROI 用于后续网络的计算。

（4）ROI 池化：用区域对齐（ROI Align）的方式实现。将第（2）步的结果当作图片，按照 ROI 中的区域框位置从图中取出对应的内容，并将形状统一成指定大小，用于后面的计算。

（5）最终检测：对第（4）步的结果依次进行分类、设置矩形坐标、实物像素分割处理，得到最终结果。

Mask R-CNN 模型的架构如图 2-3 所示。

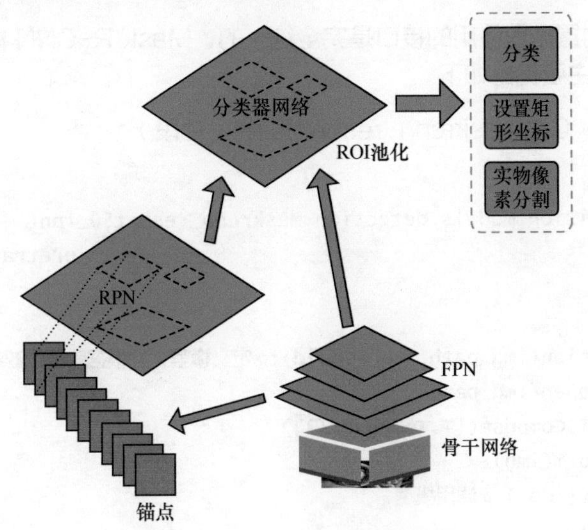

图2-3 Mask R-CNN模型的架构

2.2 实例：使用Mask R-CNN模型进行目标检测与语义分割

1.7.1 节介绍过 PyTorch 中有关语义分割的内置模型，一般来讲，能够实现语义分割任务的模型都具有目标检测的功能。本例以 Mask R-CNN 模型为例，来介绍该内置模型的使用。

实例描述	将 COCO 2017 数据集上的预训练模型 maskrcnn_resnet50_fpn_coco 加载到内存，并使用该模型对图片进行目标检测。

2.2.1 代码实现：了解PyTorch中目标检测的内置模型

在 torchvision 库下的 models\detection 目录中，找到 __init__.py 文件。该文件中存放着可以导出的 PyTorch 内置的目标检测模型。具体内容如下。

代码文件：__init__.py（片段）

```
87 from .faster_rcnn import *
88 from .mask_rcnn import *
89 from .keypoint_rcnn import *
```

这 3 行代码列出了 PyTorch 中所提供的 3 个内置目标检测模型：Faster R-CNN、Mask R-CNN、Keypoint R-CNN。它们的源码分别在 faster_rcnn.py、mask_rcnn.py 和 keypoint_rcnn.py 文件中。每个文件中都会包含该内置模型所对应的预训练模型的下载地址。以 mask_rcnn.py 为例，在该文件中可以找到预训练模型 maskrcnn_resnet50_fpn_coco 及其对应的下载地址。

2.2.2　代码实现：使用PyTorch中目标检测的内置模型

PyTorch 中的内置模型使用的接口是完全统一的。Mask R-CNN 模型的调用方式与 1.7 节的实例完全一致。主要代码如下。

代码文件: code_03_maskrcnn_resnet50.py（片段）

```
01 #加载模型
02 model = torchvision.models.detection.maskrcnn_resnet50_fpn(
03                                                       pretrained=True)
04 model.eval()
05
06 def get_prediction(img_path, threshold):#定义模型，并根据阈值过滤结果
07   img = Image.open(img_path)
08   transform = T.Compose([T.ToTensor()])
09   img = transform(img)
10   pred = model([img]) #调用模型
11   print('pred')
12   print(pred)
13   pred_score = list(pred[0]['scores'].detach().numpy())
14   pred_t = [pred_score.index(x) for x in pred_score if x>threshold][-1]
15   print("masks>0.5")
16   print(pred[0]['masks']>0.5)
17   masks = (pred[0]['masks']>0.5).squeeze().detach().cpu().numpy()
18   print("this is masks")
19   print(masks)
20   pred_class = [COCO_INSTANCE_CATEGORY_NAMES[i] for i in list(pred[0]['labels'].
     numpy())]
21   pred_boxes = [[(i[0], i[1]), (i[2], i[3])] for i in list(pred[0]['boxes'].
     detach().numpy())]
22   masks = masks[:pred_t+1]
23   pred_boxes = pred_boxes[:pred_t+1]
24   pred_class = pred_class[:pred_t+1]
25   return masks, pred_boxes, pred_class
26
27 def instance_segmentation_api(img_path, threshold=0.5,
28                               rect_th=3, text_size=3, text_th=3):
29   masks, boxes, pred_cls = get_prediction(img_path, threshold) #调用模型
30   img = cv2.imread(img_path)
31   img = cv2.cvtColor(img, cv2.COLOR_BGR2RGB)
32   for i in range(len(masks)):
33     rgb_mask , randcol = random_colour_masks(masks[i])   #为掩码区填充随机颜色
34     img = cv2.addWeighted(img, 1, rgb_mask, 0.5, 0)
35     cv2.rectangle(img, boxes[i][0], boxes[i][1],
```

```
36                          color= randcol, thickness=rect_th)
37      cv2.putText(img,pred_cls[i], boxes[i][0],
38                          cv2.FONT_HERSHEY_SIMPLEX, text_size, randcol,
39                          thickness=text_th)
40    plt.figure(figsize=(20, 30))
41    plt.imshow(img)
42    plt.xticks([])
43    plt.yticks([])
44    plt.show()
45
46 instance_segmentation_api('./horse.jpg') #调用模型，并显示结果
```

第 06 行代码中，通过 get_prediction 函数实现模型的调用过程。该过程与 1.7 节的实例一致。Mask R-CNN 模型会返回一个字典对象，该字典对象中包含如下 key 值。

- boxes：每个目标的边框信息。
- labels：每个目标的分类信息。
- scores：每个目标的分类分值。
- masks：每个目标的像素掩码（Mask）。

第 33 行代码调用了 random_colour_masks 函数，使用随机颜色为模型的掩码区进行填充。可以参考配套代码中的 random_colour_masks 函数实现。

第 46 行代码将图片输入接口函数 instance_segmentation_api，进行目标检测。

Mask R-CNN 模型的预测结果如图 2-4 所示。其中，图 2-4（a）所示为输入图片，图 2-4（b）所示为输出结果。

（a）输入图片

（b）输出结果

图2-4 Mask R-CNN模型的预测结果

2.2.3 扩展实例：使用内置的预训练模型进行语义分割

语义分割是指可以对图片内容基于像素级别的分类预测。这种模型可以找到图片中更为精确的物体。本例将介绍语义分割的内置模型的使用。

实例描述　将 COCO 2017 数据集上的预训练模型 deeplabv3_resnet101_coco 加载到内存，并使用该模型对图片进行语义分割。

1. 了解 PyTorch 中语义分割的内置模型

在 torchvision 库下的 models\segmentation 目录中，找到 segmentation.py 文件。该文件中存放着 PyTorch 内置的语义分割模型。该代码文件的第 08 ~ 16 行代码如下。

代码文件: segmentation.py（片段）

```
08 __all__ = ['fcn_resnet50', 'fcn_resnet101', 'deeplabv3_resnet50', 'deeplabv3_
resnet101']#PyTorch支持的内置模型
09
10 #预训练模型的下载地址
11 model_urls = {
12     'fcn_resnet50_coco': None,
13      'fcn_resnet101_coco': 'https://download.pytorch.org/models/fcn_resnet101_
       coco-7ecb50ca.pth',
14     'deeplabv3_resnet50_coco': None,
15     'deeplabv3_resnet101_coco': 'https://download.pytorch.org/models/deeplabv3_
       resnet101_coco-586e9e4e.pth',
16 }
```

第 08 行代码列出了目前 PyTorch 支持的 4 种内置模型。

第 11 ~ 16 行代码列出了每种内置模型所对应的预训练模型的下载地址。可以看到目前只有 fcn_resnet101_coco 和 deeplabv3_resnet101_coco 模型有对应的预训练模型。

fcn_resnet101_coco 和 deeplabv3_resnet101_coco 模型是从 COCO 2017 训练数据集中的一个子集训练得到的，支持 21 个（语义）类别。这些类别与其序号的对应关系如下。

```
0=背景 (background),1=飞机 (aeroplane),2=自行车 (bicycle),3=鸟 (bird),4=船 (boat),5=瓶
子 (bottle),6=公共汽车 (bus),7=汽车 (car),8=猫 (cat),9=椅子 (chair),10=牛 (cow),11=餐桌
(dining table),12=狗 (dog),13=马 (horse),14=摩托车 (motorbike),15=人 (person),16=盆栽
(potted plant),17=绵羊 (sheep),18=沙发 (sofa),19=火车 (train),20=电视/监视器 (tv/monitor)
```

2. 使用 PyTorch 中语义分割的内置模型

PyTorch 中的内置模型使用的接口是完全统一的。语义分割模型的调用方式与 Mask R-CNN 模型的调用方式完全一致。下面以 deeplabv3_resnet101 模型为例，介绍其具体代码（code_04_deeplabv3.py）。

代码文件: code_04_deeplabv3.py

```
01 import torch
02 import matplotlib.pyplot as plt
03 from PIL import Image
04 import numpy as np
05 from torchvision import models
06 from torchvision import transforms
```

```
07
08 #获取模型，如果本地缓存没有，则会自动下载
09 model = models.segmentation.deeplabv3_resnet101(pretrained=True)
10 model = model.eval()
11
12 #在将图片数据输入网络之前，需要对图片进行预处理
13 transform = transforms.Compose([
14  transforms.Resize(256),                          #将图片尺寸调整为256×256
15  transforms.CenterCrop(224),                      #中心裁剪成224×224
16  transforms.ToTensor(),                           #转换成张量并归一化到[0, 1]
17  transforms.Normalize(                            #使用均值、方差标准化
18      mean=[0.485, 0.456, 0.406],
19      std=[0.229, 0.224, 0.225]
20         )
21 ])
22 def preimg(img):                          #定义图片预处理函数
23     if img.mode=='RGBA\:                  #兼容RGBA图片
24         ch = 4
25         print('ch\, ch)
26         a = np.asarray(img)[:, :, :3]
27         img = Image.fromarray(a)
28     return img
29
30 #加载要预测的图片
31 img = Image.open('./horse.jpg\)
32 plt.imshow(img)
33 plt.axis('off')
34 plt.show()                                #显示加载图片
35 im =preimg( img )
36 #对输入数据进行维度扩展，成为NCHW
37 inputimg = transform(im).unsqueeze(0)
38
39 #显示用transform转化后的图片
40 tt = np.transpose(inputimg.detach().numpy()[0], (1, 2, 0))
41 plt.imshow(tt)
42 plt.show()
43
44 output = model(inputimg)                              #将图片输入模型
45 print("输出结果的形状", output['out'].shape)          #输出[1, 21, 224, 224]
46 #去掉批次维度，提取结果，形状为(21, 224, 224)
47 output = torch.argmax(output['out'].squeeze(),
48                    dim=0).detach().cpu().numpy()
49 resultclass = set(list(output.flat))
50 print("所发现的分类：", resultclass)
51 def decode_segmap(image, nc=21):                      #定义函数，根据不同分类进行区域染色
52   label_colors = np.array([(0, 0, 0),                 #定义每个分类对应的颜色
53          (128, 0, 0), (0, 128, 0), (128, 128, 0), (0, 0, 128), (128, 0, 128),
```

```
54         (0, 128, 128), (128, 128, 128), (64, 0, 0), (192, 0, 0), (64, 128, 0),
55     (192, 128, 0), (64, 0, 128), (192, 0, 128), (64, 128, 128), (192, 128, 128),
56       (0, 64, 0), (128, 64, 0), (0, 192, 0), (128, 192, 0), (0, 64, 128)])
57     r = np.zeros_like(image).astype(np.uint8)          #初始化RGB
58     g = np.zeros_like(image).astype(np.uint8)
59     b = np.zeros_like(image).astype(np.uint8)
60
61     for l in range(0, nc):                              #根据预测结果进行染色
62       idx = image == l
63       r[idx] = label_colors[l, 0]
64       g[idx] = label_colors[l, 1]
65       b[idx] = label_colors[l, 2]
66
67     return np.stack([r, g, b], axis=2)                  #返回结果
68
69 rgb = decode_segmap(output)                             #调用函数对预测结果染色
70 img = Image.fromarray(rgb)
71 plt.axis('off')                                         #显示模型的可视化结果
72 plt.imshow(img)
```

deeplabv3_resnet101 模型的骨干网络使用了 ResNet101 模型进行特征提取，并对提取后的特征使用 DeepLabv3 模型进行特征处理，从而得到每个像素点的分类结果。

第 09 行代码调用内置模型，并使用预训练权重进行初始化。其内部过程与 1.7.2 节一致。

第 13 ~ 21 行代码对输入图片进行预处理，这部分与 1.7.3 节一致。

第 31 行代码将图片输入模型，进行预测。模型预测的输出是一个 OrderedDict 结构。deeplabv3_resnet101 模型的图片输入尺寸是 [224,224]，输出形状是 [1,21,224,224]，21 代表 20+1（背景）个类别。

第 47 行代码使用 argmax 函数在每个像素点的 21 个分类中选出概率值最大的索引，作为预测结果。

第 51 行代码定义了 decode_segmap 函数，对图片中的每个像素点根据其所属类别进行染色。不同的类别显示不同的颜色。

代码运行后，输出结果如下。

```
输出结果的形状 torch.Size([1, 21, 224, 224])
所发现的分类: {0, 13, 15}
```

在输出结果的最后一行可以看到，模型从图中识别出了两个类别的内容。索引值 13 和 15 分别对应分类名称“马”和“人”。

同时，模型又输出了图片预测结果，如图 2-5 所示。

图 2-5（a）~（c）所示分别是原始图片、经过预处理后的图片以及语义分割后的图片。可以看到，模型成功的将人和马识别出来，并以不同的颜色来显示。

（a）原始图片

（b）经过预处理后的图片

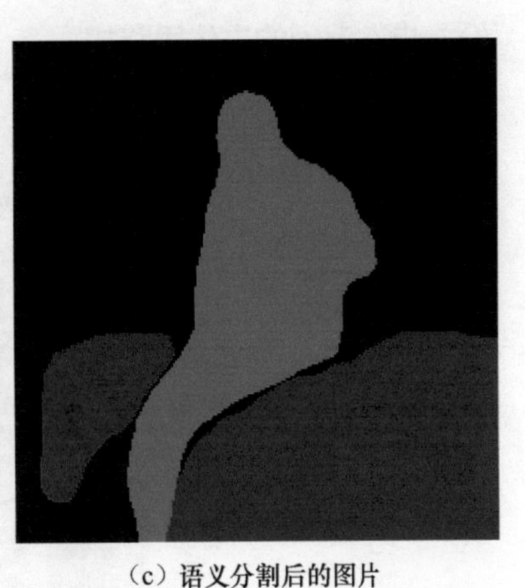

（c）语义分割后的图片

图2-5 deeplabv3_resnet101模型的预测结果

2.3 基于视频内容的处理任务

对视频内容进行处理，也是机器视觉领域中的一个主要应用场景。与图片内容处理不同，目前视频内容处理的主要任务大多还是以人为主的，如基于人体的行为识别、行人再识别、人物跟踪、步态识别等。

由于视频内容可以被拆分成多张静态图片，因此基于视频内容的处理任务是静态图片处理的高维处理任务。

在具体实现时，视频内容的处理方法也根据实际任务的不同而千差万别。当前处理方法以光流、循环神经网络（Recurrent Neural Network，RNN）、点云、3D 卷积为主。

本节将通过一个完整的步态识别实例，详细讲解视频内容处理的思路与实现。

2.4 实例：用GaitSet模型分析人走路的姿态，并进行身份识别

根据人走路的姿态进行身份识别的任务叫作步态识别。它属于基于人体生物特征进行识别的范畴，在智能视频监控领域具有很高的实用价值。它可以绕过被识别人的伪装，直接根据其走路的姿态来识别人物身份。

实例描述 编写模型对人走路的姿态进行分析，从而判断出这个人是谁。

步态识别系统的输入不再是单张图片，而是一段视频。但在实际处理中，会将视频按照一定的时间间隔进行采样，变成一组图片进行处理。

2.4.1 步态识别的做法和思路

步态识别的本质还是步态特征的距离匹配，对人在多拍摄角度、多行走条件下进行特征提取，得到基于个体的步态特征，再用该特征与其他个体进行比较，从而识别出该个体的具体身

份。步态识别的主体思路如图 2-6 所示。

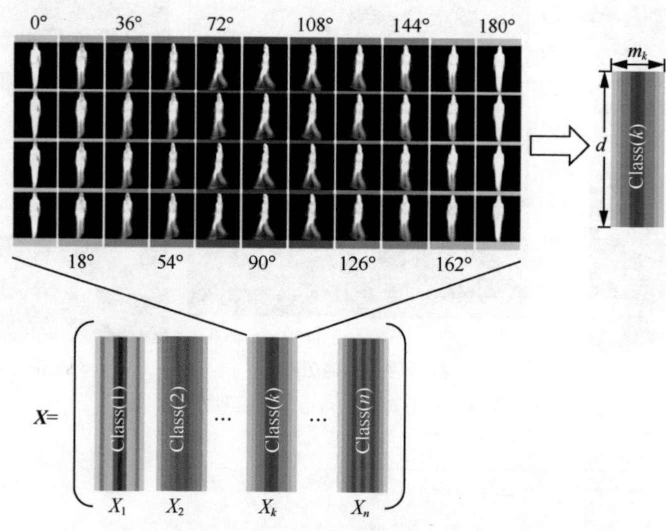

图2-6 步态识别的主体思路

在步态识别中，需要将一组图片作为一个样本。这比普通的图片处理要复杂一些，因为在普通的图片处理中，是用一张图片代表一个样本。然而从神经网络的角度来看，步态识别的一组图片也只是在代表图片 $[H, W, C]$ 的基础之上，多出一个张数的维度而已。

在模型的实现上，主要分为以下 3 种方式。

- 整体处理：将输入数据当作一个完整的 3D 图片数据，来计算输入数据在三维空间里所表现的整体特征。如对整体的输入数据做 3D 卷积。
- 分散处理：将输入数据当作由多张图片组成的序列数据，先对单张图片进行特征处理，再对序列数据特征进行处理。
- 混合处理：先对单张图片进行基于人形特征的预处理（如提取人形轮廓数据、人的姿态数据），再将预处理后的数据当作原始输入，进行二次处理（可以使用整体处理或分散处理）。

在这 3 种方式中，混合处理模式更为细致，也更为灵活。在分散处理的过程中，又可以分为重视序列顺序关系（如基于惯性的步态识别）和不重视序列顺序关系两种做法。

本例将实现一个 GaitSet 模型，用来进行步态识别。该模型的具体介绍见 2.4.2 节。

2.4.2 GaitSet模型

GaitSet 模型属于混合处理方式，该模型的二次处理部分使用了分散处理。具体详情如下。

1. 预处理部分

GaitSet 模型的预处理部分，需要对视频中抽离的图片进行基于人物识别的语义分割，得到基于人形的黑白轮廓图，如图 2-7 所示。

图 2-7 所示为 CASIA-B 数据集（见 2.4.6 节）中的部分样本。

图2-7　黑白轮廓图

使用轮廓图的好处是，直接可以将其看作单通道图片。这样基于人的多帧图片，就可以被当作多通道图片进行处理，即其形状可以描述为 [批次个数，帧数，高度，宽度]。这与 RGB 形式的多通道图片（形状为 [批次个数，通道数，高度，宽度]）非常类似。

2. 特征处理部分

GaitSet 模型采用分散处理，对每一张图片计算特征，再对多个特征做聚合处理。其核心部分可以分为以下两个部分。

- 多层全流程管线（Multilayer Global Pipeline，MGP）：是一个类似 FPN 结构的网络模型，通过两个分支进行下采样处理，并在每次下采样之后进行特征融合。详见 2.4.3 节。
- 水平金字塔池化（Horizontal Pyramid Matching，HPM）：按照不同的水平尺度对特征数据进行池化，并将池化结果汇集起来，从而丰富数据的鉴别特征。

在训练时，会将模型计算出的特征用三元损失（Triplet Loss）进行优化，使其计算出的特征与同类别特征距离更近，与非同类别特征距离更远。

在使用时，具体步骤如下。

（1）对人物视频进行抽帧采样。

（2）对采样数据进行处理，生成轮廓图。

（3）将多张轮廓图输入模型得到特征。

（4）将该特征与数据库中已有的特征进行比较，找到与其距离最近的特征，从而识别出人物身份。

完整的 GaitSet 模型的流程如图 2-8 所示。

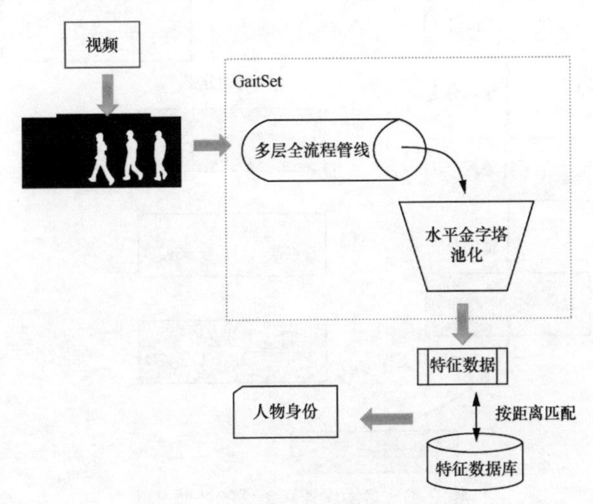

图2-8　完整的GaitSet模型的流程

本例在实现时，基本按照 GaitSet 模型论文中描述的结构进行开发，同时也对论文中的细节部分做了优化（参见 arXiv 网站上编号为“1811.06186”的论文）。

2.4.3　多层全流程管线

多层全流程管线主要分为两个分支：一个是主分支，另一个是辅助分支。

- 主分支用于对从视频分离出来的多帧数据，基于全部图片的特征进行处理。采用“两次卷积 + 一次下采样”操作进行特征计算与降维处理。
- 辅助分支用于对从视频分离出来的多帧数据，基于帧的特征进行处理。辅助分支与主分支的处理同步，并对每次下采样后的数据进行特征提取，将提取后的帧特征融合到主分支的特征处理结果里。

多层全流程管线的处理过程如图 2-9 所示。

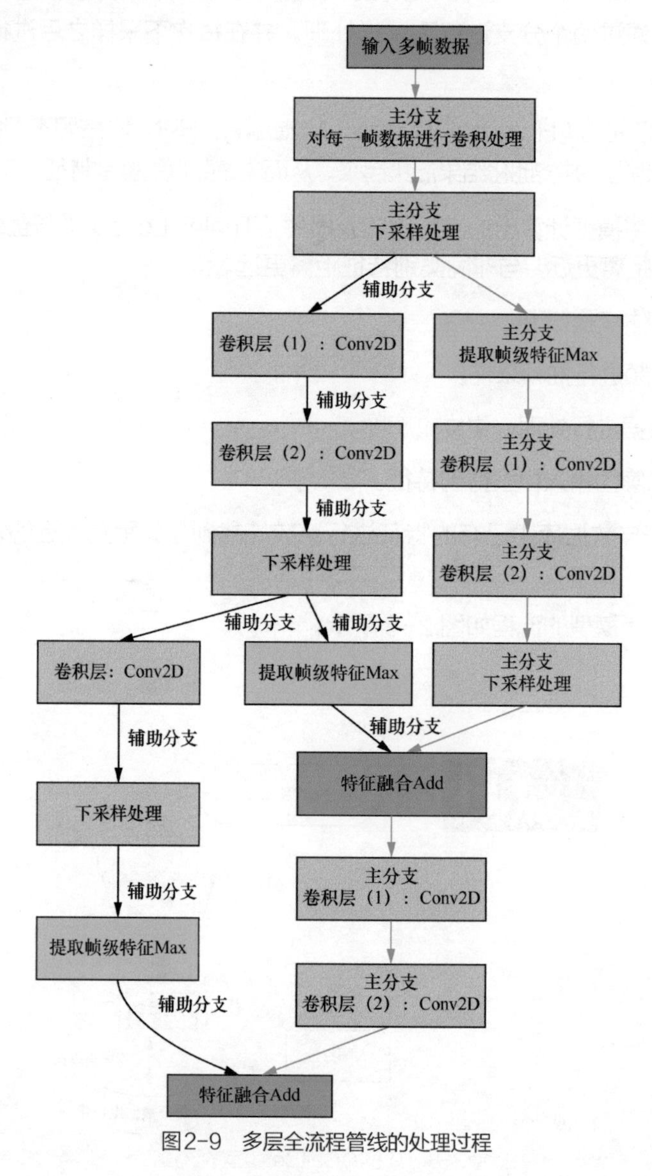

图2-9　多层全流程管线的处理过程

图 2-9 所示的处理过程如下。

（1）在主分支中，对每一帧数据进行卷积处理。

（2）在主分支中，对卷积处理的结果进行下采样处理。

（3）将下采样结果分为两份，一份用于主分支，另一份用于辅助分支。

（4）在主分支中，对下采样结果进行基于帧特征的提取。

（5）在主分支中，对第（4）步的结果做卷积操作。

（6）在辅助分支中，继续对下采样结果做卷积操作。

（7）在辅助分支的卷积操作之后，进行一次下采样，并对下采样结果进行基于帧特征的提取。

（8）在主分支中，也同步做一次下采样。

（9）将第（6）和（7）步的结果融合起来。

（10）继续重复第（5）~（9）步的步骤。重复次数与网络规模和输入尺寸有关。

其中第（4）和（7）步基于帧的特征提取部分使用了多特征集合池化（Set Pooling）方法。经过测试发现直接使用取最大值池化的方法效果更好，而且该方法更为简单。

第（9）步融合特征的方式使用的是直接相加，也可以用 cat 函数将其拼接在一起。在本例中，使用的是简单相加。

卷积神经网络的不同层能够识别不同的特征，通过深层卷积的组合，可以增大模型在图片中的理解区域。同时在主管道中，融合了从不同层提取的帧级特征，使得模型计算的特征中含有更丰富的整体特征。

2.4.4 水平金字塔池化

水平金字塔池化是来自行人再识别（Person Re-Identification）任务中的一种技术。它充分地利用了行人的不同局部空间信息，使得在重要部件丢失的情况下，仍能正确识别出候选行人，增强了行人识别的健壮性（参见 arXiv 网站上编号为“1811.06186”的论文）。

1. 行人再识别任务

行人再识别任务是从图片或者视频序列中找到特定行人的任务。该任务属于图像检索任务中的一种，常常与行人检测、行人跟踪任务一起被应用在智能视频监控、智能安保等领域。

2. HPM 模型的做法和原理

HPM 模型的做法是将图片按照不同的水平尺度分成多个部分，然后将每个部分的全局平均池化和全局最大池化特征融合到一起。HPM 模型的结构如图 2-10 所示。

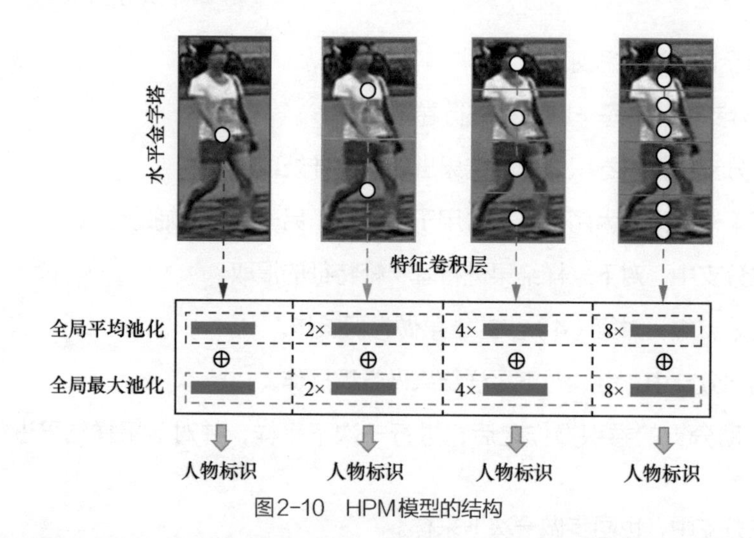

图2-10　HPM模型的结构

这种做法相当于引入了多尺度的局部信息互助作用来缓解不对齐引起的离群值问题。其中每个局部的信息通过全局平均池化与全局最大池化策略结合得出。全局平均池化可以感知空间条的全局信息，并将背景上下文考虑进去。全局最大池化的目标是提取最具判别性的信息并忽略无关信息（如背景、衣服等）。结合两种池化得到的融合特征更具有判别能力。

在步态识别实例中，使用了HPM模型作为整个网络的最后部分，对全连接层的特征进行优化，提升了特征的整体鉴别性。

2.4.5　三元损失

三元损失是根据3张图片组成的三元组（Triplet）计算而得的损失（Loss）。三元损失常用于基于样本特征进行匹配的模型中，如人脸识别、步态识别、行人再识别等任务的模型中。

在每次提取特征时，同步输入与该样本相同类别和不同类别的两个样本。利用监督学习，让该样本特征与相同类别的样本特征间的差异越来越小，与不同类别的样本特征间的差异越来越大，如图2-11所示。

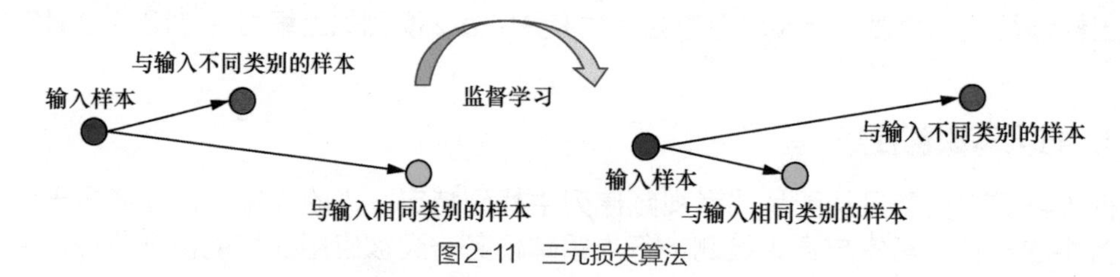

图2-11　三元损失算法

从图2-11中可以看到，通过监督学习，可以让输入样本经过网络计算之后的特征与相同类别的样本特征距离更近，与不同类别的样本特征距离更远。

使用三元损失训练的模型，其相同类别的特征会更加相似。这解决了样本特征指向不明确的问题。

1. 三元损失的使用

在使用三元损失时，常会直接将一批次的输入数据进行内部两两交叉，并从中分出正向样本（类内距离）和负向样本（类间距离）。这种方式可以保证与其他损失计算的接口统一，而又不需要额外开发选取正/负样本的功能。

2. 三元损失中的间隔——margin

在计算损失时，需要让正向样本尽可能小，并且让负向样本尽可能大。其损失值如下。

$$\text{loss}_{\text{triplet}} = \text{dis}_p - \text{dis}_n \tag{2-1}$$

其中 dis_p 代表正向样本，dis_n 代表负向样本。而训练过程就是要让二者的差 $\text{loss}_{\text{triplet}}$ 尽可能小。

但在实际训练过程中，使用式（2-1）有可能会使 dis_p 与 dis_n 同时变小。于是在里面加一个间隔，使得 $\text{loss}_{\text{triplet}}$ 在保持一定距离的情况下不断变小。优化后的公式如下。

$$\text{loss}_{\text{triplet}} = \text{dis}_p - \text{dis}_n + \text{margin} \tag{2-2}$$

在实际训练过程中，margin 是一个常数，常赋值为 0.2。同时会为 $\text{loss}_{\text{triplet}}$ 加一个 ReLU 激活函数，即只对大于 0 的 $\text{loss}_{\text{triplet}}$ 做优化。对于小于等于 0 的 $\text{loss}_{\text{triplet}}$，将其视为符合间隔距离，不再对其进行优化。

3. 三元损失的模式——hard与full

hard 与 full 是三元损失的两种模式。默认是 full 模式，即对所有的正向样本和负向样本进行损失值的计算。

hard 模式与 full 模式不同，hard 模式只对最小的正向样本和最大的负向样本进行损失值的计算，意在优化特征并使其指向偏离最大的样本。采用 hard 模式，运算量会更小。

2.4.6 样本介绍：CASIA-B数据集

本例使用的是预处理后的 CASIA-B 数据集，数据集下载网址如下。

```
http://www.cbsr.ia.ac.cn/china/Gait%20Databases%20CH.asp
```

该数据集是一个大规模的、多视角的步态库。其中包括 124 个人，每个人有 11 个视角（0°，18°，36°，…，180°），在 3 种行走条件（普通、穿大衣、携带包裹）下采集。CASIA-B 数据集如图 2-12 所示。

图2-12 CASIA-B数据集

CASIA-B 数据集有视频和轮廓两种形式。本例直接使用轮廓数据集进行训练，如图 2-13（a）所示。

在本例中，对 CASIA-B 的轮廓数据集做二次处理，将图片中人物的顶端和底部背景去掉，方便模型的训练。预处理后的数据集如图 2-13（b）所示。

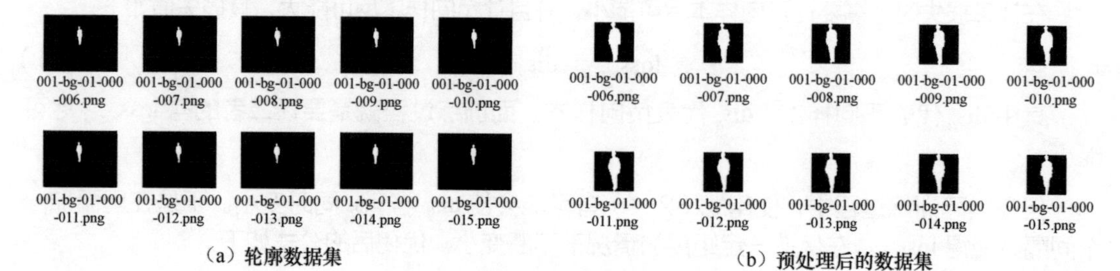

（a）轮廓数据集　　（b）预处理后的数据集

图2-13　CASIA-B的轮廓数据集

预处理后的数据集在本书配套资源 perdata.tar.gz 文件中。数据集的目录结构如图 2-14 所示。

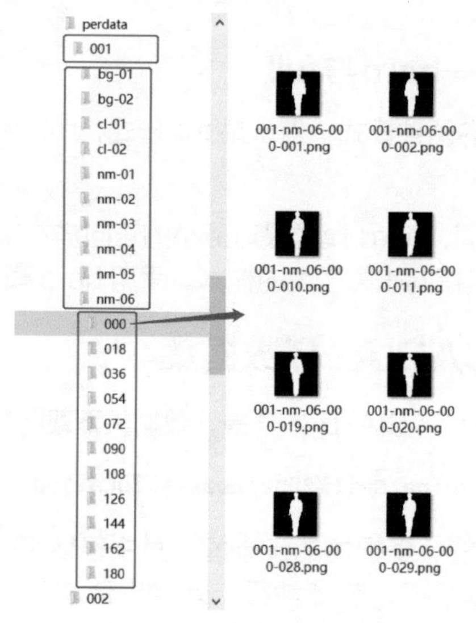

图2-14　数据集的目录结构

从图 2-14 中可以看到，从上到下标注了 3 个框，分别代表人物、行走条件和拍摄角度 3 部分。最深层的文件夹是以拍摄角度命名的，该文件夹中存放的是从行走视频抽样并处理后的图片。

3 种行走条件的具体分类如下。

- 普通：文件夹 bg-01、bg-02。
- 穿大衣：文件夹 cl-01、cl-02。
- 携带包裹：文件夹 nm-01、nm-02、nm-03、nm-04、nm-05、nm-06。

2.4.7　代码实现：用 torch.utils.data 接口封装数据集

定义 load_data 函数载入预处理后的 CASIA-B 轮廓数据集，并使用 torch.utils.data 接口将其封装成程序可用的数据集对象。

1. 实现load_data函数封装数据集

load_data 函数完成了整体数据集的封装，主要分为如下 3 个步骤。

（1）以人物作为标签，将完整的数据集分为两部分，分别用于训练和测试。

（2）分别根据训练集和测试集中的人物标签遍历文件夹，获得对应的图片文件名称。

（3）用 torch.utils.data 接口将图片文件名称转化为数据集，使其能够将图片载入并返回。

具体代码如下。

代码文件：code_05_ DataLoader.py

```
01 import numpy as np#引入基础库
02 import os
03 import torch.utils.data as tordata
04 from PIL import Image
05 from tqdm import tqdm
06 import random
07
08 #定义函数，加载文件夹的文件名称
09 def load_data(dataset_path, imgresize, label_train_num, label_shuffle ):
10
11     label_str= sorted(os.listdir(dataset_path) )#以人物为标签
12     #将不完整的样本忽略，只载入完整样本
13     removelist = ['005','026','037','079','109','088','068','048']
14     for removename in removelist:
15         if removename in label_str:
16             label_str.remove(removename)
17
18     print("label_str:",label_str)
19     label_index = np.arange( len(label_str) )#序列数组
20
21     if label_shuffle:
22         np.random.seed(0)
23         #打乱数组顺序
24         label_shuffle_index = np.random.permutation( len(label_str)  )
25         train_list =  label_shuffle_index[0:label_train_num]
26         test_list =   label_shuffle_index[label_train_num: ]
27     else:
28         train_list =  label_index[0:label_train_num]
29         test_list =   label_index[label_train_num: ]
30
31     print(train_list, test_list)
32     #加载人物列表中的图片文件名称
33     data_seq_dir, data_label, meta_data = load_dir(dataset_path,
34                                                    train_list, label_str)
35   test_data_seq_dir, test_data_label, test_meta_data=load_dir(
36                                   dataset_path,  test_list, label_str)
```

```
37      #将图片文件名称转化为数据集
38      train_source = DataSet(data_seq_dir,data_label,meta_data,imgresize)
39      #测试数据不缓存
40      test_source = DataSet(test_data_seq_dir,test_data_label,
41                            test_meta_data,imgresize,False)
42
43      return train_source, test_source
```

第13行代码对数据集中样本不完整的人物标签进行过滤，留下可用样本。代码中不完整的人物标签可以通过调用load_dir函数来查找（详见后文）。

第19～29行代码根据乱序标志来处理样本标签顺序，并将其分为训练集和测试集。

第33、35行代码调用load_dir函数，将标签列表所对应的图片文件名称载入。

第38、40行代码调用自定义类DataSet，返回PyTorch支持的数据集对象，且只对训练集进行缓存处理，测试集不做缓存处理。

2. 实现load_dir函数加载图片文件名称

在load_dir函数中，通过文件夹的逐级遍历，将标签列表中每个人物的图片文件名称载入。该函数返回3个列表对象：图片文件名称、图片文件名称对应的标签索引、图片文件名称对应的元数据（人物、行走条件、拍摄角度）。

具体代码如下。

代码文件：code_05_ DataLoader.py（续）

```
44 def load_dir( dataset_path, label_index, label_str):
45     data_seq_dir, data_label, meta_data= [], [], []
46     for i_label in label_index:   #获取样本个体
47         #拼接目录
48         label_path = os.path.join(dataset_path, label_str[i_label])
49         #获取样本类型，如普通、穿大衣、携带包裹
50         for _seq_type in sorted(os.listdir(label_path)):
51             seq_type_path = os.path.join(label_path, _seq_type)  #拼接目录
52             for _view in sorted(os.listdir(seq_type_path)):       #获取拍摄角度
53                 _seq_dir = os.path.join(seq_type_path, _view)     #拼接图片目录
54                 if len( os.listdir(_seq_dir))>0:                  #有图片
55                     data_seq_dir.append(_seq_dir)                 #图片目录
56                     data_label.append( i_label )          #图片文件名称对应的标签
57                     meta_data.append((label_str[i_label], _seq_type, _view) )
58                 else:
59                     print("No files:", _seq_dir)          #输出样本不完整的标签
60     return  data_seq_dir, data_label, meta_data       #返回结果
```

第59行代码用于输出数据集中样本不完整的标签。当发现某个标签文件夹中没有图片时，会将该标签输出。在使用时，可以先用load_dir函数将整个数据集遍历一遍，并根据输出的样本不完整的标签，回填到第13行代码。

3. 实现自定义数据集类DataSet

PyTorch 提供了一个 torch.utils.data 接口，可以用来对数据集进行封装。在实现时，只需要继承 torch.utils.data.Dataset 类，并重载其 __getitem__ 方法。在使用时，框架会向 __getitem__ 方法传入索引 index。在 __getitem__ 内部，根据指定 index 加载数据。具体代码如下。

代码文件：code_05_ DataLoader.py（续）

```
61 class DataSet(tordata.Dataset):
62    def __init__(self, data_seq_dir, data_label,              #初始化
63                  meta_data, imgresize, cache=True):
64        self.data_seq_dir = data_seq_dir                       #图片文件名称
65        self.data = [None] * len(self.data_seq_dir)            #存放图片
66        self.cache = cache                                     #缓存标志
67        self.meta_data = meta_data                             #数据的元信息
68        self.data_label = np.asarray(data_label)               #存放标签
69        self.imgresize = int(imgresize)                        #载入的图片大小
70        self.cut_padding = int(float(imgresize)/64*10)         #指定图片裁剪的大小
71
72     def load_all_data(self):                                  #加载所有数据
73        for i in tqdm (range(len(self.data_seq_dir)) ):
74           self.__getitem__(i)
75
76     def __loader__(self, path):                               #读取图片并裁剪
77        frame_imgs = self.img2xarray( path)/ 255.0
78        #将图片横轴方向的前10列和后10列去掉
79        frame_imgs = frame_imgs[:, :, self.cut_padding:-self.cut_padding]
80        return frame_imgs
81
82     def __getitem__(self, index):                             #加载指定索引数据
83        if self.data[index] is None:                           #第一次加载
84           data = self.__loader__(self.data_seq_dir[index])
85        else:
86           data = self.data[index]
87        if self.cache:                                         #保存到缓存里
88           self.data[index] = data
89        return data, self.meta_data[index],  self.data_label[index]
90
91     def img2xarray(self, flie_path):                          #读取指定路径的数据
92        frame_list = []                                        #存放图片数据
93        imgs = sorted(list(os.listdir(flie_path)))
94
95        for _img in imgs:                                      #读取图片，放到数组里
96           _img_path = os.path.join(flie_path, _img)
97           if os.path.isfile(_img_path):
98              img =np.asarray(Image.open(img_path).resize(
99                                (self.imgresize, self.imgresize)  ) )
```

```
100             if len( img.shape)==3:                         #加载预处理后的图片
101                 frame_list.append(img[...,0])
102             else:
103                 frame_list.append(img)
104
105         return np.asarray( frame_list, dtype=np.float ) #[帧数, 高度, 宽度]
106
107     def __len__(self):                                  #计算数据集长度
108         return len(self.data_seq_dir)
```

第76行代码对加载的数据进行裁剪。

4. 测试数据集

在完成数据集的制作之后，编写代码对其进行测试。将样本文件夹 perdata 放到当前目录下，并编写代码生成数据集对象。

从数据集对象中取出一条数据，并显示该数据的详细内容。具体代码如下。

代码文件: code_06_train.py

```
01 import os                                              #加载基础库
02 import numpy as np
03 from datetime import datetime
04 import sys
05 from functools import partial
06 import matplotlib.pyplot as plt                        #plt 用于显示图片
07
08 import torchvision
09 import torch.nn as nn                                  #加载PyTorch库
10 import torch
11 import torch.utils.data as tordata
12 from ranger import *
13
14 from code_05_DataLoader import load_data               #加载本项目模块
15
16 #输出当前版本
17 print("torch v:", torch.__version__, " cuda v:", torch.version.cuda)
18
19 pathstr = 'perdata'
20 label_train_num = 70                          #训练数据集的个数，剩下是测试数据集
21
22 dataconf= {
23     'dataset_path': pathstr,
24     'imgresize': '64',
25     'label_train_num': label_train_num、   #训练数据集的个数，剩下是测试数据集
26     'label_shuffle': True,
27 }
28 print("加载训练数据...")
```

```
29 train_source, test_source = load_data(**dataconf) #一次全载入
30 print("训练数据集长度:", len(train_source)) #label_num* type10* view11
31
32 #显示数据集里的标签
33 train_label_set = set(train_source.data_label)
34 print("数据集里的标签:", train_label_set)
35
36 #获取一条数据
37 dataimg, matedata,labelimg = train_source.__getitem__(4)
38 / print("样本数据形状:", dataimg.shape,
39        " 数据的元信息:", matedata,
40        " 数据标签索引:", labelimg)
41
42 plt.imshow(dataimg[0])                              #显示单张图片
43 plt.axis('off')                                     #不显示坐标轴
44 plt.show()
45
46 def imshow(img):                                    #定义函数，显示多张图片
47    print("图片形状:", np.shape(img))
48    npimg = img.numpy()
49    plt.axis('off')
50     plt.imshow(np.transpose(npimg, (1, 2,  0)))
51
52 #显示多张图片
53 imshow(torchvision.utils.make_grid(torch.from_numpy(dataimg[-10:]).un squeeze(1),
nrow=10))
```

第 29 行代码调用 load_data 函数，分别生成训练和测试数据集对象。

第 37 行代码从数据集中获取一条数据，并显示其详细信息。

代码运行后，输出结果如下。

```
torch v: 1.5.0  cuda v: 10.1
加载训练数据...
label_str: ['001', '002', '003', '004', '006', '007', '008', '009', '010',
'011', '012', '013', '014', '015', '016', '017', '018', '019', '020', '021', '022',
'023', '024', '025', '027', '028', '029', '030', '031', '032', '033', '034', '035',
'036', '038', '039', '040', '041', '042', '043', '044', '045', '046', '047', '049',
'050', '051', '052', '053', '054', '055', '056', '057', '058', '059', '060', '061',
'062', '063', '064', '065', '066', '067', '069', '070', '071', '072', '073', '074',
'075', '076', '077', '078', '080', '081', '082', '083', '084', '085', '086', '087',
'089', '090', '091', '092', '093', '094', '095', '096', '097', '098', '099', '100',
'101', '102', '103', '104', '105', '106', '107', '108', '110', '111', '112', '113',
'114','115', '116', '117', '118', '119', '120', '121', '122', '123', '124']
训练数据集长度: 7700
数据集里的标签: {0, 1, 2, 3, 4, 5, 6, 7, 8, 10, 11, 13, 15, 16, 17, 18, 22, 23,
24, 26, 27, 28, 30, 33, 34, 35, 38, 40, 41, 42, 43, 45, 48, 50, 51, 52, 53, 54,
55, 56, 59, 60, 61, 62, 63, 66, 68, 71, 73, 74, 76, 78, 84, 86, 90, 91, 92, 93, 94,
```

```
95, 96, 97, 100, 101, 104, 106, 107, 108, 111, 115}
    样本数据形状：(70, 64, 44)，数据的元信息：('012', 'bg-01', '072')，数据标签索引：10
```

从输出结果可以看出，训练数据集长度为7700，该数据集由70个标签组成，每个标签中有10个行走条件，每个行走条件中又包含11个角度。

输出结果的最后一行，显示了数据集中的一条数据，该数据一共有70帧图片，每帧图片的大小为[64,44]。单张图片数据如图2-15所示。

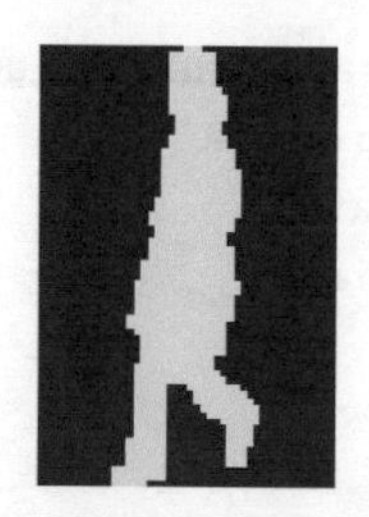

图2-15　单张图片数据

图2-15所示为70帧数据中的第一帧数据。将其最后10帧数据取出，并可视化（见第46～53行代码），其结果如图2-16所示。

图2-16　多张图片数据

2.4.8　代码实现：用torch.utils.data.sampler类创建含多标签批次数据的采样器

步态识别模型需要通过三元损失进行训练。在2.4.5节介绍过，三元损失可以辅助模型特征提取的取向，使相同标签的特征距离更近，不同标签的特征距离更远。

由于三元损失需要输入的批次数据中，要包含不同标签（这样才可以使用矩阵方式进行正/负样本的采样），需要额外对数据集进行处理。这里使用自定义采样器完成含有不同标签数据的采样功能。

1. 实现自定义采样器

可以直接继承torch.utils.data.sampler类，实现自定义采样器。torch.utils.data.sampler类需要配合torch.utils.data.DataLoader模块一起使用。

torch.utils.data.DataLoader是PyTorch中的数据集处理接口。它会根据torch.utils.data.sampler类的采样索引，在数据源中取出指定的数据，并放到collate_fn中进行二次处理，最终返回所需要的批次数据。

可通过代码实现自定义采样器TripletSampler类，来从数据集中选取不同标签的索引，并将其返回。再将两个collate_fn函数collate_fn_for_train、collate_fn_for_test分别用于对训练数据和测试数据的二次处理。具体代码如下。

代码文件：code_05_ DataLoader.py（续）

```
109 class TripletSampler(tordata.sampler.Sampler): #定义采样器
110     def __init__(self, dataset, batch_size):
111         self.dataset = dataset          #获得数据集
112         self.batch_size = batch_size  #获得批次参数，形状为（标签个数，样本个数）
113 
114         self.label_set = list( set(dataset.data_label)) #标签集合
115 
116     def __iter__(self):                         #实现采样器的取值过程
117         while (True):
118             sample_indices = []
119             #随机抽取指定个数的标签
120             label_list = random.sample( self.label_set , self.batch_size[0])
121             #在每个标签中抽取指定个数的样本
122             for _label in label_list: #按照标签个数循环
123                 data_index = np.where(self.dataset.data_label==_label)[0]
124                 index =  np.random.choice(data_index,
125                                          self.batch_size[1], replace=False)
126                 sample_indices += _index.tolist()
127             yield np.asarray(sample_indices)  #以生成器的形式返回
128 
129     def __len__(self):
130         return len(self.dataset)               #计算长度
131 
132 def collate_fn_for_train( batch, frame_num):    #用于训练数据的采样器处理函数
133     batch_data, batch_label, batch_meta = [], [], []
134     batch_size = len(batch)                    #获得数据的条数
135     for i in range(batch_size):                #依次对每条数据进行处理
136         batch_label.append(batch[i][2])        #添加数据的标签
137         batch_meta.append(batch[i][1])         #添加数据的元信息
138         data = batch[i][0]                     #获取该数据的帧样本信息
139         if data.shape[0] < frame_num:          #如果帧数少，随机加入几个
140             #复制帧，用于帧数很少的情况
141             multy = (frame_num-data.shape[0])//data.shape[0]+1
142             #额外随机加入的帧的个数
143             choicenum = (frame_num-data.shape[0])%data.shape[0]
144             choice_index =np.random.choice( data.shape[0] ,
145                                             choicenum, replace=False)
146             choice_index = list(
147                       range(0, data.shape[0]))*multy+ choice_index.tolist()
148         else:  #随机抽取指定个数的帧
149             choice_index =np.random.choice( data.shape[0] ,
150                         frame_num, replace=False)
151 
152         batch_data.append( data[choice_index]  )#添加指定个数的帧数据
153     #重新组合成用于训练的样本数据
154     batch = [np.asarray(batch_data), batch_meta, batch_label]
```

```
155     return batch
156
157 def collate_fn_for_test( batch,frame_num):              #用于测试数据的采样器处理函数
158     batch_size = len(batch)                             #获得数据的条数
159     batch_frames = np.zeros(batch_size, np.int)
160     batch_data, batch_label, batch_meta = [], [], []
161     for i in range(batch_size):                         #依次对每条数据进行处理
162         batch_label.append(batch[i][2])                 #添加数据的标签
163         batch_meta.append(batch[i][1])                  #添加数据的元信息
164         data = batch[i][0]                              #获取该数据的帧样本信息
165         if data.shape[0] < frame_num:                   #如果帧数少，随机加入几个
166             print(batch_meta,data.shape[0] )
167             multy = (frame_num-data.shape[0])//data.shape[0]+1
168             choicenum = (frame_num-data.shape[0])%data.shape[0]
169             choice_index =np.random.choice( data.shape[0] ,
170                                                 choicenum, replace=False)
171             choice_index = list(
172                         range(0, data.shape[0]))*multy+ choice_index.tolist()
173             data = np.asarray(data[choice_index])
174         batch_frames[i] = data.shape[0] #保证所有的帧数都大于等于frame_num
175         batch_data.append( data )
176     max_frame = np.max(batch_frames)     #获取最大的帧数
177     #对其他帧进行补0对齐
178     batch_data = np.asarray([ np.pad(batch_data[i],
179                 ((0, max_frame - batch_data[i].shape[0]), (0, 0), (0, 0)),
180                 'constant',  constant_values=0)
181                   for i in range(batch_size)])
182     #重新组合成用于训练的样本数据
183     batch = [batch_data, batch_meta, batch_label]
184     return batch
```

第109 ~ 130行代码是采样器TripletSampler类的实现，在该类的初始化函数中，支持两个参数传入：数据集与批次参数。其中批次参数包含两个维度的批次大小，分别是标签个数与样本个数。

在采样器TripletSampler类的__iter__方法中，从数据集中随机抽取指定个数的标签，并在每个标签中抽取指定个数的样本，最终以生成器的形式返回。

第132、157行代码分别定义了两个collate_fn函数。

collate_fn_for_train：用于生成训练数据的采样器处理函数。该函数会对采样器传入的批次数据进行重组，并对每条数据按照指定帧数frame_num进行抽取。同时也要保证每条数据的帧数都大于等于帧数frame_num。如果帧数小于frame_num，则为其添加重复帧。

collate_fn_for_test：用于生成测试数据的采样器处理函数。该函数会对采样器传入的批次数据进行重组，并按照批次数据中最大帧数进行补0对齐。同时也要保证每条数据的帧数都大于等于帧数frame_num。如果帧数小于frame_num，则为其添加重复帧。

2. 测试采样器

在 2.4.7 小节测试数据集的代码的基础上，添加测试采样器的功能。具体代码如下。

代码文件：code_06_train.py（续）

```
54 from code_05_DataLoader import TripletSampler, collate_fn_for_train
55
56 batch_size = (4, 8)          #定义批次（取4个标签，每个标签8条数据）
57 frame_num = 32               #定义帧数
58
59 num_workers = torch.cuda.device_count() #设置采样器的线程数
60 print( "cuda.device_count", num_workers )
61 if num_workers<=1:                    #如果只有一块GPU或没有GPU，则使用主线程处理
62     num_workers =0
63 print( "num_workers", num_workers )
64
65 #实例化采样器
66 triplet_sampler = TripletSampler(train_source, batch_size)
67 #初始化采样器的处理函数
68 collate_train = partial(collate_fn_for_train, frame_num=frame_num)
69 #定义数据加载器：每次迭代，按照采样器的索引在train_source中取出数据
70 train_loader = tordata.DataLoader( dataset=train_source,
71     batch_sampler=triplet_sampler, collate_fn=collate_train,
72     num_workers=num_workers)
73
74 #从数据加载器中取出一条数据
75 batch_data, batch_meta, batch_label = next(iter(train_loader))
76 print(len(batch_data), batch_data.shape ) #输出该数据的详细信息
77 print(batch_label)                        #输出该数据的标签
```

第 66 行代码实例化采样器，得到对象 triplet_sampler。

第 68 行代码用偏函数的方法对采样器的处理函数进行初始化。

第 70 ~ 72 行代码将对象 triplet_sampler 和采样器的处理函数 collate_train 传入 tordata DataLoader，得到一个可用于训练的数据加载器对象 train_loader。期间，也对数据加载器额外启动进程的数量进行了设置。如果额外启动进程的数量 num_workers 是 0，则在加载数据时不额外启动其他进程。

第 75 ~ 77 行代码从数据加载器中取出一条数据，并输出该数据的详细信息和标签。

代码运行后，输出结果如下。

```
cuda.device_count 1
num_workers 0
32 (32, 32, 64, 44)
[40, 40, 40, 40, 40, 40, 40, 40, 10, 10, 10, 10, 10, 10, 10, 10, 5, 5, 5, 5, 5, 5,
5, 5, 55, 55, 55, 55, 55, 55, 55, 55]
```

输出结果一共包含 5 行内容，具体解释如下。

- 第1行：当前GPU的数量。
- 第2行：数据加载器额外启动进程的数量。
- 第3行：该批次数据的总长度32（4个标签，每个标签8条数据），每条数据的形状为(32, 32, 64, 44)。
- 第4、5行：该批次数据的标签。

注意　在设置数据加载器额外启动进程的数量时，最好要与GPU数量匹配，即一个进程服务于一个GPU。如果额外启动进程的数量远远大于GPU数量，则性能瓶颈主要会卡在GPU运行的地方，起不到提升效率的作用。

2.4.9　代码实现：搭建GaitSet模型

GaitSet模型的定义分为两部分：基础卷积（Basic Convzol）类和GaitSetNet类。

1. 定义基础卷积类

定义一个基础卷积类，对原始卷积函数进行封装。在卷积结束后，用Mish激活函数和批量正则化处理对特征进行二次处理。具体代码如下。

代码文件：code_07_gaitset.py

```
01  import torch                                                #加载PyTorch库
02  import torch.nn as nn
03  import torch.autograd as autograd
04  import torch.nn.functional as F
05
06  class BasicConv2d(nn.Module):                 #定义基础卷积类
07      def __init__(self, in_channels, out_channels, kernel_size, **kwargs):
08          super(BasicConv2d, self).__init__()
09          self.conv = nn.Conv2d(in_channels, out_channels, kernel_size,
10                                     bias=False, **kwargs) #卷积操作
11          self.BatchNorm = nn.BatchNorm2d(out_channels )  #BN操作
12
13      def forward(self, x):                                   #定义前向传播方法
14          x = self.conv(x)
15          x =x *( torch.tanh(F.softplus(x)))                 #实现Mish激活函数
16          return self.BatchNorm (x)                           #返回卷积结果
```

由于PyTorch中没有现成的Mish激活函数，在第15行代码中，手动实现了Mish激活函数，并对其进行调用。

2. 定义GaitSetNet类的结构

定义GaitSetNet类，实现GaitSet模型的结构搭建，具体步骤如下。

（1）实现3个MGP。

（2）对MGP的结果进行HPM处理。

其中每层 MGP 的结构是由两个卷积层加一次下采样组成的。在主分支下采样之后，与辅助分支所提取的帧级特征加和，传入下一个 MGP 中。具体代码如下：

代码文件：code_07_gaitset.py（续）

```
17 class GaitSetNet(nn.Module):                              #定义GaitSetNet类
18     def __init__(self, hidden_dim, frame_num):
19         super(GaitSetNet, self).__init__()
20         self.hidden_dim = hidden_dim                      #输出的特征维度
21         #定义MGP部分
22         cnls = [1, 32, 64, 128]                           #定义卷积层通道数量
23         self.set_layer1 = BasicConv2d(cnls[0], cnls[1], 5, padding=2)
24         self.set_layer2 = BasicConv2d(cnls[1], cnls[1], 3, padding=1)
25         self.set_layer1_down = BasicConv2d(cnls[1], cnls[1], 2,stride = 2)
26
27         self.set_layer3 = BasicConv2d(cnls[1], cnls[2], 3, padding=1)
28         self.set_layer4 = BasicConv2d(cnls[2], cnls[2], 3, padding=1)
29         self.set_layer2_down = BasicConv2d(cnls[2], cnls[2], 2,stride = 2)
30         self.gl_layer2_down = BasicConv2d(cnls[2], cnls[2], 2, stride = 2)
31
32         self.set_layer5 = BasicConv2d(cnls[2], cnls[3], 3, padding=1)
33         self.set_layer6 = BasicConv2d(cnls[3], cnls[3], 3, padding=1)
34
35         self.gl_layer1 = BasicConv2d(cnls[1], cnls[2], 3, padding=1)
36         self.gl_layer2 = BasicConv2d(cnls[2], cnls[2], 3, padding=1)
37         self.gl_layer3 = BasicConv2d(cnls[2], cnls[3], 3, padding=1)
38         self.gl_layer4 = BasicConv2d(cnls[3], cnls[3], 3, padding=1)
39
40         self.bin_num = [1, 2, 4, 8, 16] #定义HPM部分
41         self.fc_bin = nn.ParameterList([
42             nn.Parameter(
43                 nn.init.xavier_uniform_(
44                     torch.zeros(sum(self.bin_num) * 2, 128, hidden_dim)))])
45
46     def frame_max(self, x, n):                            #用最大特征方法提取帧级特征
47         return torch.max(x.view(n, -1, x.shape[1], x.shape[2], x.shape[3]),
48                          1)[0]                            #取max后的值
49
50     def forward(self, xinput):                            #定义前向传播方法
51         n= xinput.size()[0]                               #形状为[批次个数，帧数，高度，宽度]
52         x = xinput.reshape(-1, 1, xinput.shape[-2], xinput.shape[-1])
53         del xinput                                        #删除不用的变量
54         #MGP第一层
55         x = self.set_layer1(x)
56         x = self.set_layer2(x)
57         x = self.set_layer1_down(x)
58         gl = self.gl_layer1(self.frame_max(x,n)) #将每一层的帧取最大值
59         #MGP第二层
```

```
60          gl = self.gl_layer2(gl)
61          gl = self.gl_layer2_down(gl)
62          x = self.set_layer3(x)
63          x = self.set_layer4(x)
64          x = self.set_layer2_down(x)
65          gl = self.gl_layer3(gl + self.frame_max(x,n))
66          #MGP第三层
67          gl = self.gl_layer4(gl)
68          x = self.set_layer5(x)
69          x = self.set_layer6(x)
70          x = self.frame_max(x,n)
71          gl = gl + x
72
73          feature = list()                                    #用于存放HPM特征
74          n, c, h, w = gl.size()
75          for num_bin in self.bin_num:                  #HPM处理
76              z = x.view(n, c, num_bin, -1)
77              z = z.mean(3) + z.max(3)[0]
78              feature.append(z)
79              z = gl.view(n, c, num_bin, -1)
80              z = z.mean(3) + z.max(3)[0]
81              feature.append(z)
82          #对HPM特征中的特征维度进行转化
83          feature = torch.cat(feature, 2).permute(2, 0, 1).contiguous()
84          feature = feature.matmul(self.fc_bin[0])
85          feature = feature.permute(1, 0, 2).contiguous()
86
87          return feature                                #返回结果
```

第 25、29、30 行代码为下采样操作。该下采样操作是通过步长为 2 的 2×2 卷积实现的。

第 46 行代码实现了提取帧级特征的方法。该方法调用了 torch.max 函数，从形状为 [批次个数，帧数 , 通道数 , 高度 , 宽度] 的特征中，沿着帧维度，提取最大值，最终得到形状为 [批次个数 , 通道数 , 高度 , 宽度] 的特征提取帧级特征的过程，如图 2-17 所示。

torch.max 函数会返回两个值，一个是最大值，另一个是最大值的索引。这里直接取最大值，所以在第 48 行代码的最后加了一个 [0]。

第 73 ~ 81 行代码在 HPM 处理中，按照定义的特征尺度 self.bin_num，将输入特征分成不同尺度，并对每个尺度的特征进行均值和最大化计算，从而组合成新的特征，放到列表 feature 中。

第 83 ~ 85 行代码将每个特征维度由 128 转化为指定的输出的特征维度 hidden_dim。因为输入数据是三维的，无法直接使用全连接 API，所以使用矩阵相乘的方式实现三维数据按照最后一个维度进行全连接的效果。

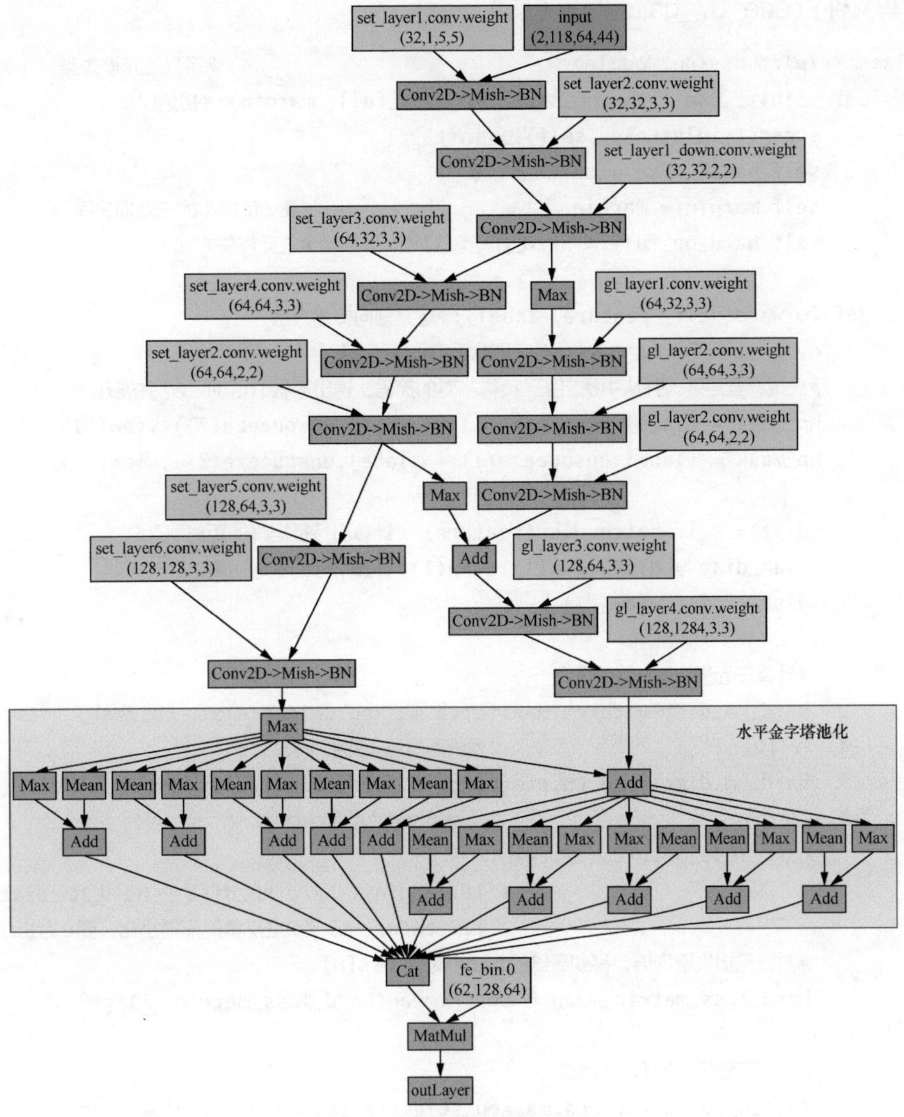

图2-17　提取帧级特征的过程

2.4.10　代码实现：自定义三元损失类

定义三元损失（TripletLoss）类，实现三元损失的计算。具体步骤如下。

（1）对输入样本中的标签进行每两个一组自由组合，生成标签矩阵。

（2）从标签矩阵中得到正 / 负样本对的掩码。

（3）对输入样本中的特征进行每两个一组自由组合，生成特征矩阵。

（4）计算出特征矩阵的欧氏距离。

（5）按照正 / 负样本对的掩码，对带有距离的特征矩阵进行提取，得到正 / 负两种标签的距离。

（6）将正 / 负两种标签的距离相减，再减去间隔值，得到三元损失。

具体代码如下。

代码文件: code_07_gaitset.py（续）

```
88 class TripletLoss(nn.Module):                                #定义三元损失类
89     def __init__(self, batch_size, hard_or_full, margin):#初始化
90         super(TripletLoss, self).__init__()
91         self.batch_size = batch_size
92         self.margin = margin                             #正/负样本的三元损失间隔
93         self.hard_or_full = hard_or_full                 #三元损失方式
94
95     def forward(self, feature, label):#定义前向传播方法
96         n, m, d = feature.size()#形状为[n, m, d]
97         #生成标签矩阵，并从中找出正/负样本对的掩码。输出形状[n, m, m]并展开
98         hp_mask = (label.unsqueeze(1) == label.unsqueeze(2)).view(-1)
99         hn_mask = (label.unsqueeze(1) != label.unsqueeze(2)).view(-1)
100
101         dist = self.batch_dist(feature) #计算出特征矩阵的距离
102         mean_dist = dist.mean(1).mean(1)#计算所有的平均距离
103         dist = dist.view(-1)
104
105         #计算三元损失的hard模式
106         hard_hp_dist = torch.max(torch.masked_select(dist, hp_mask).view(n,
107 m, -1), 2)[0]                              #找到距离最大的那个样本
108         hard_hn_dist = torch.min(torch.masked_select(dist, hn_mask).view(n,
109 m, -1), 2)[0]                              #找到距离最小的那个样本
110         hard_loss_metric = F.relu(
111                             self.margin + hard_hp_dist - hard_hn_dist
112                               ).view(n, -1) #让正/负间隔最小化，到0为止
113         #对三元损失取均值，得到最终的hard模式loss[n]
114         hard_loss_metric_mean = torch.mean(hard_loss_metric, 1)
115
116         #计算三元损失的full模式
117         full_hp_dist = torch.masked_select(dist, hp_mask).view(n, m,
118                     -1, 1)    #按照掩码得到所有正向样本距离[n, m, 正样本个数, 1]
119         full_hn_dist = torch.masked_select(dist, hn_mask).view(n, m,
120                     1, -1)    #按照掩码得到所有负向样本距离[n, m,1, 负样本个数]
121         full_loss_metric = F.relu(
122                             self.margin + full_hp_dist - full_hn_dist
123                                   ).view(n, -1) #让正/负间隔最小化，到0为止
124         #计算[n]中每个三元损失的和
125         full_loss_metric_sum = full_loss_metric.sum(1)
126         #计算[n]中每个三元损失的个数（去掉矩阵对角线以及符合条件的三元损失）
127         full_loss_num = (full_loss_metric != 0).sum(1).float()
128         #计算均值
129         full_loss_metric_mean = full_loss_metric_sum / full_loss_num
130         full_loss_metric_mean[full_loss_num == 0] = 0 #将无效值设为0
131
```

```
132         return full_loss_metric_mean, hard_loss_metric_mean, mean_dist, full_loss_num
133
134       def batch_dist(self, x):                                #计算特征矩阵的距离
135           x2 = torch.sum(x ** 2, 2)                           #平方和
136           #计算特征矩阵的距离
137           dist = x2.unsqueeze(2) + x2.unsqueeze(2).transpose(1, 2) - 2 * torch.matmul(x,
    x.transpose(1, 2))
138           dist = torch.sqrt(F.relu(dist)) #对结果进行开平方
139           return dist
140
141   def ts2var( x):
142       return autograd.Variable(x).cuda()
143
144   def np2var(x):
145       return ts2var(torch.from_numpy(x))
```

第 95 行代码定义了三元损失的计算方法——前向传播方法，该方法接收的参数 feature 为模型根据输入样本所计算出来的特征。该参数的形状为 $[n, m, d]$，具体含义如下。

- n：HPM 处理时的尺度个数 62。
- m：样本个数 32。
- d：维度 256。

在计算过程中，将三元损失看作 n 份，用矩阵的方式对每份 m 个样本、d 维度特征做三元损失计算，最后将这 n 份平均。

第 105 ~ 114 行代码实现了 hard 模式的三元损失计算。

第 116 ~ 130 行代码实现了 full 模式的三元损失计算。

2.4.11　代码实现：训练模型并保存模型权重文件

实例化模型类，并遍历数据加载器，进行训练。具体代码如下。

代码文件：code_06_train.py（续）

```
78  from code_07_gaitset import GaitSetNet, TripletLoss, np2var
79  hidden_dim =  256                                         #定义样本的输出维度
80  encoder = GaitSetNet(hidden_dim, frame_num).float()
81  encoder = nn.DataParallel(encoder)                        #使用多卡并行训练
82  encoder.cuda()                                            #将模型转储到GPU
83  encoder.train()                                           #设置模型为训练模式
84
85  optimizer = Ranger(encoder.parameters(), lr=0.004)        #定义Ranger优化器
86
87  TripletLossmode = 'full'                                  #设置三元损失的模式
88  triplet_loss = TripletLoss( int( np.prod( batch_size) ), TripletLossmode, mar
    gin=0.2)                                                  #实例化三元损失
```

```
89 triplet_loss = nn.DataParallel(triplet_loss)          #使用多卡并行训练
90 triplet_loss.cuda()                                    #将模型转储到GPU
91
92 ckp = 'checkpoint'                                     #设置模型文件名称
93 os.makedirs(ckp, exist_ok=True)
94 save_name = '_'.join(map(str, [hidden_dim, int(np.prod( batch_size  )),
95                          frame_num, 'full']))
96
97 ckpfiles= sorted(os.listdir(ckp) )                     #载入预训练模型
98 if len(ckpfiles)>1:
99     modecpk =os.path.join(ckp, ckpfiles[-2]  )
100     optcpk = os.path.join(ckp, ckpfiles[-1]  )
101     encoder.module.load_state_dict(torch.load(modecpk))#加载模型文件
102     optimizer.load_state_dict(torch.load(optcpk))
103     print("load cpk !!! ", modecpk)
104
105 #定义训练参数
106 hard_loss_metric, full_loss_metric, full_loss_num , dist_list = [], [], [], []
107 mean_dist = 0.01
108 restore_iter = 0
109 total_iter=10000 #迭代次数
110 lastloss = 65535 #初始的损失值
111 trainloss = []
112
113 _time1 = datetime.now() #计算迭代时间
114 for batch_data, batch_meta, batch_label in train_loader:
115     restore_iter += 1
116     optimizer.zero_grad()                               #梯度清零
117
118     batch_data =np2var(batch_data).float()#将DoubleTensor变为FloatTensor
119     feature = encoder(batch_data)                       #计算样本特征
120     target_label = np2var(np.array(batch_label)).long()#将标签转为张量
121     #对特征结果进行变形，形状变为[62, 32, 256]
122     triplet_feature = feature.permute(1, 0, 2).contiguous()
123     triplet_label = target_label.unsqueeze(0).repeat(  #复制62份标签
124                          triplet_feature.size(0), 1)
125
126     #计算三元损失
127     (full_loss_metric_, hard_loss_metric_, mean_dist_, full_loss_num_
128      )= triplet_loss(triplet_feature, triplet_label)
129
130     if triplet_loss.module.hard_or_full == 'full':      #提取损失值
131         loss = full_loss_metric_.mean()
132     else:
133         loss = hard_loss_metric_.mean()
134
135     trainloss.append(loss.data.cpu().numpy())           #保存损失值
```

```
136     hard_loss_metric.append(hard_loss_metric_.mean().data.cpu().numpy())
137     full_loss_metric.append(full_loss_metric_.mean().data.cpu().numpy())
138     full_loss_num.append(full_loss_num_.mean().data.cpu().numpy())
139     dist_list.append(mean_dist_.mean().data.cpu().numpy())
140
141     if  loss> 1e-9: #如果损失值过小，则不参与反向传播
142         loss.backward()
143         optimizer.step()
144   else:
145         print("loss is very small", loss )
146
147     if restore_iter % 1000 == 0:
148         print("restore_iter 1000 time:", datetime.now() - _time1)
149         _time1 = datetime.now()
150
151     if restore_iter % 100 == 0:#输出训练结果
152
153         print('iter {}:'.format(restore_iter), end='')
154         print(', hard_loss_metric={0:.8f}'.format(np.mean(
155                                             hard_loss_metric)), end='')
156       print(', full_loss_metric={0:.8f}'.format(np.mean(
157                                             full_loss_metric)), end='')
158         print(', full_loss_num={0:.8f}'.format(
159                                          np.mean(full_loss_num)), end='')
160         print(', mean_dist={0:.8f}'.format(np.mean(dist_list)), end='')
161         print(', lr=%f' % optimizer.param_groups[0]['lr'], end='')
162         print(', hard or full=%r' % TripletLossmode )
163
164         if lastloss>np.mean(trainloss):          #保存最优模型
165             print("lastloss:", lastloss, " loss:", np.mean(trainloss),
166                                     "need save!")
167             lastloss = np.mean(trainloss)
168             modecpk = os.path.join(ckp,
169                     '{}-{:0>5}-encoder.pt'.format( save_name, restore_iter))
170             optcpk = os.path.join(ckp,
171                     '{}-{:0>5}-optimizer.pt'.format(save_name,
172                                                         restore_iter))
173             torch.save(encoder.module.state_dict(),modecpk)
174             torch.save(optimizer.state_dict(), optcpk)
175         else:
176           print("lastloss:",lastloss," loss:", np.mean(trainloss), "don't save")
177
178         sys.stdout.flush()
179         hard_loss_metric.clear()
180         full_loss_metric.clear()
181         full_loss_num.clear()
182         dist_list.clear()
```

```
183          trainloss.clear()
184
185      if restore_iter == total_iter: #如果满足迭代次数，则训练结束
186          break
```

在第 173 行代码中，一定要用 encoder 对象的 module 中的参数进行保存。否则模型参数的名字中会含有“module”字符串，使其不能被非并行的模型载入。

代码运行后，会在本地目录的 checkpoint 文件夹下找到模型文件，如图 2-18 所示。

名字	大小
256_32_32_full-00200-optimizer.pt	30,878 KB
256_32_32_full-03800-encoder.pt	10,310 KB
256_32_32_full-03800-optimizer.pt	30,878 KB
256_32_32_full-03900-encoder.pt	10,310 KB
256_32_32_full-03900-optimizer.pt	30,878 KB
256_32_32_full-04800-encoder.pt	10,310 KB
256_32_32_full-04800-optimizer.pt	30,878 KB
256_32_32_full-05100-encoder.pt	10,310 KB
256_32_32_full-05100-optimizer.pt	30,878 KB
256_32_32_full-05300-encoder.pt	10,310 KB
256_32_32_full-05300-optimizer.pt	30,878 KB
256_32_32_full-05500-encoder.pt	10,310 KB
256_32_32_full-05500-optimizer.pt	30,878 KB
256_32_32_full-08500-encoder.pt	10,310 KB
256_32_32_full-08500-optimizer.pt	30,878 KB

图2-18　模型文件

从图 2-18 中可以看到，模型的每次迭代都会生成两个文件。

- 以 encoder.pt 结尾的文件：模型自身的权重。
- 以 optimizer.pt 结尾的文件：模型训练时的优化器权重。

虽然模型训练的迭代次数设置为 10 000 次，但是模型在 8500 次训练之后再也没有得到最优的三元损失。

提示　本例仅为了演示，训练过程中的输入批次和迭代次数都偏低，同时模型结构也有提升空间。如果想训练出精度更高的模型，在优化模型结构之后，还需要将迭代次数加大。

2.4.12　代码实现：测试模型

为了测试模型识别步态的效果不依赖于拍摄角度和行走条件，可以多角度识别人物步态，分别取 3 组行走条件（普通、穿大衣、携带包裹）的样本输入模型，查看该模型所计算出的特征与其他行走条件的匹配程度。

实例化模型类，并使用 torch.utils.data.sampler 采样器接口中的 SequentialSampler 采样器按指定批次和顺序从数据集中提取数据，输入模型进行测试。具体代码如下。

代码文件：code_08_test.py

```
01 import os                                                        #载入基础库
02 import numpy as np
03 from datetime import datetime
04 from functools import partial
05 from tqdm import tqdm
06
07 import torch.nn as nn                                      #载入PyTorch库
08 import torch.nn.functional as F
09 import torch
10 import torch.utils.data as tordata
11
12 from code_05_DataLoader import load_data, collate_fn_for_test
13 from code_07_gaitset import GaitSetNet, np2var
14
15 print("torch v:", torch.__version__, " cuda v:", torch.version.cuda)
16
17 pathstr = 'perdata'
18 label_train_num = 70                             #训练数据集的个数，剩下是测试数据集
19 batch_size = (8, 16)
20 frame_num = 30
21 hidden_dim =  256
22
23 #设置处理进程
24 num_workers = torch.cuda.device_count()
25 print( "cuda.device_count",num_workers )
26 if num_workers<=1:                               #如果只有一块GPU或没有GPU，则使用主线程处理
27     num_workers =0
28 print("num_workers", num_workers )
29
30 dataconf= {                                      #初始化数据集参数
31     'dataset_path': pathstr,
32     'imgresize': '64',
33     'label_train_num': label_train_num,      #训练数据集的个数，剩下是测试数据集
34     'label_shuffle': True,
35 }
36 train_source, test_source = load_data(**dataconf) #生成数据集
37
38 sampler_batch_size =4 #定义采样批次
39 #初始化采样数据的二次处理函数
40 collate_train = partial(collate_fn_for_test, frame_num=frame_num)
41 #定义数据加载器：每次迭代，按照采样器的索引在test_source中取出数据
42 test_loader = tordata.DataLoader( #定义数据加载器
43             dataset=test_source,
44             batch_size=sampler_batch_size,
45             sampler=tordata.sampler.SequentialSampler(test_source),
46             collate_fn=collate_train,
```

```
47              num_workers=num_workers)
48
49 #实例化模型
50 encoder = GaitSetNet(hidden_dim,frame_num).float()
51 encoder = nn.DataParallel(encoder)
52 encoder.cuda()
53 encoder.eval()
54
55 ckp = 'checkpoint'                                        #设置模型文件路径
56 save_name = '_'.join(map(str,[hidden_dim,int(np.prod( batch_size  )),
57                                frame_num,'full']))
58 ckpfiles= sorted(os.listdir(ckp) )                         #加载模型
59 if len(ckpfiles)>1:
60     modecpk =os.path.join(ckp, ckpfiles[-2]  )
61     encoder.module.load_state_dict(torch.load(modecpk))#加载模型文件
62     print("load cpk !!! ", modecpk)
63 else:
64     print("No  cpk!!!")
65
66 def cuda_dist(x, y):                                       #计算距离
67     x = torch.from_numpy(x).cuda()
68     y = torch.from_numpy(y).cuda()
69     dist = torch.sum(x ** 2, 1).unsqueeze(1) + torch.sum(y ** 2, 1).unsqueeze(
70         1).transpose(0, 1) - 2 * torch.matmul(x, y.transpose(0, 1))
71     dist = torch.sqrt(F.relu(dist))
72     return dist
73
74 def de_diag(acc, each_angle=False):                      #计算与其他拍摄角度相关的准确率
75     result = np.sum(acc - np.diag(np.diag(acc)), 1) / 10.0
76     if not each_angle:
77         result = np.mean(result)
78     return result
79
80 def evaluation(data):                                      #评估模型函数
81     feature, meta, label = data
82     view, seq_type = [],[]
83     for i in meta:
84         view.append(i[2] )
85         seq_type.append(i[1])
86
87     label = np.array(label)
88     view_list = list(set(view))
89     view_list.sort()
90     view_num = len(view_list)
91     #定义采集数据的行走条件
92     probe_seq = [['nm-05', 'nm-06'], ['bg-01', 'bg-02'], ['cl-01', 'cl-02']]
93     #定义比较数据的行走条件
```

```
94      gallery_seq = [['nm-01', 'nm-02', 'nm-03', 'nm-04']]
95
96      num_rank = 5                                        #取前5个距离最近的数据
97      acc = np.zeros([len(probe_seq), view_num, view_num, num_rank])
98      for (p, probe_s) in enumerate(probe_seq): #依次将采集数据与比较数据相比
99          for gallery_s in gallery_seq:
100             for (v1, probe_view) in enumerate(view_list):#遍历所有视角
101                 for (v2, gallery_view) in enumerate(view_list):
102                     gseq_mask = np.isin(seq_type, gallery_s) & np.isin(view,
   [gallery_view])
103                     gallery_x = feature[gseq_mask, :]  #取出样本特征
104                     gallery_y = label[gseq_mask]                #取出标签
105
106             pseq_mask = np.isin(seq_type, probe_s) & np.isin(view, [probe_view])
107                     probe_x = feature[pseq_mask, :]   #取出样本特征
108                     probe_y = label[pseq_mask]                  #取出标签
109
110                     if len(probe_x)>0 and len(gallery_x)>0:
111                         dist = cuda_dist(probe_x, gallery_x)#计算特征之间的距离
112                         #对距离按照由小到大排序，返回排序后的索引
113                         idx = dist.sort(1)[1].cpu().numpy()
114                         rank_data = np.round( #分别计算前5个结果的准确率
115                             np.sum(np.cumsum(
116 np.reshape(probe_y, [-1, 1]) == gallery_y[idx[:, 0:num_rank]], 1) > 0,
117                                 0) * 100 / dist.shape[0], 2)
118                         acc[p, v1, v2, 0:len(rank_data)] = rank_data
119
120     return acc
121
122 print('test_loader', len(test_loader))
123 time = datetime.now()
124 print('开始评估模型...')
125
126 feature_list = list()
127 view_list = list()
128 seq_type_list = list()
129 label_list = list()
130 batch_meta_list = []
131
132 with torch.no_grad():
133     for i  x in  tqdm (enumerate(test_loader)):                    #遍历测试集
134         batch_data  batch_meta  batch_label = x
135         batch_data =np2var(batch_data).float()#[2, 212, 64, 44]
136
137         feature = encoder(batch_data)                              #将数据输入模型
138         feature_list.append(feature.view(feature.shape[0],         #保存特征结果
139                                 -1).data.cpu().numpy())
```

```
140         batch_meta_list += batch_meta
141         label_list += batch_label                          #保存样本对应的标签
142 #将样本特征、标签以及对应的元信息组合起来
143 test = (np.concatenate(feature_list, 0), batch_meta_list, label_list)
144 acc = evaluation(test)#对组合数据进行评估
145 print('评估完成. 耗时:', datetime.now() - time)
146
147 for i in range(1): #计算第1个的准确率
148     print('===Rank-%d 准确率===' % (i + 1))
149     print('携带包裹: %.3f,\t普通: %.3f,\t穿大衣: %.3f' % (
150         np.mean(acc[0, :, :, i]),
151         np.mean(acc[1, :, :, i]),
152         np.mean(acc[2, :, :, i])))
153 for i in range(1): #计算第1个的准确率 (除去自身的行走条件)
154     print('===Rank-%d 准确率(除去自身的行走条件)===' % (i + 1))
155     print('携带包裹: %.3f,\t普通: %.3f,\t穿大衣: %.3f' % (
156         de_diag(acc[0, :, :, i]),
157         de_diag(acc[1, :, :, i]),
158         de_diag(acc[2, :, :, i])))
159
160 np.set_printoptions(precision=2, floatmode='fixed')#设置输出精度
161 for i in range(1):#显示多拍摄角度的详细评估结果
162     print('===Rank-%d 的每个拍摄角度的准确率 (除去自身的行走条件)===' % (i + 1))
163     print('携带包裹:', de_diag(acc[0, :, :, i], True))
164     print('普通:', de_diag(acc[1, :, :, i], True))
165     print('穿大衣:', de_diag(acc[2, :, :, i], True))
```

第92、94行代码分别定义采集数据和比较数据的行走条件。

第110 ~ 117行代码在获取指定条件的样本特征后，按照采集数据特征与比较数据特征之间的距离大小匹配对应的标签，并计算其准确率。具体步骤如下。

（1）计算采集数据特征与比较数据特征之间的距离。

（2）对距离进行排序，返回最小的前5个排序索引。

（3）按照索引从比较数据中取出前5个标签，并与采集数据中的标签做比较。

（4）将比较结果的正确数量累加起来，使每个样本对应5个记录，分别代表前5个结果中的识别正确个数。如[True,True,True,False,False]，累加后结果为[1,2,3,3,3]，表明离采集数据最近的前3个样本特征中识别出来3个正确结果，前5个样本特征中识别出来3个正确结果。

（5）将累加结果与0比较，并判断每个排名中大于0的个数。

（6）将排名1 ~ 5的识别正确个数分别除以采集样本个数，再乘以100，便得到每个排名的准确率。

第114 ~ 117行代码实现步骤（3）~（6）。这段代码较长，不易于理解，可以将其拆成子句，在Spyder中逐步查看实现过程，如图2-19所示。

```
In [9]: idx
Out[9]:
array([[1, 0, 3, 2, 7, 5, 6, 4],
       [1, 3, 0, 2, 7, 5, 6, 4],
       [4, 7, 5, 6, 1, 3, 0, 2],
       [4, 7, 5, 6, 1, 3, 0, 2]], dtype=int64)

In [10]: np.reshape(probe_y, [-1, 1]) == gallery_y[idx[:, 0:num_rank]]
Out[10]:
array([[ True,  True,  True,  True, False],
       [ True,  True,  True,  True, False],
       [ True,  True,  True,  True, False],
       [ True,  True,  True,  True, False]])

In [11]: np.cumsum(np.reshape(probe_y, [-1, 1]) == gallery_y[idx[:, 0:num_rank]], 1)
Out[11]:
array([[1, 2, 3, 4, 4],
       [1, 2, 3, 4, 4],
       [1, 2, 3, 4, 4],
       [1, 2, 3, 4, 4]], dtype=int32)

In [12]: np.cumsum(np.reshape(probe_y, [-1, 1]) == gallery_y[idx[:, 0:num_rank]], 1) > 0
Out[12]:
array([[ True,  True,  True,  True,  True],
       [ True,  True,  True,  True,  True],
       [ True,  True,  True,  True,  True],
       [ True,  True,  True,  True,  True]])

In [13]: np.sum(np.cumsum(np.reshape(probe_y, [-1, 1]) == gallery_y[idx[:, 0:num_rank]], 1) > 0,
    ...:        0)
Out[13]: array([4, 4, 4, 4, 4])

In [14]: dist.shape[0]
Out[14]: 4

In [15]: np.round(
    ...:     np.sum(np.cumsum(np.reshape(probe_y, [-1, 1]) == gallery_y[idx[:, 0:num_rank]], 1) > 0,
    ...:            0) * 100 / dist.shape[0], 2)
Out[15]: array([100.00, 100.00, 100.00, 100.00, 100.00])
```

图2-19 在Spyder中逐步查看实现过程

第 132 行代码，在遍历数据集前加入了 with torch.no_grad() 语句。该语句可以使模型在运行时，不额外创建梯度相关的内存。

> **注意** 在显存不足的情况下，使用 with torch.no_grad() 语句非常重要，它可以节省系统资源。虽然在实例化模型时，使用了模型的 eval 方法来设置模型的使用方式（见第 53 行代码），但这仅是修改模型中具有状态分支的处理流程（如 dropout 或 BN 等），并不会省去创建显存存放梯度的开销。

代码运行后，输出结果如下。

```
开始评估模型...
评估完成. 耗时: 0:01:40.119899
===Rank-1准确率 ===
携带包裹: 87.145,       普通: 80.731,       穿大衣: 52.380
===Rank-1 准确率(除去自身的行走条件)===
携带包裹: 85.919,       普通: 78.982,       穿大衣: 50.672
===Rank-1 的每个拍摄角度的准确率 (除去自身的行走条件)===
携带包裹: [77.72 89.35 91.52 88.81 85.33 82.39 86.96 90.55 90.87 87.61 74.02]
普通: [67.83 81.96 84.67 84.67 81.30 77.61 81.52 83.26 83.48 76.74 65.76]
穿大衣: [47.50 54.89 57.17 55.32 53.26 51.95 50.22 51.52 54.24 43.59 37.72]
```

由于训练模型阶段的迭代次数较少，因此准确率不是太高。在实际使用时，还需要增加训练的迭代次数。

2.4.13 扩展实例：用深度卷积和最大池化优化模型

在 2.4.9 小节的 GaitSet 模型中，在 HPM 特征转化时，使用了矩阵相乘的方式来实现基于多维数据最后一个维度的全连接操作。其实这个处理也可以理解成一个全尺度的深度卷积过程，即2.4.9小节的第41 ~ 44行代码可以写成如下。

代码文件: code_07_gaitset.py（片段）

```
41          self.gl_layerall = nn.Conv1d(sum(self.bin_num) * 2,
42                                  sum(self.bin_num) * 2*hidden_dim, 128,
43                                  bias=False, groups =sum(self.bin_num) * 2 )
44  #利用组卷积的分组数等于输入通道数的方式，可以实现深度卷积
```

同时再修改2.4.9小节的第83 ~ 85行代码，改变其调用方式，具体如下:

代码文件: code_07_gaitset.py（片段）

```
83          feature = torch.cat(feature, 2).permute(0, 2, 1).contiguous()
84          feature =self.gl_layerall(feature )
85          return feature.reshape(n,sum(self.bin_num) * 2,-1 )
```

该方式与矩阵相乘的方式完全一样，但是会有更好的扩展性。如将一维卷积的卷积核缩小一半，就可以节省更多的模型参数，同时基于HPM特征再次卷积也可以使模型的泛化能力更强。例如,2.4.9小节的第41 ~ 44行代码可以写成如下。

代码文件: code_07_gaitset.py（片段）

```
41          self.gl_layerall = nn.Conv1d(sum(self.bin_num) * 2,
42                                  sum(self.bin_num) * 2*hidden_dim//2, 128//2,
43                                  bias=False, groups =sum(self.bin_num) * 2 )
44  #利用组卷积的分组数等于输入通道数的方式，可以实现深度卷积
```

将一维卷积的输出通道数和卷积核分别除以2，则深度卷积的输出通道数没有任何变化。基于这种泛化性处理，可以将GaitSet模型总的输出维度降低，这样仍然可以得到很好的拟合效果。

将2.4.11小节的第79行代码的hidden_dim参数由256改成32之后，对模型进行80 000次迭代训练，测试效果如下。

```
===Rank-1准确率 ===
携带包裹: 92.248,      普通: 87.478,      穿大衣: 55.956
===Rank-1 准确率(除去自身的行走条件)===
携带包裹: 91.482,      普通: 86.265,      穿大衣: 54.299
===Rank-1 的每个拍摄角度的准确率 (除去自身的行走条件)===
携带包裹: [88.15 94.24 95.98 92.93 90.65 88.48 89.02 93.59 95.76 93.91 83.59]
普通: [82.07 88.70 91.52 89.67 87.61 85.11 87.61 88.70 88.91 83.70 75.33]
穿大衣: [53.26 57.83 58.04 58.04 54.78 55.33 59.89 56.85 56.63 43.48 43.15]
```

经过修改后的模型权重文件由10.31KB降到了7.81KB，模型输出的特征也由61×256降到了61×32，大大增加了其应用部署方面的优势。

另外，经过测试，在下采样的操作过程中，直接使用步长为2的池化操作会比本例中所使用的下采样操作（步长为2、卷积核为2的卷积操作）效果更好。有兴趣的读者，可以自行尝试。

2.4.14 扩展实例：视频采样并提取轮廓

本例实现了步态识别的核心识别部分。作为一个完整的步态识别功能，还需要在其前端实

现数据的预处理工作——视频采样并提取轮廓。

视频采样可以有很多种方式，基于视频的采样软件也各种各样，比较常用的库有OpenCV。该库可以将图片从视频数据和摄像头的采集数据中提取出来。

提取图片中的人物轮廓也有很多种方式，直接使用2.2.3小节的例子也可以实现。修改2.2.3小节代码文件code_04_deeplabv3.py的第51行代码的decode_segmap函数，只对分类为人的像素赋值即可。具体代码如下。

```
def decode_segmap(image, nc=21):
  r = np.zeros_like(image).astype(np.uint8)  #将背景设为黑色
  r[image == 15] = 255                       #将像素点分类为“人”的像素点设置成白色
  return r                                   #由于是灰度图，只用一个通道即可
```

同时在保存模型时，使用灰度图保存。在2.2.3小节代码文件code_04_deeplabv3.py中添加如下代码即可。

```
plt.imsave('silhouette.jpg', img, cmap='gray')
```

经过修改后的程序便具有提取轮廓功能。运行后的效果如图2-20所示。

图2-20 运行后的效果

2.4.15 步态识别模型的局限性

从图2-20中可以看出，如果被检测人穿特别大的长裙会掩盖住腿部的行走特征。另外，如果多人并排走，也会使步态识别功能失效。因此，在识别行人方面，步态识别可以作为一个辅助手段。

在人流密集的环境下或是故意穿着超长大衣、超大长裙的情况下，都会存在严重的遮挡关系。这种场景不适合部署步态识别模型来识别人物。

2.5 调试技巧

在开发人工智能相关模型的过程中，单纯掌握模型的结构和原理是远远不够的，还需要有扎实的编程能力和调试技巧。下面以2.4节的代码为例，详细介绍在使用PyTorch进行开发的过程中经常遇到的问题及其解决方式。

2.5.1 解决显存过满损失值为0问题

如果读者尝试将2.4.9小节的模型或是2.4.13小节的模型的迭代次数调大，则会发现在训练过程中，会出现梯度消失（损失值为0）的现象。这说明2.4节的代码中存在一个隐含的错误。下面将针对这个问题进行详细的分析并解决。

1. 现象描述

随着模型精度越来越高（损失值越来越小），部分批次数据训练的损失值为0，同时程序所占用的显存明显增大。如果在正常训练时，显存占用率已经很高，则会出现显存不足的错误，引起训练终止。

以2.4.13小节的模型为例，在没有出现损失值为0的情况下，所占用的显存一直为7058和7050 MiB（见图2-21（a））；直到出现损失值为0的情况后，占用的显存变为了10540和10562 MiB（见图2-21（b）），并且维持不变。

```
+-----------------------------------------------------------------------------+
| Processes:                                                       GPU Memory |
|  GPU       PID   Type   Process name                             Usage      |
|=============================================================================|
|    0      7813      C   python                                      7058MiB |
|    1      7813      C   python                                      7050MiB |
+-----------------------------------------------------------------------------+
```

（a）没有出现损失值为0时的显存占用

```
+-----------------------------------------------------------------------------+
| Processes:                                                       GPU Memory |
|  GPU       PID   Type   Process name                             Usage      |
|=============================================================================|
|    0      7813      C   python                                     10540MiB |
|    1      7813      C   python                                     10562MiB |
+-----------------------------------------------------------------------------+
```

（b）出现损失值为0时的显存占用

图2-21　训练中的显存情况

2. 原因解释

（1）损失值为0

部分批次的损失值为0是正常现象。这是因为模型对样本特征计算已经基本达到设定的标志，即部分样本特征符合三元损失的要求（负向样本大于正向样本与间隔之和），这种情况不需要再对损失值求梯度，所以该损失值为0。

（2）显存增长

这个问题与PyTorch优化器的实现机制有关。正常训练中，每次正向传播时，系统会自动开辟一部分显存存放每个张量的求导地址，其存取关系是与优化器的调用步骤紧耦合的。

在2.4.11小节训练程序的第141行代码中可以看到，当损失值为0时，并没有进行优化器的调用。这会导致下次进行模型正向传播时，系统又会开辟一部分显存。这就是显存增长的原因。

但在显存充足的情况下，这种现象并不影响训练。因为PyTorch中也做了安全处理，使得显存增长只膨胀一次，并不会无限膨胀。

3. 控制显存增长的方法

若要控制显存增长，只需要让正向传播的次数与反向传播的次数匹配即可，即将 2.4.11 小节训练程序的第 141 ~ 145 代码直接改成如下代码。

```
loss.backward()
optimizer.step()
```

这种训练方式表明无论损失值多大都要调用优化器进行反向传播。

但在实际运行中会产生无法对标量求梯度的错误，这是因为在 2.4.10 小节的第 130 行代码中为三元损失的损失值赋了 0。这是一个非常隐含的错误，也是需要特别小心的地方。在正向计算时，每个张量都有一个函数地址，该地址指向生成自己的那个函数，该地址会在反向求导时使用。直接赋 0 之后，缺失了求导地址信息，使得反向求导不能进行。

将 2.4.10 小节的第 129、130 行代码改成如下代码。

```
        full_loss_metric_mean = full_loss_metric_sum[
full_loss_metric_sum!=0]/full_loss_num[full_loss_num != 0]
        if len(full_loss_num[full_loss_num == 0])==len(full_loss_num):
            full_loss_metric_mean = torch.mean(full_loss_metric, 1)
```

第 129 行代码对 62 份三元损失中不为 0 的损失值求均值。

第 131 行代码针对 62 份三元损失全为 0 的情况，直接对所有损失值求均值（其实该值也是 0，只不过这种写法使张量保存了完整的求导地址）。

这样再次训练模型，就不会出现显存增长的情况了；而优化器在对损失值为 0 的情况下的反向传播，所计算的梯度也是 0，不会对参数有任何影响。

2.5.2 跟踪PyTorch显存并查找显存泄露点

PyTorch 对显存的处理并不是太友好，尤其在训练偏大规模的模型时，常会因为显存占满而终止训练。

为了更好地了解 PyTorch 显存的分配和回收，以及更方便地找出显存占满的原因，可以使用 Pytorch-Memory-Utils 工具来跟踪显存的变化情况。

1. 获取Pytorch-Memory-Utils工具的方式

Pytorch-Memory-Utils 工具的下载地址如下。

```
https://github.com/Oldpan/Pytorch-Memory-Utils
```

直接将代码文件 gpu_mem_track.py 下载到本地即可。

在使用前需要先安装 PyNVML，具体命令如下。

```
pip install nvidia-ml-py3
```

2. Pytorch-Memory-Utils工具的使用方法

Pytorch-Memory-Utils 工具的使用方法非常简单，具体步骤如下。

（1）在代码开始部分引入模块。

```
from gpu_mem_track import  MemTracker
```

（2）对模块进行初始化。

```
frame = inspect.currentframe()                    #定义 frame
gpu_tracker = MemTracker(frame)                   #定义 GPU 跟踪器
```

（3）在程序中，想要查看显存，调用 gpu_tracker 的 track 方法，输出显存的详细日志即可。

```
gpu_tracker.track()
```

在程序运行时，系统会根据当前运行的时间生成一个 .txt 文件（如 02-Dec-19-13:50:35-gpu_mem_track.txt），里面记录着显存的详细信息，如图 2-22 所示。

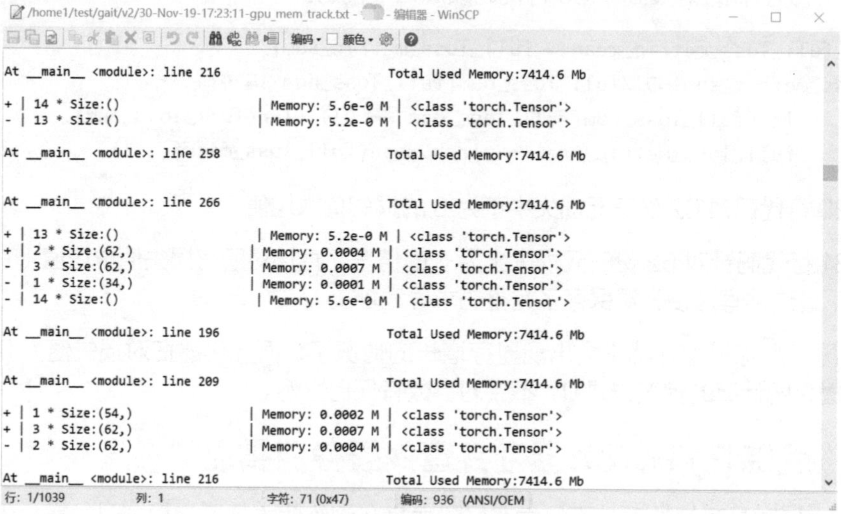

```
/home1/test/gait/v2/30-Nov-19-17:23:11-gpu_mem_track.txt - - 编辑器 - WinSCP
编码 · 颜色 ·

At __main__ <module>: line 216                    Total Used Memory:7414.6 Mb

+ | 14 * Size:()              | Memory: 5.6e-0 M | <class 'torch.Tensor'>
- | 13 * Size:()              | Memory: 5.2e-0 M | <class 'torch.Tensor'>

At __main__ <module>: line 258                    Total Used Memory:7414.6 Mb


At __main__ <module>: line 266                    Total Used Memory:7414.6 Mb

+ | 13 * Size:()              | Memory: 5.2e-0 M | <class 'torch.Tensor'>
+ | 2 * Size:(62,)           | Memory: 0.0004 M | <class 'torch.Tensor'>
- | 3 * Size:(62,)           | Memory: 0.0007 M | <class 'torch.Tensor'>
- | 1 * Size:(34,)           | Memory: 0.0001 M | <class 'torch.Tensor'>
- | 14 * Size:()              | Memory: 5.6e-0 M | <class 'torch.Tensor'>

At __main__ <module>: line 196                    Total Used Memory:7414.6 Mb


At __main__ <module>: line 209                    Total Used Memory:7414.6 Mb

+ | 1 * Size:(54,)           | Memory: 0.0002 M | <class 'torch.Tensor'>
+ | 3 * Size:(62,)           | Memory: 0.0007 M | <class 'torch.Tensor'>
- | 2 * Size:(62,)           | Memory: 0.0004 M | <class 'torch.Tensor'>

At __main__ <module>: line 216                    Total Used Memory:7414.6 Mb
行: 1/1039      列: 1      字符: 71 (0x47)      编码: 936 (ANSI/OEM
```

图2-22　跟踪显存的输出日志

在图 2-22 中，“+”代表额外创建的显存，“-”代表回收的显存。

提示　利用 Pytorch-Memory-Utils 工具跟踪显存是一个非常实用的方法，可以快速定位和发现问题。

自然语言处理的相关应用

自然语言处理（Natural Language Processing，NLP）是人工智能研究的一个方向，其目标是通过算法让机器能够理解和辨识人类的语言，常用于文本分类、翻译、文本生成、对话等领域。

本章将系统介绍 NLP 的相关应用。

3.1 BERT模型与NLP任务的发展阶段

深度学习在NLP任务方向上的发展，有两个明显的阶段：基础的神经网络阶段（BERT模型之前的阶段）、BERTology阶段（BERT模型之后的阶段）。

3.1.1 基础的神经网络阶段

在这个阶段主要是使用基础的神经网络模型来实现NLP任务，其中所使用的主要基础模型有3种。

- 卷积神经网络：主要是将语言当作图片数据，进行卷积操作。
- 循环神经网络：按照语言文本的顺序，用循环神经网络来学习一段连续文本中的语义。
- 基于注意力机制的神经网络：是一种类似于卷积思想的网络。它通过矩阵相乘，计算输入向量与目的输出之间的相似度，进而完成语义的理解。

人们通过运用这3种基础模型，不断地搭建出拟合能力越来越强的模型，直到最终出现了BERT模型。

3.1.2 BERTology阶段

BERT模型几乎在各种任务上都优于其他模型，这在当时引起了强烈的反响。BERT模型的"横空出世"，仿佛打开了解码NLP任务的"潘多拉魔盒"。随后涌现了一大批类似BERT的预训练模型，如：

- 引入BERT模型中双向上下文信息的广义自回归模型XLNet；
- 改进BERT模型训练方式和目标的RoBERTa和SpanBERT模型；
- 结合多任务和知识蒸馏（Knowledge Distillation）强化BERT模型的MT-DNN模型。

除此之外，还有人试图探究BERT模型的原理及其在某些任务中表现出众的真正原因。BERT模型在其出现之后的一个时段内，成为NLP任务的主流技术思想。这种思想也称为BERT学（BERTology）。

3.2 NLP中的常见任务

在NLP中有很多定义明确的任务，如翻译、问答、推断等。这些任务会根据使用的具体场景进行分类，而每一种场景中的NLP又可以细分为自然语言理解（Natural Language Understanding，NLU）和自然语言生成（Natural Language Generation，NLG）两种情况。

本节将从模型输入的角度出发，系统地总结不同场景中的NLP和对应的常用数据集。

3.2.1 基于文章处理的任务

基于文章处理的任务，主要是对文章中的全部文本进行处理，即文本挖掘。该任务的输入样本以文章为单位，模型会对文章中的全部文本进行处理，得到该篇文章的语义。当得到语义之后，便可以在模型的输出层，按照具体任务输出相应的结果。

基于文章处理的任务可以细分为以下 3 类。

- 序列到类别：如文本分类和情感分析。
- 同步序列到序列：是指为每个输入位置生成输出，如中文分词、命名实体识别和词性标注。
- 异步序列到序列：如机器翻译、自动摘要。

3.2.2 基于句子处理的任务

基于句子处理的任务又叫作序列级别任务（Sequence-Level Task），包括句子分类任务（如情感分类）、句子推断任务（推断两个句子是否同义）及句子生成任务（如回答问题、图像描述）等。

1. 句子分类任务及相关数据集

句子分类任务常用于评论分类、病句检查等场景，常用的数据集如下。

- SST-2（Stanford Sentiment Treebank）：这是一个二分类数据集，目的是判断一个句子（句子来源于人们对一部电影的评价）的情感。
- CoLA（Corpus of Linguistic Acceptability）：这是一个二分类数据集，目的是判断一个英文句子的语法是否正确。

2. 句子推断任务及相关数据集

句子推断任务的输入是两个成对的句子，其目的是判断两个句子的意思是蕴含（Entailment）、矛盾（Contradiction）的，还是中立（Neutral）的。该任务也被称为基于句子对的分类任务（Sentence Pair Classification Task），常用在智能问答、智能客服及多轮对话中。常用的数据集如下。

- MNLI（Multi-Genre Natural Language Inference）：这是 GLUE Datasets（General Language Understanding Evaluation）数据集中的一个数据集，是一个大规模的、来源众多的数据集，目的是判断两个句子语义之间的关系。
- QQP（Quora Question Pairs）：这是一个二分类数据集，目的是判断两个来自 Quora 的问题句子在语义上是否是等价的。
- QNLI（Question Natural Language Inference）：这也是一个二分类数据集，每个样本包含两个句子（一个是问题，另一个是答案）。正向样本的答案与问题相对应，负向样本则相反。
- STS-B（Semantic Textual Similarity Benchmark）：这是一个类似回归问题的数据集，给出一对句子，使用 1 ~ 5 的评分评价两者在语义上的相似程度。

- MRPC（Microsoft Research Paraphrase Corpus）：这是一个二分类数据集，句子对来源于对同一条新闻的评论，判断这一对句子在语义上是否相同。
- RTE（Recognizing Textual Entailment）：这是一个二分类数据集，类似于 MNLI 数据集，但是数据量较少。
- SWAG（Situations With Adversarial Generations）：这是一个问答数据集，给出一个陈述句子和 4 个备选句子，判断前者与后者中的哪一个最有逻辑的连续性，相当于阅读理解问题。

3. 句子生成任务及相关数据集

句子生成任务属于类别（实体对象）到序列任务，如文本生成、回答问题和图像描述。比较经典的数据集有 SQuAD。

SQuAD 数据集的样本为语句对（两个句子）。其中，第一个句子是一段来自 Wikipedia 的文本，第二个句子是一个问题（问题的答案包含在第一个句子中）。这样的语句对输入模型后，要求模型输出一个短句作为问题的答案。

SQuAD 数据集最新的版本为 SQuAD 2.0，它整合了现有的 SQuAD 数据集中可回答的问题和 50 000 多个由公众编写的难以回答的问题，其中那些难以回答的问题与可回答的问题语义相似。

SQuAD 2.0 数据集弥补了现有数据集中的不足。现有数据集要么只关注可回答的问题，要么使用容易识别的自动生成的不可回答的问题作为数据集。SQuAD 2.0 数据集相对较难。为了在 SQuAD 2.0 数据集中表现得更好，模型不仅要在可能的情况下回答问题，还要确定什么时候段落的上下文不支持回答。

3.2.3　基于句子中词的处理任务

基于句子中词的处理任务又叫作 token 级别任务（Token-Level Task），常用于完形填空（Cloze）、预测句子中某个位置的单词（或实体词）、对句子中的词性进行标注等。

1. token级别任务与BERT模型

token 级别任务也属于 BERT 模型预训练的任务之一，它等价于完形填空任务（Cloze Task），即根据句子中的上下文 token，推测出当前位置应当是什么 token。

BERT 模型预训练时使用了遮蔽语言模型（Masked Language Model，MLM）。该模型可以直接用于解决 token 级别任务，即在预训练时，将句子中的部分 token 用“[masked]”这个特殊的 token 进行替换，将部分单词遮掩住。该模型的输出就是预测“[masked]”对应位置的单词。这种训练的好处是不需要人工标注的数据，只需要通过合适的方法，对现有语料库中的句子进行随机的遮掩即可得到可以用来训练的语料。这样训练好的模型就可以直接使用了。

2. token级别任务与序列级别任务

在某种情况下，序列级别任务也可以拆分成 token 级别任务来处理，如 3.2.2 小节所介绍的 SQuAD 数据集。

SQuAD 数据集是一个基于句子处理的生成式数据集。这个数据集的特殊性在于最终的答案包含在样本的内容之中，是有范围的，而且是连续分布在内容之中的。

3. 实体词识别任务及常用模型

实体词识别（Named Entity Recognition，NER）任务也称为实体识别、实体分块或实体提取任务。它是信息提取的一个子任务，旨在定位文本中的命名实体，并将命名实体进行分类，如人员、组织、位置、时间表达式、数量、货币值、百分比等。

实体词识别任务的本质是对句子中的每个 token 标注标签，然后判断每个 token 的类别。

常用的实体词识别模型有 spaCy 模型、Stanford NER 模型。

- spaCy 模型是一个基于 Python 的命名实体识别统计系统，它可以将标签分配给连续的令牌组。spaCy 模型提供了一组默认的实体类别，这些类别包括各种命名或数字实体，如公司名称、位置、组织、产品名称等。这些默认的实体类别还可以通过训练的方式进行更新。
- Stanford NER 模型是一个命名实体 Recognizer，用 Java 实现。它提供了一个默认的实体类别，如组织、人员和位置等，可支持多种语言。

实体词识别任务可以用于快速评估简历、优化搜索引擎算法、优化推荐系统算法等。

3.3 实例：训练中文词向量

词向量是 NLP 任务的基础环节。在 NLP 任务中，只有将文本转为词向量之后，才可以在模型中进行计算。

在实际应用中，除了可以直接在模型中训练词向量，还可以训练专门的模型，对词向量进行提取。

实例描述	使用一段文字来对CBOW模型进行训练，并用训练后的Skip-Gram模型对该文字的词向量进行提取，同时将各个词的向量关系可视化，观察每个词之间的关系。

本例使用的 Skip-Gram 模型来自 word2vec。word2vec 是 Google 公司提出的一种词向量的工具或者算法集合，因为速度快、效果好而广为人知。word2vec 中主要采用了两种模型（CBOW 与 Skip-Gram 模型）和两种方法（负采样与层次 softmax 方法）的组合。

3.3.1 CBOW和Skip-Gram模型

CBOW 模型与 Skip-Gram 模型都是可以训练出词向量的模型，在实际应用中可以只选择其一。有关论文表明，CBOW 模型的速度要更快一些。

1. 概念介绍

统计语言模型（Statistical Language Model）是指给出几个词，在这几个词出现的前提下计算某个词出现的概率（事后概率）。

CBOW 模型是统计语言模型的一种，顾名思义就是根据某个词前面的 n 个词或者前后 n

个连续的词，来计算某个词出现的概率。

Skip-Gram 模型与 CBOW 模型相反，它以某个词为中心，然后分别计算该中心词前后可能出现其他词的各个概率。

2. 举例说明

下面以 Skip-Gram 模型为例进行说明。在处理文本“我爱人工智能”时，首先会将所有的词转换为向量，然后取出其中的一个词当成输入的中心词，并将中心词前后所出现的其他词当成标签。如果以中心词前后两个词作为标签，则“我爱人工智能”会被拆成如下形式。

```
"我"->"爱"、"我"-> "人工"、"爱"-> "我"、"爱"-> "人工"、
"爱"-> "智能"、"人工"->"我"、"人工"-> "爱"、"人工"-> "智能"、
"智能"-> "爱"、"智能"->"人工"
```

例子中的文本在处理之前会先被进行分词，然后按照 Skip-Gram 模型的规则进行样本和标签的匹配。在训练模型时，将样本输出的预测值与标签进行损失值的计算（如输入“我”对应的标签为“爱”，模型的预测输出值为“好”，则计算“爱”和“好”之间的损失偏差，用来优化网络），进行迭代优化。

> **注意** 如果按照例子中的Skip-Gram模型处理方法，直接进行迭代优化会出现一个问题：如果整个词库中的字数特别多，则会产生很大的矩阵，影响softmax速度。
> 为了优化这个问题，一般会采用负采样技术，使用少量的高频词作为负向样本，从而将时间复杂度从 $O(V)$ 变为 $O(\log V)$。

3.3.2 代码实现：样本预处理并生成字典

随便使用一篇中文文本文件来作为样本（本例用的是配套资源中的“人体阴阳与电能.txt”），将样本文件放到代码的同级目录下。使用 jieba 库对样本预处理，具体过程如下。

1. jieba库的安装与使用

在处理样本文件之前，需要对中文文本进行分词处理。本例借助 jieba 库进行分词处理。在使用之前需要先安装 jieba 库，安装方法如下。

保证计算机联网状态下在命令行里输入如下命令。

```
pip install jieba
```

安装完毕后可以新建一个 .py 文件，并使用如下代码简单测试一下。

```
import jieba
seg_list = jieba.cut("我爱人工智能")  # 默认是精确模式
print(" ".join(seg_list))
```

如果能够正常运行，并且可以分词，就表明 jieba 库安装正常。

2. 生成字典

使用 get_ch_lable 函数将所有文字读入 training_data，然后在 fenci 函数里使用 jieba 库对 training_data 分词生成 training_ci，将 training_ci 放入 build_dataset 里并生成指定长度（350）的字典。具体代码如下。

代码文件：code_09_skip-gram.py

```
01 import torch
02 import torch.nn as nn
03 import torch.nn.functional as F
04 from torch.utils.data import Dataset,DataLoader
05
06 import collections
07 from collections import Counter
08 import numpy as np
09 import random
10 import jieba   #引入jieba库
11
12 from sklearn.manifold import TSNE
13 import matplotlib as mpl
14 import matplotlib.pyplot as plt
15 mpl.rcParams['font.sans-serif']=['SimHei']#用来正常显示中文标签
16 mpl.rcParams['font.family'] = 'STSong'
17 mpl.rcParams['font.size'] = 20
18 #指定设备
19 device = torch.device("cuda:0" if torch.cuda.is_available() else "cpu")
20 print(device)
21
22 training_file = '人体阴阳与电能.txt '
23
24 #中文字
25 def get_ch_lable(txt_file):
26   labels= ""
27   with open(txt_file, 'rb') as f:
28     for label in f:
29       labels =labels+label.decode('gb2312')
30   return  labels
31
32 #分词
33 def fenci(training_data):
34   seg_list = jieba.cut(training_data)  # 默认是精确模式
35   training_ci = " ".join(seg_list)
36   training_ci = training_ci.split()
37   #以空格将字符串分开
38   training_ci = np.array(training_ci)
39   training_ci = np.reshape(training_ci, [-1, ])
40   return training_ci
41
42 def build_dataset(words, n_words):
43   count = [['UNK', -1]]
44   count.extend(collections.Counter(words).most_common(n_words - 1))
45   dictionary = dict()
46   for word, _ in count:
```

```
47        dictionary[word] = len(dictionary)
48    data = list()
49    unk_count = 0
50    for word in words:
51      if word in dictionary:
52        index = dictionary[word]
53      else:
54        index = 0  # dictionary['UNK']
55        unk_count += 1
56      data.append(index)
57    count[0][1] = unk_count
58    reversed_dictionary = dict(zip(dictionary.values(), dictionary.keys()))
59
60    return data, count, dictionary, reversed_dictionary
61
62  training_data =get_ch_lable(training_file)
63  print("总字数",len(training_data))
64  training_ci =fenci(training_data)
65  print("总词数",len(training_ci))
66  training_label, count, dictionary, words = build_dataset(training_ci, 350)
67
68  #统计词频
69  word_count = np.array([freq for _,freq in count], dtype=np.float32)
70  word_freq = word_count / np.sum(word_count)#计算每个词的词频
71  word_freq = word_freq ** (3. / 4.)#词频变换
72  words_size = len(dictionary)
73  print("字典词数",words_size)
74  print('Sample data', training_label[:10], [words[i] for i in training_label[:10]])
```

第 42 行代码的 build_dataset 函数实现了对样本文字的处理。在该函数中，对样本文字的词频进行统计，将每个词按照频次由高到低排序。同时，将排序后的列表中第 0 个索引设置成 unknown（用“UNK”表示）。这个 unknown 字符可用于对词频低的词语进行填充。如果设置字典为 350，则频次排序在 350 的词都会被当作 unknown 字符进行处理。

代码运行后，输出结果如下。

```
总字数 1567
总词数 961
字典词数 350
Sample data [25, 132, 32, 26, 27, 133, 8, 9, 80, 134] ['人体', '阴阳', '与', '电能',
'阴', '应该', '是', '身体', '里', '内在']
```

输出结果中显示了整个文章的总字数为 1567，总词数为 961，建立好的字典词数为 350。输出结果的最后两行，显示的是样本文字里前 10 个词的词频。

3.3.3　代码实现：按照 Skip-Gram 模型的规则制作数据集

使用 Dataset 与 DataLoader 接口制作数据集。在自定义 Dataset 类中，按照 Skip-

Gram 模型的规则对样本及其对应的标签进行组合。

每批次取 12 个，每个词向量的维度为 128，中心词前后的取词个数为 3，负采样的个数为 64。具体代码如下。

代码文件：code_09_skip-gram.py（续）

```
75 C = 3                                                    #定义中心词前后的取词个数
76 num_sampled = 64                          #负采样个数
77 BATCH_SIZE = 12
78 EMBEDDING_SIZE = 128
79
80 class SkipGramDataset(Dataset):   #自定义数据集
81     def __init__(self, training_label, word_to_idx,
82                                         idx_to_word, word_freqs):
83         super(SkipGramDataset, self).__init__()
84         self.text_encoded = torch.Tensor(training_label).long()
85         self.word_to_idx = word_to_idx
86         self.idx_to_word = idx_to_word
87         self.word_freqs = torch.Tensor(word_freqs)
88
89     def __len__(self):
90         return len(self.text_encoded)
91
92     def __getitem__(self, idx):
93         idx = min( max(idx,C),len(self.text_encoded)-2-C)#防止越界
94         center_word = self.text_encoded[idx]
95         pos_indices = list(range(idx-C, idx)) + list(range(idx+1, idx+1+C))
96         pos_words = self.text_encoded[pos_indices]
97         #多项式分布采样，取出指定个数的高频词
98         neg_words = torch.multinomial(self.word_freqs,
99                                            num_sampled+2*C, False)
100         neg_words = torch.Tensor(                              #去掉正向标签
101                 np.setdiff1d(neg_words.numpy(),
102                              pos_words.numpy())[:num_sampled]).long()
103         return center_word, pos_words, neg_words
104
105 print('制作数据集...')
106 train_dataset = SkipGramDataset(training_label,
107                                  dictionary, words, word_freq)
108 dataloader = torch.utils.data.DataLoader(train_dataset,
109                         batch_size=BATCH_SIZE,drop_last=True, shuffle=True)
110
111 sample = iter(dataloader)                              #将数据集转化成迭代器
112 center_word, pos_words, neg_words = sample.next()#从迭代器中取出一批次样本
113 print(center_word[0],words[np.long(center_word[0])],[words[i] for i in
    pos_words[0].numpy()])
```

样本中的每个词都被当作一个中心词，对于任意一个样本中心词，都会生成两组标签：正

向标签与负向标签。正向标签来自中心词的前后位置，负向标签主要来自词频的多项式采样。

第93行代码对组合标签过程中的越界问题做了处理，使提取样本的索引为3～（总长度-5）。

第98～102行代码对负向标签进行采样。在使用多项式分布采样之后，还要从中去掉与正向标签相同的索引。其中np.setdiff1d函数用于对两个数组做差集。

代码运行后，输出结果如下。

```
制作数据集...
tensor(302) 为了 ['的', '工作', ',', '产生', '电能', '分裂细胞']
```

3.3.4　代码实现：搭建模型并进行训练

首先定义一个词嵌入层用于训练，将输入的样本和标签分别用词嵌入层进行转化。在训练过程中，将输入与标签的词嵌入当作两个向量，将二者的矩阵相乘当作两个向量间的夹角余弦值，并用该夹角余弦值作为被优化的损失函数。

在训练模型时，定义了验证模型的相关参数，其中valid_size表示在0～words_size/2中随机取不能重复的16个字来验证模型。具体代码如下。

代码文件：code_09_skip-gram.py（续）

```
114 class Model(nn.Module):
115     def __init__(self, vocab_size, embed_size):
116         super(Model, self).__init__()
117         self.vocab_size = vocab_size
118         self.embed_size = embed_size
119         initrange = 0.5 / self.embed_size
120         self.in_embed = nn.Embedding(self.vocab_size, self.embed_size,
  sparse=False)
121         self.in_embed.weight.data.uniform_(-initrange, initrange)
122
123     def forward(self, input_labels, pos_labels, neg_labels):
124         input_embedding = self.in_embed(input_labels)
125         pos_embedding = self.in_embed(pos_labels)
126         neg_embedding = self.in_embed(neg_labels)
127         #计算输入与正向标签间的夹角余弦值
128         log_pos = torch.bmm(pos_embedding,
129                     input_embedding.unsqueeze(2)).squeeze()
130         #计算输入与负向标签间的夹角余弦值
131         log_neg = torch.bmm(neg_embedding,
132                     -input_embedding.unsqueeze(2)).squeeze()
133         #使用LogSigmoid激活函数
134         log_pos = F.logsigmoid(log_pos).sum(1)
135         log_neg = F.logsigmoid(log_neg).sum(1)
136         loss = log_pos + log_neg
137         return -loss
```

```
138 #实例化模型
139 model = Model(words_size, EMBEDDING_SIZE).to(device)
140 model.train()
141 #定义测试样本
142 valid_size = 16
143 valid_window = words_size/2        #取样数据的分布范围
144 valid_examples = np.random.choice(int(valid_window), valid_size, replace=False)
                                    #0~words_size/2中取16个，不能重复
145
146 optimizer = torch.optim.Adam(model.parameters(), lr=1e-3)
147 NUM_EPOCHS = 200
148 for e in range(NUM_EPOCHS):         #训练模型
149     for ei, (input_labels, pos_labels, neg_labels) in enumerate(dataloader):
150         input_labels = input_labels.to(device)
151         pos_labels = pos_labels.to(device)
152         neg_labels = neg_labels.to(device)
153
154         optimizer.zero_grad()
155         loss = model(input_labels, pos_labels, neg_labels).mean()
156         loss.backward()
157         optimizer.step()
158
159         if ei % 20 == 0:            #显示训练结果
160             print("epoch: {}, iter: {},
161                      loss: {}".format(e, ei, loss.item()))
162     if e %40 == 0:                  #测试模型
163         #计算测试样本词嵌入和所有样本词嵌入间的余弦相似度
164         norm = torch.sum(
165                 model.in_embed.weight.data.pow(2),-1).sqrt().unsqueeze(1)
166         normalized_embeddings = model.in_embed.weight.data / norm
167         valid_embeddings = normalized_embeddings[valid_examples]
168         #计算余弦相似度
169         similarity = torch.mm(valid_embeddings, normalized_embeddings.T)
170         for i in range(valid_size):
171             valid_word = words[valid_examples[i]]
172             top_k = 8                                   #取排名前8的词
173             #argsort函数返回的是数组值从小到大的索引值
174             nearest = (-similarity[i, :]).argsort()[1:top_k + 1]
175             log_str = 'Nearest to %s:' % valid_word     #格式化输出日志
176             for k in range(top_k):
177                 close_word = words[nearest[k].cpu().item()]
178                 log_str = '%s,%s' % (log_str, close_word)
179             print(log_str)
```

第127～132行代码使用bmm函数完成两个带批次数据的矩阵相乘，第169行代码的mm函数也实现矩阵相乘，二者的区别在于：

- bmm 函数处理的必须是批次数据，即形状为 $[b, m, n]$ 与 $[b, n, m]$ 矩阵相乘；
- mm 函数处理的是普通矩阵数据，即形状为 $[m, n]$ 与 $[n, m]$ 矩阵相乘。

第 131 行代码在计算输入与负向标签间的夹角余弦值时，使用了样本词嵌入的赋值。这样做与使用了 LogSigmoid 激活函数有关。

提示

《PyTorch深度学习和图神经网络（卷1）——基础知识》介绍过LogSigmoid激活函数，该激活函数的值域是（-inf,0]（inf是无穷值的意思），即当输入值越大，输出值越接近于0。

在本例中，如果将输入样本的词嵌入和目标标签的词嵌入分别当作两个向量，则可以用这两个向量间的夹角余弦值来当作二者的相似度。

为了规范计算，先通过LogSigmoid激活函数中的Sigmoid函数将参与运算的向量控制为0～1，再从正/负标签两个方向进行相似度计算：

对于正向标签，可以直接进行计算；对于负向标签，可以先用1减去输入样本的词嵌入，得到输入样本对应的负向量，再将该结果与负向标签的词向量一起计算相似度。

根据Sigmoid函数的对称特性 $1-\text{Sigmoid}(x)=\text{Sigmoid}(-x)$，可以直接对输入样本词向量的符号取负来实现向量的转化。

第 137 行代码对最终的损失值取负，将损失函数的值域由（-inf,0] 变为（0,inf]。这种变换有利于使用优化器在迭代训练中进行优化（因为优化器只能使损失值沿着最小化的方向优化）。

第 163 ~ 179 行代码实现了对现有模型的能力测试。该代码会从验证样本中取出指定的个数的词，通过词嵌入的转化，在已有的训练样本中找到与其语义相近的词，并显示出来。想要理解该部分代码的含义，需要先掌握 3.3.5 小节夹角余弦的知识。

代码运行后，输出结果如下。

```
……
epoch：160, iter：20, loss：46.449031829833984
epoch：160, iter：40, loss：46.9992790222168
epoch：160, iter：60, loss：46.418426513671875
Nearest to 长寿：，打坐，不能，道理，修道，故，更换，并且，很
Nearest to 这样：，人体，里，我，理解，是，内在，随着，这
Nearest to 寿命：，于是，有，放尽，都，暂时，但，一定，如此
Nearest to 里：，内在，精力，储存，我，这样，理解，应该，成
Nearest to 放电：，快速，加速，电池，运动会，本领，相当于，在，短时间
Nearest to 时：，开始，当有，机器，活动，太高时，电流，被，烧毁
Nearest to 人：，假如，一般，比作，烧毁，爆发力，呢，被，尤其
Nearest to UNK：，等静，支撑，平板，不会，所以，相当于，走，加速
Nearest to 变压器：，成，理解，这，将，储存，可以，内，为阳来
Nearest to 放出：，能量，中，对外，时候，过程，由，糖类，神经
Nearest to 。：，说明书，用尽，站，严格执行，桩，的，延长，另外
Nearest to 对于：，坏，对，了，支配，电足，自然，为阳来，运动
Nearest to 更加：，灵敏，增大，功能，感觉，精神，某些，舒服，衰退
Nearest to 机器：，时，开始，活动，当有，太高时，被，烧毁，举个
Nearest to 比：，别人，大，要，)，第二，功率，速度，输出
Nearest to 最：，举个，例子，简单，电足，了，自然，市面上，坏
```

```
epoch：161, iter：0, loss：47.61687469482422
epoch：161, iter：20, loss：44.45250701904297
......
```

由于样本量不是太大，因此结果并不是太精确。但是也可以看出来，模型基本上是按照近义词归类的，如“里”与“内在”、“更加”与“增大”等。模型对这些词的理解，基本上与人类对这些词的理解差不多。

3.3.5 夹角余弦

为了能够理解 3.3.4 小节的代码，有必要介绍夹角余弦的概念。

余弦定理：给定三角形的 3 条边 a、b、c，对应 3 个角为 A、B、C，则角 A 的余弦为

$$\cos A=\frac{b^2+c^2-a^2}{2bc} \tag{3-1}$$

如果将 b 和 c 看成两个向量，则式（3-1）等价于

$$\cos A=\frac{<\boldsymbol{b},\boldsymbol{c}>}{|\boldsymbol{b}||\boldsymbol{c}|} \tag{3-2}$$

其中，分母表示两个向量的长度，分子表示两个向量的内积。

在二维空间中，计算向量 $\boldsymbol{A}(x_1, y_1)$ 与向量 $\boldsymbol{B}(x_2, y_2)$ 的夹角余弦的公式为

$$\cos\theta=\frac{x_1x_2+y_1y_2}{\sqrt{{x_1}^2+{y_1}^2}\sqrt{{x_2}^2+{y_2}^2}} \tag{3-3}$$

再扩展到两个 n 维样本点 $\boldsymbol{a}(x_{11}, x_{12}, \cdots)$ 和 $\boldsymbol{b}(x_{21}, x_{22}, \cdots)$ 的夹角余弦的公式为

$$\cos\theta=\frac{x_{11}x_{21}+x_{12}x_{22}+\cdots}{\sqrt{{x_{11}}^2+{x_{12}}^2+\cdots}\sqrt{{x_{21}}^2+{x_{22}}^2+\cdots}} \tag{3-4}$$

现在可以理解 3.3.4 小节的代码了。

第 164 行代码中的 norm 代表每一个词对应向量的长度矩阵，见式（3-5）。

$$\boldsymbol{norm}=\left\{\begin{array}{l}\sqrt{{x_{11}}^2+{x_{12}}^2+\cdots}\\ \sqrt{{x_{21}}^2+{x_{22}}^2+\cdots}\\ \sqrt{{x_{31}}^2+{x_{32}}^2+\cdots}\\ \cdots\end{array}\right\} \tag{3-5}$$

第 166 行代码中的 normalized_embeddings 表示向量除以自己的模，即单位向量。它可以确定向量的方向。

第 169 行代码中，很显然 similarity 就是 valid_dataset 中对应的单位向量 valid_embeddings 与整个词嵌入字典中单位向量的夹角余弦。词嵌入夹角余弦结构如图 3-1 所示。

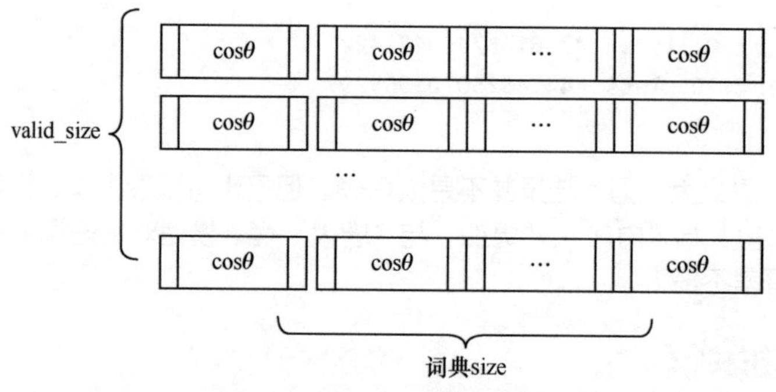

图3-1　词嵌入夹角余弦结构

如图 3-1 所示，计算这么多夹角余弦的目的是衡量两个 n 维向量间的相似度。当 $\cos\theta$ 为 1 时，表明夹角为 0，即两个向量的方向完全一样。所以 $\cos\theta$ 越小，表明两个向量的方向越不一样，相似度越低。

在 3.3.4 小节验证数据取值时做了特殊处理，先将 in_embed.weight.data 中每个词对应的向量进行平方和再开方得到 norm，然后将 in_embed.weight.data 与 norm 相除得到 normalized_embeddings。当找到自己对应 normalized_embeddings 中的向量 valid_embeddings 时，将该向量与转置后的 normalized_embeddings 相乘得到每个词的 similarity。这个过程实现了一个向量间夹角余弦的计算。

3.3.4 小节的第 174 行代码使用了一个 argsort 函数，用于将数组中的值按从小到大的顺序排列后，返回每个值对应的索引。在使用 argsort 函数之前，将 similarity 取负，得到的就是从小到大的排列了。similarity 就是当前词与整个词典中每个词的夹角余弦，夹角余弦值越大，就代表相似度越高。

3.3.6　代码实现：词嵌入可视化

最后需要将词向量可视化。3.3.2 小节的第 12 ~ 17 行代码对与可视化相关的引入库做了初始化，具体说明如下：

- 通过设置 mpl 的值让 plot 能够显示中文信息。
- scikit-learn（也称为 sklearn）库的 t-SNE 算法模块，作用是非对称降维。t-SNE 算法结合 t 分布，将高维空间的数据点映射到低维空间的距离，主要用于可视化和理解高维数据。

将词典中的词嵌入向量转成单位向量（只有方向），然后将它们通过 t-SNE 算法降维映射到二维平面中进行显示。具体代码如下。

代码文件：code_09_skip-gram.py（续）

```
180 def plot_with_labels(low_dim_embs, labels, filename='tsne.png'):
181     assert low_dim_embs.shape[0] >= len(labels),
182             'More labels than embeddings'
183     plt.figure(figsize=(18, 18))
184     for i, label in enumerate(labels):
185         x, y = low_dim_embs[i, :]
```

```
186         plt.scatter(x, y)
187         plt.annotate(label,xy=(x, y),xytext=(5, 2),
188                 textcoords='offset points', ha='right',va='bottom')
189     plt.savefig(filename)
190 
191 final_embeddings = model.in_embed.weight.data.cpu().numpy()
192 tsne = TSNE(perplexity=30, n_components=2, init='pca', n_iter=5000)
193 plot_only = 200#输出200个词
194 low_dim_embs = tsne.fit_transform(final_embeddings[:plot_only, :])
195 labels = [words[i] for i in range(plot_only)]
196 
197 plot_with_labels(low_dim_embs, labels)
```

代码运行后，可以看到图 3-2 所示的词向量结果。

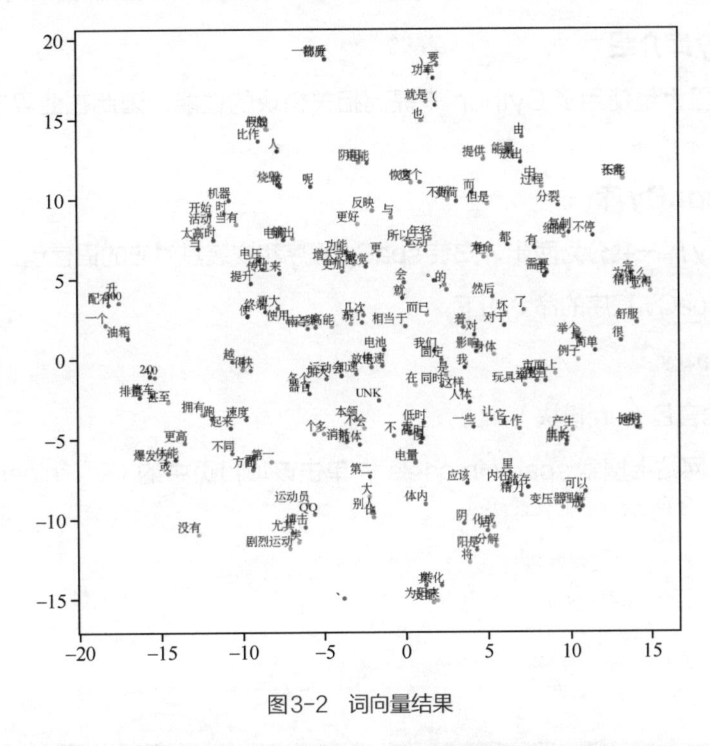

图3-2 词向量结果

从图 3-2 可以看出，模型对词意义的理解。离得越近的词，意义越相似，如图中的“搏击”“运动员”“剧烈运动”距离相近，“假设”“比作”距离相近。

3.3.7 词向量的应用

在 NLP 中，一般都会将该任务中涉及的词训练成词向量，然后让每个词以词向量的形式作为神经网络模型的输入，进行一些指定任务的训练。对于一个完整的训练任务，词向量的训练大多发生在预训练环节。

除了从头训练词向量，还可以使用已经训练好的词向量。尤其在样本不充足的情况下，可以增加模型的泛化性。

通用的词嵌入模型常以key-value的格式保存，即把词对应的向量一一列出来。这种方式具有更好的通用性，它可以不依赖任何框架。

3.4 常用文本处理工具

在NLP的发展过程中，人们也开发了很多非常实用的工具，这些工具可以帮助开发人员快速地实现自然语言相关的基础处理，从而可以更好地将精力用在高层次的语义分析任务中。下面详细介绍该领域中比较优秀的工具。

3.4.1 spaCy库的介绍和安装

spaCy是一个具有工业级强度的Python NLP工具包，它可以用来对文本进行断词、短句、词干化、标注词性、命名实体识别、名词短语提取、基于词向量计算词间相似度等处理。

1. spaCy库介绍

spaCy库里大量使用了Cython来提高相关模块的性能，因此在业界应用中很有实际价值。

2. 安装spaCy库

安装spaCy库一共分为两步，安装spaCy程序和安装其对应的语言包。

（1）安装spaCy程序的命令如下。

```
pip install spacy
```

（2）安装语言包（en模块）。

从GitHub网站上搜索spacy-models，单击该项目页中的（9）releases按钮，下载语言包，如图3-3所示。

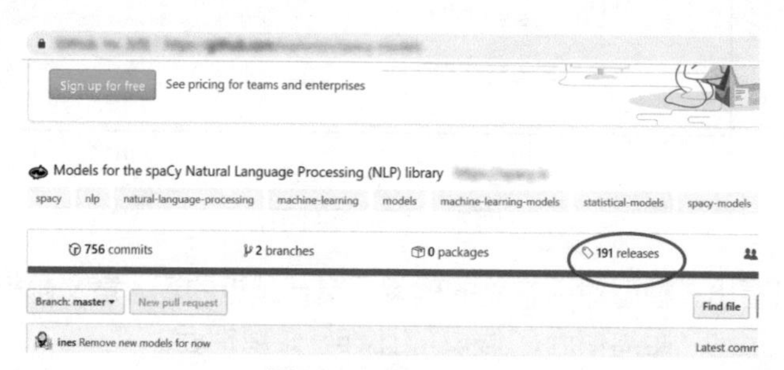

图3-3 spaCy页面

本例下载的英文语言包名称为en_core_web_sm-2.2.0.tar.gz，将其下载后，在命令行窗口中，进入语言包所在的目录，执行如下命令。

```
pip install en_core_web_sm-2.2.0.tar.gz
```

接着进行安装（如果是Windows操作系统，则要以管理员模式进行安装）。

执行如下命令，为语言包添加软连接。

```
python -m spacy download en
```

该命令执行后如果显示图 3-4 所示的结果，则表明已经安装成功。

```
Requirement already satisfied: more-itertools in d:\programdata\anaconda3\envs\pt13\lib\site-packages (from zipp>=0.5->i
mportlib-metadata>=0.20; python_version < "3.8"->spacy>=2.2.0->en_core_web_sm==2.2.0) (7.2.0)
✓ Download and installation successful
You can now load the model via spacy.load('en_core_web_sm')
为 d:\ProgramData\Anaconda3\envs\pt13\lib\site-packages\spacy\data\en <<===>> d:\ProgramData\Anaconda3\envs\pt13\lib\sit
e-packages\en_core_web_sm 创建的符号链接
✓ Linking successful
d:\ProgramData\Anaconda3\envs\pt13\lib\site-packages\en_core_web_sm -->
d:\ProgramData\Anaconda3\envs\pt13\lib\site-packages\spacy\data\en
You can now load the model via spacy.load('en')
```

图3-4 安装spaCy语言包

3.4.2 与PyTorch深度结合的文本处理库torchtext

torchtext 是一个可以与 PyTorch 深度结合的文本处理库。它可以方便地对文本进行预处理，如截断补齐、构建词表等。

torchtext 对数据的处理可以概括为 Field、Dataset 和迭代器这 3 部分。

- Field：处理某个字段。
- Dataset：定义数据源信息。
- 迭代器：返回模型所需要的、处理后的数据，主要分为 Iterator、BucketIterator、BPTTIterator 这 3 种。

迭代器的 3 种类型具体如下。

- Iterator：标准迭代器。
- BucketIterator：相比于标准迭代器，会将类似长度的样本当作一批来处理。因为在文本处理中经常需要将每一批样本长度补齐为当前批中最长序列的长度，所以当样本长度差别较大时，使用 BucketIterator 可以提高填充效率。除此之外，我们还可以在 Field 中通过 fix_length 参数来对样本进行截断补齐操作。
- BPTTIterator：基于时间的反向传播（Back-Propagation Through Time，BPTT）算法的迭代器，一般用于语言模型中。

3.4.3 torchtext库及其内置数据集与调用库的安装

为了方便文本处理，torchtext 库又内置了一些常用的文本数据集，并集成了一些常用的其他文本处理库。在使用时，可以利用 torchtext 库中提供的 API 进行内置数据集的下载和其他文本处理库的间接调用。

1. 安装torchtext库

如果要使用 torchtext 库的基本功能，直接安装 torchtext 库即可，命令如下。

```
pip install torchtext
```

2. 查看torchtext库的内置数据集

安装好 torchtext 库后，可以在如下路径中查看 torchtext 库的内置数据集。

```
本地pip安装包路径\Lib\site-packages\torchtext\datasets\__init__.py
```

其中“本地 pip 安装包路径”是指 Anaconda 的安装路径。例如，作者本地的安装路径如下。

```
D:\ProgramData\Anaconda3\envs\pt15\Lib\site-packages\torchtext\datasets\__init__.py
```

其中“D:\ProgramData\Anaconda3”为 Anaconda 的安装路径，“envs\pt15”为 Anaconda 中的虚拟环境。

3. 安装torchtext库的调用模块

在使用 torchtext 库的过程中，如果还要间接使用其他的文本处理库，则需要额外下载并安装。例如，在字段处理部分的示例代码如下。

```
from torchtext import data
TEXT = data.Field(tokenize = 'spacy')
```

调用 torchtext 库的 data.Field 函数时，可以向 tokenize 参数传入 'revtok' 'subword' 'spacy' 'moses' 字符串，分别表示使用 revtok、NLTK、加载 en 模块的 spaCy、sacremoses 库进行字段处理，这些库都需要单独安装。

3.4.4 torchtext库中的内置预训练词向量

torchtext 库中内置了若干个预训练词向量，可以在模型中直接拿来对本地的权重进行初始化。具体如下。

```
charngram.100d、fasttext.en.300d、fasttext.simple.300d、glove.42B.300d、
glove.840B.300d、glove.twitter.27B.25d\glove.twitter.27B.50d、glove.twitter.27B.100d、
glove.twitter.27B.200d、glove.6B.50d、glove.6B.100d、 glove.6B.200d、glove.6B.300d
```

这些词向量每个名称的前面部分表明其训练时所用的模型，后面部分都是“数字 +d”的形式，代表将词映射成词向量的维度。更多的信息可以参考 torchtext 的官网。

3.5 实例：用TextCNN模型分析评论者是否满意

卷积神经网络不仅在图像视觉领域有很好的效果，而且在基于文本的 NLP 领域也有很好的效果。TextCNN 模型是卷积神经网络用于文本处理方面的一个模型。在 TextCNN 模型中，通过多分支卷积技术实现对文本的分类功能。

下面通过一个例子，来了解 TextCNN 模型的实现。

实例描述　有一个记录评论语句的数据集，分为正面和负面两种情绪。通过训练，让模型能够理解正面与负面两种情绪的语义，并对评论文本进行分类。

对于 NLP 任务，在模型中常用 RNN 模型。但如果把语言向量当作一幅图像，CNN 模型也是可以对其进行分类的。

3.5.1　了解用于文本分类的卷积神经网络模型——TextCNN

TextCNN 模型是利用卷积神经网络对文本进行分类的模型，该模型的结构可以分为以下 4 层。

- 词嵌入层：将每个词对应的向量转化成多维度的词嵌入向量，将每个句子当作一幅图来进行处理（词的个数词 × 嵌入向量维度）。
- 多分支卷积层：使用 3、4、5 等不同大小的卷积核对词嵌入转化后的句子做卷积操作，生成大小不同的特征数据。
- 多分支全局最大池化层：对多分支卷积层中输出的每个分支的特征数据做全局最大池化操作。
- 全连接分类输出层：将池化后的结果输入全连接网络中，输出分类个数，得到最终结果。

TextCNN 模型的结构如图 3-5 所示。

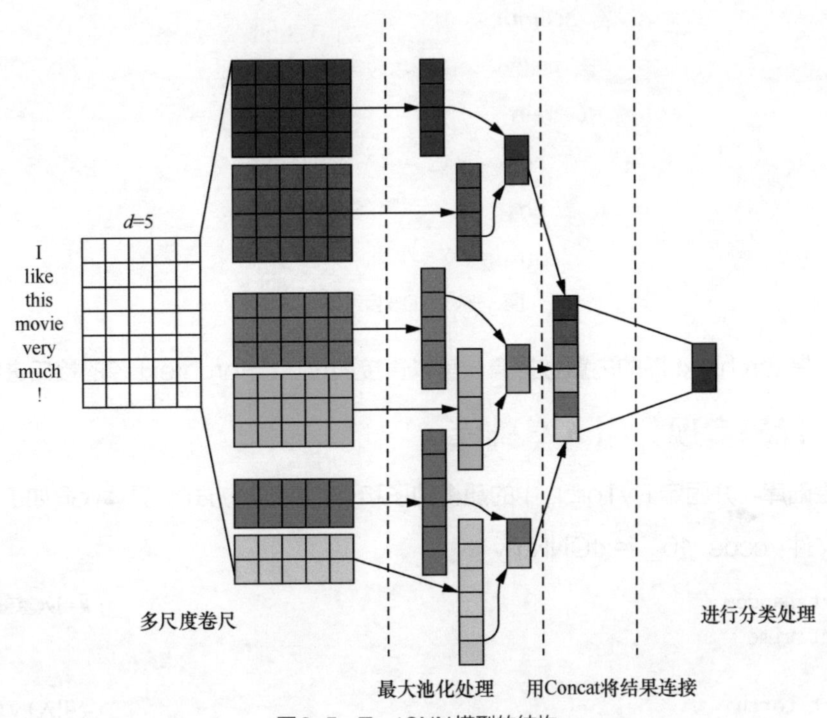

图3-5　TextCNN模型的结构

因为卷积神经网络具有提取局部特征的功能，所以可用卷积神经网络提取句子中类似 N-Gram 算法的关键信息。本例的任务可以理解为通过句子中的关键信息进行语义分类，这与 TextCNN 模型的功能是相匹配的。

> 提示　由于TextCNN模型中使用了池化操作，在这个过程中丢失了一些信息，所以导致该模型所表征的句子特征有限。如果要使用处理相近语义的分类任务，则还需要对其进一步进行调整。

3.5.2　样本介绍：了解电影评论数据集IMDB

IMDB 数据集相当于图片处理领域的 MNIST 数据集，在 NLP 任务中经常被使用。

IMDB 数据集包含 50 000 条评论，平均分成训练数据集（25 000 条评论）和测试数据集（25 000 条评论）。标签的总体分布是平衡的（25 000 条正面评论和 25 000 条负面评论）。另外，还包括额外的 50 000 份无标签文件，用于无监督学习。

IMDB 数据集主要包括两个文件夹 train 与 test，分别存放训练数据集与测试数据集。每个文件夹中都包含正样本和负样本，分别放在 pos 与 neg 子文件中。train 文件夹下还额外包含一个 unsup 子文件夹，用于非监督训练。

每个样本文件的命名规则为“序号 _ 评级”。其中“评级”可以分为 0 ~ 9 级。完整的 IMDB 目录结构如图 3-6 所示。

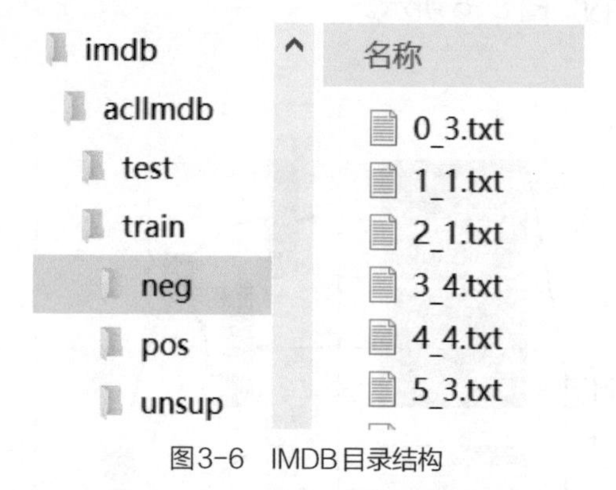

图3-6　IMDB目录结构

IMDB 是 torchtext 库的内置数据集，可以直接通过运行 torchtext 库的接口进行获取。

3.5.3　代码实现：引入基础库

引入基础库，并固定 PyTorch 中的随机种子和 GPU 运算方式。具体代码如下。

代码文件: code_10_TextCNN.py

```
01  import random                                    #引入基础库
02  import time
03
04  import torch                                     #引入PyTorch库
```

```
05 import torch.nn as nn
06 import torch.nn.functional as F
07
08 from torchtext import data ,datasets,vocab                    #引入文本处理库
09 import spacy
10
11 torch.manual_seed(1234)                                       #固定随机种子
12 torch.backends.cudnn.deterministic = True                     #固定GPU运算方式
```

第 11 行代码对 PyTorch 中的随机种子进行固定，使其每次运行时对权重参数的初始化值一致。

第 12 行代码固定 GPU 运算方式。为了提高 GPU 的运算效率，通常 PyTorch 会调用 cuDNN 的 auto-tuner，自动寻找最适合当前配置的高效算法进行计算，这一过程会导致每次运算的结果可能出现不一致的情况。这里将 torch.backends.cndnn.deterministic 设为 True，表明不使用寻找高效算法的功能，使得每次的运算结果一致。

> **注意**　torch.backends.cudnn.deterministic 参数只是对 GPU 有效。在 CPU 上不存在这个问题，即不用设置 torch.backends.cudnn. deterministic 参数也可以保证每次的运算结果一致。

第 11、12 行代码的目的是保证模型每次运行时输出一样的结果，实现模型的可重复性。

3.5.4　代码实现：用 torchtext 加载 IMDB 并拆分为数据集

IMDB 是 torchtext 库的内置数据集，可以直接通过 torchtext 库中的 datasets.IMDB 进行处理。在处理之前将数据集的字段类型和分词方法指定好即可。具体代码如下。

代码文件：code_10_TextCNN.py（续）

```
13 #定义字段，并按照指定标记化函数进行分词
14 TEXT = data.Field(tokenize = 'spacy', lower=True)
15 LABEL = data.LabelField(dtype = torch.float)
16
17 #加载数据集，并根据IMDB两个文件夹，返回两个数据集
18 train_data, test_data = datasets.IMDB.splits(text_field=TEXT,
19                                              label_field=LABEL)
20 print('---------输出一条数据------')
21 print(vars(train_data.examples[0]),len(train_data.examples))
22 print('---------------')
23
24 #将训练数据集再次拆分
25 train_data, valid_data = train_data.split(random_state = random.seed(1234))
26 print("训练数据集：", len(train_data)," 条")
27 print("验证数据集：", len(valid_data)," 条")
28 print("测试数据集：", len(test_data)," 条")
```

第 14 行代码调用 data.Field 函数指定数据集中的文本字段用 spaCy 库进行分词处理，

并将其统一改为小写字母。如果不设置 data.Field 函数的 tokenize 参数，则默认使用 str.split 函数进行分词处理。由于样本中的单词都是以空格隔开的，因此在本例中，使用 str.split 函数与 spaCy 库进行分词的效果一样。例如：

```
a='111  hello ,. </a> !!! 好的'              #定义字符串
str.split(a)                               #使用str.split函数分词 ，得到：['111', 'hello',
                                           ',.', '</a>', '!!!', '好的']
spacy_en = spacy.load('en')                #使用spaCy库分词
spacy_en(a).text.split()                   #得到：['111', 'hello', ',.', '</a>',
                                            '!!!', '好的']
```

第 18 行代码调用 datasets.IMDB.splits 函数进行数据集的加载。该代码执行时会在本地目录的 .data 文件夹下查找是否有 IMDB 数据集，如果没有，则下载；如果有，则将其加载到内存。被载入内存的数据集会放到数据集对象 train_data 与 test_data 中。

注意

本地IMDB目录结构如图3-7所示。

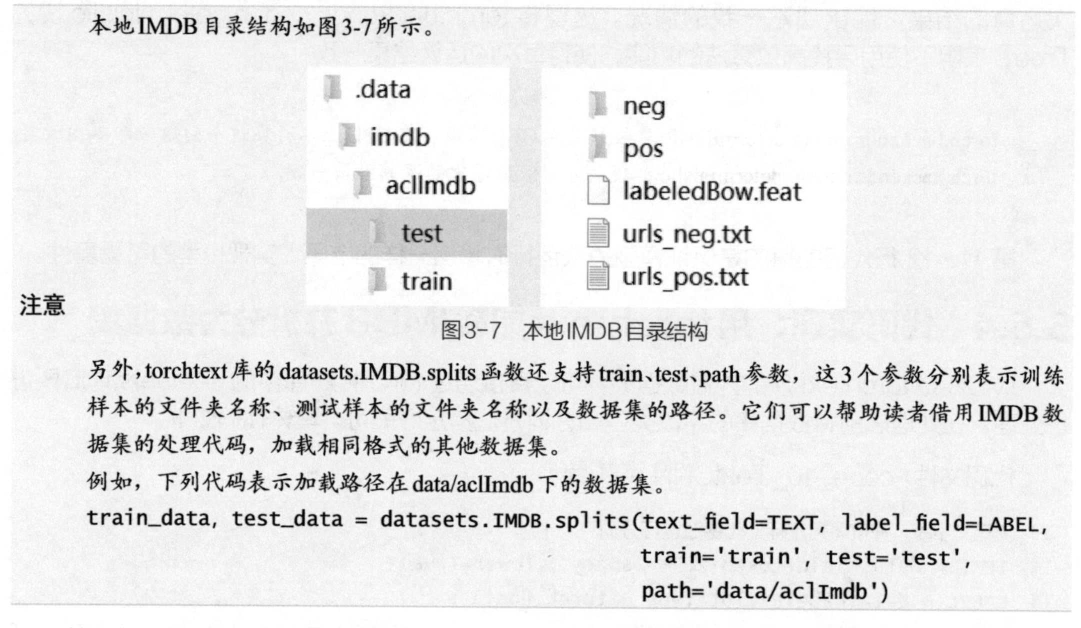

图3-7　本地IMDB目录结构

另外，torchtext库的datasets.IMDB.splits函数还支持train、test、path参数，这3个参数分别表示训练样本的文件夹名称、测试样本的文件夹名称以及数据集的路径。它们可以帮助读者借用IMDB数据集的处理代码，加载相同格式的其他数据集。

例如，下列代码表示加载路径在data/aclImdb下的数据集。

```
train_data, test_data = datasets.IMDB.splits(text_field=TEXT, label_field=LABEL,
                                  train='train', test='test',
                                  path='data/aclImdb')
```

第 25 行代码从训练数据中拆分出一部分作为验证数据集。数据集对象 train_data 的 split 方法默认按照 70%、30% 的比例进行拆分。还可以通过对参数 split_ratio 进行设置，来实现按照指定比例进行拆分，例如：

```
train_data.split(random_state = random.seed(1234),split_ratio=0.8)
```

这表示将数据集对象 train_data 按照 80%、20% 的比例进行拆分，其中参数 random_state 是打乱顺序的随机值。

代码运行后，输出结果如下。

```
downloading aclImdb_v1.tar.gz
.data\imdb\aclImdb_v1.tar.gz： 100%|██████████| 84.1M/84.1M [00：17<00：00,
4.68MB/s]
---------输出一条数据------
```

```
{'text' : ['bromwell', 'high', 'is', 'a', 'cartoon', 'comedy', '.', 'it', 'ran',
'at', 'the', 'same', 'time', 'as', 'some', 'other', 'programs', 'about', 'school',
'life', ',', 'such', 'as', '"', 'teachers', '"', '.', 'my', '35', 'years', 'in',
'the', 'teaching', 'profession', 'lead', 'me', 'to', 'believe', 'that', 'bromwell',
'high', "'s", 'satire', 'is', 'much', 'closer', 'to', 'reality', 'than', 'is',
'"', 'teachers', '"', '.', 'the', 'scramble', 'to', 'survive', 'financially', ',',
'the', 'insightful', 'students', 'who', 'can', 'see', 'right', 'through', 'their',
'pathetic', 'teachers', "'", 'pomp', ',', 'the', 'pettiness', 'of', 'the', 'whole',
'situation', ',', 'all', 'remind', 'me', 'of', 'the', 'schools', 'i', 'knew', 'and',
'their', 'students', '.', 'when', 'i', 'saw', 'the', 'episode', 'in', 'which',
'a', 'student', 'repeatedly', 'tried', 'to', 'burn', 'down', 'the', 'school', ',',
'i', 'immediately', 'recalled', '.........', 'at', '..........', 'high', '.', 'a',
'classic', 'line', ':', 'inspector', ':', 'i', "'m", 'here', 'to', 'sack', 'one',
'of', 'your', 'teachers', '.', 'student', ':', 'welcome', 'to', 'bromwell', 'high',
'.', 'i', 'expect', 'that', 'many', 'adults', 'of', 'my', 'age', 'think', 'that',
'bromwell', 'high', 'is', 'far', 'fetched', '.', 'what', 'a', 'pity', 'that', 'it',
'is', "n't", '!'], 'label' : 'pos'} 25000
---------------
训练数据集： 17500 条
验证数据集： 7500 条
测试数据集： 25000 条
```

结果中输出了数据集中的一条数据，该数据是一个字典，里面有两个 key，分别为 text 与 label。

> **注意** 要运行本小节的代码，需要提前安装 spaCy 与 torchtext 库。其中 spaCy 的安装比较复杂，如果读者不能正常安装，也可以将第 14 行代码改成如下：
> TEXT = data.Field()

3.5.5 代码实现：加载预训练词向量并进行样本数据转化

将数据集中的样本数据转化为词向量，并将其按照指定的批次大小进行组合。具体代码如下。

代码文件：code_10_TextCNN.py（续）

```
29 #将样本数据转化为词向量
30 TEXT.build_vocab(train_data,
31                  max_size = 25000,                #词的最大数量
32                  vectors = "glove.6B.100d",       #使用预训练词向量
33                  unk_init = torch.Tensor.normal_)
34
35 LABEL.build_vocab(train_data)
36
37 #创建批次数据
38 BATCH_SIZE = 64
39 device = torch.device('cuda' if torch.cuda.is_available() else 'cpu')
```

```
40 train_iterator, valid_iterator, test_iterator = data.BucketIterator.splits(
41     (train_data, valid_data, test_data),
42     batch_size = BATCH_SIZE,
43     device = device)
```

第30～33行代码调用了字段对象TEXT的build_vocab方法进行文本到词向量数据的转化。build_vocab方法会从数据集对象train_data中取出前25 000个高频词，并用指定的预训练词向量glove.6B.100d进行映射。

glove.6B.100d为torchtext库中内置的英文词向量，主要将每个词映射成维度为100的浮点型数据。

提示

如果本地已经下载了预训练词向量文件，则可以将其放到.vector_cache文件夹下直接进行加载。第30～33行代码还可以写成如下。

```
#加载.vector_cache文件夹下的glove.6B.100d.txt
loaded_vectors = vocab.Vectors('glove.6B.100d.txt')
#进行词向量转化
TEXT.build_vocab(train_data, vectors=loaded_vectors, max_size=len(loaded_
vectors.stoi))
#指定TEXT字段的词向量属性
TEXT.vocab.set_vectors(stoi=loaded_vectors.stoi, vectors=loaded_vectors.
vectors, dim=loaded_vectors.dim)
```

TEXT字段词向量的映射过程如图3-8所示。

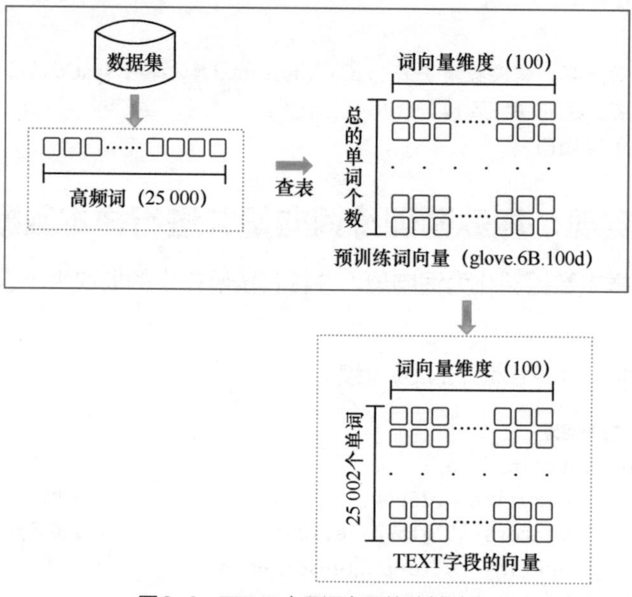

图3-8　TEXT字段词向量的映射过程

代码运行后，输出结果如下。

```
.vector_cache\glove.6B.zip: 862MB [02:50, 5.07MB/s]
100%|██████████| 399838/400000 [00:23<00:00, 17257.52it/s]
```

输出结果的第1行是下载预训练词向量文件glove.6B.100d的过程。该文件会被下载到本地.vector_cache文件夹下。

输出结果的第 2 行是解压缩预训练词向量文件的过程。

被转化后的 TEXT 与 LABEL 字段细节，可以使用如下代码进行查看。

```
TEXT.vocab.vectors.size()                    #查看文本字段形状
输出：torch.Size([25002, 100])               #25 000个高频词加上2个填充字符<pad>、<unk>

TEXT.vocab.freqs.most_common(10)       #查看文本字段前10个高频词，即索引
输出：  [('the', 203563),  (',', 192482), ('.', 165618), ('and', 109442), ('a', 
109116),
      ('of', 100702), ('to', 93766), ('is', 76328), ('in', 61254), ('I', 54004)]

TEXT.vocab.itos[:10]                         #只查看文本字段前10个高频词
输出：['<unk>', '<pad>', 'the', ',', '.', 'and', 'a', 'of', 'to', 'is']

LABEL.vocab.itos[:]#查看LABEL字段中的单词
输出：['neg', 'pos']
```

第 38 ~ 43 行代码将数据集按照指定批次进行组合。

3.5.6 代码实现：定义带有Mish激活函数的TextCNN模型

按照 3.5.1 小节介绍的 TextCNN 模型结构定义 TextCNN 类。在 TextCNN 类中，一共有两个方法。

- 初始化方法：按照指定个数定义多分支卷积层，并将它们统一放在 nn.ModuleList 数组中。
- 前向传播方法：先将输入数据依次输入每个分支的卷积层中进行处理，再对处理结果进行最大池化，最后对池化结果进行连接并回归处理。

具体代码如下。

代码文件：code_10_TextCNN.py（续）

```
44 class Mish(nn.Module):                                  #定义Mish激活函数类
45     def __init__(self):
46         super().__init__()
47     def forward(self,x):
48         x = x * (torch.tanh(F.softplus(x)))
49         return x
50
51 class TextCNN(nn.Module):                                     #定义TextCNN模型
52     #定义初始化方法
53     def __init__(self, vocab_size, embedding_dim, n_filters,
54                  filter_sizes, output_dim, dropout, pad_idx):
55         super().__init__()
56         self.embedding = nn.Embedding(vocab_size,          #定义词向量权重
57                          embedding_dim, padding_idx = pad_idx)
58         self.convs = nn.ModuleList([                        #定义多分支卷积层
```

```
59                          nn.Conv2d(in_channels = 1,
60                                    out_channels = n_filters,
61                                    kernel_size = (fs, embedding_dim))
62                          for fs in filter_sizes])
63          #定义输出层
64          self.fc = nn.Linear(len(filter_sizes) * n_filters, output_dim)
65          self.dropout = nn.Dropout(dropout)
66          self.mish = Mish()                              #实例化激活函数对象
67
68      #定义前向传播方法
69      def forward(self, text):                  #输入形状为[sent len, batch size]
70          #将形状变为[batch size, sent len]
71          text = text.permute(1, 0)
72
73          #对输入数据进行词向量映射，形状为[batch size, sent len, emb dim]
74          embedded = self.embedding(text)
75          #进行维度变换，输出形状为[batch size, 1, sent len, emb dim]
76          embedded = embedded.unsqueeze(1)
77
78          #多分支卷积处理
79          conved = [self.mish(conv(embedded)).squeeze(3) for conv in self.convs]
80
81          #对每个卷积结果进行最大池化操作
82          pooled = [F.max_pool1d(conv, conv.shape[2]).squeeze(2) for conv inconved]
83          #将池化结果连接起来
84          cat = self.dropout(torch.cat(pooled, dim = 1))
85          #输入全连接，进行回归输出
86          return self.fc(cat)
```

第 58 ~ 62 行代码将定义好的多分支卷积层以列表形式存放，以便在前向传播方法中使用（见第 69 行代码）。每个分支中卷积核的第一个维度由参数 filter_sizes 设置，第二个维度都是 embedding_dim，即只在纵轴的方向上实现了真正的卷积操作，在横轴的方向上是全尺度卷积。这种做法可以起到一维卷积的效果。当然也可以使用 nn.Conv1d 函数来代替 nn.Conv2d 函数。

注意　TextCNN 类继承了 nn.Module 类，在该类中定义的网络层列表必须要使用 nn.ModuleList 进行转化，才可以被 TextCNN 类识别。如果直接使用列表的话，在训练模型时无法通过 TextCNN 类对象的 parameters 方法获得权重。

这一点是与 Keras 非常不同的地方（Keras 中，直接使用列表即可），也是非常容易出错的地方，一定要注意。

第 79 行代码将输入数据进行多分支卷积处理。该代码执行后，会得到一个含有 len(filter_sizes) 个元素的列表，其中每个元素形状为 [batch size，n_filters，sent len - filter_sizes[n] + 1]，该元素最后一个维度的公式是由卷积公式计算而来的。

> **注意** 读者可以不用关心每个分支结果中最后一个维度的大小，因为第82行代码对多分支卷积的结果进行了最大池化操作，即把最后一个维度全部变为1。这一过程是系统自动匹配的。经过池化后，每个元素的形状为[batch size，n_filters]。

第 84 行代码将所有池化结果连接起来，得到一个形状为 [batch size，n_filters × len（filter_sizes）] 的张量。

3.5.7 代码实现：用数据集参数实例化模型

根据处理好的数据集参数对 TextCNN 模型进行实例化。具体代码如下。

代码文件：code_10_TextCNN.py（续）

```
87 if __name__ == '__main__':
88     INPUT_DIM = len(TEXT.vocab)                        #值为25002
89     EMBEDDING_DIM = TEXT.vocab.vectors.size()[1]       #值为100
90     N_FILTERS = 100                   #定义每个分支的输出通道数量
91     FILTER_SIZES = [3,4,5]            #定义多分支卷积中每个分支的卷积核尺寸
92     OUTPUT_DIM = 1                    #定义输出维度
93     DROPOUT = 0.5                     #定义Dropout的丢弃率
94     PAD_IDX = TEXT.vocab.stoi[TEXT.pad_token]          #定义填充值
95     #实例化模型
96       model  = TextCNN(INPUT_DIM, EMBEDDING_DIM, N_FILTERS, FILTER_SIZES,
 OUTPUT_DIM, DROPOUT, PAD_IDX)
```

第 94 行代码获取了数据集中填充字符对应的索引。在词向量映射过程中对齐数据时会使用该索引进行填充。

3.5.8 代码实现：用预训练词向量初始化模型

将加载好的 TEXT 字段词向量复制到模型中，为其初始化。具体代码如下。

代码文件：code_10_TextCNN.py（续）

```
97      #复制词向量
98      model.embedding.weight.data.copy_(TEXT.vocab.vectors)
99      #将未识别词和填充词清零
100     UNK_IDX = TEXT.vocab.stoi[TEXT.unk_token]
101     model.embedding.weight.data[UNK_IDX] = torch.zeros(EMBEDDING_DIM)
102     model.embedding.weight.data[PAD_IDX] = torch.zeros(EMBEDDING_DIM)
```

第 101、102 行代码对未识别词和填充词进行清零处理。清零处理是让这两个词在词向量空间中失去意义。这样做的目的是防止后面填充字符对原有的词向量空间进行干扰。

3.5.9 代码实现：用 Ranger 优化器训练模型

Ranger 优化器在本书的配套资源里，读者可以直接使用。编写模型的训练、测试函数，并训练模型。具体代码如下。

代码文件: code_10_TextCNN.py（续）

```
103     import torch.optim as optim                    #载入优化器库
104     from functools import partial                   #载入偏函数库
105     from ranger import *                            #载入Ranger优化器
106     #为Ranger优化器设置参数
107     opt_func = partial(Ranger,  betas=(.9,0.99), eps=1e-6)
108     optimizer = opt_func(model.parameters(),lr=0.004)#定义Ranger优化器
109
110     #定义损失函数
111     criterion = nn.BCEWithLogitsLoss()
112
113     #分配运算资源
114     model = model.to(device)
115     criterion = criterion.to(device)
116
117     #定义函数，计算准确率
118     def binary_accuracy(preds, y):
119         #把结果四舍五入
120         rounded_preds = torch.round(torch.sigmoid(preds))
121         correct = (rounded_preds == y).float()
122         acc = correct.sum() / len(correct)
123         return acc                                           #返回准确率
124
125     #定义函数，训练模型
126     def train(model, iterator, optimizer, criterion):
127
128         epoch_loss = 0
129         epoch_acc = 0
130         model.train()                      #设置模型标志，保证Dropout在训练模式下
131
132         for batch in iterator:             #遍历数据集进行训练
133             optimizer.zero_grad()
134             predictions = model(batch.text).squeeze(1)#在第1个维度上去除维度
135             loss = criterion(predictions, batch.label)          #计算损失
136             acc = binary_accuracy(predictions, batch.label)    #计算准确率
137             loss.backward()                                     #损失反向传播
138             optimizer.step()                                    #优化处理
139             epoch_loss += loss.item()                           #统计损失
140             epoch_acc += acc.item()                             #统计准确率
141         return epoch_loss / len(iterator), epoch_acc / len(iterator)
142
143     #定义函数，评估模型
144     def evaluate(model, iterator, criterion):
145
146         epoch_loss = 0
147         epoch_acc = 0
148         model.eval()                       #设置模型标志，保证Dropout在评估模式下
```

```
149
150         with torch.no_grad()：  #禁止梯度计算
151             for batch in iterator：
152               predictions = model(batch.text).squeeze(1)      #计算结果
153               loss = criterion(predictions, batch.label)       #计算损失
154               acc = binary_accuracy(predictions, batch.label)  #计算准确率
155                 epoch_loss += loss.item()
156                 epoch_acc += acc.item()
157         return epoch_loss / len(iterator), epoch_acc / len(iterator)
158
159     #定义函数，计算时间差
160     def epoch_time(start_time, end_time)：
161         elapsed_time = end_time - start_time
162         elapsed_mins = int(elapsed_time / 60)
163         elapsed_secs = int(elapsed_time - (elapsed_mins * 60))
164         return elapsed_mins, elapsed_secs
165
166     N_EPOCHS = 5                                   #设置训练的迭代次数
167     best_valid_loss = float('inf')                 #设置损失初始值，用于保存最优模型
168
169     for epoch in range(N_EPOCHS)：                 #按照迭代次数进行训练
170         start_time = time.time()
171          train_loss, train_acc = train(model, train_iterator, optimizer,
criterion)
172         valid_loss, valid_acc = evaluate(model, valid_iterator, criterion)
173         end_time = time.time()
174         #计算迭代的时间消耗
175         epoch_mins, epoch_secs = epoch_time(start_time, end_time)
176
177         if valid_loss < best_valid_loss：                     #保存最优模型
178             best_valid_loss = valid_loss
179             torch.save(model.state_dict(), 'textcnn-model.pt')
180         #输出训练结果
181             print(f'Epoch： {epoch+1：02} | Epoch Time： {epoch_mins}m
{epoch_secs}s')
182             print(f'\tTrain Loss： {train_loss：.3f} | Train Acc：
{train_acc*100：.2f}%')
183               print(f'\t Val. Loss： {valid_loss：.3f} |  Val. Acc：
{valid_acc*100：.2f}%')
184
185     #测试模型效果
186     model.load_state_dict(torch.load('textcnn-model.pt'))
187     test_loss, test_acc = evaluate(model, test_iterator, criterion)
188     print(f'Test Loss：{test_loss：.3f} | Test Acc：{test_acc*100：.2f}%')
```

第 111 行代码使用了 nn.BCEWithLogitsLoss 函数来计算损失。nn.BCEWithLogitsLoss 函数是带有 Sigmoid 函数的二分类交叉熵，即先对模型的输出结果进行 Sigmoid 计算，再对其余标签一起做 cross_entropy 计算。

代码运行后，输出结果如下。

```
Epoch: 01 | Epoch Time: 0m 38s
        Train Loss: 0.541 | Train Acc: 70.51%
         Val. Loss: 0.342 |  Val. Acc: 85.48%
Epoch: 02 | Epoch Time: 0m 28s
        Train Loss: 0.307 | Train Acc: 86.75%
         Val. Loss: 0.304 |  Val. Acc: 87.26%
Epoch: 03 | Epoch Time: 0m 28s
        Train Loss: 0.204 | Train Acc: 91.86%
         Val. Loss: 0.273 |  Val. Acc: 88.93%
Epoch: 04 | Epoch Time: 0m 28s
        Train Loss: 0.130 | Train Acc: 95.08%
         Val. Loss: 0.294 |  Val. Acc: 88.86%
Epoch: 05 | Epoch Time: 0m 27s
        Train Loss: 0.075 | Train Acc: 97.31%
         Val. Loss: 0.349 |  Val. Acc: 88.98%
Test Loss: 0.284 | Test Acc: 88.26%
```

3.5.10 代码实现：使用模型进行预测

编写模型预测接口函数，对指定句子进行预测。列举几个句子输入模型预测接口函数进行预测，查看预测结果。具体代码如下。

代码文件: code_10_TextCNN.py（续）

```
189    nlp = spacy.load('en')  #用spaCy库加载英文语言包
190    #定义函数，实现预测接口
191    def predict_sentiment(model, sentence, min_len = 5): #处理的最小长度为5
192        model.eval()        #设置模型标志，保证Dropout在评估模式下
193
194        tokenized = nlp.tokenizer(sentence).text.split()#拆分输入句子
195        if len(tokenized) < min_len:                      #长度不足，在后面填充
196            tokenized += ['<pad>'] * (min_len - len(tokenized))
197        #将单词转为索引
198        indexed = [TEXT.vocab.stoi[t] for t in tokenized]
199        tensor = torch.LongTensor(indexed).to(device)
200        tensor = tensor.unsqueeze(1)                      #为张量增加维度，模拟批次
201        prediction = torch.sigmoid(model(tensor))         #输入模型进行预测
202        return prediction.item()                          #返回预测结果
203
204    #使用句子进行测试
205    sen = "This film is terrible"
206    print('\n预测 sen = ', sen)
207    print('预测 结果:', predict_sentiment (model,sen))
208
209    sen = "This film is great"
```

```
210        print('\n预测 sen = ', sen)
211        print('预测 结果：', predict_sentiment(model,sen))
212
213        sen = " I like this film very much! "
214        print('\n预测 sen = ', sen)
215        print('预测 结果：', predict_sentiment(model,sen))
```

第 191 ~ 202 行代码是模型预测接口函数的实现。在该函数中具体的步骤如下。

（1）将长度不足 5 的句子用 '<pad>' 字符补齐。

（2）将句子中的单词转为索引。

（3）为张量增加维度，以与训练场景下的输入形状保持一致。

（4）输入模型进行预测，并对结果进行 Sigmoid 计算。因为模型在训练时，使用的计算损失函数自带 Sigmoid 处理，但模型中没有 Sigmoid 处理，所以要对结果增加 Sigmoid 处理。

第 205 ~ 215 行代码使用了 3 个句子输入模型预测接口函数进行预测，并输出预测结果。

代码运行后，输出结果如下。

```
预测 sen =  This film is terrible
预测 结果：0.04000573977828026
预测 sen =  This film is great
预测 结果：0.8294041156768799
预测 sen =  I like this film very much!
预测 结果：0.6002698540687561
```

输出的预测结果中，大于 0.5 的为正面评论，小于 0.5 的为负面评论。

3.6　了解 Transformers 库

在 BERTology 系列模型中，包含 ELMo、GPT、BERT、Transformer-XL、GPT-2 等多种预训练语言模型，这些模型在各种 NLP 任务上表现很好。但是这些模型代码接口各有不同，训练起来极耗费算力资源，使用它们并不是一件很容易的事。

Transformers 库是一个支持 TensorFlow 2.x 和 PyTorch 的 NLP 库。它将 BERTology 系列的所有模型融合到一起，并提供统一的使用接口和预训练模型，为人们使用 BERTology 系列模型提供方便。

> **提示**　由于本书以 PyTorch 实现为主，因此这里只介绍在 PyTorch 框架中使用 Transformers 库的方法。有关在 TensorFlow 中使用 Transformers 库的方法可以参考 Transformers 库的帮助文档。

3.6.1　Transformers 库的定义

Transformers 库中包括自然语言理解和自然语言生成两大类任务，提供了先进的通用架构（如BERT、GPT-2、RoBERTa、XLM、DistilBert、XLNet、CTRL等），其中有超过32个预训练模型（细分为100多种语言的版本）。

使用Transformers库可以非常方便地完成以下几个任务。

1. 通过执行脚本，直接使用训练好的SOTA模型，完成NLP任务

Transformers库附带一些脚本和在基准NLP数据集上训练好的SOTA模型。其中，基准NLP数据集包括SQuAD 2.0和GLUE数据集（见3.2节）。

不需要训练，直接将这些训练好的SOTA模型运用到实际的NLP任务中，就可以取得很好的效果。

> 提示　SOTA（State-Of-The-Art）是指目前应用于某项任务中“最好的”算法或技术。

2. 调用API实现NLP任务的预处理和微调

Transformers库提供了一个简单的API，它用于执行这些模型所需的所有预处理和微调步骤。

- 在预处理方面，通过使用Transformers库的API，可以实现对文本数据集的特征提取，并能够使用自己搭建的模型对提取后的特征进行二次处理，完成各种定制化任务。
- 在微调方面，通过使用Transformers库的API，可以对特定的文本数据集进行二次训练，使模型可以在Transformers库中已预训练的模型的基础之上，通过少量训练来实现特定数据集的推理任务。

3. 导入TensorFlow模型

Transformers库提供了转换接口，可以轻松将TensorFlow训练的checkpoints模型导入PyTorch并使用。

4. 转换成端计算模型

Transformers库还有一个配套的工具swift-coreml-transformers，可以将使用TensorFlow 2.x或PyTorch训练好的Transformer模型（如GPT-2、DistilGPT-2、BERT及DistilBERT模型）转换成能够在iOS操作系统下使用的端计算模型。

3.6.2　Transformers库的安装方法

有3种方式可以安装Transformers库，即使用conda命令进行安装、使用pip命令进行安装及从源码安装。

1. 使用conda命令进行安装

使用conda命令进行安装的命令如下。

```
conda install transformers
```

使用这种方式安装的Transformers库与Anaconda软件包的兼容性更好，但所安装的

Transformers 库版本会相对滞后。

2. 使用pip命令进行安装

使用 pip 命令进行安装的命令如下。

```
pip install transformers
```

使用这种方式可以将 Transformers 库发布的最新版本安装到本机。

3. 从源码安装

从源码安装 Transformers 库时需要参考 Transformers 库的说明文件。使用这种方式可以使 Transformers 库适用于更多平台，并且可以安装 Transformers 库的最新版本。

> **提示** 由于NLP技术的发展非常迅速，因此Transformers库的更新速度也会非常快。只有安装Transformers库的最新版本，才能使用Transformers库中集成好的最新NLP技术。

3.6.3 查看Transformers库的版本信息

Transformers 库会随着当前 NLP 领域中主流的技术发展而实时更新。目前，Transformers 库的更新速度非常快，可以通过 Transformers 库安装路径下的 transformers__init__.py 文件找到当前安装的版本信息。

例如，作者本地的文件路径如下。

```
D:\ProgramData\Anaconda3\envs\pt15\Lib\site-packages\transformers\__init__.py
```

打开该文件，即可看到 Transformers 库的版本信息，如图 3-9 所示。

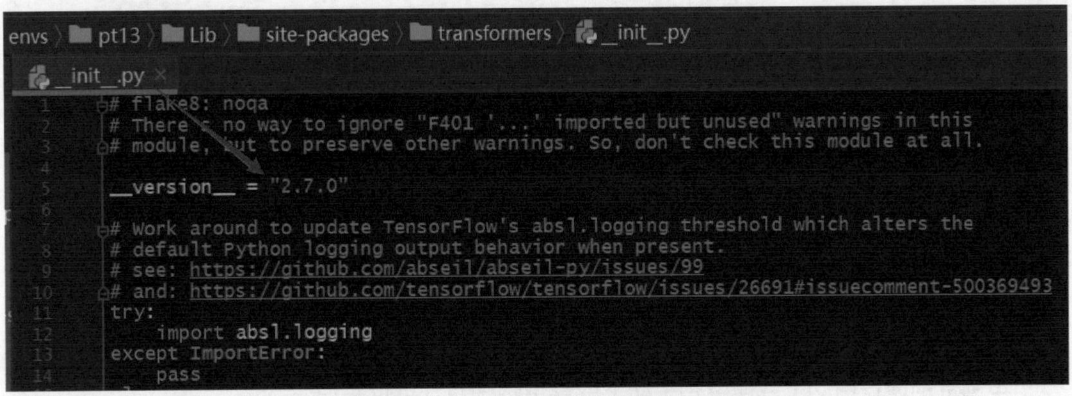

图3-9 Transformers库的版本信息

图 3-9 中箭头标注的位置即 Transformers 库的版本信息。

3.6.4 Transformers库的3层应用结构

从应用角度看，Transformers 库有 3 层应用结构，如图 3-10 所示。

图3-10　Transformers库的3层应用结构

图3-10所示的3层应用结构，分别对应于Transformers库的3种应用方式，具体如下。

- 管道（Pipeline）方式：高度集成的极简使用方式，只需要几行代码即可实现一个NLP任务。
- 自动模型（AutoModel）方式：可以将任意的BERTology系列模型载入并使用。
- 具体模型方式：在使用时，需要明确指定具体的模型，并按照每个BERTology系列模型中的特定参数进行调用，该方式相对复杂，但具有较高的灵活度。

在这3种应用方式中，管道方式使用最简单，灵活度较低；具体模型方式使用最复杂，灵活度较高。

3.7　实例：使用Transformers库的管道方式完成多种NLP任务

管道方式是Transformers库中高度集成的极简使用方式。使用这种方式来处理NLP任务，只需要编写几行代码就能实现。通过本例的练习可以使读者对Transformers库的使用快速上手。

实例描述	加载Transformers库中的预训练模型，并用它实现文本分类、掩码语言建模、摘要生成、特征提取、阅读理解、实体词识别这6种任务。

本例分别通过自动下载模型和手动下载模型两种方式进行实现。

3.7.1　在管道方式中指定NLP任务

Transformers库的管道方式使用起来非常简单，核心步骤只有两步。

（1）直接根据NLP任务对pipeline类进行实例化，便可以得到能够使用的模型对象。

（2）将文本输入模型对象，进行具体的NLP任务处理。

如在实例化过程中，向pipeline类传入字符串“sentiment-analysis”。该字符串用于告诉 Transformers 库返回一个能够进行文本分类任务的模型。当得到该模型之后，便可以将其用于文本分类任务。

在管道方式所返回的模型中，除了可以支持文本分类任务以外，还支持如下几种任务。

- eature-extraction：特征提取任务。
- sentiment-analysis：分类任务。
- ner：命名实体识别任务。
- question-answering：问答任务。
- ill-mask：完形填空任务。
- summarization：摘要生成任务。
- translation：英法、英德等翻译任务（英法翻译的全称为 translation_en_to_fr）。

这几种任务的具体使用方式将在本节实例中具体介绍。

3.7.2 代码实现：完成文本分类任务

文本分类是指模型可以根据文本中的内容来进行分类。如根据内容对情绪分类、根据内容对商品分类等。文本分类模型一般是通过有监督训练得到的。对文本内容的具体分类方向，依赖于训练时所使用的样本标签。

1. 代码实现

使用管道方式的代码非常简单，向 pipeline 类中传入字符串“sentiment-analysis”即可使用。具体代码如下。

代码文件：code_11_pipline.py

```
01 from transformers import *
02 nlp_sentence_classif= pipeline("sentiment-analysis")      #自动加载模型
03 print(nlp_sentence_classif ("I like this book!"))                #调用模型进行处理
```

代码运行后，需要等待一段时间，系统会进行预训练模型的下载工作。下载完成后，输出结果如下。

```
HBox(children=(IntProgress(value=0, description='Downloading', max=569, style=Pro-
gressStyle(description_width=...
[{'label': 'POSITIVE', 'score': 0.9998675}]
```

输出结果的前两行是下载模型的信息，最后一行是模型输出的结果。

Transformers 库中的管道方式为用户提供了一个非常方便的使用接口。用户完全不用关心内部的工作机制，直接使用即可。

提示　该代码运行后，系统会自动从指定网站下载对应的关联文件。这些文件默认会放在系统的用户目录中。如作者的本地目录是 C：\Users\ljh\.cache\torch\transformers。

2. 常见问题

首次运行 Transformers 库中的代码，有可能会遇到如下问题。

（1）运行错误，无法导入 Parallel。

Transformers 库使用了 0.15.0 版本以上的 joblib 库，如果运行时出现如下错误。

```
ImportError: cannot import name 'Parallel' from 'joblib'
```

则表明本地的 joblib 库版本在 0.15.0 以下，需要重新安装。使用如下命令进行安装。

```
pip uninstall joblib
pip install joblib
```

（2）运行错误，找不到 FloatProgress。

在自动下载模型的过程中，Transformers 库是使用 ipywidgets 库进行工作的。如果没有 ipywidgets 库，则会出现如下错误。

```
ImportError: FloatProgress not found. Please update jupyter and ipywidgets. See
https://ipywidgets.readthedocs.io/en/stable/user_install.html
```

这种错误表示没有安装 ipywidgets 库，需要使用如下命令进行安装。

```
pip install ipywidgets
```

（3）模型下载失败。

系统在执行第 2 行代码时，需要先从网络下载预训练模型到本地，再进行加载使用。如果是网络环境不稳定，可能会出现因下载不成功而导致运行失败的情况。

3. 用手动加载方式解决模型下载失败问题

为了解决模型下载失败问题，可以直接使用本书配套资源中的模型文件，从本地进行加载。具体做法如下。

（1）将文件夹 distilbert-base-uncased 复制到本地代码的同级目录下。

（2）修改本小节第 02 行代码，将其修改成如下代码。

```
tokenizer = DistilBertTokenizer.from_pretrained(
            r'./distilbert-base-uncased/bert-base-uncased-vocab.txt')
nlp_sentence_classif= pipeline("sentiment-analysis",
model=
r'./distilbert-base-uncased/distilbert-base-uncased-finetuned-sst-2-english-
pytorch_model.bin',
config=r'./distilbert-base-uncased/distilbert-base-uncased-finetuned-sst-2-english-
config.json',
tokenizer = tokenizer)
```

待代码修改之后，便可以正常运行。

提示 文件夹“distilbert-base-uncased”中的模型文件也是手动下载的。查找这些模型下载地址的方法将在后文介绍管道方式运行机制时一起介绍。

如果读者使用的 Transformers 库版本是 3 系列，则以上的手动修改方式会失效，还需要按照 3.7.7 小节的方式，将模型文件改成标准的固定名称后，再以文件夹的方式进行载入。

3.7.3 代码实现：完成特征提取任务

特征提取任务只返回文本处理后的特征，属于预训练模型范畴。特征提取任务的输出结果需要结合其他模型一起工作，不是端到端解决任务的模型。

对句子进行特征提取后的结果可以当作 3.5 节的词向量来使用，其作用也与 3.3.7 小节所介绍的作用一致。

在本例的实现中，只将其输出结果的形状输出。

1. 代码实现

向 pipeline 类中传入字符串“feature-extraction”进行实例化，并调用该实例化对象对文本进行处理。具体代码如下。

代码文件：code_11_pipline.py（续）

```
04 import numpy as np
05 nlp_features = pipeline('feature-extraction')
06 output = nlp_features(
07         'Code Doctor Studio is a Chinese company based in BeiJing.')
08 print(np.array(output).shape)    #输出特征形状
```

代码运行后，输出结果如下。

```
(1, 16, 768)
```

输出结果是一个元组对象，该对象中的 3 个元素所代表的意义分别为批次个数、词个数、每个词的向量。

可以看到，如果直接使用 3.4.4 小节中 torchtext 库的内置预训练词向量进行转化，也可以得到类似形状的结果。直接使用内置预训练词向量进行转化的方式对算力消耗较小，但需要将整个词表载入内存，对内存消耗较大。而本例中，使用模型进行特征提取的方式虽然会消耗一些算力，但是内存占用相对可控（只是模型的空间大小），如果再配合剪枝压缩等技术，更适合工程部署。

注意 使用管道方式来完成特征提取任务，只适用于数据预处理阶段。如果要对已有的 BERTology 系列模型进行微调——对 Transformers 库中的模型进行再训练，还需要使用更底层的类接口。

2. 用手动加载方式调用模型

为了解决模型下载失败问题，可以直接使用本书配套资源中的模型文件，从本地进行加载。具体做法如下。

（1）将文件夹 distilbert-base-cased 复制到本地代码的同级目录下。

（2）修改本小节第 05 行代码，将其修改成如下代码。

```
tokenizer = DistilBertTokenizer.from_pretrained(
                    r'./distilbert-base-cased/bert-base-cased-vocab.txt')
nlp_fill = pipeline("fill-mask",
          model=r'./distilbert-base-cased/distilbert-base-cased-pytorch_model.bin',
          config=r'./distilbert-base-cased/distilbert-base-cased-config.json',
            tokenizer = tokenizer)
```

如果读者使用的 Transformers 库版本是 3 系列，则以上的手动修改方式会失效，还需要按照 3.7.7 小节的方式，将模型文件改成标准的固定名称后，再以文件夹的方式进行载入。

3.7.4 代码实现：完成完形填空任务

完形填空任务又叫作遮蔽语言建模任务，它属于 BERT 模型在训练过程中的一个子任务。

1. 完形填空任务

完形填空任务的做法如下。

在训练 BERT 模型时，利用遮蔽语言的方式，先对输入序列文本中的单词进行随机遮蔽，并将遮蔽后的文本输入模型，令模型根据上下文中提供的其他非遮蔽词预测遮蔽词的原始值。

一旦 BERT 模型训练完成，即可得到一个能够处理完形填空任务的模型——MLM。

2. 代码实现

向 pipeline 类中传入字符串“fill-mask”进行实例化，并调用该实例化对象对文本进行处理。

在使用实例化对象时，需要将要填空的单词用特殊字符遮蔽，然后用模型来预测被遮蔽的单词。

遮蔽单词的特殊字符可以使用实例化对象的 tokenizer.mask_token 属性来实现。具体代码如下。

代码文件：code_11_pipline.py（续）

```
09 nlp_fill = pipeline("fill-mask")
10 print(nlp_fill.tokenizer.mask_token) #输出遮蔽字符：'[MASK]'
11 #调用模型进行处理
12 print(nlp_fill(f"Li Jinhong wrote many {nlp_fill.tokenizer.mask_token} about
   artificial intelligence technology and helped many people."))
```

代码运行后，输出结果如下。

```
[{'sequence': '[CLS] li jinhong wrote many books about artificial intelligence technology and helped many people. [SEP]', 'score': 0.7667181491851807, 'token': 2146},
 {'sequence': '[CLS] li jinhong wrote many articles about artificial intelligence technology and helped many people. [SEP]', 'score': 0.1408711075782776, 'token': 4237},
 {'sequence': '[CLS] li jinhong wrote many works about artificial intelligence technology and helped many people. [SEP]', 'score': 0.01669470965862274, 'token': 1759},
 {'sequence': '[CLS] li jinhong wrote many textbooks about artificial intelligence technology and helped many people. [SEP]', 'score': 0.009570339694619179, 'token': 20980},
 {'sequence': '[CLS] li jinhong wrote many papers about artificial intelligence technology and helped many people. [SEP]', 'score': 0.009053915739059448, 'token': 4580}]
```

从输出结果中可以看出，模型输出了分值最大的前 5 名结果。其中第 1 行的结果预测出了被遮蔽的单词为“books”。

3. 用手动加载方式调用模型

比较 3.7.2 小节和 3.7.3 小节中手动加载方式的实现，可以看出实例化 pipeline 类的通用方法：先指定一个 NLP 任务对应的字符串，再为其指定本地模型。

其实，Transformers 库中的很多模型都是通用的，它可以适用于管道方式的多种任务。在完形填空任务中，使用 3.7.3 小节特征提取中的任务也是可以运行的。

例如，可以将第 09 行代码改成如下代码。

```
tokenizer = DistilBertTokenizer.from_pretrained(
                    r'./distilbert-base-cased/bert-base-cased-vocab.txt')
nlp_fill = pipeline("fill-mask",
        model=r'./distilbert-base-cased/distilbert-base-cased-pytorch_model.bin',
        config=r'./ istilbert-base-cased/distilbert-base-cased-config.json',
        tokenizer = tokenizer)
```

如果读者使用的 Transformers 库版本是 3 系列，则以上的手动修改方式会失效，还需要按照 3.7.7 小节的方式，将模型文件改成标准的固定名称后，再以文件夹的方式进行载入。

3.7.5 代码实现：完成阅读理解任务

阅读理解任务又叫作问答任务，即输入一段文本和一个问题，令模型输出结果。

1. 代码实现

向 pipeline 类中传入字符串“question-answering”进行实例化，并调用该实例化对象对一段文本和一个问题进行处理，然后输出模型的处理结果。具体代码如下。

代码文件：code_11_pipline.py（续）

```
13 nlp_qa = pipeline("question-answering")   #实例化模型
14 print(                                     #输出模型处理结果
15 nlp_qa(context='Code Doctor Studio is a Chinese company based in BeiJing.',
16        question='Where is Code Doctor Studio?') )
```

在使用实例化对象nlp_qa时，必须传入参数context和question。其中参数context代表一段文本，参数question代表一个问题。

代码运行后，输出结果如下。

```
convert squad examples to features: 100%|██████████| 1/1 [00:00<00:00, 2094.01it/s]
add example index and unique id: 100%|██████████| 1/1 [00:00<00:00, 6452.78it/s]
{'score': 0.9465346197890199, 'start': 49, 'end': 56, 'answer': 'BeiJing.'}
```

输出结果的前两行是模型内部的运行过程，最后一行是模型的输出结果，在结果中，"answer"字段为输入的问题，答案是"BeiJing"。

2. 常见问题

在运行阅读理解任务时，除了会存在因网络不好而导致模型下载失败的问题，还会存在系统兼容性问题。

目前PyTorch还没有解决其在Windows操作系统下多线程处理数据的兼容性。而Transformers库在处理参数context所对应的文本时，使用了多线程技术。如果在Windows操作系统下运行该代码，会出现"BrokenPipeError：[Errno 32] Broken pipe"的错误，如图3-11所示。

```
  File "D:\ProgramData\Anaconda3\envs\pt13\lib\multiprocessing
\popen_spawn_win32.py", line 65, in __init__
    reduction.dump(process_obj, to_child)

  File "D:\ProgramData\Anaconda3\envs\pt13\lib\multiprocessing\reduction.py",
line 60, in dump
    ForkingPickler(file, protocol).dump(obj)

BrokenPipeError: [Errno 32] Broken pipe
```

图3-11　系统兼容性错误

所以该代码目前只能在Linux操作系统下运行。如果读者使用Transformers库版本是3系列，则不会出现兼容性问题。

3. 用手动加载方式调用模型

因为阅读理解任务的输入是一个文本和一个问题，而输出是一个答案，这种结构相对其他任务的输入/输出具有特殊性，所以其不能与3.7.2小节或3.7.3小节的模型通用，但使用方法是一样的。

本例中使用的阅读理解模型是在SQuAD数据集上训练的（SQuAD数据集见3.2.2小节的介绍）。

可以参考3.7.3小节手动加载模型的方式，直接将本书配套资源中的模型文件夹distilbertbase-cased-distilled-squad 复制到本地代码的同级目录下，并将第 13 行代码改成如下代码。

```
tokenizer = DistilBertTokenizer.from_pretrained(
                r'./distilbert-base-cased-distilled-squad/bert-base-cased-vocab.
txt')
nlp_qa = pipeline("question-answering",
 model=r'./distilbert-base-cased-distilled-squad/distilbert-base-cased-distilled-\
                                                    squad-pytorch_model.bin',
 config=r'./distilbert-base-cased-distilled-squad/distilbert-base-cased-distilled-\
                                                    squad-config.json',
 tokenizer = tokenizer)
```

如果读者使用的 Transformers 库版本是 3 系列，则以上的手动修改方式会失效，还需要按照 3.7.7 小节的方式，将模型文件改成标准的固定名称后，再以文件夹的方式进行载入。

3.7.6　代码实现：完成摘要生成任务

摘要生成任务的输入是一段文本，输出是一段相对于输入较短的文字。

1. 代码实现

向 pipeline 类中传入字符串"summarization"进行实例化，并调用该实例化对象对一段文本进行处理，然后输出模型的处理结果。具体代码如下。

代码文件：code_11_pipline.py（续）

```
17 TEXT_TO_SUMMARIZE = '''
18 In this notebook we will be using the transformer model, first introduced
   in this paper. Specifically, we will be using the BERT (Bidirectional Encoder
   Representations from Transformers) model from this paper.
19 Transformer models are considerably larger than anything else covered in these
   tutorials. As such we are going to use the transformers library to get pre-
   trained transformers and use them as our embedding layers. We will freeze (not
   train) the transformer and only train the remainder of the model which learns
   from the representations produced by the transformer. In this case we will be
   using a multi-layer bi-directional GRU, however any model can learn from these
   representations.
20 '''
21 summarizer = pipeline('summarization')
22 print(summarizer(TEXT_TO_SUMMARIZE))
```

该模型较大（1.5GB），在运行时需要等待很长的下载时间。代码运行后，输出结果如下。

```
 [{'summary_text': 'Transformer models are considerably larger than anything else
covered in these tutorials. As such we are going to use the transformers library to
get pre-trained transformers and use them as our embedding layers. We will freeze
(not train) the transformer and only train the remainder of the model which learns
from the representations.'}]
```

2. 用手动加载方式调用模型

因为本小节中的摘要生成任务所对应的模型文件比前面几种任务所对应的模型文件多出一个词表文件 merges.txt，所以使用手动加载模型的方式也有别于前面几种任务。具体方式见 3.7.7 小节。

3.7.7 预训练模型文件的组成及其加载时的固定文件名称

在 pipeline 类的初始化接口中，还可以直接指定加载模型的路径，从本地预训练模型文件进行载入。但是这样做有一个前提条件，所要载入的预训练模型文件必须使用固定的文件名称。

在 pipeline 类接口中，预训练模型文件是以套为单位的。每套预训练模型文件的组成及其固定的文件名称如下。

- 词表文件：以 .txt、.model 或 .json 为扩展名，存放模型中使用的词表文件。固定文件名称为 vocab.txt、spiece.model 或 vocab.json。
- 词表扩展文件（可选）：以 .txt 为扩展名，补充原有的词表文件。固定文件名称为 merges.txt。
- 配置文件：以 .json 为扩展名，存放模型的超参数配置。固定文件名称为 config.json。
- 权重文件：以 .bin 为扩展名，存放模型中各个参数具体的值。固定文件名称为 pytorch_model.bin。

当通过指定预训练模型目录进行加载时，系统只会在目录里搜索固定名称的模型文件。如果没有找到固定名称的模型文件，将返回错误。

在了解指定目录方式的模型加载规则之后，便可以对 3.7.6 小节的模型进行手动加载。把本书配套资源中的模型文件夹 bart-large-cnn 复制到本地代码的同级目录下。然后将 3.7.6 小节的第 21 行代码修改成如下代码，便可以实现手动加载模型的功能。

```
tokenizer = AutoTokenizer.from_pretrained(r'./bart-large-cnn/')
summarizer = pipeline("summarization",
                model=r'./bart-large-cnn/',
                 tokenizer = tokenizer)
```

代码中的加载词表部分使用了 Auto Tokenizer 类。这种方式是 Transformers 库中的标准使用方式。

注意 在3.7.5小节、3.7.6小节手动加载模型时，加载词表部分都使用了DistilBertTokenizer类。这不是标准的做法。如果要使用标准的做法，需要将DistilBertTokenizer类加载的文件名称改成AutoTokenizer类要求的固定文件名称，并用Auto Tokenizer类进行加载。

3.7.8 代码实现：完成实体词识别任务

实体词识别任务是 NLP 中的基础任务。它用于识别文本中的人名（PER）、地名（LOC）组织（ORG）以及其他实体（MISC）等。例如：

李 B-PER

金 I-PER

洪 I-PER

在 O

办 B-LOC

公 I-LOC

室 I-LOC

其中，非实体用 O 表示。I、O、B 是块标记的一种表示（B- 表示开始，I- 表示内部，O- 表示外部）。

实体词识别任务本质上是一个分类任务，它又被称为序列标注任务。实体词识别是句法分析的基础，而句法分析又是 NLP 任务的核心。

1. 代码实现

向 pipeline 类中传入字符串“ner”进行实例化，并调用该实例化对象对一段文本进行处理，然后输出模型的处理结果。具体代码如下。

代码文件：code_11_pipline.py（续）

```
23 nlp_token_class = pipeline("ner")
24 print(nlp_token_class(
25         'Code Doctor Studio is a Chinese company based in BeiJing.'))
```

代码运行后，输出结果如下。

```
[{'word': 'chin', 'score': 0.9747314453125, 'entity': 'I-MISC'},
 {'word': '##ese', 'score': 0.9891696572303772, 'entity': 'I-MISC'},
 {'word': '##iji', 'score': 0.56954026222229, 'entity': 'I-LOC'}]
```

2. 用手动加载方式调用模型

按照 3.7.7 小节的模型加载规则，将本书配套资源中的模型文件夹 dbmdz 复制到本地代码的同级目录下。然后将第 23 行代码修改成如下代码，便可以实现手动加载模型的功能。

```
tokenizer = AutoTokenizer.from_pretrained(
                        r'./dbmdz\bert-large-cased-finetuned-conll03-english')
nlp_token_class = pipeline("ner",
                 model=r'./dbmdz\bert-large-cased-finetuned-conll03-english',
                 tokenizer = tokenizer)
```

3.7.9 管道方式的工作原理

在前文中实现了几种 NLP 任务，每一种 NLP 任务在实现时，都提供了一种手动加载模型的方式。那么，这些手动加载的预训练模型是怎么得来的呢？

在 Transformers 库中 pipeline 类的源码文件 pipelines.py 里，可以找到管道方式自动下载的预编译模型地址。可以根据这些地址，使用第三方下载工具将其下载到本地。

在 pipelines.py 文件里不仅可以找到模型的预编译文件，还可以看到管道方式所支持的 NLP 任务，以及每种 NLP 任务所对应的内部调用关系。下面就来一一说明。

1. pipelines.py 文件的位置

pipelines.py 文件在 Transformers 库安装路径的根目录下。以作者本地的路径为例，该路径如下。

```
D:\ProgramData\Anaconda3\envs\pt15\Lib\site-packages\transformers\pipelines.py
```

2. pipelines.py 文件里的 SUPPORTED_TASKS 对象

在 pipelines.py 文件里，定义了嵌套的字典对象 SUPPORTED_TASKS，该对象存放了管道方式所支持的 NLP 任务，以及每种 NLP 任务所对应的内部调用关系。字典对象 SUPPORTED_TASKS 的部分内容如图 3-12 所示。

```
940  # Register all the supported task here
941  SUPPORTED_TASKS = {
942      "feature-extraction": {
943          "impl": FeatureExtractionPipeline,
944          "tf": TFAutoModel if is_tf_available() else None,
945          "pt": AutoModel if is_torch_available() else None,
946          "default": {
947              "model": {"pt": "distilbert-base-cased", "tf": "distilbert-base-cased"},
948              "config": None,
949              "tokenizer": "distilbert-base-cased",
950          },
951      },
952      "sentiment-analysis": {
953          "impl": TextClassificationPipeline,
954          "tf": TFAutoModelForSequenceClassification if is_tf_available() else None,
955          "pt": AutoModelForSequenceClassification if is_torch_available() else None,
956          "default": {
957              "model": {
958                  "pt": "distilbert-base-uncased-finetuned-sst-2-english",
959                  "tf": "distilbert-base-uncased-finetuned-sst-2-english",
960              },
961              "config": "distilbert-base-uncased-finetuned-sst-2-english",
962              "tokenizer": "distilbert-base-uncased",
963          },
964      },
965      "ner": {
```

图3-12 字典对象SUPPORTED_TASKS的部分内容

从图 3-12 中可以看到，在 SUPPORTED_TASKS 对象中，每个字典元素的 key 值为 NLP 任务名称，每个字典元素的 value 值为该 NLP 任务的具体配置。

在 NLP 任务的具体配置中，也嵌套了一个字典对象。以文本分类任务“sentiment-analysis”为例，具体解读如下。

- impl：执行当前 NLP 任务的 pipeline 类接口（TextClassificationPipeline）。
- tf：指定 TensorFlow 框架下的自动类模型（TFAutoModelForSequenceClassification）。
- pt：指定 PyTorch 框架下的自动类模型（AutoModelForSequenceClassification）。
- default：指定所要加载的权重文件（model）、配置文件（config）和词表文件（tokenizer）。这 3 个文件是以字典对象的方式进行设置的。

从图 3-12 中可以看到，default 中对应的模型文件不是下载地址，而是一个字符串。

在管道方式中，正是通过这些信息实现了具体的 NLP 任务。管道方式内部的调用关系如图 3-13 所示。

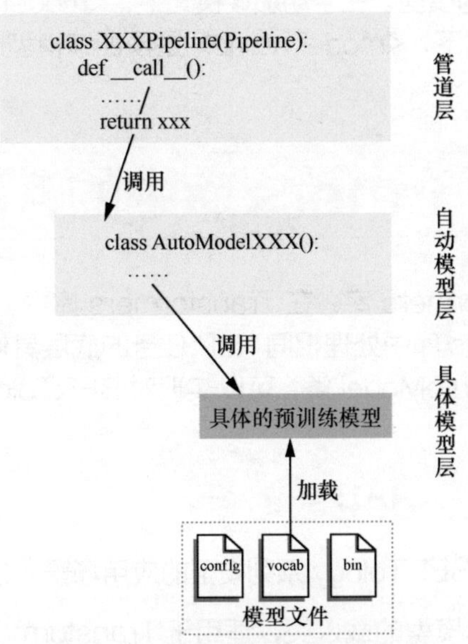

图3-13 管道方式内部的调用关系

3. pipeline类接口

图 3-13 所示的 XXXPipeline 类为每个 NLP 任务所对应的类接口，该接口与具体的 NLP 任务的对应关系如下。

- 文本分类任务：类接口为 TextClassificationPipeline。
- 特征提取任务：类接口为 FeatureExtractionPipeline。
- 完形填空任务：类接口为 FillMaskPipeline。
- 阅读理解任务：类接口为 QuestionAnsweringPipeline。
- 实体词识别任务：类接口为 NerPipeline。

管道层对下层的自动模型层进行了二次封装，完成了 NLP 任务的端到端实现。

3.7.10 在管道方式中加载指定模型

在本例中，使用管道方式所实现的 NLP 任务，都是加载了 pipelines.py 文件里 SUPPORTED_TASKS 变量所设置的默认模型。

在实际应用中，也可以修改 SUPPORTED_TASKS 对象中的设置加载指定模型；还可以按照实例中的手动加载模型方式，加载本地已有的预训练模型。

加载指定模型的通用语法如下。

```
pipeline("<task-name>", model="<model-name>")
pipeline('<task-name>', model='<model name>', tokenizer='<tokenizer_name>')
```

其中，<task-name> 代表任务字符串，如文本分类任务就是“sentiment-analysis”；<model name> 代表加载的模型。在手动加载模式下，<model name> 可以是本地的预训练模型文件；在自动加载模式下，<model name> 是预训练模型的唯一标识符，如图 3-12 所示的 default 字段中的内容。

3.8　Transformers 库中的 AutoModel 类

为了方便使用 Transformers 库，在 Transformers 库中，提供了一个 AutoModel 类。该类用来管理 Transformers 库中处理相同 NLP 任务的底层具体模型，为上层应用管道方式提供了统一的接口。通过 AutoModel 类，可以实现对 BERTology 系列模型中的任意一个模型载入并应用。

3.8.1　各种 AutoModel 类

Transformers 库按照 BERTology 系列模型的应用场景，分成了如下 6 个子类。

- AutoModel：基本模型的载入类，适用于 Transformers 库中的任何模型，也可以用于特征提取任务。
- AutoModelForPreTraining：特征提取任务的模型载入类，适用于 Transformers 库中所有的特征提取模型。
- AutoModelForSequenceClassification：文本分类任务的模型载入类，适用于 Transformers 库中所有的文本分类模型。
- AutoModelForQuestionAnswering：阅读理解任务的模型载入类，适用于 Transformers 库中所有的阅读理解模型。
- AutoModelWithLMHead：完形填空任务的模型载入类，适用于 Transformers 库中所有的遮蔽语言模型。
- AutoModelForTokenClassification：实体词识别任务的模型载入类，适用于 Transformers 库中所有的实体词识别模型。

AutoModel 类与 BERTology 系列模型中的具体模型是一对多的关系。在 Transformers 库的 modeling_auto.py 源码文件中（如作者本地的路径为 D：\ProgramData\Anaconda3\envs\pt15\Lib\site-packages\transformers\modeling_auto.py），可以找到每种 AutoModel 类所管理的具体 BERTology 系列模型。以 AutoModelWithLMHead 类为例，其管理的 BERTology 系列模型如图 3-14 所示。

```
MODEL_WITH_LM_HEAD_MAPPING = OrderedDict(
    [
        (T5Config, T5WithLMHeadModel),
        (DistilBertConfig, DistilBertForMaskedLM),
        (AlbertConfig, AlbertForMaskedLM),
        (CamembertConfig, CamembertForMaskedLM),
        (XLMRobertaConfig, XLMRobertaForMaskedLM),
        (BartConfig, BartForMaskedLM),
        (RobertaConfig, RobertaForMaskedLM),
        (BertConfig, BertForMaskedLM),
        (OpenAIGPTConfig, OpenAIGPTLMHeadModel),
        (GPT2Config, GPT2LMHeadModel),
        (TransfoXLConfig, TransfoXLLMHeadModel),
        (XLNetConfig, XLNetLMHeadModel),
        (FlaubertConfig, FlaubertWithLMHeadModel),
        (XLMConfig, XLMWithLMHeadModel),
        (CTRLConfig, CTRLLMHeadModel),
    ]
)
```

图3-14 AutoModelWithLMHead类所管理的BERTology系列模型

图 3-14 所示的 MODEL_WITH_LM_HEAD_MAPPING 对象代表 AutoModelWithLMHead 类与 BERTology 系列模型中的具体模型之间的映射关系。在 MODEL_WITH_LM_HEAD_MAPPING 对象中，所列出的每个元素都可以实现 AutoModelWithLMHead 类所完成的完形填空任务。

3.8.2 AutoModel类的模型加载机制

图 3-14 所示的 MODEL_WITH_LM_HEAD_MAPPING 对象中，每个元素由两部分组成：具体模型的配置文件和具体模型的实现类。

每一个具体模型的实现类会通过不同的数据集，被训练成多套预训练模型文件。每套预训练模型文件都由 3 或 4 个子文件组成：词表文件、词表扩展文件（可选）、配置文件及权重文件（见 3.7.7 小节的介绍）。它们共用一个统一的字符串标识。

在使用自动加载方式调用模型时，系统会根据统一的预训练模型标识字符串，找到其对应的预训练模型文件，并通过网络进行下载，然后载入内存。完形填空模型的调用过程如图 3-15 所示。

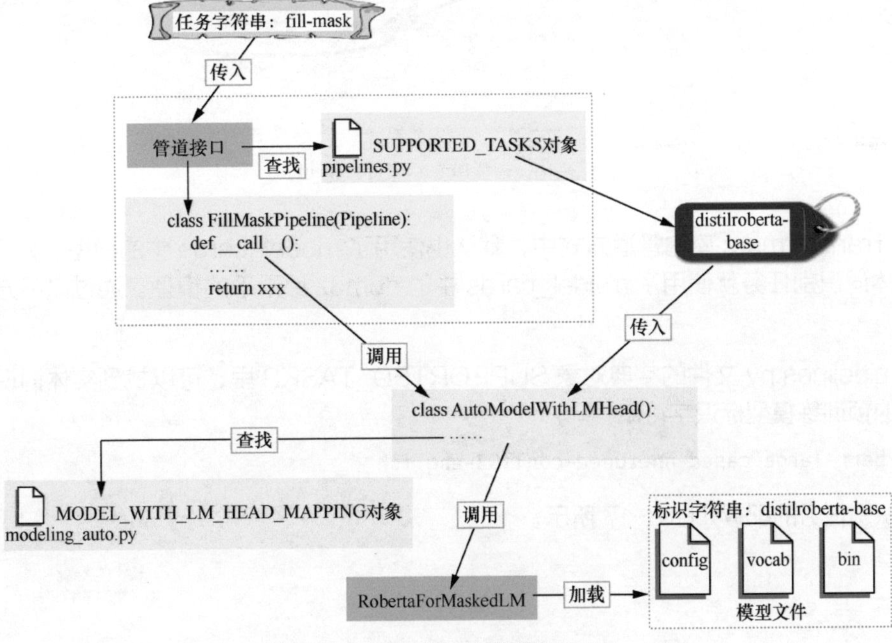

图3-15 完形填空模型的调用过程

图 3-15 所示为 3.7.4 小节完形填空模型的调用过程。

> **注意**　每一个 AutoModel 类所对应的具体 BERTology 系列模型都是可以互相替换的。例如，在 SUPPORTED_TASKS 对象里，完形填空任务所对应的模型标识字符串为“distilroberta-base”，即默认加载 RobertaForMaskedLM 类。

3.8.3 Transformers 库中更多的预训练模型

Transformers 库中集成了非常多的预训练模型，方便用户在其基础上进行微调。这些模型统一放在 model_cards 分支下。相关链接如下。

```
https://github.com/huggingface/transformers/tree/master/model_cards
```

在该链接打开后的页面中，可以找到想要加载模型的下载地址，如图 3-16 所示。

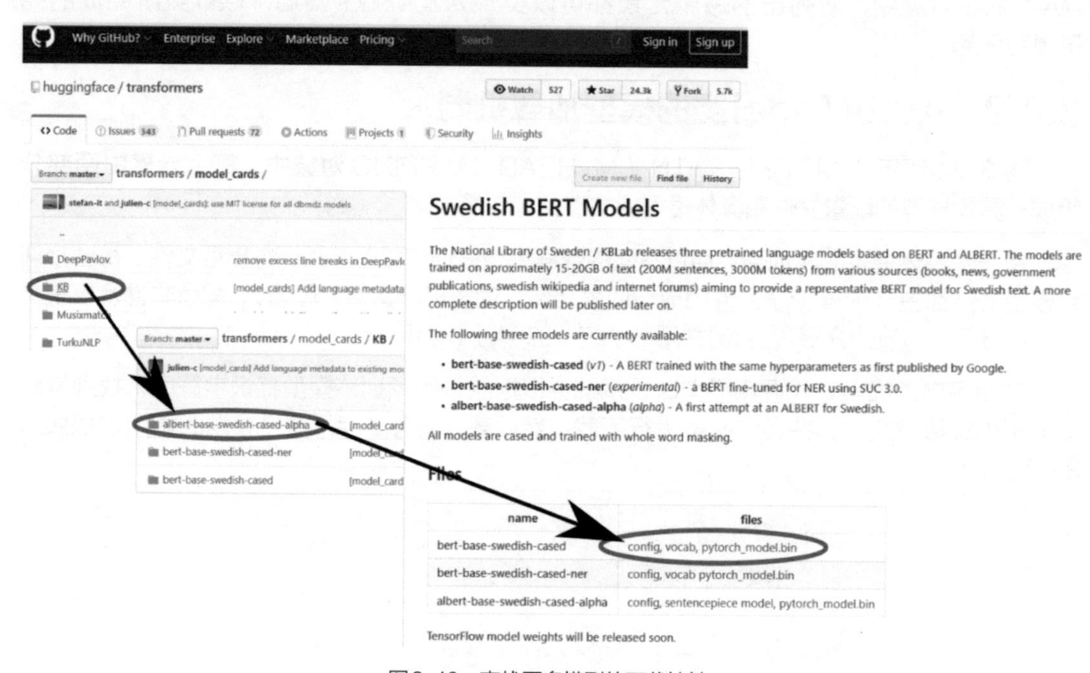

图 3-16　查找更多模型的下载地址

在 Transformers 库的管道方式中，默认也使用了 model_cards 中的模型。如 3.7.8 小节的实体词识别任务就使用了 model_cards 中的 dbmdz 目录下的模型。通过以下方式可以查看。

在 pipelines.py 文件的字典对象 SUPPORTED_TASKS 里，可以找到实体词识别任务所使用的预训练模型标识字符串：

```
dbmdz/bert-large-cased-finetuned-conll03-english
```

实体词识别任务的配置如图 3-17 所示。

```
    "ner": {
        "impl": NerPipeline,
        "tf": TFAutoModelForTokenClassification if is_tf_available() else None,
        "pt": AutoModelForTokenClassification if is_torch_available() else None,
        "default": {
            "model": {
                "pt": "dbmdz/bert-large-cased-finetuned-conll03-english",
                "tf": "dbmdz/bert-large-cased-finetuned-conll03-english",
            },
            "config": "dbmdz/bert-large-cased-finetuned-conll03-english",
            "tokenizer": "bert-large-cased",
        },
    },
```

图3-17 实体词识别任务的配置

在预训练模型标识字符串中，子串“dbmdz”代表该预训练模型来自 model_cards 中的 dbmdz 目录。

3.9 Transformers库中的BERTology系列模型

3.7 节介绍了 Transformers 库的快速使用方法，3.8 节介绍了如何根据 NLP 任务来选择和指定模型。这两部分功能使用户能够对已有的模型进行使用。

如果想进一步深入研究，则需要了解 Transformers 库中更底层的实现，学会对具体的 BERTology 系列模型进行单独加载和使用。

3.9.1 Transformers库的文件结构

本小节会接着 3.7.7 小节所讲述的预训练模型文件继续深入，介绍预训练模型文件与模型源代码之间的关联关系。

1. 详解Transformers库中的预训练模型

在 Transformers 库中，预训练模型文件主要有 3 种，它们的具体作用如下。

- 词表文件：在训练模型时，会将该文件当作一个映射表，把输入的单词转换成具体的数字。
- 配置文件：存放了模型的超参数，将源码中的模型类根据配置文件的超参数进行实例化后，便可以生成可用的模型。
- 权重文件：对应可用模型在内存中各个变量的值，待模型训练结束之后，会将这些值保存起来，加载模型权重的过程，就是将这些值“覆盖”到内存中的模型变量里，使整个模型恢复到训练后的状态。

其中权重文件是以二进制方式保存的，而词表文件和配置文件则是以文本方式保存的。以 BERT 模型的基本预训练模型（bert-base-uncased）为例，其词表文件与配置文件的内容如图 3-18 所示。

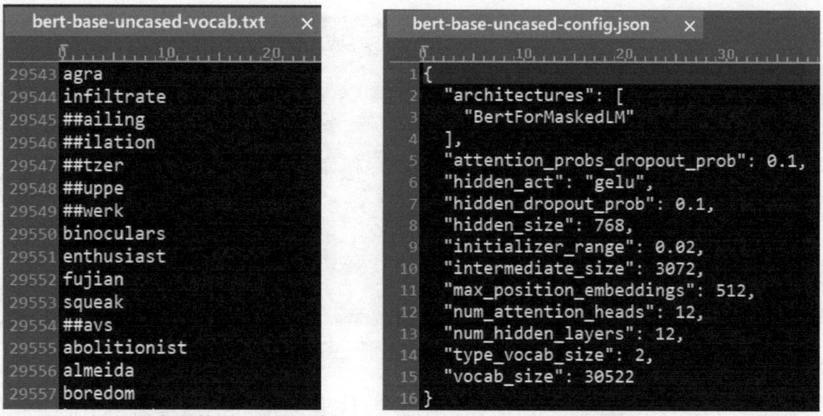

```
bert-base-uncased-vocab.txt
29543 agra
29544 infiltrate
29545 ##ailing
29546 ##ilation
29547 ##tzer
29548 ##uppe
29549 ##werk
29550 binoculars
29551 enthusiast
29552 fujian
29553 squeak
29554 ##avs
29555 abolitionist
29556 almeida
29557 boredom
```

（a）词表文件

```
bert-base-uncased-config.json
{
  "architectures": [
    "BertForMaskedLM"
  ],
  "attention_probs_dropout_prob": 0.1,
  "hidden_act": "gelu",
  "hidden_dropout_prob": 0.1,
  "hidden_size": 768,
  "initializer_range": 0.02,
  "intermediate_size": 3072,
  "max_position_embeddings": 512,
  "num_attention_heads": 12,
  "num_hidden_layers": 12,
  "type_vocab_size": 2,
  "vocab_size": 30522
}
```

（b）配置文件

图3-18　BERT模型的关联文件

图 3-18（a）和图 3-18（b）分别是与 BERT 模型的基本预训练模型相关的词表文件与配置文件。可以看到，词表文件中是一个个具体的单词，每个单词的序号就是其对应的索引值。配置文件则显示了其模型中的相关参数，其中部分内容如下。

- 架构名称：BertForMaskedLM。
- 注意力层中 Dropout 的丢弃率：0.1。
- 隐藏层的激活函数：GELU 激活函数。
- 隐藏层中 Dropout 的丢弃率：0.1。

2. Transformers库中的代码文件

安装好 Transformers 库之后，就可以在 Anaconda 的安装路径中找到它的源码位置。例如，作者本地的路径如下。

```
D:\ProgramData\Anaconda3\envs\pt15\Lib\site-packages\transformers
```

打开该路径可以看到图 3-19 所示的 Transformers 库的文件结构。

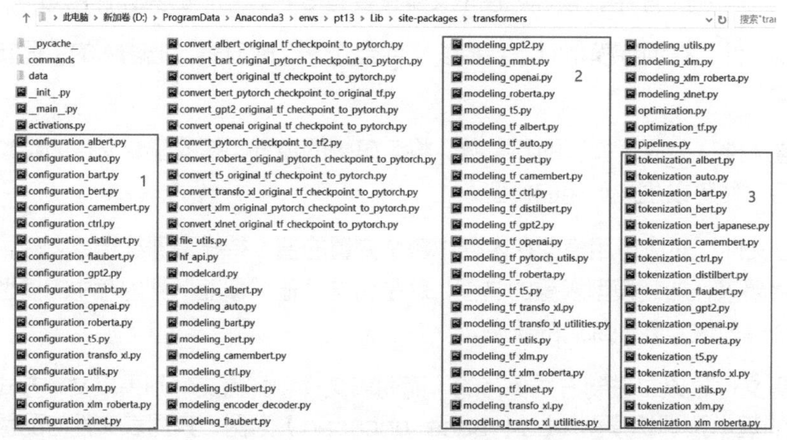

图3-19　Transformers库的文件结构

Transformers 库中的具体预训练模型源码文件都可在图 3-19 中找到，具体内容如下。

- 以 configuration 开头的文件，是 BERTology 系列模型的配置代码文件（图 3-19 中标注 1 的部分）。
- 以 modeling 开头的文件，是 BERTology 系列模型的模型代码文件（图 3-19 中标注 2 的部分）。
- 以 tokenization 开头的文件，是 BERTology 系列模型的词表代码文件（图 3-19 中标注 3 的部分）。

3. 在模型代码文件中找到其关联文件

每个模型都对应 3 个代码文件。在这 3 个代码文件中，存放着关联文件的下载地址。

以 BERT 模型为例，该模型对应的代码文件分别如下。

- 配置代码文件: configuration_bert.py。
- 模型代码文件: modeling_bert.py。
- 词表代码文件: tokenization_bert.py。

以模型代码文件为例，打开 modeling_bert.py 文件，可以看到图 3-20 所示的 BERT 模型的下载地址。

图3-20 BERT模型的下载地址

从图 3-20 中可以看到，模型的下载地址被存放到字典对象 BERT_PRETRAINED_MODEL_ARCHIVE_MAP 中，其中 key 值是预训练模型的版本名称，value 值是模型的下载地址。

在 Transformers 库中，预训练模型关联文件是通过版本名称进行统一的。任意一个预训练模型都可以在对应的模型代码文件、配置代码文件和词表代码文件中找到具体的下载地址。

例如，modeling_bert.py 文件中 BERT_PRETRAINED_MODEL_ARCHIVE_MAP 对象的第一项是 bert-base-uncased，在 configuration_bert.py 和 tokenization_bert.py 文件中，也可以分别找到 bert-base-uncased 的下载地址。

4. 加载预训练模型

预训练模型的主要部分就是模型代码文件、配置代码文件和词表代码文件这 3 个代码文件。对于这 3 个代码文件，在 Transformers 库里都有对应的类进行操作。这些类分别如下。

- 配置类（Configuration Classes）：是模型的相关参数，在配置代码文件中定义。

- 模型类（Model Classes）：是模型的网络结构，在模型代码文件中定义。
- 词表类（Tokenizer Classes）：用于输入文本的词表预处理，在词表代码文件中定义。

这3个类都有from_pretrained方法，直接调用它们的from_pretrained方法可以加载已经预训练好的模型或者参数。

> **提示**　除了from_pretrained方法以外，还有一个统一的save_pretraining方法。该方法可以将模型中的配置文件、权重文件、词表文件保存在本地，以便可以使用from_pretraining方法对它们进行重新加载。

在使用时，可以通过向from_pretrained方法中传入指定模型的版本名称，进行自动下载，并加载到内存；也可以在源码中，找到对应的下载地址，手动加载后，再用from_pretrained方法将其载入。

（1）自动加载

在实例化模型类时，直接指定该模型的版本名称即可实现自动加载模式。具体代码如下。

```
from transformers import BertTokenizer, BertForMaskedLM
tokenizer = BertTokenizer.from_pretrained('bert-base-uncased')      #加载词表
model = BertForMaskedLM.from_pretrained('bert-base-uncased')        #加载模型
```

代码中使用bert-base-uncased版本的BERT预训练模型，其中BertTokenizer类用于加载词表，BertForMaskedLM类会自动加载配置文件和模型文件。

该代码运行后，系统会自动从指定网站加载对应的关联文件。这些文件默认会放在系统的用户目录中。例如，作者本地的目录是C：\Users\ljh\.cache\torch\transformers。

（2）手动加载

按照“3. 在模型代码文件中找到其关联文件”所介绍的方法，找到模型指定版本的关联文件，通过迅雷等第三方加速下载工具，将其下载到本地。然后使用代码进行加载。假设作者本地已经下载好的关联文件被放在bert-base-uncased目录下，则手动加载的代码具体如下。

```
from transformers import BertTokenizer, BertForMaskedLM
tokenizer = BertTokenizer.from_pretrained(                            #加载词表
                     r'./bert-base-uncased/bert-base-uncased-vocab.txt')
model = BertForMaskedLM.from_pretrained(                              #加载模型
                    './bert-base-uncased/bert-base-uncased-pytorch_model.bin',
                    config = './bert-base-uncased/bert-base-uncased-config.json')
```

从上面代码中可以看到，手动加载与自动加载所使用的接口是一样的。不同的是，手动加载需要指定加载文件的具体路径，而且在使用BertForMaskedLM类进行加载时，还需要指定配置文件的路径。

提示 在使用 BertForMaskedLM 类进行加载时，其代码也可拆成加载配置文件和加载模型两部分，具体如下。

```
from transformers import BertTokenizer, BertForMaskedLM,BertConfig
#加载配置文件
config = BertConfig.from_json_file('./bert-base-uncased/bert-base-uncased-config.json')
model = BertForMaskedLM.from_pretrained(    #加载模型
        r'./bert-base-uncased/bert-base-uncased-pytorch_model.bin',
        config = config)
```

3.9.2 查找Transformers库中可以使用的模型

通过模型代码文件的命名，可以看到 Transformers 库中能够使用的模型。但这并不是具体的类名，想要找到具体的类名，可以采用以下 3 种方式。

（1）通过帮助文件查找有关预训练模型的介绍。

（2）在 Transformers 库的 __init__.py 文件中查找预训练模型。

（3）使用代码方式输出 Transformers 库中的宏定义。

其中第 2 种方式相对费劲，但更为准确（当帮助版本与安装版本不一致时，第 1 种方式将失效）。下面针对第 2 种和第 3 种方式进行举例。

1. 在Transformers库的__init__.py文件中查找预训练模型

在 __init__.py 文件中可以看到能够使用的 BERT 的模型类，如图 3-21 所示。

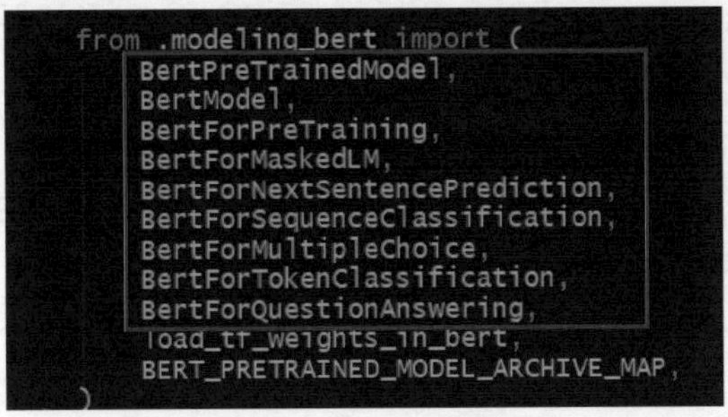

```
from .modeling_bert import (
    BertPreTrainedModel,
    BertModel,
    BertForPreTraining,
    BertForMaskedLM,
    BertForNextSentencePrediction,
    BertForSequenceClassification,
    BertForMultipleChoice,
    BertForTokenClassification,
    BertForQuestionAnswering,
    load_tf_weights_in_bert,
    BERT_PRETRAINED_MODEL_ARCHIVE_MAP,
)
```

图3-21 BERT的模型类

图 3-21 中，框选部分是 BERT 的模型类，框选部分下面的两行是 modeling_bert.py 文件导出的其他接口。

2. 使用代码方式输出Transformers库中的宏定义

通过下面的代码，可以直接将 Transformers 库中全部的预训练模型输出。

```
from transformers import ALL_PRETRAINED_MODEL_ARCHIVE_MAP
print(ALL_PRETRAINED_MODEL_ARCHIVE_MAP)
```

运行代码后可看到输出结果。

如果想要了解这些模型类的功能和区别，需先从模型结构、原理入手。这部分内容会在下面章节详细介绍。

3.9.3　实例：用BERT模型实现完形填空任务

本小节将通过一个用 BERT 模型实现完形填空任务的例子，来介绍 Transformers 库中预训练模型的使用过程。

实例描述	加载Transformers库中的BERT模型，并用它实现完形填空任务，即预测一个句子中的缺失单词。

完形填空任务与 BERT 模型在训练过程中的一个子任务非常相似，直接使用该模型训练好的预训练模型即可实现。

1. 载入词表，并对输入文本进行转换

按照 3.9.1 小节的方式载入 BERT 模型 bert-base-uncased 版本的词表。具体代码如下。

代码文件: code_12_BERTTest.py

```
01  import torch
02  from transformers import BertTokenizer, BertForMaskedLM
03
04  #加载词表文件
05  tokenizer = BertTokenizer.from_pretrained('bert-base-uncased')
06
07  #输入文本
08  text = "[CLS] Who is Li Jinhong ? [SEP] Li Jinhong is a programmer [SEP]"
09  tokenized_text = tokenizer.tokenize(text)
10  print(tokenized_text)
```

第 8 行代码定义了输入文本。该文本中有两个特殊的字符（也称为特殊词）[CLS] 与 [SEP]。BERT 模型需要用这种字符来标定句子。具体解释如下。

- [CLS]：标记一个段落的开始。一个段落可以有一个或多个句子，但是只能有一个 [CLS]。
- [SEP]：标记一个句子的结束。在一个段落中，可以有多个 [SEP]。

第 9 行代码使用词表对输入文本进行转换。该句代码与中文分词有点类似。由于词表中不可能覆盖所有的单词，因此当输入文本中的单词不存在时，系统会使用带有通配符的单词（以“#”开头的单词）将其拆开。

提示　段落开始的标记[CLS]，在BERT模型中还会被用作分类任务的输出特征。

代码运行后，输出结果如下。

```
['[CLS]', 'who', 'is', 'li', 'jin', '##hong', '?', '[SEP]', 'li', 'jin', '##hong',
'is', 'a', 'programmer', '[SEP]']
```

从输出结果中可以看到，词表中没有“jinhong”这个单词，在执行第 9 行代码时，将“jinhong”这个单词拆成了“jin”和“##hong”两个单词，这两个单词是能够与词表中的单词完全匹配的。

2. 遮蔽单词，并将其转换为索引值

使用标记字符 [MASK] 代替输入文本中索引值为 8 的单词，对“li”进行遮蔽，并将整个句子中的单词转换为词表中的索引值。具体代码如下。

代码文件：code_12_BERTTest.py（续）

```
11 masked_index = 8 #定义需要遮蔽的位置标记
12 tokenized_text[masked_index] = '[MASK]'
13 print(tokenized_text)
14
15 #将标记转换为词汇表索引
16 indexed_tokens = tokenizer.convert_tokens_to_ids(tokenized_text)
17 #将输入转换为PyTorch张量
18 tokens_tensor = torch.tensor([indexed_tokens])
19 print(tokens_tensor)
```

第 12 行代码所使用的标记字符 [MASK]，也是 BERT 模型中的特殊标识符。在 BERT 模型的训练过程中，会对输入文本的随机位置用 [MASK] 字符进行替换，并训练模型预测出 [MASK] 字符对应的值。这也是 BERT 模型特有的一种训练方式。

代码运行后，输出结果如下。

```
tensor([[  101,  2040,  2003,  5622,  9743, 19991,  1029,   102,   103,  9743,
         19991,  2003,  1037, 20273,   102]], device='cuda:0')
```

输出结果中每个数值都是输入单词在词表文件中对应的索引值。

3. 加载预训练模型，并对遮蔽单词进行预测

加载预训练模型，并对遮蔽单词进行预测。具体代码如下。

代码文件：code_12_BERTTest.py（续）

```
20 #指定设备
21 device = torch.device("cuda:0" if torch.cuda.is_available() else "cpu")
22 print(device)
23
24 #加载预训练模型
25 model = BertForMaskedLM.from_pretrained('bert-base-uncased')
26 model.eval()
27 model.to(device)
28
```

```
29 #段标记索引，标记输入文本中的第一句和第二句。0对应于第一句,1对应于第二句
30 segments_ids = [0, 0, 0, 0, 0, 0, 0, 0, 1, 1, 1, 1, 1, 1, 1]
31 segments_tensors = torch.tensor([segments_ids]).to(device)
32 
33 tokens_tensor = tokens_tensor.to(device)
34 #预测所有的tokens
35 with torch.no_grad():
36     outputs = model(tokens_tensor, token_type_ids=segments_tensors)
37 
38 predictions = outputs[0]  #形状为[1, 15, 30522]
39 
40 #预测结果
41 predicted_index = torch.argmax(predictions[0, masked_index]).item()
42 #转换为单词
43 predicted_token = tokenizer.convert_ids_to_tokens([predicted_index])[0]
44 print('Predicted token is:',predicted_token)
```

第25行代码用BertForMaskedLM类加载模型。该类可以对句子中的标记字符[MASK]进行预测。

第30行代码定义了输入BertForMaskedLM类的句子指示参数。该参数用于指示输入文本中的单词是属于第一句还是属于第二句。属于第一句的单词用0来表示（一共8个），属于第二句的单词用1来表示（一共7个）。

第36行代码将文本和句子指示参数输入模型进行预测。输出结果是一个形状为[1，15，30522]的张量。其中，1代表批次个数，15代表输入句子中的15个单词，30 522是词表中单词的个数。模型的结果表示词表中每个单词在句子中可能出现的概率。

第41行代码从输出结果中取出[MASK]字符对应的预测索引值。

第43行代码将预测索引值转换为单词。

代码运行后，输出结果如下。

```
Predicted token is: li
```

输出结果表明，模型成功地预测出了被遮蔽的单词li。

> **提示** 如果在加载模型时，遇到程序卡住不动的情况，很有可能是网络原因，导致无法成功下载预训练模型。可以参考3.9.1小节的手动加载方式进行加载。

3.9.4 扩展实例：用AutoModelWithMHead类替换BertForMaskedLM类

3.9.3小节中的BertForMaskedLM类可以用AutoModel类中的AutoModelWithLMHead类进行替换，直接将3.9.3小节的第25行代码改成如下代码即可。

```
model = AutoModelWithLMHead.from_pretrained('bert-base-uncased')
```

还可以使用加载本地文件的方式进行加载，具体代码如下。

```
config = BertConfig.from_pretrained('./bert-base-uncased/bert-base-uncased-config.
json')
model = AutoModelWithLMHead.from_pretrained(
        './bert-base-uncased/bert-base-uncased-pytorch_model.bin', config = config)
```

该代码默认已经将模型的配置文件和权重文件下载到本地 bert-base-uncased 文件夹下。

提示 如果加载的预训练模型不是按照3.7.7小节的规范命名的，则需要对config和model分别进行加载（BertConfig也可以用AutoConfig来替换）。否则会报错。例如，下面就是错误的写法：

```
model = AutoModelWithLMHead.from_pretrained(
'./bert-base-uncased/bert-base-uncased-pytorch_model.bin',
config = './bert-base-uncased/bert-base-uncased-config.json')
```

3.10 Transformers库中的词表工具

在 Transformers 库中，提供了一个通用的词表工具 Tokenizer。该工具是用 Rust 编写的，其可以实现 NLP 任务中数据预处理环节的相关任务。

在词表工具 Tokenizer 中提供了多种不同的组件，具体如下。

- Normalizer：对输入字符串进行规范化转换，如对文本进行小写转换、使用 unicode 规范化。
- PreTokenizer：对输入数据进行预处理，如基于字节、空格、字符等级别对文本进行分割。
- Model：生成和使用子词的模型，如 WordLevel、BPE、WordPiece 等模型。这部分是可训练的。
- Post-Processor：对分词后的文本进行二次处理。例如，在 BERT 模型中，使用 BertProcessor 为输入文本添加特殊字符（如 [CLS]、[SEP] 等）。
- Decoder：负责将标记化输入映射回原始字符串。
- Trainer：为每个模型提供培训能力。

在词表工具 Tokenizer 中，主要通过 PreTrainedTokenizer 类实现对外接口的使用。3.9.3 小节中所使用的 BertTokenizer 类属于 PreTrainedTokenizer 类的子类，该类主要用于处理词表方面的工作。

本节将重点介绍 PreTrainedTokenizer 类。

3.10.1 PreTrainedTokenizer类中的特殊词

在 PreTrainedTokenizer 类中，将词分成了两部分：普通词与特殊词。其中特殊词是指用于标定句子的特殊标记，主要是在训练模型中使用，如 3.9.3 小节中的 [CLS] 与 [SEP]。通过编写代码可以查看某个 PreTrainedTokenizer 类的全部特殊词。

例如，在3.9.3小节的代码文件code_12_BERTTest.py最后添加如下代码。

```
for tokerstr in tokenizer.SPECIAL_TOKENS_ATTRIBUTES:
    strto = "tokenizer."+tokerstr
    print(tokerstr,eval(strto ) )
```

上面代码中，SPECIAL_TOKENS_ATTRIBUTES对象里面存放了所有的特殊词名称，每个词都可以通过实例对象tokenizer中的成员属性进行获取。这段代码的最后一句用于输出实例对象tokenizer中所有的特殊词。

代码运行后，输出结果如下：

```
Using bos_token, but it is not set yet.
bos_token None
Using eos_token, but it is not set yet.
eos_token None
unk_token [UNK]
sep_token [SEP]
pad_token [PAD]
cls_token [CLS]
mask_token [MASK]
additional_special_tokens []
```

从输出结果中可以看到实例对象tokenizer中所有的特殊词。其中有效的特殊词有以下5个。

- unk_token：未知标记。
- sep_token：句子结束标记。
- pad_token：填充标记。
- cls_token：开始标记。
- mask_token：遮蔽词标记。

如果在特殊词名词后面加上"_id"，则可以得到该标记在词表中所对应的具体索引（additional_special_tokens除外）。具体代码如下。

```
print("mask_token",tokenizer.mask_token,tokenizer.mask_token_id)
```

代码运行后，输出mask_token对应的标记和索引值。

```
mask_token [MASK] 103
```

注意　特殊词additional_special_tokens用于扩充使用，用户可以把自己的自定义特殊词添加到里面。特殊词additional_special_tokens可以对应多个标记，这些标记都会被放到列表中。获取该词对应的标记并不是一个，在获取对应索引值时，需要使用additional_special_tokens_ids属性。

3.10.2　PreTrainedTokenizer类的特殊词使用

3.9.3小节的第9行代码调用了实例对象tokenizer的tokenize方法进行分词处理。在这一过程中，输入 tokenize 方法中的字符串是已经使用特殊词进行标记好的字符串。其实这个字符串可以不用手动标注。在做文本向量转化时，一般会使用实例对象 tokenizer 的 encode 方法，一次完成特殊标记、分词、转化成词向量索引 3 步操作。

1. encode方法

例如，在 3.9.3 小节的代码文件 code_12_BERTTest.py 最后添加如下代码。

```
one_toind = tokenizer.encode("Who is Li Jinhong ? ")           #将第一句转化成向量
two_toind = tokenizer.encode("Li Jinhong is a programmer")  #将第二句转化成向量
all_toind = one_toind+two_toind[1:]                           #将两句合并
```

为了使 encode 方法输出的结果更容易理解，可以通过下面代码将其转化后的向量翻译成字符。

```
print(tokenizer.convert_ids_to_tokens(one_toind) )
print(tokenizer.convert_ids_to_tokens(two_toind) )
print(tokenizer.convert_ids_to_tokens(all_toind) )
```

代码运行后，输出结果如下。

```
['[CLS]', 'who', 'is', 'li', 'jin', '##hong', '?', '[SEP]']
['[CLS]', 'li', 'jin', '##hong', 'is', 'a', 'programmer', '[SEP]']
['[CLS]', 'who', 'is', 'li', 'jin', '##hong', '?', '[SEP]', 'li', 'jin', '##hong',
'is', 'a', 'programmer', '[SEP]']
```

可以看到，encode 方法对每句话的开头和结尾都分别使用了 [CLS] 和 [SEP] 进行标记，并对其进行分词。在合并时，使用了 two_toind[1:] 将第二句的开头标记 [CLS] 去掉，表明两个句子属于一个段落。

提示

可以使用 decode 方法直接将句子翻译成向量。

具体代码如下。

```
print(tokenizer.decode(all_toind) )
#输出: [CLS] who is li jinhong? [SEP] li jinhong is a programmer [SEP]
```

2. encode方法

encode 方法可同时处理两个句子，并使用各种策略对它们进行对齐操作。encode 方法的完整定义如下。

```
def encode(self,
        text,                            #第一个句子
        text_pair=None,                  #第二个句子
        add_special_tokens=True,         #是否添加特殊词
        max_length=None,                 #最大长度
        stride=0,                        #返回截断词的步长窗口（在本函数里无用）
        truncation_strategy="longest_first", #截断策略
        pad_to_max_length=False,         #对长度不足的句子是否填充
        return_tensors=None,             #是否返回张量类型，可以设置成 "tf" 或 "pt"
        **kwargs
    ):
```

下面介绍 encode 方法中的几个常用参数。

（1）参数 add_special_tokens 用于设置是否向句子中添加特殊词。如果该值为 False，则不会加入 [CLS]、[SEP] 等标记。具体代码如下：

```
padded_sequence_toind = tokenizer.encode(
                            "Li Jinhong is a programmer",add_special_tokens=False)
print(tokenizer.decode(padded_sequence_toind) )
```

代码运行后，输出结果如下。

```
li jinhong is a programmer
```

可以看到，程序没有向输入句子添加任何特殊词。

（2）参数 truncation_strategy 有 4 种策略取值，具体如下。

- longest_first（默认值）：当输入是 2 个句子的时候，从较长的那个句子开始处理，对其进行截断，使其长度小于 max_length 参数。
- only_first：只截断第一个句子。
- only_second：只截断第二个句子。
- dou not_truncate：不截断（如果输入句子的长度大于 max_length 参数，则会发生错误）。

（3）参数 return_tensors 可以设置成"tf"或"pt"，主要用于指定是否返回 PyTorch 或 TensorFlow 框架下的张量类型。如果不设置，默认为 None，即返回 Python 中的列表类型。

提示　参数 stride 在 encode 方法中没有任何意义。该参数主要是为了兼容底层的 encode_plus 方法。在 encode_plus 方法中，会根据 stride 的设置来返回从较长句子中截断的词。

在了解完 encode 方法的定义之后，"1.encode 方法"中的代码可以简化成如下代码。

```
easy_all_toind = tokenizer.encode("Who is Li Jinhong ? ","Li Jinhong is a programmer")
print(tokenizer.decode(easy_all_toind) )
```

代码运行后，直接可以输出合并后的句子。

```
[CLS] who is li jinhong? [SEP] li jinhong is a programmer [SEP]
```

3. 使用encode方法调整句子长度

下面通过代码来演示使用 encode 方法调整句子长度。

（1）对句子进行填充，代码如下。

```
padded_sequence_toind = tokenizer.encode("Li Jinhong is a programmer", max_length=10, pad_to_max_length=True)
```

代码中，encode 方法的参数 max_length 代表转换后的总长度。如果超过该长度，则会被截断；如果小于该长度，并且参数 pad_to_max_length 为 True 时，则会对其进行填充。代码运行后，padded_sequence_toind 的值如下。

```
[101, 5622, 9743, 19991, 2003, 1037, 20273, 102, 0, 0]
```

输出结果中，最后两个元素是系统自动填充的值 0。

（2）对句子进行截断，代码如下。

```
padded_truncation_toind= tokenizer.encode("Li Jinhong is a programmer", max_
length=5)
print(tokenizer.decode(padded_truncation_toind) )
```

代码运行后，输出结果如下。

```
[CLS] li jinhong [SEP]
```

从输出结果中可以看出，在对句子进行截断时，仍然会保留添加的结束标记 [SEP]。

4. encode_plus 方法

在实例对象 tokenizer 中，还有一个效率更高的 encode_plus 方法。它在完成 encode 方法的基础上，还会生成非填充部分的掩码标志、被截断的词等附加信息。具体代码如下。

```
padded_plus_toind = tokenizer.encode_plus("Li Jinhong is a programmer", max_
length=10, pad_to_max_length=True)
print(padded_plus_toind) #输出结果
```

代码运行后，输出结果如下。

```
{'input_ids': [101, 5622, 9743, 19991, 2003, 1037, 20273, 102, 0, 0],
 'token_type_ids': [0, 0, 0, 0, 0, 0, 0, 0, 0, 0],
 'attention_mask': [1, 1, 1, 1, 1, 1, 1, 1, 0, 0]}
```

从输出结果中可以看出，encode_plus 方法输出了一个字典，字典中含有 3 个元素。具体介绍如下。

- input_ids：对句子处理后的词索引值，与 encode 方法输出的结果一致。
- token_type_ids：对两个句子中的词进行标识，属于第一个句子中的词用 0 表示，属于第二个句子中的词用 1 表示。
- attention_mask：表示非填充部分的掩码，非填充部分的词用 1 表示，填充部分的词用 0 表示。

提示　encode_plus 方法是 PreTrainedTokenizer 类中更为底层的方法。在调用 encode 方法时，最终也是通过 encode_plus 方法来实现的。

5. batch_encode_plus 方法

batch_encode_plus 方法是 encode_plus 方法的批处理形式，它可以一次处理多条语句。具体代码如下。

```
tokens = tokenizer.batch_encode_plus(
    ["This is a sample", "This is another longer sample text"],
    pad_to_max_length=True  )
print(tokens)
```

代码运行后，输出结果如下。

```
{'input_ids': [[101, 2023, 2003, 1037, 7099, 102, 0, 0],
  [101, 2023, 2003, 2178, 2936, 7099, 3793, 102]],
 'token_type_ids': [[0, 0, 0, 0, 0, 0, 0, 0], [0, 0, 0, 0, 0, 0, 0, 0]],
 'attention_mask': [[1, 1, 1, 1, 1, 1, 0, 0], [1, 1, 1, 1, 1, 1, 1, 1]]}
```

可以看到，batch_encode_plus 方法同时处理了两个句子，并输出了一个字典对象，这两个句子对应的处理结果被放在字典对象 value 的列表中。

3.10.3　向PreTrainedTokenizer类中添加词

PreTrainedTokenizer 类中所维护的普通词和特殊词都可以进行添加。

- 添加普通词：调用 add_tokens 方法，填入新词的字符串。
- 添加特殊词：调用 add_special_tokens 方法，填入特殊词字典。

下面以添加特殊词为例进行代码演示。

1. 在添加特殊词前

输出特殊词中的 additional_special_tokens。具体代码如下。

```
print(tokenizer.additional_special_tokens,tokenizer.additional_special_tokens_ids)
toind = tokenizer.encode("<#> yes <#>")
print(tokenizer.convert_ids_to_tokens(toind) )
print(len(tokenizer))                              #输出词表总长度: 30522
```

代码运行后，输出结果如下。

```
[] []
['[CLS]', '<', '#', '>', 'yes', '<', '#', '>', '[SEP]']
30522
```

从输出结果的第1行可以看到，特殊词中additional_special_tokens所对应的标记是空。

在进行分词时，tokenizer将“<#>”字符分成了3个字符（'<', '#', '>'）。

2. 添加特殊词

向特殊词中的 additional_special_tokens 加入“<#>”字符，并再次分词。具体代码如下。

```
special_tokens_dict = {'additional_special_tokens': ["<#>"]}
tokenizer.add_special_tokens(special_tokens_dict)    #添加特殊词
print(tokenizer.additional_special_tokens,tokenizer.additional_special_tokens_ids)
toind = tokenizer.encode("<#> yes <#>")              #将字符串分词并转化成索引值
print(tokenizer.convert_ids_to_tokens(toind) )       #将索引词转化成字符串并输出
print(len(tokenizer))                                #输出词表总长度: 30523
```

代码运行后，输出结果如下。

```
['<#>'] [30522]
['[CLS]', '<#>', 'yes', '<#>', '[SEP]']
30523
```

从输出结果中可以看到，tokenizer 在分词时，没有将“<#>”字符拆开。

3.10.4 实例：用手动加载GPT-2模型权重的方式将句子补充完整

本例使用 GPT-2 模型配套的 PreTrainedTokenizer 类，所需要加载的词表文件比 3.9.3 小节中的 BERT 模型多了一个 merges 文件。本例主要介绍下面带有多个词表文件的预编译模型在手动加载时的具体做法。

实例描述	加载 Transformers 库中的 GPT-2 模型，并用它实现下一词预测功能，即预测一个未完成句子的下一个可能出现的单词。通过循环生成下一词，实现将一句话补充完整。

下一词预测任务是一个常见的 NLP 任务，在 Transformers 库中有很多模型都可以实现该任务。本例也可以使用 BERT 模型来实现。选用 GPT-2 模型，主要在于介绍手动加载多词表文件的特殊方式。

1. 自动加载词表文件的方式

如果使用自动加载词表文件的方式，则调用 GPT-2 模型完成下一词预测任务，与 3.9.3 小节使用的 BERT 模型几乎一致。完整代码如下。

代码文件：code_13_GPT2Test.py

```
01 import torch
02 from transformers import GPT2Tokenizer, GPT2LMHeadModel
03
04 #加载预训练模型（权重）
05 tokenizer = GPT2Tokenizer.from_pretrained('gpt2')
06
07 #输入编码
08 indexed_tokens = tokenizer.encode("Who is Li Jinhong ? Li Jinhong is a")
09
10 print( tokenizer.decode(indexed_tokens))
11
12 tokens_tensor = torch.tensor([indexed_tokens])#转换为张量
13
14 #加载预训练模型（权重）
15 model = GPT2LMHeadModel.from_pretrained('gpt2')
16
17 #将模型设置为评估模式
18 model.eval()
19
20 tokens_tensor = tokens_tensor.to('cuda')
21 model.to('cuda')
```

```
22
23 #预测所有标记
24 with torch.no_grad():
25     outputs = model(tokens_tensor)
26     predictions = outputs[0]
27
28 #得到预测的下一词
29 predicted_index = torch.argmax(predictions[0, -1, :]).item()
30 predicted_text = tokenizer.decode(indexed_tokens + [predicted_index])
31 print(predicted_text)
```

为了保证运行顺畅，推荐使用手动加载的方式。找到代码自动下载的文件，并通过专用下载工具（如迅雷）将其下载到本地，再进行加载。

代码运行后，输出结果如下。

```
Who is Li Jinhong? Li Jinhong is a
Who is Li Jinhong? Li Jinhong is a young
```

输出结果的第1行，对应于第10行代码。可以看到，该内容中没有特殊词。这表明GPT-2模型没有为输入文本添加特殊词。

输出结果的第2行是模型预测的最终结果。

2. 手动加载词表文件的方式

按照3.9.2小节所介绍的方式，分别找到GPT-2模型的配置文件、权重文件和词表文件，具体如下：

- 配置文件：gpt2-config.json，该文件的链接来自源码文件configuration_gpt2.py。
- 权重文件：gpt2-pytorch_model.bin，该文件的链接来自源码文件modeling_gpt2.py。
- 词表文件：gpt2-merges.txt和gpt2-vocab.json，该文件的链接来自源码文件tokenization_gpt2.py。

注意

在tokenization_gpt2.py源码文件里（作者路径是Anaconda3\envs\pt15\Lib\site-packages\transformers\tokenization_gpt2.py），PRETRAINED_VOCAB_FILES_MAP对象中的词表文件是两个，比BERT模型中多一个词表文件，如图3-22所示。

图3-22 GPT-2模型的词表文件

将GPT-2模型的配置文件、权重文件和词表文件下载到本地gpt2文件夹之后，便可以通过编写代码进行加载。

（1）修改本小节第05行代码，加载词表文件。

```
tokenizer = GPT2Tokenizer.from_pretrained ('./gpt2/gpt2-vocab.json','./gpt2/gpt2-merges.txt')
```

由于 GPT2Tokenizer 的 from_pretrained 方法不支持同时载入两个词表文件，这里可以通过实例化 GPT2Tokenizer 的方法，对词表文件进行载入。

提示

其实，from_pretrained 方法是支持从本地载入多个词表文件的，但对载入的词表文件名称有特殊的要求：该文件名称必须按照源码文件 tokenization_gpt2.py 的 VOCAB_FILES_NAMES 字典对象中定义的名字来命名。多个词表文件的指定名称如图 3-23 所示。

```
VOCAB_FILES_NAMES = {
    "vocab_file": "vocab.json",
    "merges_file": "merges.txt",
}
```

图3-23 多个词表文件的指定名称

所以要使用 from_pretrained 方法，必须对已经下载好的词表文件进行改名。步骤如下。

（1）将“./gpt2/gpt2-vocab.json”和“./gpt2/gpt2-merges.txt”这两个文件，分别改名为“./gpt2/vocab.json”和“./gpt2/merges.txt”。

（2）修改本小节第 05 行代码，向 from_pretrained 方法传入词表文件的路径即可。代码如下。

```
tokenizer = GPT2Tokenizer.from_pretrained(r'./gpt2/')
```

（2）修改本小节第 15 行代码，加载预训练模型。

```
model = GPT2LMHeadModel.from_pretrained(
      './gpt2/gpt2-pytorch_model.bin',config= './gpt2/gpt2-config.json')
```

3. 生成完整句子

继续编写代码，用循环方式不停地调用 GPT-2 模型进行下一词预测，最终生成一个完整的句子。具体代码如下。

代码文件: code_13_GPT2Test.py（续）

```
32 #生成一个完整的句子
33 stopids = tokenizer.convert_tokens_to_ids(["."])[0]          #定义结束符
34 past = None                                                  #定义模型参数
35 for i in range(100):                                         #循环100次
36     with torch.no_grad():
37         output, past = model(tokens_tensor, past=past)       #预测下一词
38     token = torch.argmax(output[..., -1, :])
39
40     indexed_tokens += [token.tolist()]                       #将预测结果收集起来
41
42     if stopids== token.tolist():                             #如果预测出句号则停止
43        break
44     tokens_tensor = token.unsqueeze(0)                       #定义下一次预测的输入张量
45
46 sequence = tokenizer.decode(indexed_tokens)                  #进行字符串解码
47 print(sequence)
```

第 35 ~ 37 行代码中，在循环调用模型预测功能时，使用了模型的 past 功能。该功能可以使模型进入连续预测状态，即在前面预测结果的基础之上进行下一词预测，而不需要在每次预测时，对所有句子进行重新处理。

> **提示**　past 功能是使用预训练模型时很常用的功能。在 Transformers 库中，凡是带有下一词预测功能的预训练模型（如 GPT、XLNet、Transfo XL、CTRL 等）都有这个功能。但并不是所有模型的 past 功能都是通过 past 参数进行设置的，有的模型虽然使用的参数名称是 mems，但作用与 past 参数一样。

代码运行后，输出结果如下。

```
Who is Li Jinhong? Li Jinhong is a young man who is a member of the Li Clan.
```

3.10.5　子词的拆分

在 3.9.3 小节的实例中，可以看到词表工具将“lijinhong”分成了 ['li', 'jin', '##hong']。这种分词的方式是使用子词的拆分技术完成的。这种做法可以防止 NLP 任务中，在覆盖大量词汇的同时，词表过大的问题。

1. 子词的拆分原理

在进行 NLP 时，通过为每个不同词对应一个不同的向量，来完成文字到数值之间的转换。这个映射表被称作词表。

对于某些形态学（Morphology）丰富的语言（如德语，或是带有时态动词的英语），如果将每个变化的词都对应一个数值，则会导致词表过大的问题。而且这种方式使得两个词之间彼此独立，也不能体现出其本身的相近意思（如 pad 和 padding）。

子词就是将一般的词，如 padding 分解成更小单元 pad+ding。而这些小单元也有各自意思，同时这些小单元也能用到其他词中。子词与单词中的词根、词缀非常相似。通过将词分解成子词，可以大大降低模型的词汇量，减少运算量。

2. 子词的分词方法

在实际应用中，会根据不同的子词，使用不同的分词方法。基于统计方法实现的分词有以下 3 种。

- Byte Pair Encoding（BPE）法：先对语料统计出相邻符号对的频次，再根据频词进行融合。
- WordPiece 法：与 BPE 法类似，不同的是，BPE 法统计频次，而 WordPiece 法统计最大似然。WordPiece 是 Google 公司内部的子词包，其未对外公开。BERT 最初用的就是 WordPiece 法分词。
- Unigram Language Model 法：先初始化一个大词表，接着通过语言模型评估不断减少词表，一直减少到限定词汇量。

在神经网络模型中，还可以使用模型训练的方法对子词进行拆分。常见的有子词正则（Subword Regularization）和 BPE Dropout 方法。二者相比，BPE Dropout 方法更为出色。

3. 在模型中使用子词

在模型的训练过程中，输入的句子是以子词形式存在的。这种方式得到的预测结果也是子词。

当使用模型进行预测时，模型输出子词之后，再将其合并成整词即可。例如，训练时先把 “lijinhong” 拆成 ['li', 'jin', '##hong']，获得结果后，将句子中的 “##” 去掉即可。

3.11 BERTology系列模型

Transformers 库提供了十几种 BERTology 系列的具体模型，每种具体的模型又有好几套不同规模、不同数据集的预训练模型文件。想要正确地选择它们，就必须了解这些模型的原理、作用、内部结构以及训练方法。

最初的 BERT 模型主要建立在两个核心思想上：Transformer 模型的架构、无监督学习预训练。所以要介绍 BERT 模型，需要先从 Transformer 模型开始。

Transformer 模型也是 NLP 中的一个经典模型。它舍弃了传统的 RNN 结构，而使用注意力机制来处理序列任务。

本节从 Transformer 之前的主流模型开始，逐一介绍 BERTology 系列模型中的结构和特点。

3.11.1 Transformer之前的主流模型

Transformer 诞生前夕，各类主流 NLP 神经网络的架构是编码器 - 解码器（Encoder-Decoder）架构。

1. Encoder-Decoder架构的工作机制

Encoder-Decoder 架构的工作机制如下。

（1）用编码器将输入编码映射到语义空间中，得到一个固定维数的向量，这个向量就表示输入的语义。

（2）用解码器将语义向量解码，获得所需要的输出。如果输出的是文本，则解码器通常就是语言模型。

Encoder-Decoder 架构如图 3-24 所示。

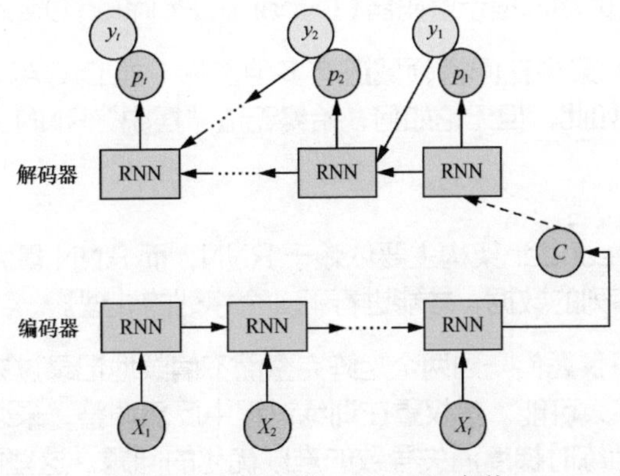

图3-24 Encoder-Decoder架构

Encoder-Decoder 架构适用于语音到文本、文本到文本、图像到文本、文本到图像等转换任务。

2. 了解带有注意力机制的Encoder-Decoder架构

注意力机制可用来计算输入与输出的相似度。一般将其应用在 Encoder-Decoder 架构中的编码器与解码器之间，通过给输入编码器的每个词赋予不同的关注权重，来影响其最终的生成结果。这种架构可以处理更长的序列任务。带有注意力机制的 Encoder-Decoder 架构如图 3-25 所示。

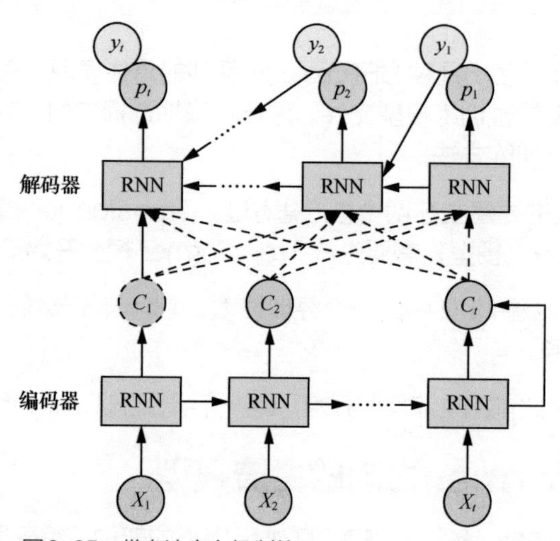

图3-25　带有注意力机制的Encoder-Decoder架构

这种架构使用 RNN 搭配注意力机制，经过各种变形，形成编码器，再接一个作为输出层的解码器，形成最终的 Encoder-Decoder 架构。

3. Encoder-Decoder架构的更多变种

基于 Encoder-Decoder 架构，编码器的结构还可以使用动态协同注意网络（Dynamic Coattention Network，DCN）、双向注意流（Bi-Directional Attention Flow，BiDAF）网络等。这些编码器有时还会混合使用，它们将来自文本和问题的隐藏状态进行多次线性 / 非线性变换、合并、相乘后得出联合矩阵，再投入由单向长短期记忆网络（Long Short-Term Memory，LSTM）、双向长短期记忆网络和高速 Maxout 网络（Highway Maxout Networks，HMN）组成的动态指示解码器（Dynamic Pointing Decoder）导出预测结果。

Encoder-Decoder 架构在问答领域还有多种变形（如 DrQA、AoA、r-Net 等模型），在 NLP 的其他领域也是如此。但无论如何，始终无法"摆脱"RNN 或 CNN。

4. RNN的缺陷

最初的 Encoder-Decoder 架构主要依赖于 RNN，而 RNN 最大的缺陷在于其序列依赖性：必须处理完上一个序列的数据，才能进行下一个序列的处理。

出于自回归的特性，仅凭借一到两个矩阵完整而不偏颇地记录过去几十个甚至上百个时间步长的序列信息，显然不太可能。其权重在训练过程中反复调整，未必能刚好应用到测试数据集的需求上，更不用提训练时梯度消失导致的难以优化的问题。这些问题从 LSTM 的单元公式便足以看出。后续新模型的开创者们始终没有推出一个可以完美解决以上问题，同时保证特征抽取能力的方案，直到 Transformer 模型的出现。

3.11.2 Transformer模型

Transformer 模型是第一个使用自注意力（Self-Attention）机制，彻底摆脱循环或卷积神经网络依赖的模型。它也是 BERT 模型中基础的技术支撑。

1. Transformer模型的结构

Transformer 模型也是基于 Encoder-Decoder 架构实现的，其结构如图 3-26 所示。

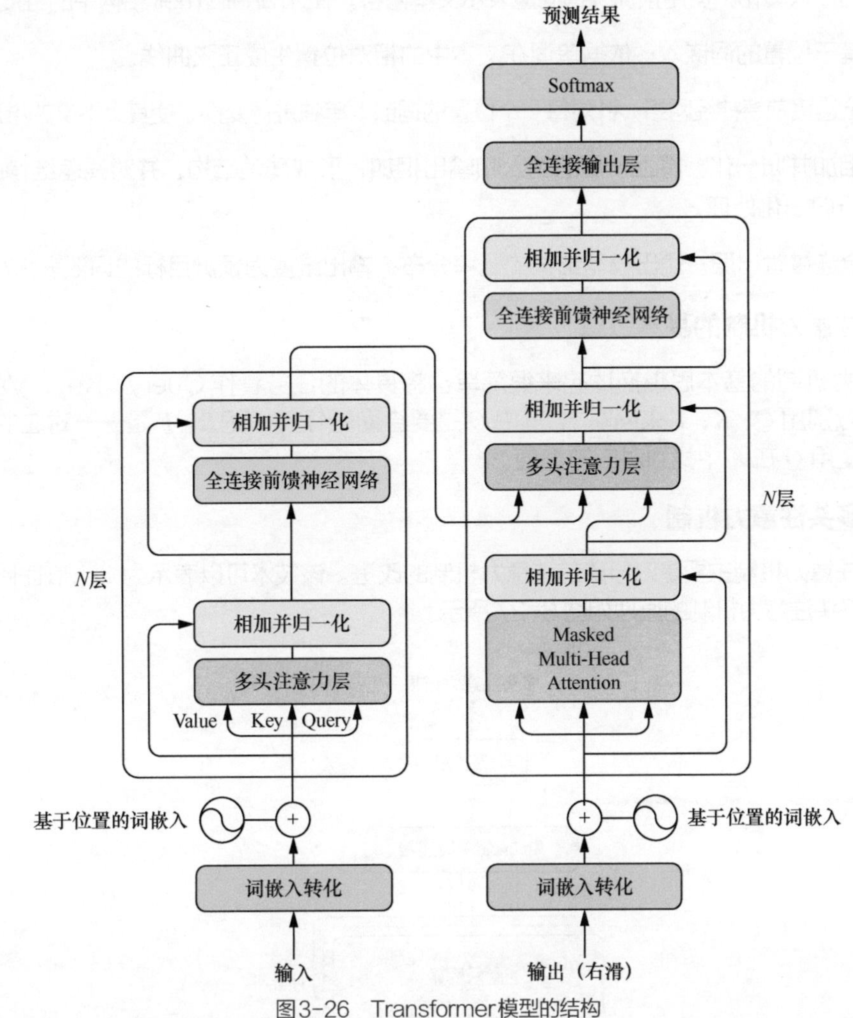

图3-26 Transformer模型的结构

图 3-26 所示为基础的编码器单元（左侧部分）和解码器单元（右侧部分），两者搭配在一起组成一个 Transformer 层（Transformer-layer）。图 3-26 中的主要部分，具体介绍如下。

- 输入：模型的训练基于单向多对多，不要求输入和输出的长度相等，两者不等长时将空缺部分填充为 0 向量。
- 输出（右滑）：在一般任务下，模型训练的目的是预测下一词的概率，从而保持输入和输出等长，输出的结果相对于输入序列，右移了一个位置，即右滑（Shifted Right）；在进行翻译任务的训练时，则输入一个不等长的句子对。

- *N* 层：在结构中，模型的深度为 6 层，在每一层的结尾，编码器输送隐藏状态给下一层编码器，解码器同理。
- 多头注意力层：每个多头注意力层的 3 个并列的箭头从左到右分别为 Value、Key 和 Query，编码器在每一层将隐藏状态通过线性变换分化出 Key 和 Value 输送给解码器的第二个注意力层。
- 词嵌入转化：使用预训练词向量表示文本内容，在 Transformer 结构中的维度为 512。
- 基于位置的词嵌入：依据单词在文本中的相对位置生成正弦曲线。
- 全连接前馈神经网络：针对每一个位置的词嵌入单独进行变换，使其上下文的维度统一。
- 相加并归一化：将上一层的输入和输出相加，形成残差结构，并对残差结构的结果进行归一化处理。
- 全连接输出层：输出模型结果的概率分布，输出维度为预测目标的词汇表大小。

2. 注意力机制的基本思想

注意力机制的基本思想描述起来很简单：将具体的任务看作 Query、Key、Value 这 3 个角色（分别用 Q、K、V 来简写）。其中 Q 是要查询的任务，而 K、V 是一一对应的键值对，目的就是使用 Q 在 K 中找到对应的 V 值。

3. 多头注意力机制

多头注意力机制主要是对原始的注意力机制的改进。该技术可以表示为 Y=MultiHead（Q，K，V）。多头注意力机制的原理如图 3-27 所示。

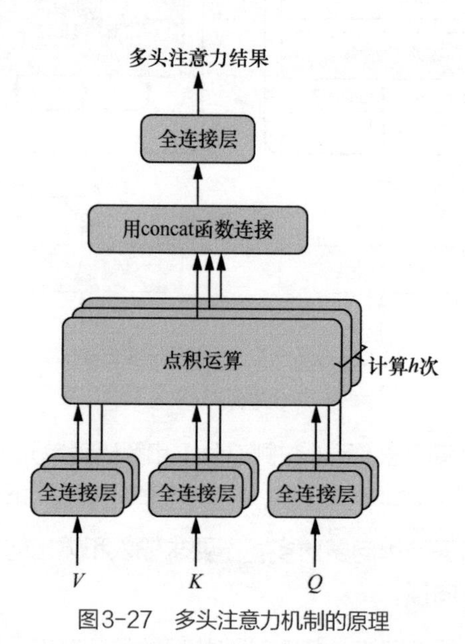

图3-27　多头注意力机制的原理

如图 3-27 所示，多头注意力机制的原理如下。

（1）把 Q、K、V 通过参数矩阵进行全连接层的映射转化。

（2）对第（1）步中所转化的 3 个结果做点积运算。

（3）将第（1）步和第（2）步重复运行 h 次，并且每次进行第（1）步操作时，都使用全新的参数矩阵（参数不共享）。

（4）用 concat 函数把计算 h 次之后的最终结果连接起来。

其中，第（4）步的操作与多通道卷积非常相似，其理论可以解释为以下 3 个方面。

（1）每一次的注意力运算，都会使原数据中某个方面的特征发生注意力转化（得到局部注意力特征）。

（2）当发生多次注意力运算之后，会得到更多方向的局部注意力特征。

（3）将所有的局部注意力特征合并，再通过神经网络将其转化为整体的特征，从而达到拟合效果。

4. 什么是基于位置的词嵌入

由于注意力机制的本质是键值对的查找机制，不能体现出查找时 Q 的内部关系特征。于是，Google 公司在实现注意力机制的模型中加入了位置向量技术。

带有位置向量的词嵌入是指在已有的词嵌入技术中加入位置信息。在实现时，具体步骤如下。

（1）用正弦和余弦算法对词嵌入中的每个元素进行计算。

（2）将第（1）步中正弦和余弦计算后的结果用 concat 函数连接，作为最终的位置信息。

转换后的结果，可以与正常的词嵌入一样在模型中被使用。

5. Transformer模型的优缺点

Transformer 模型的架构主要是将自注意力机制应用在 Encoder-Decoder 架构中。Transformer 模型避免了使用自回归模型提取特征的弊端，得以充分捕获近距离上文中的任何依赖关系。不考虑并行特性，在应对文本总长度小于词向量维度的任务时（如机器翻译），模型的训练效率也显著高于 RNN。

Transformer 模型的不足之处就是其只擅长处理短序列任务（在长度小于 50 的情况下表现良好）。因为当输入文本的固定长度持续增长时，其训练时间也将呈指数级增长。所以 Transformer 模型在处理长序列任务时，不如 LSTM 等传统的 RNN 模型（一般可以支持长度为 200 左右的序列输入）。

3.11.3 BERT模型

BERT 模型是一种来自 Google 公司人工智能的语言处理模型，它使用预训练和微调来为多种任务创建先进的 NLP 模型。这些任务包括问答系统、情感分析和语言推理等。

BERT 模型的训练过程采用了降噪自编码（Denoising Autoencoder）方式。它只是一个预训练阶段的模型，并不能端到端地解决问题。在解决具体的 NLP 任务时，还需要在

BERT 模型之后，额外添加其他的处理模型。

1. BERT模型的结构与训练方式

BERT 模型由双层双向 Transformer 模型构建，Transformer 模型中的多头注意力机制也是 BERT 核心处理层。在 BERT 模型中，这种注意力层有 12 或 24 层（具体取决于模型），且每一层包含多个（12 或 16）注意力“头”。由于模型权重不在层之间共享，因此一个 BERT 模型就能有效地包含多达 24×16 = 384 个不同的注意力机制。

训练分为两个步骤：预训练和微调。经过预训练之后的 BERT 模型，可以直接通过微调的方式，用于各种具体的 NLP 任务上。BERT 模型的训练方式如图 3-28 所示。

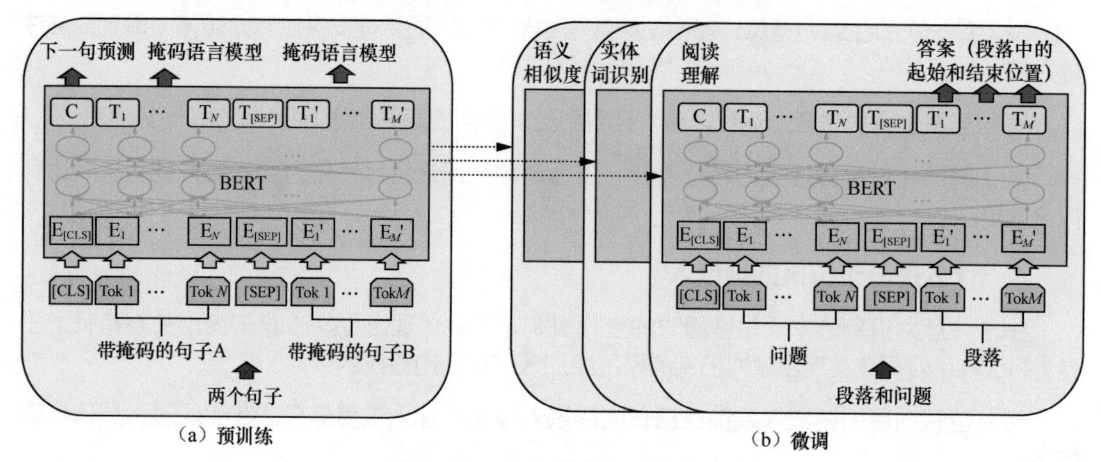

图3-28 BERT模型的训练方式

图 3-28 所示的预训练是为了在输入的词向量中融入上下文特征，微调则是为了使 BERT 模型能适应不同的任务，包括分类、问答、序列标注等，两者是独立进行的。这种训练方式的设计，可以使一个模型适用于多个应用场景。这使得 BERT 模型诞生后，实现了刷新多项 NLP 任务纪录的效果。BERT 模型刷新的几项 NLP 任务如表 3-1 所示。

表3-1 BERT模型刷新的几项NLP任务

NLP任务	类型	描述
MultiNLI	文本语义关系识别	文本间的推理关系，又称为文本蕴含关系。样本都是文本对，第一个文本M作为前提，如果能够从文本M推理出第二个文本N，即可说M蕴含N，简写为M->N。两个文本关系一共有3种，即蕴含、矛盾、中立
QQP	文本匹配	类似于分类任务，判断两个问题是不是同一个意思，即是否等价。使用的是Quora 问题对数据集（quora question pairs）
QNLI	自然语言推理	二分类任务。正样本为问题语句，包含正确的答案；负样本为问题语句，不包含正确的答案
SST-2	文本分类	基于文本的情感分类任务

续表

NLP任务	类型	描述
CoLA	文本分类	分类任务，预测一个句子是否是可接受的。使用的是语言可接受性语料库（the corpus of linguistic acceptability）
STS-B	文本相似度	用来评判两个文本语义信息的相似度。使用的是语义文本相似度数据集（the semantic textual similarity benchmark），样本为文本对，分数为1~5
MRPC	文本相似度	对来源于同一条新闻的两条评论进行处理，判断这两条评论在语义上是否相同。使用的是微软研究释义语料库（microsoft research paraphrase corpus），样本为文本对
RTE	文本语义关系识别	与MultiNLI任务类似，只不过数据集更少，使用的是文本语义关系识别数据集（recognizing textual entailment）
WNLI	自然语言推理	与QNLI任务类似，只不过数据集更少，使用的是自然语言推理数据集（winograd NLI）
SQuAD	提取式阅读理解	给出一个问题和一段文字，从文字中提取出问题的答案
SWAG	带选择题的阅读理解	给出一个陈述句子和4个备选句子，判断前者与后者中的哪一个最有逻辑的连续性。使用的是具有对抗性生成的情境数据集（the situations with adversarial generations dataset）

2. BERT模型的预训练方法

BERT 模型使用了两个无监督子任务训练出两个子模型，它们分别是 MLM 和下一句预测（Next Sentence Prediction，NSP）模型。

（1）MLM

MLM 与 CBOW 模型思想相似，即先把待预测的单词遮蔽，再预测句子。

MLM 的原理是：给定一个输入序列，同时随机遮蔽序列中的一些单词；然后模型根据上下文中提供的其他非遮蔽词预测遮蔽词的原始值。

MLM 的训练过程采用了降噪自编码方式，它区别于自回归模型，最大的贡献在于使模型获得了双向的上下文信息。

（2）NSP 模型

NSP 模型与传统的 RNN 模型预测任务一致，即先输入一句话，然后通过模型来预测其下一句话的内容。Transformer 模型也属于这种模型。

在训练时，BERT 模型对该任务的训练方式做了调整：将句子 A 输入 BERT 模型，然后以 50% 的概率选择下一个连续的句子作为句子 B，另外 50% 的概率是从语料库中随机抽取不连续的句子 B 代替。

使用这种方式训练的模型，除了能够输出完整的句子外，还可以输出一个标签，用于判断两个句子是否连续。这种训练方式可以增强 BERT 模型对上下文的推理能力。

3. BERT模型的编码机制

MLM的掩码机制是BERT模型的最大特点，它预测的是句子，而不是聚焦到一个具体的实际任务。同时，在Transformer模型的位置编码基础上，BERT模型还添加了一项段（Segment）编码，如图3-29所示。

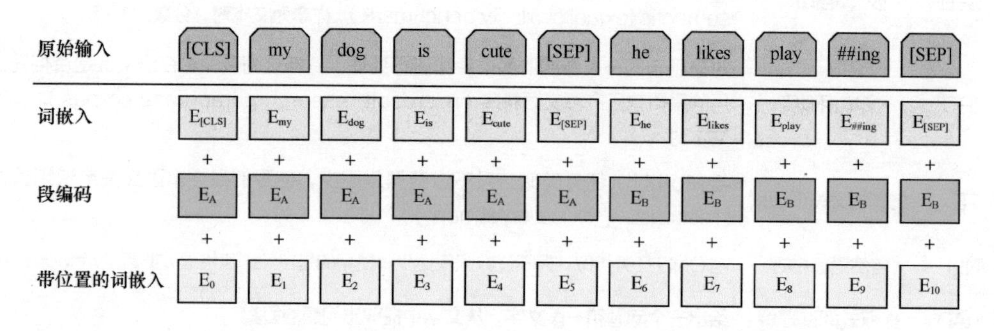

图3-29 BERT模型的编码机制

图3-29中，段编码对应于3.9.3小节的第30行代码。

4. BERT模型的应用场景

BERT模型适用于以下4种场景。

- 语言中包含答案，如QA/RC。
- 句子与段落间的匹配任务。
- 提取句子深层语义特征的任务。
- 基于句子或段落级别的短文本处理任务（在输入长度为512以下，模型性能保持良好）。

5. BERT模型的缺点

BERT模型的MLM将[MASK]当作噪声，通过降噪自编码训练的方式可以获得双向的上下文信息。这种方式会带来如下两个问题。

- 微调不匹配（Pretrain-finetune Discrepancy）问题：预训练时的[MASK]在微调时并不会出现，使得两个过程不一致，这种做法会影响训练效果。
- 独立性假设（Independence Assumption）问题：BERT模型预测的所有[MASK]在未做[MASK]屏蔽的条件下是独立的。这种做法使得模型给输入句子一个默认的假设——每个词的预测是相互独立的。而类似于“New York”这样的实体词，“New”和“York”是存在关联的，这个假设则忽略了这样的情况。

另外，研究者通过实验发现，对BERT模型进行细微变化后，可以获得更好的表现。例如，BERT-WWM在MRPC（见表3-1）和QQP（见表3-1）数据集上普遍表现都优于BERT模型，而去掉NSP的BERT模型在某些任务中表现会更好。

3.11.4 GPT-2模型

在 Transformer 模型之后的工作中，人们尝试保留其核心的多头注意力机制，而优化原有的 Encoder-Decoder 架构。在 BERT 模型中，去掉了 Transformer 模型的解码器部分，只使用其编码器部分，得到了很好的结果。而 GPT-2 模型与 BERT 模型相反，它去掉了 Transformer 模型的编码器部分，只使用其解码器部分。GPT-2 模型由 OpenAI 公司于 2019 年 2 月发布，当时引起了不小的轰动。

GPT-2 模型使用无监督的方式，对来自互联网上的 40GB 的精选文本进行训练。它能够遵循训练时的文本内容，根据输入的具体句子或词，预测出下一个可能出现的序列（词）。

在进行语句生成时，模型将每个新产生的单词添加在输入序列后面，将这个序列当作下一步模型预测所需要的新输入，这样就可以源源不断地生成新的文本。这种机制叫作自回归（Auto-Regression，AR），在 3.10.4 小节的实例中，就使用了 GPT-2 模型实现的自回归机制。

由于 GPT-2 模型由 Transformer 模型的解码器叠加组成，它工作时与传统的语言模型一样，输入指定长度的句子后，一次只输出一个单词。按 Transformer 模型解码器的堆叠层数分成了小、中、大、特大 4 个子模型，其所对应的层数分别为 12 层、24 层、36 层、48 层。

3.11.5 Transformer-XL模型

Transformer-XL 模型解决了 NLP 领域的难题：捕获长距离依赖关系，使 Transformer 体系结构能够学习长期依赖，通过让片段之间有依赖性，解决上下文碎片问题。Transformer-XL 中的 XL 代表超长（Extra Long）。

同时，Transformer-XL 模型对自注意力机制引入了两种机制：循环机制（Recurrence Mechanism）和相对位置编码（Relative Positional Encoding）。

这两种机制的引入，使得其在下一词预测任务中的速度比标准 Transformer 模型快 1 800 多倍。

1. 循环机制

Transformer-XL 模型将语料事先划分为等长的段，在训练时，将每一个段单独投入计算自注意力。每一层输出的隐藏状态作为记忆存储到内存中，并在训练下一个段时，将其作为额外的输入，代表上文中的语境信息。这样一来便在上文与下文之间搭建了一座“桥梁”，使得模型能够捕获更长距离的依赖关系。

这种方式可以使评估场景下的运算速度变得更快，因为在自回归过程中，模型可以直接通过缓存中的前一个段结果来进行计算，不需要对输入序列进行重新计算。

2. 相对位置编码

由于加入了循环机制，从标准 Transformer 模型承接下来的绝对位置编码也就失去了作用。这是因为 Transformer 模型没有使用自回归式运算方式，其使用的带位置的词嵌入，记录的是输入词在这段文本中的绝对位置。这个位置值在 Transformer-XL 模型的循环机制中，会一直保持不变，所以失去了其应有的作用。

Transformer-XL 模型的做法是取消模型输入时的位置编码，转为在每一个注意力层前用 Query 和 Key 编码。

这种做法会使每个段产生不同的注意力结果，不会造成时间上的处理混乱，使模型既能捕获长距离依赖关系，又能充分利用短距离依赖关系。

3. Transformer-XL 模型与 GPT-2 模型的输出结果比较

Transformer-XL 模型与 GPT-2 模型同是 AR 模型，但在输入相同句子时，各自所产生的文本并不相同。这种差异是由很多因素造成的，主要还是归因于不同的训练数据和模型架构。

3.11.6　XLNet 模型

XLNet 模型在 Transformer-XL 模型的 AR 模型基础上加入了 BERT 模型的思想，使其也能够获得双向的上下文信息，并克服了 BERT 模型所存在的缺点：

- XLNet 模型中没有使用 MLM，克服了 BERT 模型的微调不匹配问题；
- 由于 XLNet 模型本身是 AR 模型，因此不存在 BERT 模型的独立性假设问题。

从效果上看，XLNet 模型在 20 个任务上的表现都比 BERT 模型好，而且通常占据很大的优势。XLNet 模型在 18 个任务上取得了很好的结果，包括问答、自然语言推理、情感分析和文档排序。

XLNet 模型中最大体量的 XLNet-Large 模型参照了 BERT-Large 模型的配置，其包含 3.4 亿参数，16 个注意力头，24 个 Transformer 层，1 024 个隐藏单元。相关论文指出，即使是这样的配置，在训练过后依然呈现欠拟合的态势。

XLNet 模型主要使用了 3 个机制：乱序语言模型（Permutation Language Model，PLM）、双流自注意力（Two-Stream Self-Attention）机制、循环机制。

1. 乱序语言模型

乱序语言模型又叫作有序因子排列，它的做法如下。

- 对每个长度为 T 的序列 $(x_1,x_2，\cdots，x_T)$，产生 $T!$ 种不同的排列方式。
- 在所有顺序中，共享模型的参数，对每一种排列方式重组下的序列进行自回归训练。
- 从 AR 模型中找出最大结果所对应的序列（此期间只改变序列的排列顺序，每个词与其对应的词嵌入和位置编码不会改变）。

PLM 的思想是：如果模型的参数在所有的顺序中共享，那么模型就能学到从所有位置收集上下文信息。

XLNet 模型会为每一种排列记录隐藏状态记忆序列，而相对位置编码在不同排列方式间保持一致，不随排列方式的变化而变化（即保持原始的位置编码）。这样做可以在捕获双向信息（BERT 模型的优点）的同时，避免独立性假设、微调不匹配问题（BERT 模型的缺点）。可以将 XLNet 模型看成不同排列下多个 Transformer-XL 模型的并行。

这种从原输入中选取最有可能的排列方式，能够充分利用自编码（Auto-Encoding,AE）和自回归的优势，使模型的训练充分融合上下文特征，同时也不会造成掩码机制下的有效信息缺失，避免了两者的不足。

XLNet 模型利用 PLM，在预测某个词时，使用输入的排列获取双向的上下文信息，同时维持 AR 模型原有的单向形式。这样就可以不用改变输入顺序，只需在内部处理。

在实现过程中，XLNet 模型使用词在序列中的位置计算上下文信息。

例如，有一个 2 -> 4 ->3 ->1 的序列，取出其中的 2 和 4 作为自回归模型的输入，使其预测 3。这样，当所有序列取完时，就能获得该序列的上下文信息。

为了降低模型的优化难度，XLNet 模型只预测当前序列位置之后的词。

2. 双流自注意力机制

双流自注意力机制用于配合 PLM。在 PLM 过程中，需要计算序列的上下文信息。其中上文信息和下文信息各使用了一种注意力机制进行实现，所以叫作双流自注意力。

- 上文信息通过对序列本身做自注意力计算获得。这种注意力结果叫作内容流。
- 下文信息参考了 Transformer 模型中 Encoder-Decoder 架构的注意力机制（解码器经过一个掩码自注意力层后保留 Query，接收来自编码器的 Key 和 Value，进行进一步运算）计算获得。这种注意力结果叫作查询流。

PLM 配合双流自注意力的完整工作流程如图 3-30 所示。

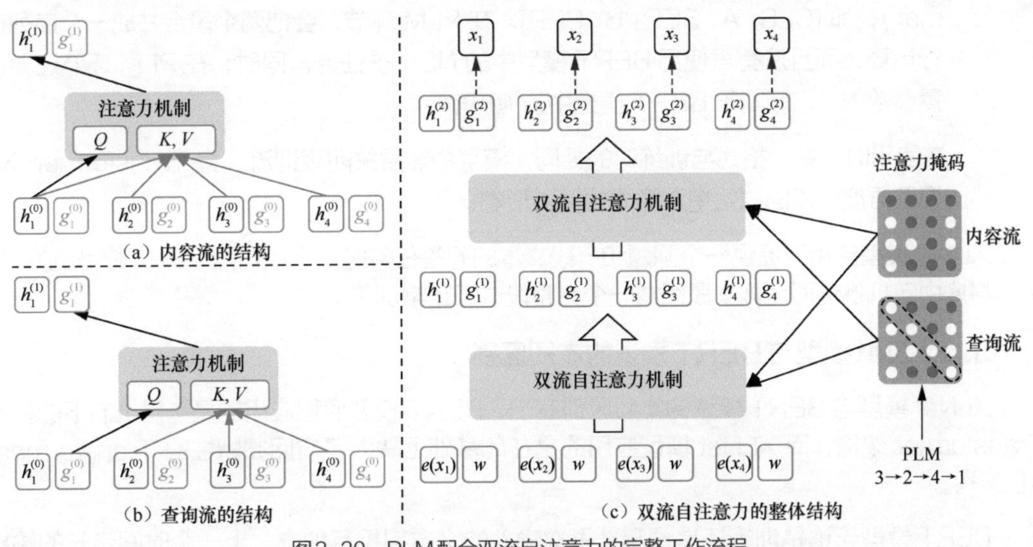

图3-30 PLM配合双流自注意力的完整工作流程

图 3-30 中实现了对序列 2 -> 4 ->3 ->1 中第一个词的双流自注意力机制计算，具体描述如下：

图 3-30（a）所示为内容流的结构，其中 h 代表序列中每个词的内容流注意力（$h^{(0)}$ 代表原始特征，$h^{(1)}$ 代表经过注意力计算后的特征，h_1、h_2 的下标代表该词在序列中的索引）。

该图描述了一个标准的注意力机制。该注意力中，包括查询条件 Q，它能够体现出已有序列的上文信息。

图 3-30（b）所示为查询流的结构，其中 g 代表序列中每个词的查询流注意力（$g^{(0)}$ 代表原始特征，$g^{(1)}$ 代表经过注意力计算后的特征，g_1、g_2 的下标代表该词在序列中的索引）。图中将第一个词作为查询条件 Q，将其他词当作 K 和 V，实现了基于下一词的注意力机制。该注意力机制可以体现出序列的下文信息，因为下一词在这个注意力中看不到自己。

图 3-30（c）所示为双流自注意力的整体结构，经过双流自注意力计算后，序列中的每个词都有两个（上文和下文）特征信息。

经过实验发现，PLM 增加了数倍的计算量，使得模型的收敛速度过于缓慢。为此 XLNet 模型引入一项超参数 N，只对排列尾部的 $1/N$ 个元素进行预测，最大化似然函数。如此一来效率大大提高，而同时不用牺牲模型精度。这个操作称为部分预测（Partial Prediction），同 BERT 模型只预测 15% 的词类似。

3. 循环机制

该机制来自 Transformer-XL 模型，即在处理下一个段时结合上一个段的隐藏表示（Hidden Representation），使得模型能够获得更长距离的上下文信息。

该机制使得 XLNet 模型在处理长文档时具有较好的优势。

4. XLNet模型的训练与使用

XLNet 模型与 BERT 模型一样，分为预训练和微调，具体如下。

- 在训练时：使用与 BERT 模型一样的双语段输入格式（Two-Segment Data Format），即 [CLS，A，SEP，B，SEP]。在 PLM 环节，会把两个段合并成一个序列进行运算，而且没有再使用 BERT 模型中的 NSP 子任务。同时，在 PLM 环节还要设置参数 N，它等同于 BERT 模型中的掩码率。
- 在使用时：输入格式与训练时的相同。模型中需要关闭查询流，将 Transformer-XL 模型再度还原回原始单注意力的标准形态。

XLNet 模型应用于提供一个问题和一段文本的问答任务时，可以仿照 BERT 模型的方式，从语料库中随机挑选两个样本段组成一个完整段进行正常训练。

5. XLNet模型与BERT模型的本质区别

XLNet 模型与 BERT 模型的本质区别在于，BERT 模型底层应用的是掩码机制下的标准 Transformer 架构，而 XLNet 模型应用的是在此基础上融入了自回归特性的 Transformer-XL 架构。

BERT 模型无论是训练还是预测，每次输入的文本都相互独立，上一个时间步长的输出不作为下一个时间步长的输入。这种做法与传统的 RNN 正好相反。而 XLNet 模型遵循了传统的 RNN 中的自回归方式，实现了更好的性能。

例如，同样处理“New York is a city”这句话中的单词“New York”，BERT 模型会直接使用两个 [mask] 将这个单词遮蔽，再使用“is a city”作为上下文进行预测，这种处理方法忽略了子词“New”和“York”之间的关联；而 XLNet 模型则通过 PLM 的形式，使得模型获得更多“New”与“York”之间前后关系的信息。

3.11.7 XLNet模型与AE模型和AR模型间的关系

如果将 BERT 模型当作 AE 模型，则带有 RNN 特性的系列模型都可以归类于 AR 模型。

1. AE模型与AR模型的不足

以 BERT 模型为首的 AE 模型虽可以学得上下文信息，但在数据关联（Data Corruption）设计上存在两个天然缺陷：

- 忽视了训练时被掩码的词之间的相关关系；
- 这些词未能出现在训练数据集中，进一步导致预训练的模型参数在微调时产生差异。

而 AR 模型虽不存在以上缺陷，但只能基于单向建模。双向设计（如 GPT 模型的双层 LSTM）将产生两套无法共享的参数，本质上仍为单向模型，利用上下文信息的能力有限。

2. XLNet模型中的AE、AR特性

XLNet 模型可以理解为 BERT、GPT-2 和 Transformer-XL 这 3 种模型的综合体变身。它吸收了 AE 和 AR 两种语言模型的优势，具体体现如下。

- 吸收了 BERT 模型中的 AE 优点，使用双流自注意力机制配合 PLM 预训练目标，获取双向语义信息（该做法等同于 BERT 模型中掩码机制的效果）。
- 结合 AR 优点，去掉了 BERT 模型中掩码行为，解决了微调不匹配问题。
- 使用 PLM 对输入序列的概率分布进行建模，避免了独立性假设问题。
- 仿照 GPT-2 模型的方式，使用更多更高质量的预训练数据。
- 使用 Transformer-XL 模型的循环机制，来解决无法处理过长文本的问题。

3.11.8 RoBERTa模型

人们在对 BERT 模型预训练的重复研究中，通过对超参数调整和训练数据集大小的影响的仔细评估，发现了 BERT 模型训练不足的情况，并对其进行了改进，得到了 RoBERTa 模型。

RoBERTa 模型与 BERT 模型一样，都属于预训练模型。不同的是，它使用了更多的训练数据、更久的训练时间和更大的训练批次。它所训练的子词达到 20 480 亿个（50 万步 × 8 000 批次 ×512 样本长度），在 8 块 TPU 上训练 50 万步，需要 3 200 小时。这种思路一定程度上与 GPT-2 模型的暴力扩充数据方法类似，但是需要消耗大量的计算资源。

RoBERTa 模型对超参数与训练数据集的修改也很简单，具体包括以下几个方面。

- 使用动态掩码（Dynamic Masking）策略：预训练过程依赖于随机掩盖和预测被掩盖字或者单词。RoBERTa 模型为每个输入序列单独生成一个掩码，让数据训练不重复，而在 BERT 模型的 MLM 中，只执行一次随机掩盖和替换，并在训练期间保存，这种静态掩码策略使得每次都使用了相同掩码的训练数据，影响了数据的多

样性。

- 使用了更多样的数据。其中包括维基百科（130GB）、书、新闻（6 300 万条）、社区讨论、故事类数据。
- 取消了 BERT 模型中的 NSP 子任务，数据连续从一个或多个文档中获得，直到长度为 512。经过 RoBERTa 模型和 XLNet 模型证明，NSP 子任务在 BERT 模型的预训练过程中是可以去掉的。
- 优化器参数调整。
- 使用了更大的字符编码。它是字符级和单词级之间的混合体，可以处理自然语言语料库中常见的大词汇，避免训练数据出现更多的 [UNK] 标记符号，从而影响预训练模型的性能。其中，[UNK] 标记符号表示当在 BERT 模型自带字典 vocab.txt 中找不到某个字或者英文单词时，则用 [UNK] 表示。

3.11.9 SpanBERT模型

SpanBERT 模型不同于 RoBERTa 模型，它是通过修改模型的预训练任务和目标，使模型达到更好的效果。其修改主要是以下 3 个机制。

- 空间掩码（Span Masking）。这个机制与之前 BERT 团队提出的 WWM（Whole Word Masking）类似，即在掩码时掩盖整个单词。每次掩盖前，从一个几何分布中采样得到需要掩盖的 span 的长度，并等概率地对输入中为该长度的 span 进行掩盖，直到掩盖完 15% 的输入。
- 空间边界掩码（Span Boundary Object）。使用 span 前一个词和末尾后一个词以及词位置的 fixed-representation 表示 span 内部的一个词，并以此来预测该词，使用交叉熵作为新的损失值加入最终的损失函数。该机制使得模型在 Span-Level 的任务中能获得更好的表现。
- 单序列训练（Single-Sequence Training）。直接输入一整段连续的序列，这样可以使得模型获得更长的上下文信息。

在这 3 个机制下，SpanBERT 模型使用与 BERT 模型相同的语料进行训练，最终在 GLUE 数据集中获得准确率 82.8% 的表现。

3.11.10 ELECTRA模型

ELECTRA 模型通过类似生成对抗网络（Generative Adversarial Network，GAN）的结构和新的预训练任务，在更少的参数量和数据下，不仅超越了 BERT 模型，而且仅用 1/4 的算力就达到了 RoBERTa 模型的效果。

1. ELECTRA 模型的主要技术

ELECTRA 模型使用了新的预训练任务和框架，把生成式的 MLM 预训练任务改成了判别式的替换词检测（Replaced Token Detection，RTD）任务，判断当前词是否被语言模型替换过。

2. 替换词检测任务

GAN 在 NLP 任务中一直存在一个问题，就是其所处理的每个数值都对应于词表中的索引，这个值是离散类型，并不像图像处理中的像素值（像素值是 0 ~ 255 的连续类型值）。这种离散类型值问题使得模型在优化过程中，判别器无法计算梯度。

由于判别器的梯度无法传给生成器，ELECTRA 模型对 GAN 框架进行了一些改动，具体如下：

- 将 MLM 任务当作生成器的训练目标；
- 将判断每个词是原始词还是替换词的任务当作判别器的训练目标；
- 两者同时训练，但判别器的梯度不会传给生成器。

概括地说，使用一个 MLM 的生成器来对输入句子进行更改，然后丢给 D-BERT 去判断哪个词被改过。替换词检测任务如图 3-31 所示。

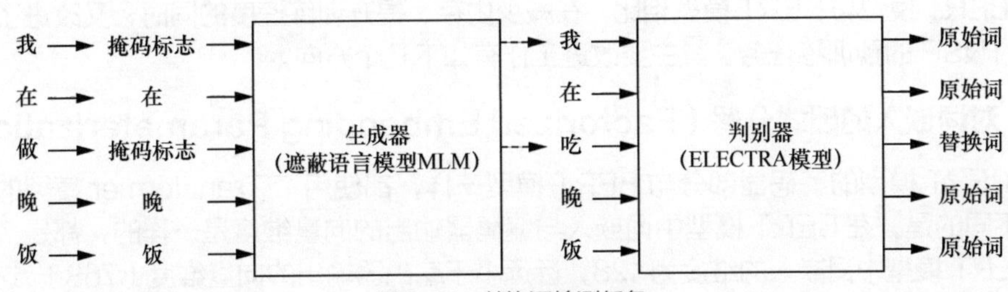

图3-31 替换词检测任务

ELECTRA 模型在计算生成器损失时，对序列中所有的词进行计算；而 BERT 模型在计算 MLM 损失时，只对掩码部分的词进行计算（会忽略没被掩盖的词）。这是二者最大的差别。

3.11.11 T5模型

T5 模型和 GPT-2 模型一样，把所有的 NLP 问题都转化为文本到文本（Text-To-Text，T2T）的任务。T5 模型是将 BERT 模型移植到 Seq2Seq 框架下，并使用干净的数据集，再配合一些训练技巧所完成的（参见 arXiv 网站上编号是“1910.10683”的论文，了解更多内容）。

1. T5模型的主要技术

T5 模型使用了简化的相对位置词嵌入，即每个位置对应一个数值而不是向量，将多头注意力机制中的 Key 和 Query 相对位置的数值加在 softmax 的算法之前，令所有的层共享一套相对位置词嵌入。

这种在每一层计算注意力权重时都加入位置信息的方式，让模型对位置更加敏感。

2. T5模型的使用

在使用模型进行预测时，标准的 Seq2Seq 框架常会使用贪婪解码（Greedy Decoding）或集束搜索（Beam Search）算法进行解码。在 T5 模型中，经过实验发现，大部分情况下可以使用贪婪解码进行解码，对输出句子较长的任务使用集束搜索进行解码。

3.11.12　ALBERT模型

ALBERT 模型被称为“瘦身成功版 BERT”，因为它的参数比 BERT 模型少了 80%，同时又提升了性能。

ALBERT 模型的改进与针对 BERT 模型的其他改进方法不同，它不再是通过增加预训练任务或增多训练数据等方法进行改进，而是采用了全新的参数共享机制。在提升了模型的整体效果同时，又大大减少了参数量。

对预训练模型来说，通过提升模型的规模大小是能够对下游任务的处理效果有一定提升，然而如果将模型的规模提升过大，则容易引起显存或内存不足（Out of Memoy，OOM）的问题。另外，对超大规模的模型进行训练的时间过长，也可能导致模型出现退化的情况。

（参见 arXiv 网站上编号是“1909.11942”的论文，了解更多内容）。

ALBERT 模型与 BERT 模型相比，在减少内存、提升训练速度的同时，又改进了 BERT 模型中的 NSP 的预训练任务。其主要改进工作有如下几个方向。

1. 对词嵌入的因式分解（Factorized Embedding Parameterization）

ALBERT 模型的解码器部分与 BERT 模型一样，都使用了 Transformer 模型的编码器结构。不同的是，在 BERT 模型中词嵌入与编码器输出的向量维度是一样的，都是 768；而在 ALBERT 模型中词嵌入的维度为 128，远远小于编码器输出的向量维度（768）。这样做的原理有以下两点。

- 词嵌入的向量依赖于词的映射，其本身是没有上下文依赖的表述。而隐藏层的输出值不仅包括词本身的意思，还包括一些上下文信息。理论上来说，隐藏层的表述包含的信息应该更多一些，所以让编码器输出的向量维度更大一些，使其能够承载更多的语义信息。
- 在 NLP 任务中，通常词典都会很大，词嵌入矩阵（Embedding Matrix）的大小是 $E\times V$。如果和 BERT 模型一样让 $H=E$，那么词嵌入矩阵的参数量会很大，并且反向传播的过程中，更新的内容也比较稀疏。

结合上述两点，ALBERT 模型采用了一种因式分解的方法来减少参数量，即把原始的单层词向量映射变成两层词向量映射，具体步骤如下。

（1）把维度大小为 V 的 One-hot 向量输入一个维度很低的词嵌入矩阵，将其映射到一个低维度的空间，维度大小为 E。

（2）把维度大小为 E 的低维词嵌入输入一个高维的词嵌入矩阵，最终映射成 H 维词嵌入。

这种变换把参数量从原有的 $V\times H$ 降低到了 $V\times E+E\times H$。在 ALBERT 模型中，E 的值为 128，远远小于 H 值（768），在这种情况下，参数量可以大幅度减少。

2. 跨层的参数共享（Cross-layer Parameter Sharing）

在 Transformer 模型中，要么只共享全连接层的参数，要么只共享注意力层的参数。而

ALBERT 模型共享了编码器内的所有参数，即将 Transformer 模型中的全连接层与注意力层都进行参数共享。

这种做法与同样量级下的 Transformer 模型相比，虽然效果下降了，但减少了大量的参数，同时也提升了训练速度。同时，在训练过程中还能够看到，ALBERT 模型每一层的输出的词嵌入比 BERT 模型振荡的幅度更小。ALBERT 模型与 BERT 模型的训练效果对比，如图 3-32 所示。

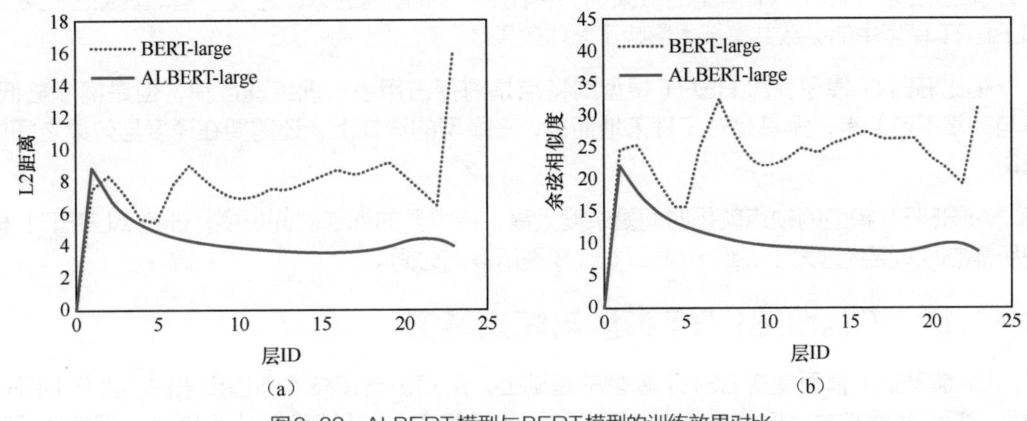

图3-32 ALBERT模型与BERT模型的训练效果对比

图 3-32（a）所示为 ALBERT-large 模型与 BERT-large 模型在训练过程中各个参数的 L2 距离，图 3-32（b）所示为各个参数的余弦相似度。

从图 3-32 中可以看出，ALBERT-large 模型的参数变化曲线更为平缓，这表明参数共享还有稳定训练效果的作用。

3. 句间连贯（Inter-sentence Coherence Loss）

在 BERT 模型的 NSP 训练任务中，训练数据的正样本是采样同一个文档中的两个连续的句子，而负样本是采样两个不同的文档的句子。由于负样本中的句子来自不同的文档，这需要 NSP 任务在进行关系一致性预测的同时，对主题进行预测。这是因为在不同主题中，上下文关系也会略有差异。例如，介绍娱乐主题的新闻文章和介绍人工智能科研主题的技术文章，其中的实体词、语言风格都会有所不同。

在 ALBERT 模型中，为了只保留一致性任务去除主题识别的影响，提出了一个新的任务 句子顺序预测（Sentence-Order Prediction，SOP）。SOP 的正样本和 NSP 的获取方式是一样的，负样本把正样本的顺序反转即可。SOP 因为是在同一个文档中选择的，其只关注句子的顺序，并去除了由于样本主题不同而产生的影响。虽然 SOP 能解决 NSP 的任务，但是 NSP 并不能解决 SOP 的任务。SOP 使得 ALBERT 模型效果有了进一步的提升。

4. 移除Dropout

在训练 ALBERT 模型时，发现该模型在 1 000 000 次迭代训练之后，仍然没有出现过拟合现象，这表明 ALBERT 模型本身具有很强的泛化能力。在尝试移除了 Dropout 之后，发现居然还会对下游任务的效果有一定的提升。

该实验可以证明，Dropout 对大规模的预训练模型会造成负面影响。

另外，为加快训练速度，ALBERT 模型还使用 LAMB 作为优化器，并使用了大的批次（4096）来进行训练。LAMB 优化器可以支持特别大（高达 6 万）的批次样本进行训练。

ALBERT模型与BERT模型的对比

在相同的训练时间下，ALBERT 模型的效果比 BERT 模型的效果好。但是，如果不计算训练时间，ALBERT 模型的效果仍然会比 BERT 模型的效果略差一些。其原因主要是 ALBERT 模型中的参数共享技术影响了整体效果。

相比 BERT 模型，ALBERT 模型的特点是内存占用小、训练速度快，但是精度略低。鱼与熊掌不可兼得，尤其是对工程落地而言，在模型的选择上，还需要在速度与效果之间做权衡。

ALBERT 模型的缺点就是时间复杂度太高，所需要的训练时间更多，训练 ALBERT 模型所需的时间要远远大于训练 RoBERTa 模型所需的时间。

3.11.13 DistillBERT模型与知识蒸馏

DistillBERT 模型是在 BERT 模型的基础上，用知识蒸馏技术训练出来的小型化 BERT 模型。知识蒸馏技术将模型大小减小了 40%（66MB），推断速度提升了 60%，但性能只降低了约 3%。

（参见 arXiv 网站上编号是“1910. 01108”的论文，了解更多内容）。

1. DistillBERT模型的具体做法

DistillBERT 模型的具体做法如下。

（1）给定原始的 BERT 模型作为教师模型，待训练的模型作为学生模型。

（2）将教师模型的网络层数减半（从原来的 12 层减少到 6 层），同时去掉了 BERT 模型的池化层，得到学生模型。

（3）利用教师模型的软标签和教师模型的隐藏层参数来训练学生模型。

在训练过程中，移除了 BERT 模型原有的 NSP 子任务。

在训练之前，还要用教师模型的参数对学生模型进行初始化。由于学生模型的网络层数是 6，而教师模型的层数是 12。在初始化时，用教师模型的第 2 层初始化学生模型的第 1 层，教师模型的第 4 层初始化学生模型的第 2 层，依此类推。

提示 在设计学生模型时，只是减小网络的层数，而没有减小隐藏层大小。这样做的原因是，经过实验发现，降低输出结果的维度（隐藏层大小）对计算效率提升不大，而减小网络的层数，则可以提升计算效率。

2. DistillBERT模型的损失函数

DistillBERT 模型训练时使用了如下 3 种损失函数。

- LceLce：计算教师模型和学生模型 softmax 层输出结果（MLM 任务的输出）之间的交叉熵。
- LmlmLmlm：计算学生模型中 softmax 层输出结果和真实标签（One-Hot 编码）之间的交叉熵。
- LcosLcos：计算教师模型和学生模型中隐藏层输出结果的余弦相似度。

3.12 实例：用迁移学习训练BERT模型来对中文分类

虽然 Transformers 库中提供了大量的预训练模型，但这些模型都是在通用数据集中训练出来的，它们并不能适用于实际情况中的 NLP 任务。

想要根据自己的文本数据来训练模型，还需要使用迁移学习的方式对预训练模型进行微调。本例就来微调一个 BERT 模型，使其能够对中文文本进行分类。

实例描述	对 Transformers 库中的 BERT 模型进行微调，使其能够对中文文本的新闻语句进行分类。

BERT 模型的优势之一是其可以直接以字为单位来处理输入的中文文本。这省去了在样本预处理阶段的分词环节，大大简化了操作过程。通过对本例的实现，读者能够更好地将 Transformers 库应用在实际的任务中。

3.12.1 样本介绍

本例所使用的数据集来源于 GitHub 网站（`649453932/Bert-Chinese-Text-Classification-Pytorch`）。

该数据集包含从 THUCNews 数据集中随机抽取的 20 万条新闻标题，每个样本的长度为 20 ~ 30，一共 10 个类别，每类 2 万条新闻标题。

10 个具体的类别分别是财经、房产、股票、教育、科技、社会、时政、体育、游戏、娱乐。它们被放在文件 class.txt 中。

数据集划分如下：

- 训练数据集：18 万条，在文件 train.txt 中。
- 测试数据集：1 万条，在文件 test.txt 中。
- 验证数据集：1 万条，在文件 dev.txt 中。

在本例中，数据集文件被存放在当前代码的目录 THUCNews\data 下。其中数据集文件 train.txt、test.txt 与 dev.txt 中的内容格式完全一致。测试数据集内容如图 3-33 所示。

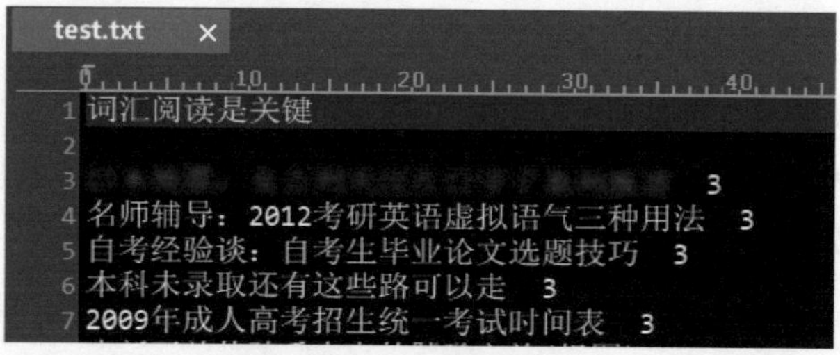

```
test.txt
1 词汇阅读是关键
2
3                                    3
4 名师辅导：2012考研英语虚拟语气三种用法  3
5 自考经验谈：自考生毕业论文选题技巧  3
6 本科未录取还有这些路可以走  3
7 2009年成人高考招生统一考试时间表  3
```

图3-33 测试数据集内容

图 3-33 中显示了测试数据集文件 test.txt 的内容。可以看到，每条样本分为两部分：文本字符串和所属的类别标签索引。其中的类别标签索引对应于 class.txt 文件中的类别顺序。类别名称的内容如图 3-34 所示。

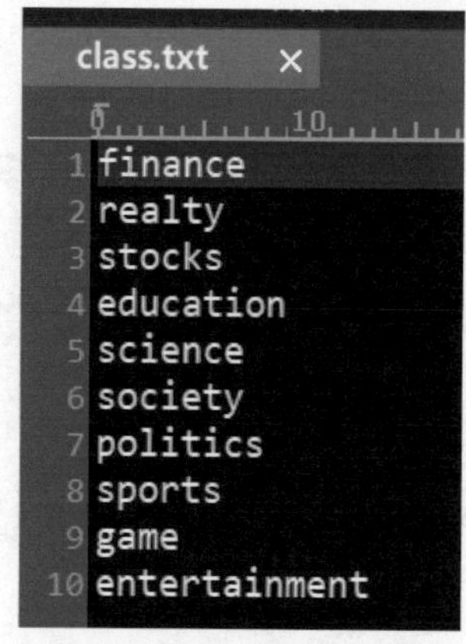

图3-34 类别名称的内容

3.12.2 代码实现：构建数据集

按照前文讲解的制作数据集的内容，将数据集中的数据载入，并用 DataLoader 类进行加载。具体代码如下：

代码文件：code_14_BERT_CH.py

```
01 import os
02 import torch
03 #引入Transformers库中的相关模块
04 from transformers import ( AdamW, AutoConfig,
05                            AutoModelForSequenceClassification,
06                   get_linear_schedule_with_warmup,BertTokenizer  )
07 from torch.utils.data import DataLoader,dataset #引入数据集模块
08 import time
09 import numpy as np
10 from sklearn import metrics
11 from datetime import timedelta
12
13 data_dir='./THUCNews/data'                         #设置数据集路径
```

```
14 def read_file(path):                                          #定义函数，读取数据集文件
15     with open(path, 'r', encoding="UTF-8") as file:
16         docus = file.readlines()
17         newDocus = []
18         for data in docus:
19             newDocus.append(data)
20     return newDocus
21
22 class Label_Dataset(dataset.Dataset):                        #创建自定义数据集
23     def __init__(self,data):
24         self.data = data
25     def __len__(self):                                       #返回数据长度
26         return len(self.data)
27     def __getitem__(self,ind):                               #返回具体数据
28         onetext = self.data[ind]
29         content, label = onetext.split('\t')
30         label = torch.LongTensor([int(label)])
31         return content,label
32 #读取数据集内容
33 trainContent = read_file(os.path.join(data_dir, "train.txt"))
34 testContent = read_file(os.path.join(data_dir, "test.txt"))
35 #封装成数据集类型
36 traindataset =Label_Dataset( trainContent )
37 testdataset =Label_Dataset( testContent )
38 #封装成数据加载器
39 testdataloder = DataLoader(testdataset, batch_size=1, shuffle = False)
40 batch_size = 8                                                  #定义批次
41 traindataloder = DataLoader(traindataset, batch_size=batch_size,
42                                        shuffle = True)
43 #加载类别名称
44 class_list = [x.strip() for x in open(
45     os.path.join(data_dir, "class.txt")).readlines()]
```

从第 22 ~ 31 行代码可以看到，在自定义数据集类中，返回具体数据时，对每条数据使用 tab 符号进行分割；将数据中的中文字符串和该字符串所属的类别索引分开。

3.12.3 代码实现：构建并加载BERT预训练模型

Transformers 库中提供了一个 BERT 的预训练模型“bert-base-chinese”，该模型权重由 BERT 模型在中文数据集中训练而成，可以用它来进行迁移学习。

由于实例中的 NLP 任务属于文本分类任务，按照 3.8 节介绍的 AutoModel 类，应该使用 AutoModelForSequenceClassification 类进行实例化。具体代码如下：

代码文件: code_14_BERT_CH.py（续）

```
46 pretrained_weights = 'bert-base-chinese' #构建模型
47 tokenizer = BertTokenizer.from_pretrained(pretrained_weights)
48 config = AutoConfig.from_pretrained(
49              pretrained_weights,num_labels=len(class_list))
50 #单独指定config，在config中指定类别个数
51 nlp_classif = AutoModelForSequenceClassification.from_pretrained(
52              pretrained_weights, config=config)
53 #指定硬件
54 device = torch.device("cuda:0" if torch.cuda.is_available() else "cpu")
55 nlp_classif = nlp_classif.to(device)
```

第48 ~ 49行代码是构建BERT模型的关键，在实例化模型配置文件AutoConfig时，需要指定类别标签个数num_labels。参数num_labels决定AutoModelForSequenceClassification类输出层的节点个数。

> **提示**　第46～52行代码实现了一个自动下载模型的功能。如果由于网络因素导致程序运行不畅，也可以换成手动方式进行加载。

3.12.4　BERT模型类的内部逻辑

在3.8节中介绍过，AutoModelForSequenceClassification类只是对底层模型类的一个封装，该类在加载预训练模型时，会根据具体的模型文件，找到对应的底层模型类进行调用。

1. 输出类别与num_labels参数的关系

在本例中，AutoModelForSequenceClassification类最终调用的底层模型类为BertForSequenceClassification。在BertForSequenceClassification类中通过其内部的定义，可以看到输出层与配置文件中num_labels参数的关系。BertForSequenceClassification类的定义在transformers安装目录下的modeling_bert.py文件中。例如，作者本地的路径如下。

```
D:\ProgramData\Anaconda3\envs\pt15\Lib\site-packages\transformers\modeling_bert.py
```

在modeling_bert.py文件中，BertForSequenceClassification类的定义代码如下:

代码文件: modeling_bert.py（片段）

```
01 class BertForSequenceClassification(BertPreTrainedModel):
02 def __init__(self, config):
03     super().__init__(config)
04     self.num_labels = config.num_labels
05     self.bert = BertModel(config) #调用BERT基础模型
06     self.dropout = nn.Dropout(config.hidden_dropout_prob)
07     self.classifier = nn.Linear(
08                          config.hidden_size, self.config.num_labels)
09     self.init_weights()
```

从第 07 ~ 08 行代码可以看到，BertForSequenceClassification 类是在基础类 BertModel 之后添加了一个全连接输出层。该层直接对 BertModel 类的输出做维度变换，生成 num_labels 维度的向量，该向量就是预测的分类结果。

2. 基础模型 BertModel 类的输出结果

在前面讲解的特征提取实例中，预训练模型的输出结果形状是 [批次 , 序列 , 维度]，这个形状属于三维数据，而全连接神经网络只能处理形状是二维的数据。它们之间是如何匹配的呢?

在预训练模型“bert-base-chinese”的配置文件中，可以看到有一个关于池化器的配置，如图 3-35 所示。

```
bert-base-chinese-config.json
{
  "architectures": [
    "BertForMaskedLM"
  ],
  "attention_probs_dropout_prob": 0.1,
  "directionality": "bidi",
  "hidden_act": "gelu",
  "hidden_dropout_prob": 0.1,
  "hidden_size": 768,
  "initializer_range": 0.02,
  "intermediate_size": 3072,
  "max_position_embeddings": 512,
  "num_attention_heads": 12,
  "num_hidden_layers": 12,
  "pooler_fc_size": 768,
  "pooler_num_attention_heads": 12,
  "pooler_num_fc_layers": 3,
  "pooler_size_per_head": 128,
  "pooler_type": "first_token_transform",
  "type_vocab_size": 2,
  "vocab_size": 21128
}
```

图3-35 配置文件

BertModel 类在返回序列向量的同时，又会将序列向量放到池化器 BertPooler 类中进行处理。图 3-35 中的 pooler_type 表示从 BertModel 类返回的序列向量中，取出第一个词（特殊标记 [CLS]）对应的向量（在实际实现时，又将取出的向量做了全连接转换）。这样池化器处理后的 BertModel 类的结果，其形状就变成了 [批次 , 维度]，可以与 BertForSequenceClassification 类中的全连接网络相连了。

在 BertForSequenceClassification 类的 forward 方法中，可以看到具体的取值过程。具体代码如下：

```
01 ......
02 outputs = self.bert( input_ids, attention_mask=attention_mask,
03       token_type_ids=token_type_ids, position_ids=position_ids,
04       head_mask=head_mask, inputs_embeds=inputs_embeds,)
05
06 pooled_output = outputs[1]
07
08 pooled_output = self.dropout(pooled_output)
09 logits = self.classifier(pooled_output)
10 ......
```

第 02 行代码调用 BertModel 类进行特征的提取。

第 06 行代码从返回结果 outputs 对象中取出池化器处理后的结果（outputs[0] 为全序列特征结果，outputs[1] 为经过池化器转换后的特征结果）。

第 08、09 行代码实现了维度转换，将其转换成与标签类别相同的输出维度。

3.12.5　代码实现：用退化学习率训练模型

用 BERT 模型训练时需要额外小心，不同的训练方法训练出来的模型精度会差别很大。在定义优化器时，使用了带有权重衰减功能的 Adam 优化器 AdamW，并配合 Transformers 库中特有的线性退化学习率策略进行训练，同时还加入了梯度剪辑和早停功能。具体代码如下：

代码文件：code_14_BERT_CH.py（续）

```
56 time_start = time.time()                          #记录开始时间
57 epochs = 2                                        #定义训练次数
58 gradient_accumulation_steps = 1
59 max_grad_norm =0.1                                #梯度剪辑的阈值
60
61 require_improvement = 1000           #若超过1000batch效果还没提升，则提前结束训练
62 savedir = './myfinetun-bert_chinese/'
63 os.makedirs(savedir, exist_ok=True)
64 def get_time_dif(start_time):                     #获取已使用时间
65     end_time = time.time()
66     time_dif = end_time - start_time
67     return timedelta(seconds=int(round(time_dif)))
68
69 def train( model, traindataloder, testdataloder):#定义函数训练模型
70     start_time = time.time()
71     model.train()
72     param_optimizer = list(model.named_parameters())
73     no_decay = ['bias', 'LayerNorm.bias', 'LayerNorm.weight']
74     optimizer_grouped_parameters = [
75          {'params': [p for n, p in param_optimizer if not any(nd in n for nd
     in no_decay)], 'weight_decay': 0.01},
76          {'params': [p for n, p in param_optimizer if any(nd in n for nd in
     no_decay)], 'weight_decay': 0.0}]
77     #定义优化器
78     optimizer = AdamW(optimizer_grouped_parameters, lr=5e-5, eps=1e-8)
79
80     #定义退化学习率策略
81     scheduler = get_linear_schedule_with_warmup(
82                 optimizer, num_warmup_steps=0,
83                 num_training_steps=len(traindataloder) * epochs)
84
85     total_batch = 0                               #记录进行到多少batch
86     dev_best_loss = float('inf')
87     last_improve = 0                              #记录上次验证数据集loss下降的batch数
88         flag = False                              #记录是否很久没有效果提升
89
```

```
90      for epoch in range(epochs):           #迭代训练
91          print('Epoch [{}/{}]'.format(epoch + 1, epochs))
92          for i, (sku_name, labels) in enumerate(traindataloder):
93              model.train()
94              #处理文字
95              ids = tokenizer.batch_encode_plus( sku_name,
96                  pad_to_max_length=True,return_tensors='pt')
97              #处理标签
98              labels = labels.squeeze().to(device)
99              outputs = model(ids["input_ids"].to(device), labels=labels,
100                     attention_mask =ids["attention_mask"].to(device)  )
101
102             loss, logits = outputs[:2]
103
104             if gradient_accumulation_steps > 1:
105                 loss = loss / gradient_accumulation_steps
106
107             loss.backward()#反向传播
108
109             if (i + 1) % gradient_accumulation_steps == 0:
110             torch.nn.utils.clip_grad_norm_(model.parameters(), max_grad_norm)
111
112             optimizer.step()
113             scheduler.step()  #更新学习率
114             model.zero_grad()
115
116             if total_batch % 100 == 0: #每100batch输出在训练数据集和验证数据集上的效果
117                 truelabel = labels.data.cpu()
118                 predic = torch.argmax(logits,axis=1).data.cpu()
119                 train_acc = metrics.accuracy_score(truelabel, predic)
120                 dev_acc, dev_loss = evaluate( model, testdataloder)
121                 if dev_loss < dev_best_loss:
122                     dev_best_loss = dev_loss
123                     model.save_pretrained(savedir)
124                     improve = '*'
125                     last_improve = total_batch
126                 else:
127                     improve = ''
128                 time_dif = get_time_dif(start_time)
129                 msg = 'Iter: {0:>6},  Train Loss: {1:>5.2},  Train Acc: {2:
                >6.2%},  Val Loss: {3:>5.2},  Val Acc: {4:>6.2%},  Time: {5} {6}'
130                     print(msg.format(total_batch, loss.item(), train_acc,
                        dev_loss, dev_acc, time_dif, improve))
131                 model.train()
132             total_batch += 1
133             if total_batch - last_improve > require_improvement:
```

```
134                    #验证数据集loss超过1000batch没下降，结束训练
135                    print("No optimization for a long time, auto-stopping...")
136                    flag = True
137                    break
138            if flag:
139                break
140
141 def evaluate(model, testdataloder):#验证模型
142     model.eval()
143     loss_total = 0
144     predict_all = np.array([], dtype=int)
145     labels_all = np.array([], dtype=int)
146     with torch.no_grad():
147         for sku_name, labels in testdataloder:
148             ids = tokenizer.batch_encode_plus( sku_name,
149                 pad_to_max_length=True,return_tensors='pt')
150             labels = labels.squeeze().to(device)
151             outputs = model(ids["input_ids"].to(device), labels=labels,
152                         attention_mask =ids["attention_mask"].to(device) )
153
154             loss, logits = outputs[:2]
155             loss_total += loss
156             labels = labels.data.cpu().numpy()
157             predic = torch.argmax(logits,axis=1).data.cpu().numpy()
158             labels_all = np.append(labels_all, labels)
159             predict_all = np.append(predict_all, predic)
160     acc = metrics.accuracy_score(labels_all, predict_all)
161     return acc, loss_total / len(testdataloder)
162
163 train( nlp_classif, traindataloder, testdataloder)#调用函数进行训练
```

第82行代码中的num_warmup_steps参数是用来设置学习率预热的。这里设为0表示不预热。

> **提示**　学习率预热最开始是在ResNet模型的论文中提到的一种方法，是先在前几次迭代训练或目标达到一个水准之前，以小于预设值的lr进行训练，然后恢复lr到初始值。

第95～96、148～149行代码调用词表工具对文字进行处理。这一过程中，必须传入return_tensors='pt'参数，否则tokenizer的batch_encode_plus方法只会返回列表对象。还得对其结果进行张量的转化。

代码运行后，输出结果如下：

```
Epoch [1/2]
Iter:      0,  Train Loss:   2.3,  Train Acc: 12.50%,  Val Loss:   2.3,  Val Acc:
12.70%,  Time: 0:05:51 *
......
```

```
Iter:    500,  Train Loss: 0.071,  Train Acc: 100.00%,  Val Loss:  0.57,  Val Acc:
85.78%,  Time: 0:37:26 *
......
Iter:   1200,  Train Loss:  0.08,  Train Acc: 100.00%,  Val Loss:  0.55,  Val Acc:
88.00%,  Time: 1:21:49
Iter:   1300,  Train Loss: 0.032,  Train Acc: 100.00%,  Val Loss:  0.53,  Val Acc:
87.67%,  Time: 1:28:07
......
No optimization for a long time, auto-stopping...
```

3.12.6 扩展：更多的中文预训练模型

在 GitHub 上提供了一个高质量中文预训练模型集合项目，该项目中包含先进大模型、最快小模型、相似度专门模型。

读者可以从该项目（/CLUEbenchmark/CLUEPretrainedModels 中下载）最新的中文预训练模型，并将其应用在自己的项目中。

3.13 实例：用 R-GCN 模型理解文本中的代词

代词在语言中具有代替、指示作用。在一个句子中，被代词所代替的语言单位能做什么成分，代词就能做什么成分。代词的使用可以使语言的描述变得简洁，人们在理解句子时，会轻易识别出句子中的指代关系。但是对机器算法来说，想要正确地理解句子中的指代关系却是一个挑战。本例将使用关系图卷积（R-GCN）模型来帮助 BERT 模型理解代词的指代关系。

实例描述　给定一句含有代词的文本以及文本中的几个名词，通过构建并训练模型，使其能够识别出目标代词指的那个名词。

本例使用 spaCy 库作为语法依赖的解析器，并使用 DGL 库将每个依赖关系树转换为图形对象。然后，可以将此 DGL 图形对象用作 GCN 模型的输入。通过 DGL 库所实现的模型，将几个图形分组成一个较大的 DGL 批处理图形对象，以进行批处理训练设置。

3.13.1 代词数据集

本例使用的是一个性别模糊代词（Gendered Ambiguous Pronouns，GAP）数据集。它是一个性别均衡的数据集，包含从 Wikipedia 采样的 8908 个指代关系标签对。

在 GAP 数据集中，每个样本都包含一小段文本，文本中会提及目标代词和该代词所指代的主题名称。GAP 数据集为每段文本中的代词提供了两个候选名称，供解析程序选择。GAP 数据集的列名及其描述如表 3-2 所示。

表3-2　GAP数据集的列名及其描述

列名	描述
ID	样本标识
Text	包含代词和两个名称的文本
Pronoun	文本中的目标代词
Pronoun-offset	偏移文本中的字符偏移
A	文本中的第一个名称A
A-offset	A在文本中的偏移位置
A-coref	该代词是否指代A
B	文本中的第二个名称B
B-offset	B在文本中的偏移位置
A-coref	该代词是否指代B
URL	该句文本所来自的文章链接

GAP 数据集共有 4544 条数据样本，它们被分为训练数据集、测试数据集和验证数据集 3 部分。这 3 部分分别存放于 gap-development.tsv、gap-test.tsv、gap-validation.tsv 文件中。

3.13.2　R-GCN模型的原理与实现

R-GCN 模型主要用于对图数据进行分类。它善于解决大规模关系数据的分类问题。

1. R-GCN模型的原理

与 GCN 模型类似，R-GCN 模型也是基于对局部邻居信息进行聚合的方法实现的，只不过 R-GCN 模型将 GCN 模型中的单图处理扩展成了多图处理，将 GCN 模型中对节点的分类扩展成了对图的分类。

在图数据中，节点与节点之间可能有多种关系，以任意一种关系作为边，就可以构成一个图数据。这也是 GCN 模型所支持的数据处理方式。

而 R-GCN 模型引入了一个特定关系（Relation-Specific）的转换机制，把节点间的多种关系压缩到一个图数据中进行处理，即节点与节点之间的边可以包含多种方向的关系。在对节点的局部邻居信息聚合时，依次根据多种方向的关系进行聚合，然后将聚合后的信息融合到一起。R-GCN 模型的处理方式如图 3-36 所示。这种结构可以使在对图中节点的局部邻居信息聚合时，得到更丰富的图特征信息。

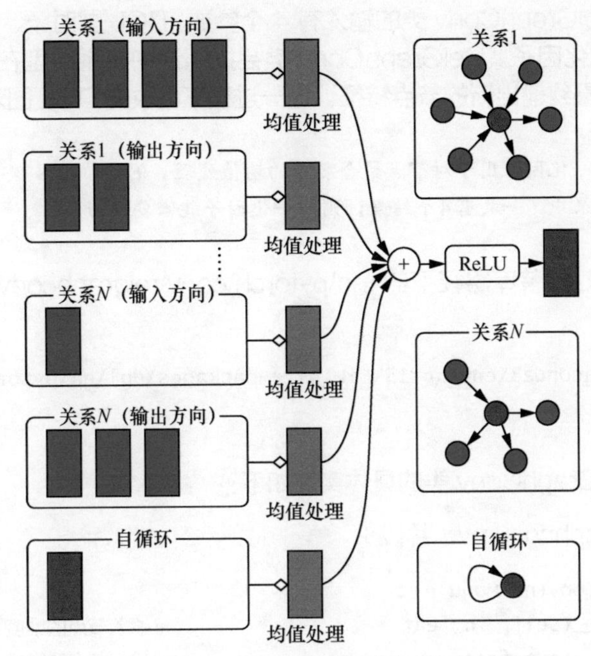

图3-36 R-GCN模型的处理方式

图 3-36 中显示了对红色节点进行局部邻居信息聚合的过程。图中的圆圈代表节点，方块代表聚合后的特征结果。

图 3-36 的右上角显示了关系 1 的结构，该结构中有 4 条边由邻居节点指向自己，有 2 条边由自己指向邻居节点。对这两种类型的边进行聚合的结果分别对应于图 3-36 左侧的关系 1（输入方向）和关系 1（输出方向）。然后，将每个聚合之后的结果进行均值处理（图 3-36 的中间那列节点）。最后，将所有关系的均值结果连接到一起，经过 ReLU 激活函数运算得到最终的图特征信息。

2. R-GCN 模型所面临的问题与解决方法

R-GCN 模型将节点间的多种关系作用在一个图中进行特征处理，这种方式能够得到丰富的图特征信息，但同时也带来一个问题：节点间关系种类的增加，会使模型很容易出现过拟合现象。

为了解决这个问题，R-GCN 模型引入两种独立的分解方法对 R-GCN 层进行正则化：基函数分解和块对角分解。这两种分解方法都是通过减少模型训练中的学习参数量的方式，改善模型在节点间关系种类非常多的情况下容易出现的过拟合现象。

3. R-GCN 模型的实现

在 DGL 库中，R-GCN 模型是通过 RelGraphConv 类实现的。该类将 R-GCN 模型中的正则化方法封装起来，在实例化时可以通过参数 regularizer 进行选取。

- 当参数 regularizer 为 basis 时，RelGraphConv 类会使用基函数分解的正则化方法。
- 当参数 regularizer 为 bdd 时，RelGraphConv 类会使用块对角分解的正则化方法。

处理数据时，RelGraphConv类的输入有4个参数：DGL图对象、节点特征向量、边的关系类型及边的归一化因子。RelGraphConv类会按照边的关系类型在DGL图对象的结构中对节点进行聚合，最终输出新的节点特征。这一过程不会改变DGL图对象的结构。

> **提示**　输入参数中的归一化因子用于对节点聚合之后的均值处理。例如，在图3-36的左上角的关系1(输入方向）聚合结果中，一共有4个结果，则归一化因子就需要设为1/4。

具体代码在DGL安装库路径下的\nn\pytorch\conv\relgraphconv.py中。例如，作者的本机路径如下。

```
D:\ProgramData\Anaconda3\envs\pt15\Lib\site-packages\dgl\nn\pytorch\conv\relgraph-
conv.py
```

DGL库中的relGraphConv类的具体实现如下：

代码文件：relgraphconv.py（片段）

```
01 class RelGraphConv(nn.Module):
02     def __init__(self, in_feat,                        #输入节点的维度
03                  out_feat,                             #输出节点的维度
04                  num_rels,                             #节点间关系（边关系）的种类个数
05                  regularizer="basis",                  #正则化方法
06                  num_bases=None,                       #参与运算的边关系个数
07                  bias=True,                            #是否使用偏置
08                  activation=None,                      #激活函数
09                  self_loop=False,                      #是否为节点添加自环边
10                  dropout=0.0):                         #Dropout的丢弃率
11         super(RelGraphConv, self).__init__()
12         ......
13     def forward(self, g, x, etypes, norm=None):
14         g = g.local_var()
15         g.ndata['h'] = x                               #将节点特征赋值到图中
16         g.edata['type'] = etypes                       #将边关系赋值到图中
17         if norm is not None:
18             g.edata['norm'] = norm                     #将边归一化因子赋值到图中
19         if self.self_loop:
20             loop_message = utils.matmul_maybe_select(x, self.loop_weight)
21         #在消息传播中使用加法聚合
22         g.update_all(self.message_func, fn.sum(msg='msg', out='h'))
23         #应用偏置和激活函数变换
24         node_repr = g.ndata['h']                              #提取节点特征
25         if self.bias:
26             node_repr = node_repr + self.h_bias
27         if self.self_loop:
28             node_repr = node_repr + loop_message
29         if self.activation:
30             node_repr = self.activation(node_repr)
```

```
31        node_repr = self.dropout(node_repr)                #做Dropout处理
32        return node_repr                                   #返回处理后的节点特征
```

第22行代码使用了DGL图对象g的update_all方法，以消息传播的方式，在节点间实现聚合处理。其中聚合过程使用了求和的规约计算方式。

在调用update_all方法时，RelGraphConv类会根据模型所设置的正则化方法，在消息函数message_func中执行不同的分支。所有分支都会先将输入特征的维度通过矩阵相乘的方式转化成指定的输出维度，然后进行节点间的聚合传播。

3.13.3 将GAP数据集转化成图结构数据的思路

R-GCN模型是一个处理图结构数据的神经网络模型。如果要用其处理代词识别任务，则必须构建图结构数据。

1. GAP数据集转化成图结构数据的思路

在构建图结构数据时，可以按照如下3个步骤对GAP数据集进行转化。

（1）使用语法分析库对GAP数据集中每条样本的文本（Text字段）进行语法分析，从语法入手，找到句子中所有单词之间的依存关系。

（2）使用NLP模型对GAP数据集中每条样本的文本进行处理，将句子中的单词按照原有的顺序转化成特征向量。

（3）将句子中的单词作为节点，单词之间的依存关系作为节点间的边关系，并将每个单词所对应的特征向量当作节点的特征属性。这样就完成了图结构数据的转化。

经过转化后的GAP数据集，每条样本都对应一个图结构数据，R-GCN模型对多个图结构数据进行特征计算。

2. 代词识别任务中的图结构数据转化

在代词识别任务中，因为不需要关注上下文中与代词无关的单词，所以可以对GAP数据集中每条样本所对应的图结构数据进行简化。具体简化步骤如下。

（1）将GAP数据集中已经标注好的目标代词（Pronoun字段）、指代名称A（A字段）、指代名称B（B字段），当作图数据中的种子节点。

（2）在每个句子的依存关系中，找到与种子节点有依存关系的关联节点。

（3）将种子节点和关联节点提取出来，作为简化后的图数据中的节点。

简化后的图数据只是从原始的图数据中，将关心的节点单独提取出来，形成一个子图。在子图中，每个节点的特征向量和节点之间的边还与原图数据相同。

3. 制作图数据的标签

在GAP数据集中分别用字段A-coref和B-coref来标注目标代词所指代的名称A（A字段）或名称B（B字段）。根据这两个字段即可制作每条样本对应的标签，该标签可以分为以下3种。

- 目标代词指代名称A：字段A-coref为True，字段B-coref为False。

- 目标代词指代名称 B：字段 A-coref 为 False，字段 B-coref 为 True。
- 目标代词二者都不指代：字段 A-coref 和字段 B-coref 都为 False。

在没有歧义的句子中，代词只能代替上下文中的某一个成分，所以不存在字段 A-coref 和字段 B-coref 都为 True 的情况。

4. 图数据转化的具体实现方案

有了图数据和图数据对应的标签，便可以使用 R-GCN 模型进行处理。

在具体实现时，图数据中的节点间的关系是通过 spaCy 工具得到的，节点特征是通过 BERT 模型得到的。

为了防止过拟合，在构建节点间的关系时，对原始的文本进行了预处理：将原始文本中的标点符号去掉后，再用 spaCy 工具分析句子中的单词在语法层面的依存关系。而在构建节点特征时，则分成两个部分进行处理。

- 第一部分：目标代词、名称 A 和名称 B 节点的特征。对于这部分特征，直接将原始文本输入 BERT 模型，并对其输出结果进行特征提取。
- 第二部分：与第一部分节点有依存关系的其他节点特征。对于这部分特征，使用去掉标点符号后的文本传入 BERT 模型，并对其输出结果进行特征提取。

图数据转化过程如图 3-37 所示。

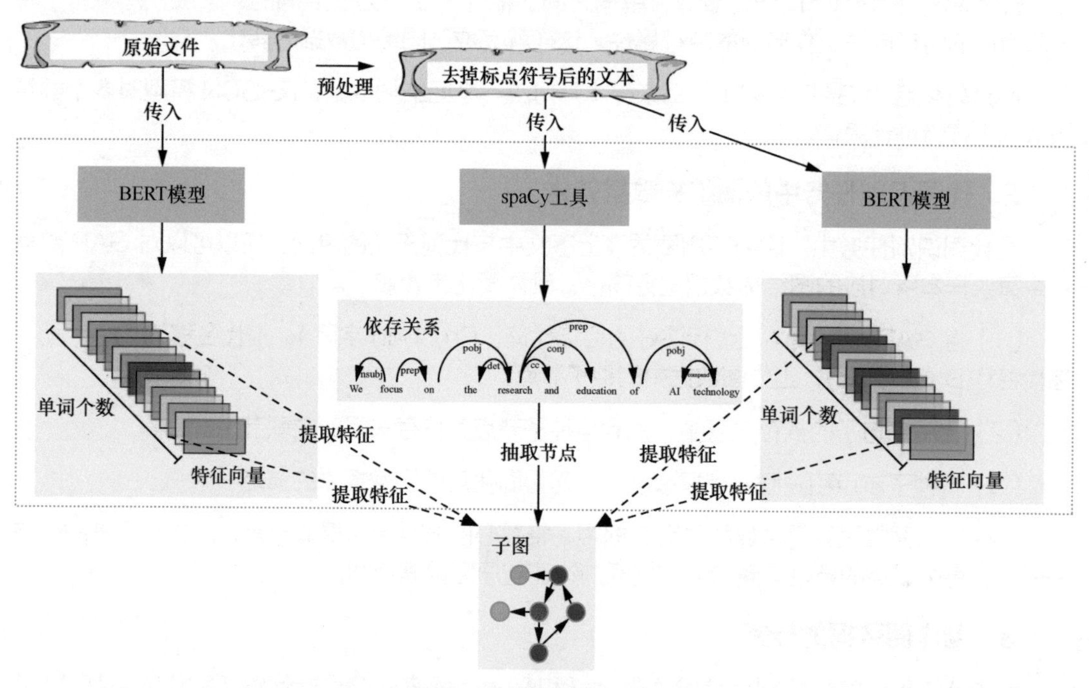

图3-37 图数据转化过程

图 3-37 中，红色代表目标代词节点，橙色代表名称 A 和名称 B 节点，蓝色代表与目标代词、名称 A 和名称 B 节点有依存关系的其他节点。

3.13.4 代码实现：用BERT模型提取代词特征

在原始样本中，目标代词、名称 A 和名称 B 的标注位置是以字符来计算的，而 BERT 模型是基于句子分词后的子词进行特征计算的。所以在提取代词特征过程中，需要先计算代词在子词序列中的位置，再根据位置偏移从 BERT 模型结果中进行特征提取。

计算目标代词、名称 A 和名称 B 的子词偏移位置，可以通过向文本中插入特殊标记的方式来实现。提取代词特征的完整步骤如下。

（1）将目标代词、名称 A 和名称 B 的特殊标记，按照字符位置插入文本。

（2）使用 BERT 模型的分词工具 tokenizer 对句子进行子词划分。

（3）在划分好的子词序列中找到特殊标记，将其所在位置记录下来，同时删除该特殊标记，还原原始的子词序列。

（4）将分词后的子词序列输入 BERT 模型，得到每个子词的特征。

（5）根据偏移，找到具体子词中具体位置特征，将其提取出来。

具体代码如下：

代码文件：code_15_BERT_PROPN.py（片段）

```
01 import pandas as pd
02 import pickle
03 import torch
04 from tqdm import tqdm
05 from transformers import BertTokenizer,BertModel,BertConfig
06 
07 #指定设备
08 device = torch.device("cuda:0" if torch.cuda.is_available() else "cpu")
09 print(device)
10 
11 #读取数据
12 df_test = pd.read_csv("gap-development.tsv", delimiter="\t")
13 df_train_val = pd.concat([
14     pd.read_csv("gap-test.tsv", delimiter="\t"),
15     pd.read_csv("gap-validation.tsv", delimiter="\t")
16 ], axis=0)
17 
18 def getmodel():#获得模型，并添加特殊标记
19     #加载词表文件tokenizer
20     tokenizer = BertTokenizer.from_pretrained('bert-base-uncased')
21 
22     #添加特殊标记
23     special_tokens_dict = {'additional_special_tokens':
24                           ["[THISISA]","[THISISB]","[THISISP]"]}
25     tokenizer.add_special_tokens(special_tokens_dict)   #添加特殊标记
26 
27     model = BertModel.from_pretrained('bert-base-uncased')#加载模型
```

```
28      return tokenizer, model
29
30  def insert_tag(row,hasbrack=True):                    #将特殊标记插入文本
31      orgtag=[" [THISISA] "," [THISISB] "," [THISISP] "]
32      if hasbrack==False:
33          orgtag=[" THISISA "," THISISB "," THISISP "]
34
35      to_be_inserted = sorted([                         #从大到小排序
36          (row["A-offset"], orgtag[0]),
37          (row["B-offset"], orgtag[1]),
38          (row["Pronoun-offset"], orgtag[2])], key=lambda x: x[0], reverse=True)
39
40      text = row["Text"]
41      for offset, tag in to_be_inserted:
42          text = text[:offset] + tag + text[offset:]#插入指定词的前面
43      return text
44  #将标签分离，并返回标签偏移位置
45  def tokenize(sequence_ind, tokenizer, sequence_mask= None):
46      entries = {}
47      final_tokens=[]
48      final_mask=[]
49      for i,one in enumerate(sequence_ind): #遍历子词
50          if one in tokenizer.additional_special_tokens_ids:#查找特殊标记
51              tokenstr = tokenizer.convert_ids_to_tokens(one)
52              entries[tokenstr] = len(final_tokens) #记录偏移
53              continue
54          final_tokens.append(one)                            #保存其他词
55          if sequence_mask is not None:                   #保存掩码标志
56              final_mask.append(sequence_mask[i])
57
58      return  final_tokens, (entries["[THISISA]"], entries["[THISISB]"],
59                                  entries["[THISISP]"]) , final_mask
60  ......
```

第 23 ~ 25 行代码向分词工具 tokenizer 对象中添加特殊标记 [THISISA]、[THISISB] 和 [THISISP]，分别用于计算名称 A、名称 B 和目标代词的偏移位置。系统会为每个特殊标记自动分配一个 ID 号（该 ID 号不可修改）。

第 30 行代码定义了函数 insert_tag，用于将特殊标记插入文本。在插入过程中，需要按照偏移值从大到小进行插入，这样才能保证先插入的标记不会对后插入的标记造成影响。

输入参数 sequence_mask 代表掩码标志。当使用 tokenizer 对象的 encode_plus 方法对文本进行分词时，会生成根据文本长度补零的掩码。

第 59 行代码之后的部分，是将序列子词输入 BERT 模型，并从结果中提取特征的代码。这部分代码不再详述。

该代码运行之后，会将提取的特征保存到 test_bert_outputs_forPROPN.pkl 与 bert_outputs_forPROPN.pkl 文件中。这两个文件分别对应于 df_test 和 df_train_val 对象中的

内容。

提示

在运行过程中，如果由于网络原因导致预训练模型无法下载，则可以使用手动方式先将预训练模型下载到本地，再进行加载。

例如，将书中配套的模型文件夹bert-base-uncased放到代码的同级目录下，将getmodel函数替换成如下：

```
def getmodel():
    tokenizer = BertTokenizer.from_pretrained(
                r'./bert-base-uncased/bert-base-uncased-vocab.txt')

    #添加特殊标记
    special_tokens_dict = {'additional_special_tokens':
                            ["[THISISA]","[THISISB]","[THISISP]"]}
    tokenizer.add_special_tokens(special_tokens_dict)      #添加特殊标记

    config = BertConfig.from_json_file('./bert-base-uncased/bert-base-uncased-
config.json')
    model = BertModel.from_pretrained(
            r'./bert-base-uncased/bert-base-uncased-pytorch_model.bin',
        config = config)
    return tokenizer,model
```

3.13.5　代码实现：用BERT模型提取其他词特征

用BERT模型对其他词提取特征的方式与3.13.4小节类似。与3.13.4小节不同的是，需要先将文本中的标点符号去掉。具体代码如下：

代码文件：code_16_BERT_NoPUNC.py（片段）

```
01 import re
02 import pickle
03 import torch
04 from tqdm import tqdm
05
06 from code_15_BERT_PROPN import (device,df_test,df_train_val,
07                                 getmodel,insert_tag,tokenize)
08
09 def clean_and_replace_target_name(row):               #去掉标点符号
10     text = row['TextClean']
11     text = re.sub("[^a-zA-Z]"," ",text)      #只保留英文字符，去掉标点符号和数字
12     A = re.sub("[^a-zA-Z]"," ",row['A'])   #只保留英文字符
13     B = re.sub("[^a-zA-Z]"," ",row['B'])   #只保留英文字符
14
15     #只保留名称A中的一个子词
16     text = re.sub(str(A), tokenizer.tokenize(A)[0], text)
17     #只保留名称B中的一个子词
18     text = re.sub(str(B), tokenizer.tokenize(B)[0], text)
19     #还原特殊标记
20     text = re.sub(r"THISISA", r"[THISISA]", text)
```

```
21      text = re.sub(r"THISISB", r"[THISISB]", text)
22      text = re.sub(r"THISISP", r"[THISISP]", text)
23      text = re.sub(' +', ' ', text)  #去掉多个空格
24      return text
25
26  def savepkl(df,prename=''):                    #保存样本预处理的结果
27      offsets_lst = []                           #定义列表，用于保存代词的偏移值
28      tokens_lst = []                            #定义列表，用于保存去掉标点符号后的子词序列
29      bert_prediction = []                       #定义列表，用于保存BERT模型的结果
30      max_len=269                                #设置处理文本的最大长度
31
32      for _, row in tqdm(df.iterrows(),total=len(df)):
33
34          row.loc['TextClean']  = insert_tag(row,hasbrack= False)
35          #去除标点符号、空格，并压缩被指代的名词
36          text = clean_and_replace_target_name(row)
37          encode_rel= tokenizer.encode_plus(text,max_length=max_len,
38                                          pad_to_max_length=True)    #向量化
39          #获取标签偏移
40          tokens, offsets ,masks= tokenize(encode_rel['input_ids'] ,
41                                  tokenizer,encode_rel['attention_mask'])
42          offsets_lst.append(offsets)       #保存代词的偏移值
43          tokens_lst.append(tokens)         #保存去掉标点符号后的子词序列
44  ......
```

第 26 行代码定义了 savepkl 函数，完成样本预处理的整个流程。

第 34 行代码向文本中插入不带方括号的特殊标记：THISISA、THISISB、THISISP。这样做是防止在对文本进行去标点符号处理的过程中，对特殊标记中的方括号进行改变。

第 36 行代码调用了 clean_and_replace_target_name 函数，完成将文本中的标点符号去掉，并对特殊标记进行了还原（使其变成带有方括号的特殊标记）。

在 clean_and_replace_target_name 函数中，第 16、18 行代码用名称 A、名称 B 中的第一个子词进行代替（例如，dehner 的子词为 ['de', '##hner']，只取其第一个子词 de）。这样做可以使名称 A、名称 B 不可再分，在 3.13.6 小节中向图数据转化时，能够得到更清晰的图节点结构。

第 37 ~ 38 行代码对去掉标点符号后的文本进行子词划分和向量化处理。该过程使用了 encode_plus 方法，并指定了最大长度，将返回的子词序列长度进行对齐处理。

第 40 ~ 43 行代码将子词中的特殊标记去掉，并返回特殊标记的偏移。在第 43 行之后的代码便是使用 BERT 模型生成特征，这里不再详述。

代码运行后，系统会生成如下 6 个预处理文件。

- offsets_NoPUNC.pkl：在训练数据集中，目标代词、名称 A 和名称 B 的偏移位置。
- tokens_NoPUNC_padding.pkl：在训练数据集中，文本的子词向量序列。
- bert_outputs_forNoPUNC.pkl：在训练数据集中，BERT 模型的输出结果。

- est_offsets_NoPUNC.pkl：在测试数据集中，目标代词、名称 A 和名称 B 的偏移位置。
- test_tokens_NoPUNC_padding.pkl：在测试数据集中，文本的子词向量序列。
- test_bert_outputs_forNoPUNC.pkl：在测试数据集中，BERT 模型的输出结果。

3.13.6 用spaCy工具对句子依存分析

本节将介绍用 spaCy 工具对句子进行依存分析。

1. 什么是依存分析

依存分析（Dependency Parsing）属于句法分析的一种，句法是指句子的各个组成部分之间的相互关系。

句法分析分为句法结构分析（Syntactic Structure Parsing）和依存分析。句法结构分析用于获取整个句子的句法结构，依存分析用于获取词汇之间的依存关系。目前的句法分析已经从句法结构分析转向依存分析。

依存分析通过分析语言“单位”内成分之间的依存关系揭示其句法结构。它主张句子中核心动词是支配其他成分的中心成分，而本身却不受其他任何成分的支配，所有受支配成分都以某种依存关系从属于支配者。

在 20 世纪 70 年代，Robinson 提出依存分析中关于依存关系的 4 条公理：

- 一个句子中只有一个成分是独立的；
- 其他成分直接依存于某一成分；
- 任何一个成分都不能依存于两个或两个以上的成分；
- 如果 A 成分直接依存于 B 成分，而 C 成分在句中位于 A 和 B 之间，那么 C 或者直接依存于 B，或者直接依存于 A 和 B 之间的某一成分。

2. 获得依存关系的方法

依存关系是一个中心词与其从属之间的二元非对称关系，一个句子的中心词通常是动词（Verb），所有其他词要么依赖于中心词，要么通过依赖路径与它关联。

使用 spacy 实例化对象的 parser 方法，即可得到该句子的依存关系。示例代码如下。

```
import spacy
from spacy import displacy
from pathlib import Path
parser = spacy.load('en_core_web_sm')                                    #加载模型
doc = "We focus on the research and education of AI technology"          #定义句子
doc = parser(doc)                                                        #分析句子
svg = displacy.render(doc, style='dep', jupyter=False)                   #可视化
output_path = Path("./dependency_plot.svg")                              #定义保存路径
output_path.open("w", encoding="utf-8").write(svg)                       #保存图片
```

该代码运行后，会在本地生成图片文件 dependency_plot.svg。依存分析结果如图 3-38 所示。

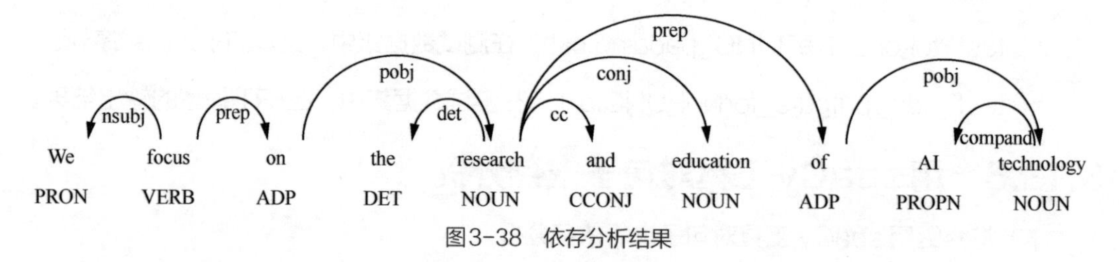

图3-38　依存分析结果

图 3-38 列出了句子中每个单词的词性和彼此间的依存关系。从上到下，可以分为 3 部分，弧线部分、原始文本、词性部分。下面针对弧线部分、词性部分进行重点介绍。

3. 弧线部分的解释

图 3-38 所示的弧线部分表示单词之间的关系。其中 nsubj 表示名词主语，prep 表示介词修饰语，pobj 表示介词的宾语，det 表示限定词，cc 表示连词，conj 表示连接两个并列的词，compand 表示组合词。

4. 词性部分的解释

图 3-38 所示的最下面一行，是每个单词的词性部分。该词性的种类有 ADP、NOUN、VERB、PROPN 等，其中文解释分别对应于介词、名词、动词、代词等。

5. 依存关系的内部结构

通过如下代码可以将图 3-38 所示的内部结构显示出来。

```
parse_rst = doc.to_json()
print(parse_rst['tokens'])
```

该代码运行后，输出结果如下。

```
[{'id': 0, 'start': 0, 'end': 2, 'pos': 'PRON', 'tag': 'PRP', 'dep': 'nsubj',
'head': 1},
{'id': 1, 'start': 3, 'end': 8, 'pos': 'VERB', 'tag': 'VBP', 'dep': 'ROOT',
'head': 1},
{'id': 2, 'start': 9, 'end': 11, 'pos': 'ADP', 'tag': 'IN', 'dep': 'prep', 'head':
1},
{'id': 3, 'start': 12, 'end': 15, 'pos': 'DET', 'tag': 'DT', 'dep': 'det', 'head':
4},
{'id': 4, 'start': 16, 'end': 24, 'pos': 'NOUN', 'tag': 'NN', 'dep': 'pobj',
'head': 2},
{'id': 5, 'start': 25, 'end': 28, 'pos': 'CCONJ', 'tag': 'CC', 'dep': 'cc',
'head': 4},
{'id': 6, 'start': 29, 'end': 38, 'pos': 'NOUN', 'tag': 'NN', 'dep': 'conj',
'head': 4},
{'id': 7, 'start': 39, 'end': 41, 'pos': 'ADP', 'tag': 'IN', 'dep': 'prep',
'head': 4},
```

```
{'id' : 8, 'start' : 42, 'end' : 44, 'pos' : 'PROPN', 'tag' : 'NNP', 'dep' : 'compound',
'head' : 9},
{'id' : 9, 'start' : 45, 'end' : 55, 'pos' : 'NOUN', 'tag' : 'NN', 'dep' : 'pobj',
'head' : 7}]
```

从输出结果中可以看出，列表中有 10 个元素，分别对应于句子中的 10 个单词。每个元素的字段解读如下。

- id：单词序号。
- start：单词的起始位置。
- end：单词的结束位置。
- pos：词性标注。
- tag：另一种格式的词性标注。
- dep：依存关系。
- head：所依赖的单词（图 3-38 所示的指向自己的单词）。

在本例中，主要使用 head 字段完成图结构数据的转化。

3.13.7　代码实现：使用spaCy和批次图方法构建图数据集

在制作图数据集的环节，需要先使用 spaCy 工具对句子进行依存分析，将依存分析后的结果保存成图结构数据；再用 PyTorch 中的 Dataset 和 DataLoader 类，将图结构数据封装成数据集。

1. 生成图结构数据

将依存分析结果中的单词当作节点，将单词之间的关系当作边，便可以得到文本的图结构数据。在得到图结构数据之后，还需要进行子图提取和边关系扩充这两种操作。

- 子图提取：在 3.13.3 小节介绍过，在代词识别任务中，只会选取目标代词、名称 A 和名称 B 节点，以及与这 3 个节点有直接关系的其他节点进行运算。
- 边关系扩充：为了使图特征表现更为明显，在原始的边关系中，增加了依存关系的反方向边和自环边。图数据中的 3 种边关系如图 3-39 所示。

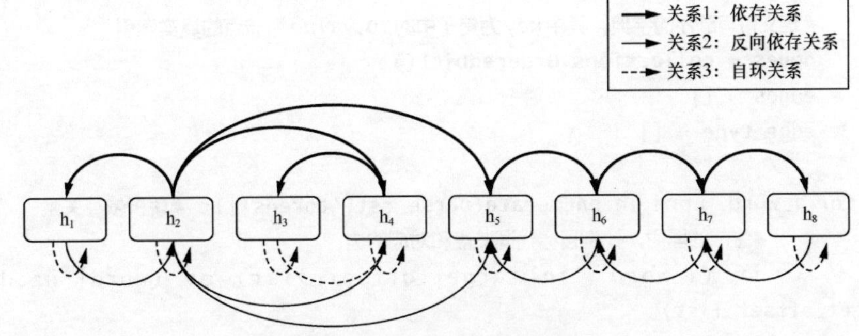

图3-39　图数据中的3种边关系

在实现时，子图数据和3种边关系都是在函数 getGraphsData 中完成的。具体代码如下。

代码文件：code_17_RGCNDGL.py（片段）

```
01 ......
02 '''加载预处理文件'''
03 offsets_NoPUNC = pickle.load(open('offsets_NoPUNC.pkl', "rb"))
04 tokens_NoPUNC = pickle.load(open('tokens_NoPUNC_padding.pkl', "rb"))
05 bert_forNoPUNC = pickle.load(open('bert_outputs_forNoPUNC.pkl', "rb"))
06 test_offsets_NoPUNC = pickle.load(open('test_offsets_NoPUNC.pkl', "rb"))
07 test_tokens_NoPUNC = pickle.load(
08                                 open('test_tokens_NoPUNC_padding.pkl', "rb"))
09 test_bert_forNoPUNC = pickle.load(
10                                 open('test_bert_outputs_forNoPUNC.pkl', "rb"))
11
12 PROPN_bert = pickle.load(open('bert_outputs_forPROPN.pkl', "rb"))
13 test_PROPN_bert  = pickle.load(
14                                 open('test_bert_outputs_forPROPN.pkl', "rb"))
15
16 tokenizer, _ = getmodel()           #加载BERT分词工具
17 parser = spacy.load('en')           #加载spaCy模型
18
19 #生成图数据
20 def getGraphsData(tokens_NoPUNC,offsets_NoPUNC,PROPN_bert,
21                                                    bert_forNoPUNC):
22     all_graphs = []                 #存放所有的子图
23     gcn_offsets = []                #存放子图中目标代词、名称A和名称B节点的索引
24     for i, sent_token in enumerate(tokens_NoPUNC):#遍历每条样本
25         #找到句子结束符
26         SEPid = sent_token.index(tokenizer.convert_tokens_to_ids('[SEP]'))
27
28         sent = ' '.join(            #还原句子，并删除所有"#"
29 re.sub("[#]","",token)   for token in tokenizer.convert_ids_to_tokens(
30                     ent_token[1:SEPid]))
31         doc = parser(sent)          #将句子切分成单词，英文中一般使用空格分隔
32         parse_rst = doc.to_json()#获得句子中各个单词间的依存关系树
33         #将所有的偏移值都去掉一个 [CLS]
34         target_offset_list = [item - 1 for item in offsets_NoPUNC[i]]
35
36         #定义带有顺序的字典。其中key为句子中的ID,value为节点的真实索引
37         nodes = collections.OrderedDict()
38         edges = []
39         edge_type = []
40
41      for i_word, word in enumerate(parse_rst['tokens']): #解析依存关系
42             #生成的图中，找到目标代词节点和对应的边
43             if (i_word   in target_offset_list) or (word['head']   in
  target_offset_list):
44                 if i_word not in nodes:
45                     nodes[i_word] = len(nodes)          #添加依存关系节点
```

```
46                  edges.append( [i_word, i_word] )     #为节点添加自环
47                  edge_type.append(0)                  #自环关系的索引为0
48              if word['head'] not in nodes:
49                  nodes[word['head']] = len(nodes)     #添加依存关系节点
50                  #为节点添加自环
51                  edges.append( [word['head'], word['head']] )
52                  edge_type.append(0)
53
54              if word['dep'] != 'ROOT':
55                      #添加依存关系边(head指向node)
56                      edges.append( [word['head'], word['id']] )
57                      edge_type.append(1)                 #依存关系的索引为1
58                      #添加反向依存关系边(node 指向head )
59                      edges.append( [word['id'], word['head']] )
60                      edge_type.append(2)                   #反向依存关系的索引为2
61
62      tran_edges = []
63      for e1, e2 in edges:                   #将句子中的边，换成节点间的边
64          tran_edges.append( [nodes[e1], nodes[e2]] )
65      #将句子中的代词位置，换成节点中的代词索引
66      gcn_offset = [nodes[offset] for offset in target_offset_list]
67      gcn_offsets.append(gcn_offset)#保存目标代词、名称A、名称B对应的节点索引
68
69      G = dgl.DGLGraph()         #生成DGL图数据
70      G.add_nodes(len(nodes))    #生成DGL节点
71      G.add_edges(list(zip(*tran_edges))[0],list(zip(*tran_edges))[1])
72      #给每个节点添加特征属性
73      for i_word, word in nodes.items():
74          #从PROPN_bert中获取目标代词、名称A、名称B节点的特征
75          if (i_word in target_offset_list):
76              G.nodes[ [ nodes[i_word] ]].data['h'] = torch.from_numpy(
77                      PROPN_bert[i][0][target_offset_list.index(i_word)]
78                                              ).unsqueeze(0).to(device)
79          else: #从bert_forNoPUNC中获取其他词节点的特征
80              G.nodes[ [ nodes[i_word] ]].data['h'] = torch.from_numpy(
81                      bert_forNoPUNC[i][0][i_word + 1]
82                                                  ).unsqueeze(0).to(device)
83      edge_norm = []                              #归一化算子(计算均值时的分母)
84      for e1, e2 in tran_edges:
85          if e1 == e2:
86              edge_norm.append(1)                 #如果是自环边，则归一化算子为1
87          else: #如果是非自环边，则归一化算子为1除以去掉自环的度
88              edge_norm.append( 1 / (G.in_degree(e2) - 1 ) )#去掉自环的度
89
90      #将类型转为张量
91      edge_type = torch.from_numpy(np.array(edge_type)
92                                          ).type(torch.long)
```

```
93          edge_norm = torch.from_numpy(
94                      np.array(edge_norm)).unsqueeze(1).float().to(device)
95
96          G.edata.update({'rel_type' : edge_type,})#更新边特征
97          G.edata.update({'norm' : edge_norm})
98          all_graphs.append(G)                                          #保存子图
99
100     return all_graphs,gcn_offsets
101
102 def getLabelData(df):                                                 #生成标签
103     tmp = df[["A-coref", "B-coref"]].copy()
104     #添加一个列(名称A和B都不指代的情况)
105     tmp["Neither"] = ~(df["A-coref"] | df["B-coref"])
106     y = tmp.values.astype("bool").argmax(1)         #变成one-hot索引
107     return y
```

第 26 ~ 30 行代码将句子中的向量还原成句子文本，并将子词中的“#”删除。目的是，spaCy 在对句子进行依存分析时不会受到“#”的干扰。

> **注意**
> 第26～30行代码使用了手动方式，将单词向量还原成句子文本。这一过程千万不能使用tokenizer.decode方法进行还原。
> 因为tokenizer.decode方法在还原文本的同时，还会将子词合并。这样会使目标代词、名称A、名称B的偏移发生串位。

第 75 ~ 82 行代码对节点特征进行赋值。其中保存目标代词、名称 A、名称 B 节点的特征来自普通的 BERT 模型结果，直接根据偏移值进行索引即可；其他词节点的特征来自去掉标点符号后的 BERT 模型结果，该结果是以 [CLS] 进行计算的，所以在获取特征时，需要将偏移值加 1。

第 91 ~ 92 行代码将边关系的类型索引 edge_type 转成了长整型。这是一步非常重要的操作。因为在 PyTorch 中，张量的索引必须是长整型。如果是 uint8 类型，则在运行过程中会出现错误。

第 102 行代码定义了函数 getLabelData。该函数会生成一个对应于每个子图的标签。

2. 用Dataset和DataLoader类进行数据集封装

DGL 库中 relGraphConv 类的输入一次只有一个图对象，无法处理批次图数据。在使用该类时，还需要对传入的批次图数据进行转换。

使用 DGL 库的批次图方法（batch）可以将批次中的多个图对象合并成一个图对象，如图 3-40 所示。

图 3-40 中有两行，上面一行显示了批次图处理的外部过程（基于图对象进行处理），下面一行显示了其内部的合并原理。在合并过程中，DGL 库会将多个图中的节点和边关系重新编号，并按照每个图中节点关系的邻接矩阵重新拼接。

待运算结束之后，再使用 unbatch 方法，将其拆成多个子图。

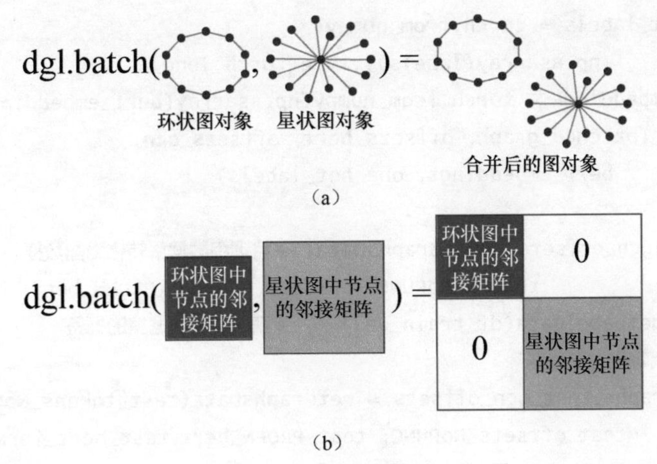

图3-40　批次图功能

注意　*使用批次图方法合并后的图是只读的，无法对其结构进行二次修改。*

使用Dataset和DataLoader类对图数据进行数据集封装，并对批次图进行合并。具体代码如下：

代码文件：code_17_RGCNDGL.py（续）

```
108 #构建数据集
109 class GPRDataset(Dataset):
110     def __init__(self, y, graphs, bert_offsets,
111                     gcn_offsets, bert_embeddings):
112         self.y = y
113         self.graphs = graphs
114         self.bert_offsets = bert_offsets
115         self.bert_embeddings = bert_embeddings
116         self.gcn_offsets = gcn_offsets
117     def __len__(self):                    #返回长度
118         return len(self.graphs)
119     def __getitem__(self, idx):           #返回数据
120         return (self.graphs[idx], self.bert_offsets[idx],
121             self.gcn_offsets[idx], self.bert_embeddings[idx], self.y[idx])
122
123 def collate(samples): #对批次数据重新加工
124     #行列转换变成list
125     graphs, bert_offsets, gcn_offsets, bert_embeddings, labels = map(list,
126                                                          zip(*samples))
127     batched_graph = dgl.batch(graphs)#对批次图进行合并
128     #对其他数据进行张量转化
129     offsets_bert = torch.stack(
130                 [torch.LongTensor(x) for x in bert_offsets], dim=0)
131     offsets_gcn = torch.stack(
132                 [torch.LongTensor(x) for x in gcn_offsets], dim=0)
```

```
133     one_hot_labels = torch.from_numpy(
134             np.asarray(labels)).type(torch.long)
135     bert_embeddings = torch.from_numpy(np.asarray(bert_embeddings))
136     return (batched_graph, offsets_bert, offsets_gcn,
137             bert_embeddings, one_hot_labels)
138
139 all_graphs,gcn_offsets = getGraphsData( #将训练数据集转化为图数据
140                 tokens_NoPUNC, offsets_NoPUNC, PROPN_bert, bert_forNoPUNC)
141 train_y = getLabelData(df_train_val)     #获取训练数据集的标签
142 #将测试数据集转化为图数据
143 test_all_graphs,test_gcn_offsets = getGraphsData(test_tokens_NoPUNC,
144             test_offsets_NoPUNC, test_PROPN_bert,test_bert_forNoPUNC)
145 test_y = getLabelData(df_test)#获取测试数据集的标签
146 #生成测试数据集
147 test_dataset = GPRDataset(test_y, test_all_graphs, test_offsets_NoPUNC,
148                     test_gcn_offsets, test_PROPN_bert)
149 #生成测试数据集的加载器
150 test_dataloarder = DataLoader( test_dataset, collate_fn = collate,
151                         batch_size = 4 )
```

第123行代码定义了collate函数，实现了数据集自定义的批次组合功能。第127行代码对批次图进行了合并。

提示

由于DataLoader类打包批次的数据默认不支持DLG图对象，因此在代码中必须使用自定义函数collate对子图数据进行二次包装。否则会报如下错误：

TypeError：default_collate：batch must contain tensors：numpy arrays：numbers：dicts or lists; found <class 'dgl.graph.DGLGraph'>

具体如图3-41所示。

```
  File "D:\ProgramData\Anaconda3\envs\pt13\lib\site-packages\torch\utils\data
\_utils\collate.py", line 79, in default_collate
    return [default_collate(samples) for samples in transposed]

  File "D:\ProgramData\Anaconda3\envs\pt13\lib\site-packages\torch\utils\data
\_utils\collate.py", line 79, in <listcomp>
    return [default_collate(samples) for samples in transposed]

  File "D:\ProgramData\Anaconda3\envs\pt13\lib\site-packages\torch\utils\data
\_utils\collate.py", line 81, in default_collate
    raise TypeError(default_collate_err_msg_format.format(elem_type))

TypeError: default_collate: batch must contain tensors, numpy arrays,
numbers, dicts or lists; found <class 'dgl.graph.DGLGraph'>
```

图3-41 DataLoader类兼容性错误

3.13.8 代码实现：搭建多层R-GCN模型

为了使R-GCN模型的拟合能力更强，在relGraphConv类的基础上，搭建多层R-GCN模型。具体代码如下。

代码文件：code_17_RGCNDGL.py（续）

```
152 class RGCNModel(nn.Module):#多层R-GCN模型
153     def __init__(self, h_dim, num_rels,out_dim=256, num_hidden_layers=1):
154         super(RGCNModel, self).__init__()
155         self.layers = nn.ModuleList() #定义网络层列表
156         for _ in range(num_hidden_layers):
157             rgcn_layer = RelGraphConv(h_dim,
158                                    out_dim,num_rels, activation=F.relu)
159             self.layers.append(rgcn_layer)
160     def forward(self, g):
161         for layer in self.layers:       #逐层处理
162             g.ndata['h']=layer(g,g.ndata['h'].to(device),
163                                  etypes=g.edata['rel_type'].to(device),
164                                  norm=g.edata['norm'].to(device))
165         rst_hidden = []
166         for sub_g in dgl.unbatch(g):     #按批次解包
167             rst_hidden.append((  sub_g.ndata['h']   )
168         return rst_hidden
```

第166行代码使用unbatch方法，将图数据的处理结果，按批次解包。RGCNModel类最终按指定的输出维度返回图中每个节点的聚合结果。

3.13.9 代码实现：搭建神经网络分类层

在得到R-GCN模型的结果之后，还需要通过输出层，将其维度按照所要分类的类别个数进行转化。

输出层部分是通过两层全连接网络实现的。其输入的向量是由R-GCN模型的结果和BERT模型原始的特征经过线性变化后的结果连接而成的。完整的模型结构如图3-42所示。

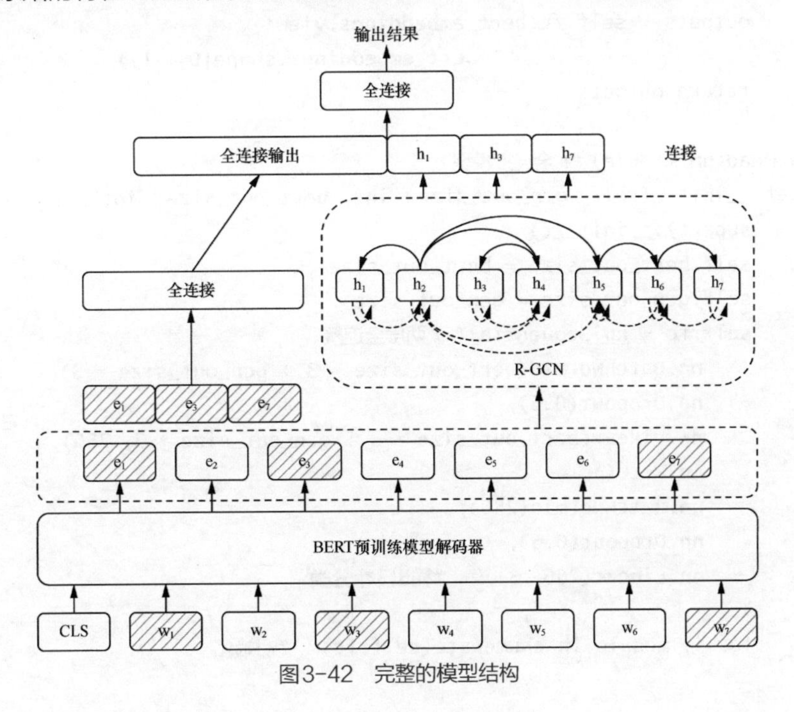

图3-42 完整的模型结构

编写代码，定义包含一个全连接网络层的模型类 BERT_Head，完成对 BERT 模型输出结果的转化；定义包含两个全连接网络层的模型类 Head，用于输出模型分类结果；定义全局模型类 GPRModel，在其内部将 RGCNModel 类与 BERT_Head 类的输出结果连接起来，并输入 Head 类中进行预测。具体代码如下：

代码文件：code_17_RGCNDGL.py（续）

```
169 class BERT_Head(nn.Module):                          #处理BERT模型输出的特征结果
170     def __init__(self, bert_hidden_size: int):
171         super().__init__()
172         self.fc = nn.Sequential(           #全连接
173             nn.BatchNorm1d(bert_hidden_size * 3),
174             nn.Dropout(0.5),
175             nn.Linear(bert_hidden_size * 3, 512 * 3),
176             nn.ReLU(),)
177         for i, module in enumerate(self.fc):     #初始化
178             if isinstance(module, (nn.BatchNorm1d, nn.BatchNorm2d)):
179                 nn.init.constant_(module.weight, 1)
180                 nn.init.constant_(module.bias, 0)
181             elif isinstance(module, nn.Linear):
182                 if getattr(module, "weight_v", None) is not None:
183                     nn.init.uniform_(module.weight_g, 0, 1)
184                     nn.init.kaiming_normal_(module.weight_v)
185                     assert model[i].weight_g is not None
186                 else:
187                     nn.init.kaiming_normal_(module.weight)
188                 nn.init.constant_(module.bias, 0)
189
190     def forward(self, bert_embeddings):
191         outputs = self.fc(bert_embeddings.view(
192                              bert_embeddings.shape[0],-1))
193         return outputs
194
195 class Head(nn.Module): #全连接模型
196     def __init__(self, gcn_out_size: int, bert_out_size: int):
197         super().__init__()
198         self.bert_out_size = bert_out_size
199         self.gcn_out_size = gcn_out_size
200         self.fc = nn.Sequential( #两层全连接
201             nn.BatchNorm1d(bert_out_size * 3 + gcn_out_size * 3),
202             nn.Dropout(0.5),
203             nn.Linear(bert_out_size * 3 + gcn_out_size * 3, 256),
204             nn.ReLU(),
205             nn.BatchNorm1d(256),
206             nn.Dropout(0.5),
207             nn.Linear(256, 3),    #输出3个分类
208         )
209         for i, module in enumerate(self.fc): #初始化
```

```
210             if isinstance(module, (nn.BatchNorm1d, nn.BatchNorm2d)):
211                 nn.init.constant_(module.weight, 1)
212                 nn.init.constant_(module.bias, 0)
213             elif isinstance(module, nn.Linear):
214                 if getattr(module, "weight_v", None) is not None:
215                     nn.init.uniform_(module.weight_g, 0, 1)
216                     nn.init.kaiming_normal_(module.weight_v)
217                     assert model[i].weight_g is not None
218                 else:
219                     nn.init.kaiming_normal_(module.weight)
220                 nn.init.constant_(module.bias, 0)
221
222     def forward(self, gcn_outputs, offsets_gcn, bert_embeddings):
223         #从子图中提取目标代词、名称A、名称B节点的特征
224         gcn_extracted_outputs = [gcn_outputs[i].unsqueeze(0).gather(
225           1, offsets_gcn[i].unsqueeze(0).unsqueeze(2).expand(
226                     -1, -1, gcn_outputs[i].unsqueeze(0).size(2))).view(
227 gcn_outputs[i].unsqueeze(0).size(0), -1) for i in range(len(gcn_outputs))]
228
229         gcn_extracted_outputs = torch.stack(gcn_extracted_outputs,
230                                                   dim=0).squeeze()
231         embeddings = torch.cat((gcn_extracted_outputs, bert_embeddings), 1)
232
233         return self.fc(embeddings)
234
235 class GPRModel(nn.Module): #全局模型类
236     def __init__(self):
237         super().__init__()
238         self.RGCN =  RGCNModel(h_dim = 768, out_dim=256, num_rels = 3)
239         self.BERThead = BERT_Head(768)  #768是BERT模型的输出维度
240         self.head = Head(256, 512)                  #512是R-GCN模型的输出维度
241
242     def forward(self, offsets_bert, offsets_gcn, bert_embeddings, g):
243         gcn_outputs = self.RGCN(g)
244         bert_head_outputs = self.BERThead(bert_embeddings)
245         head_outputs = self.head(gcn_outputs, offsets_gcn,
246                                      bert_head_outputs)
247         return head_outputs
```

代码中所使用的BERT预训练模型版本是bert-base-cased，spaCy模型版本是en_core_web_sm，这两个模型并不是精度最好的。

如果想得到更好的效果，可以将BERT预训练模型版本换成bert-large-cased，spaCy模型版本换成en_core_web_lg。

提示 BERT预训练模型版本bert-large-cased，所输出的特征维度是1024。如果要使用该版本，需要将第239行代码的768改成1024。每个版本的输出维度都可以在其对应的config文件中找到。

3.13.10 使用5折交叉验证方法训练模型

在训练过程中，使用5折交叉验证方法进行训练。该方法通过如下两行代码，将训练数据集分成5个互斥子集。

```
kfold = StratifiedKFold(n_splits = 5)
kfold.split(df_train_val, train_y)
```

在训练时，每次只用其中一个子集作为测试数据集，剩下的4个子集作为训练数据集。通过5次模型的训练和测试，得到5个测试结果。最终对这5个结果取平均值，便得到模型的最终能力评分。

具体代码可以参考本书的配套资源。

代码运行后，输出结果如下：

```
====================
Fold 1
====================
Dataloader Success---------------------
Learning rate = 0.000010
Epoch 0, loss 8.9258, ce_loss 2.0665, reg_loss 6.8593
Epoch 0, loss 8.9258
Epoch 0, val_loss 1.5681, val_acc 0.2676
......
Epoch 96, loss 7.1465, ce_loss 0.4632, reg_loss 6.6832
Epoch 96, loss 7.1465
Epoch 96, val_loss 0.5666, val_acc 0.7696
Learning rate = 0.000001
......
Epoch 99, loss 7.1640, ce_loss 0.4811, reg_loss 6.6829
Epoch 99, loss 7.1640
Epoch 99, val_loss 0.5645, val_acc 0.7717
This fold, the best val loss is:  0.5520091159799234
```

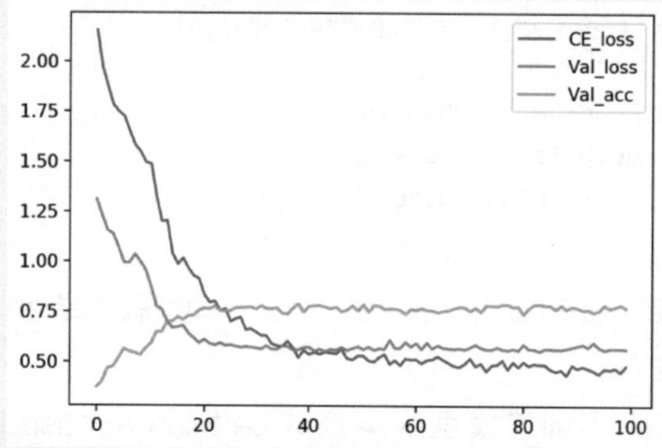


```
This fold, the test loss is:  tensor(0.5475, device='cuda:0')  acc is  0.779
====================
Fold 2
......
```

第4章

神经网络的可解释性

机器学习模型已经在多个领域得到了广泛应用。随着模型在工业领域的应用不断拓展，模型的结构也变得更加复杂。对机器学习的开发人员而言，深入理解模型的原理并具备向他人解释原理的能力非常重要。

4.1 了解模型解释库

神经网络的解释工具（模型解释库）层出不穷，有IBM公司的AI Explainability 360工具包、Microsoft公司的expltml工具和TensorWatch工具，以及Facebook公司的Captum工具。

这些模型解释库能够帮助开发人员开发更加可信赖、可预测、效果更优的人工智能系统。通过对系统工作原理进行解释，开发人员也能够为决策过程提供信息，并与他人建立可信赖的联系。另外，随着多模态模型的出现，模型解释库对多种类型的信息提供无差别解释和可视化的能力将变得更加重要。

Captum工具与PyTorch都出自同一家公司。Captum工具实现了针对PyTorch生态系统中多种类型数据的无差别解释能力。它为所有最新的算法提供了解释性，帮助研究人员和开发人员更好地理解对模型预测结果产生作用的具体特征、神经元及神经网络层。

Captum工具与其他工具相比，用起来更为方便，功能强大、灵活。本章主要对Captum工具的使用做详细的介绍。

4.1.1 了解Captum工具

Captum是一个基于PyTorch的模型解释库。它实现了当今主流的神经网络可解释性算法，如集成梯度（Integrated Gradient）、深度弯曲（DeepLIFT）和传导（Conductance）等。

这些算法可以帮助人们深入理解神经网络中的神经元和层属性，解释人工智能在多模态环境中做出的决策，并能帮助研究人员把结果与数据库中现有的模型进行比较。

Captum工具通过包括可视化和文本在内的多种形式提供了模型解释，并为新算法的设计提供了可拓展性。

在其主页中，列出了当今主流的神经网络可解释性算法和对应的论文。

研究人员还能够以PyTorch库中的算法为基准，使用Captum工具快速地对自己的算法进行评估。

在评估过程中，可以使用Captum工具来识别模型中对结果产生较大影响的特征，更快速地对模型效果进行提升，并对模型的输出进行调试。

4.1.2 可视化可解释性工具Captum Insights

Captum工具还有一个配套的可视化可解释性工具Captum Insights。

Captum Insights能够处理包括图片、文字等类型的多种特征，并帮助用户理解特征的属性。目前，该工具实现了对Integrated Gradients算法的支持。更多信息可以参见Captum主页。

4.2　实例：用可解释性理解数值分析神经网络模型

《PyTorch 深度学习和图神经网络（卷 1）——基础知识》的第 5 章讲解了一个多层全连接网络的实例。本节将从模型的可解释性角度理解神经网络模型的功能。

实例描述

《PyTorch深度学习和图神经网络（卷1）——基础知识》的第5章对多层全连接网络进行了可解释性分析，通过算法实现如下3个问题的可解释性。

（1）模型对乘客的哪些属性更为敏感？

（2）模型中每个神经网络层的神经元工作状态如何？

（3）模型中每个神经元具体关注哪些属性？

在 PyTorch 中，提供了一个非常方便的工具 Captum。该工具集成了目前主流的可解释性算法，用户通过几行代码便可以实现模型的可解释性计算。

该工具可以通过如下命令进行安装。

```
pip install captum
```

4.2.1　代码实现：载入模型

将《PyTorch 深度学习和图神经网络（卷 1）——基础知识》的第 5 章的代码文件 code_05_Titanic.py 载入，并用其实例化模型对象，同时将《PyTorch 深度学习和图神经网络（卷 1）——基础知识》的第 5 章中训练好的模型文件也一并载入。具体代码如下。

代码文件：code_18_TitanicInterpret.py

```
01  import numpy as np
02  import torch
03  import matplotlib.pyplot as plt
04  from scipy import stats
05  from captum.attr import IntegratedGradients,
06                              LayerConductance,NeuronConductance
07  from code_05_Titanic import ThreelinearModel,
08                              test_features , test_labels,feature_names
09
10  net = ThreelinearModel()#实例化模型对象
11  net.load_state_dict(torch.load('models/titanic_model.pt'))#加载模型文件
12  print("Model Loaded!")
13
14  #测试模型
15  test_input_tensor = torch.from_numpy(test_features).type(
16                                                       torch.FloatTensor)
17  out_probs = net(test_input_tensor).detach().numpy()
18  out_classes = np.argmax(out_probs, axis=1)
19  print("Test Accuracy:", sum(out_classes == test_labels) / len(test_labels))
```

代码运行后，输出结果如下。

```
Test Accuracy: 0.8015267175572519
```

4.2.2 代码实现：用梯度积分算法分析模型的敏感属性

梯度积分（Integrated Gradient）中的梯度（Gradient）是指从输出结果开始对输入数据求梯度，积分（Integrated）是指在输入数据的特征从无到有的过程中，分别计算每个阶段的梯度，并将它们“累加”。

这就好比一个人从远到近逐渐走过来，我们脑中一点点对“他是谁”这个问题形成了答案。随着人越来越近，我们的答案也越来越清晰。

1. 计算梯度积分

在实现时，可以直接利用 Captum 工具中的 IntegratedGradients 函数来完成。具体代码如下。

代码文件：code_18_TitanicInterpret.py（续）

```
20 ig = IntegratedGradients(net)              #选择并使用可解释性算法（梯度积分）
21
22 test_input_tensor.requires_grad_()         #将输入张量设置为可以被求梯度
23
24 #利用梯度积分算法，求出原数据的可解释特征
25 attr, delta = ig.attribute(test_input_tensor,target=1,
26                                       return_convergence_delta=True)
27 attr = attr.detach().numpy()
```

第 22 行代码将输入张量 test_input_tensor 的属性设置为可以被求梯度。这是因为梯度积分算法需要对输入求偏导。

第 25 行代码使用梯度积分算法求出输入张量 test_input_tensor 中的特征属性，梯度积分算法对象 ig 的 attribute 方法会返回一个与输入张量 test_input_tensor 形状相同的张量。该方法还有如下两个很重要的参数。

- 参数 baselines：默认值是 0，代表计算梯度的起始输入，即让输入值从 0 开始。
- 参数 n_steps：默认值是 50，代表将 baselines 与真实的输入之间分成 50 份，分别放到模型中，并求各自的梯度。

对象 ig 的 attribute 方法最终的返回值：attr 是 n_steps 次梯度的和；delta 是每一次梯度的平均值。

梯度积分算法对象 ig 的 attribute 方法中，输入参数 target 表明要使用模型的第几个输出求输入的偏导。本例中模型的输出节点为 2，其中 0 索引代表未生存类，1 索引代表生存类。这里将 target 参数设为 1，表明要查看与生存结果相关的敏感属性。

2. 可视化梯度积分

由于每个样本都会产生一个梯度积分，为了宏观统计，将所有样本按照属性维度求平均值，并使用 pyplot 包将平均后的梯度积分以柱状图的形式显示出来。具体代码如下。

代码文件：code_18_TitanicInterpret.py（续）

```
28 #定义可视化函数
29 def visualize_importances(feature_names, importances, title="Average Feature Impor
tances", plot=True, axis_title="Features"):
30     print(title)
31     for i in range(len(feature_names)):
32         print(feature_names[i], ": ", '%.3f'%(importances[i]))
33     x_pos = (np.arange(len(feature_names)))
34     if plot:
35         plt.figure(figsize=(12,6))
36         plt.bar(x_pos, importances, align='center')
37         plt.xticks(x_pos, feature_names, wrap=True)
38         plt.xlabel(axis_title)
39         plt.title(title)
40 #调用可视化函数
41 visualize_importances(feature_names, np.mean(attr, axis=0))
```

代码运行后，输出结果如下。

```
age :  -0.573
sibsp :  -0.026
parch :  0.016
fare :  -0.022
female :  0.202
male :  -0.221
embark_C :  0.025
embark_Q :  -0.005
embark_S :  -0.014
class_1 :  0.140
class_2 :  0.037
class_3 :  -0.245
```

根据平均值结果所生成的柱状图，如图 4-1 所示。

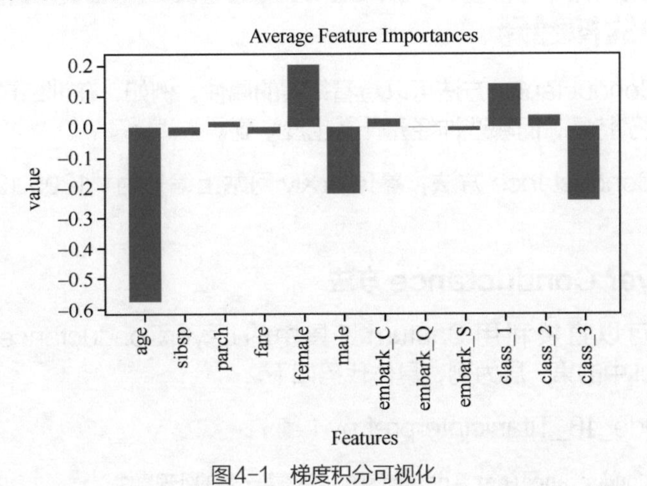

图4-1 梯度积分可视化

从图 4-1 中可以看出，乘客是否能够活下来的最大影响因素是年龄（age），而且是与年龄成反比的。另外，女性乘客的存活概率大于男性乘客。乘客的社会地位也与其存活概率有关，社会地位越高越容易存活（class_1 是最高级别）。

3. 可视化某一个属性的分布情况

如果不对梯度积分取平均值，则可以看到在梯度积分中每一个属性的分布情况。以 sibsp 属性为例，具体代码如下。

代码文件：code_18_TitanicInterpret.py（续）

```
42 #查看某一个属性的分布
43 plt.hist(attr[:,1], 100);
44 plt.title("Distribution of Sibsp Attribution in %d"%len(test_labels))
```

代码运行后，输出结果如图 4-2 所示。

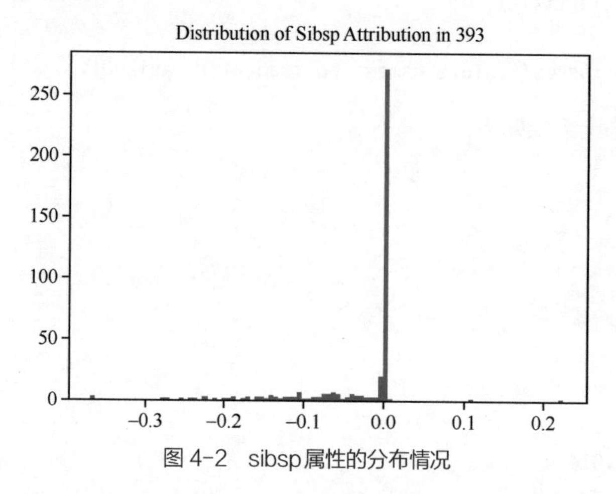

图 4-2　sibsp 属性的分布情况

图 4-2 显示了 sibsp 属性在梯度积分中的分布情况。该情况说明在 393 个样本中，模型对大部分结果的判定是不考虑 sibsp 属性的（sibsp 属性值为 0 的样本超过了 250 个）。

4.2.3 代码实现：用 Layer Conductance 方法查看单个网络层中的神经元

使用 Layer Conductance 方法可以查看每层的属性。例如，在训练过程中，发现每一层中哪些神经元学到了特征，而哪些神经元什么也没学到。

有关 Layer Conductance 方法，参见 arXiv 网站上编号为“1805.12233”的论文，这里不再介绍。

1. 实现 Layer Conductance 方法

在实现时，可以直接利用 Captum 工具中的 LayerConductance 函数来完成，以 ThreelinearModel 中的第一层为例，具体代码如下。

代码文件：code_18_TitanicInterpret.py（续）

```
45 cond = LayerConductance(net, net.mish1)#查看第一层的处理属性
```

```
46 cond_vals = cond.attribute(test_input_tensor,target=1)
47 cond_vals = cond_vals.detach().numpy()
48 #将第一层的12个节点学习到的内容可视化
49 visualize_importances(range(12),np.mean(cond_vals, axis=0),
50                 title="Average Neuron Importances", axis_title="Neurons")
```

代码运行后，输出结果如下。

```
Average Neuron Importances
0 :  0.068
1 :  -0.034
2 :  0.002
3 :  -0.008
4 :  0.004
5 :  0.015
6 :  0.228
7 :  -0.000
8 :  -0.127
9 :  0.151
10 :  -0.878
11 :  -0.114
```

以上结果是第一层中12个节点所输出的特征值。将其可视化后，如图4-3所示。

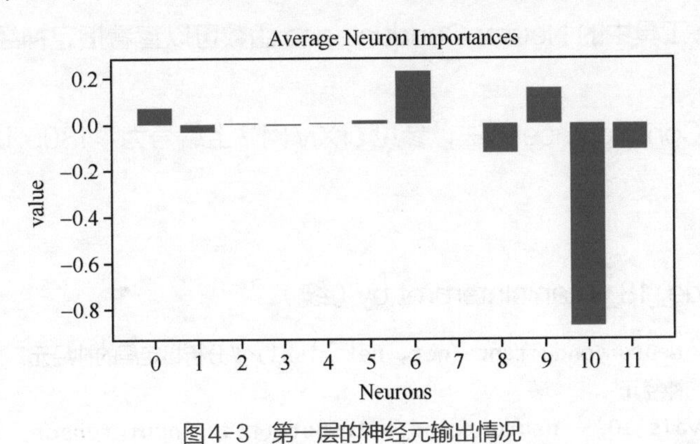

图4-3　第一层的神经元输出情况

从图4-3中可以看出，索引为7的神经元几乎没有学到任何东西，贡献最大的是索引为10的神经元。

2. 可视化神经元的分布情况

同样，可以查看均值前的神经元对于每一个样本所输出值的分布情况。以索引为7、10的神经元为例，具体代码如下。

代码文件：code_18_TitanicInterpret.py（续）

```
51 plt.figure()
52 plt.hist(cond_vals[:,7], 100)
53 plt.title("Neuron 7 Distribution")
54 plt.figure()
55 plt.hist(cond_vals[:,10], 100)
56 plt.title("Neuron 10 Distribution")
```

代码运行后，输出结果如图 4-4 所示。

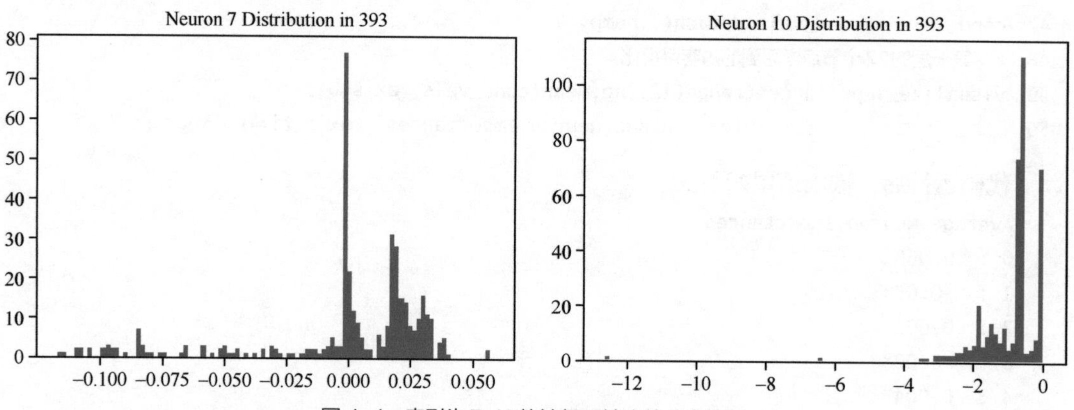

图 4-4　索引为 7、10 的神经元输出的分布情况

从图 4-4 中可以看出，索引为 7 的神经元输出值大多都接近于 0，表明该神经元没有学到输入样本的潜在特征；索引为 10 的神经元输出值大多都小于 0，表明该神经元学到的特征与乘客最终生存下来的结果负相关。

4.2.4　代码实现：用 NeuronConductance 方法查看每个神经元所关注的属性

使用 Captum 工具中的 NeuronConductance 函数可以查看指定神经元对每个样本中每个属性的关注特征。

有关 NeuronConductance 方法，参见 arXiv 网站上编号为"1805.12233"的论文，这里不再介绍。

具体代码如下。

代码文件：code_18_TitanicInterpret.py（续）

```
57 neuron_cond = NeuronConductance(net, net.mish1) #分析指定层的神经元
58 #指定索引为10的神经元
59 neuron_cond_vals_10 = neuron_cond.attribute(test_input_tensor, neuron_index=10,
   target=1)
60
61 #指定索引为6的神经元
62 neuron_cond_vals_6 = neuron_cond.attribute(test_input_tensor, neuron_index=6, tar
   get=1)
63 #可视化索引为6的神经元
64 visualize_importances(feature_names,
   neuron_cond_vals_6.mean(dim=0).detach().numpy(), title="Average Feature Importances
   for Neuron 6")
65 #可视化索引为10的神经元
66 visualize_importances(feature_names,
   neuron_cond_vals_10.mean(dim=0).detach().numpy(), title="Average Feature Importances
   for Neuron 10")
```

代码运行后，输出结果如图 4-5 所示。

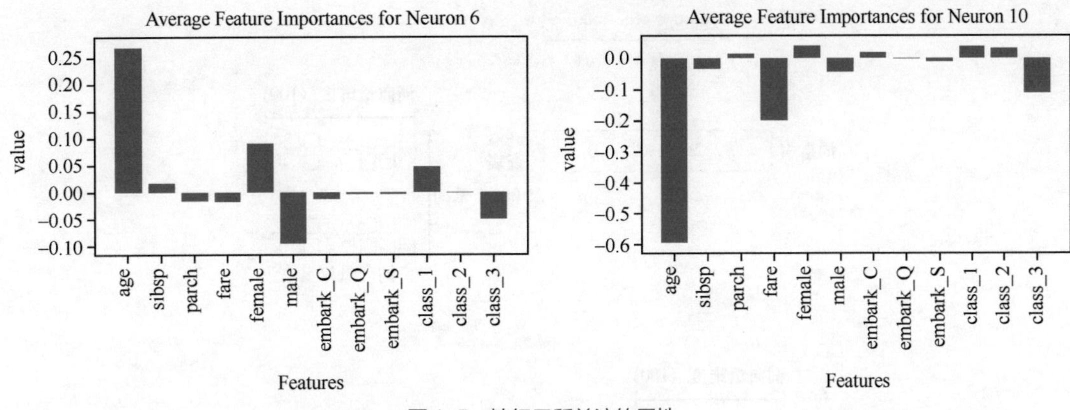

图4-5 神经元所关注的属性

从图 4-5 中可以看到如下现象。

- 索引为 6 的神经元所关注的属性有年龄、女性（female）、男性（male），而索引为 10 的神经元所关注的属性有年龄、票价（fare）、社会地位比较低的乘客（class_3）。
- 索引为 6 的神经元所关注的年龄属性与生存结果正相关，索引为 10 的神经元所关注的年龄属性与生存结果负相关。

本例对一个简单的模型进行可解释性分析，虽然它无法适用于大型网络，但是利用本例中的这几种方法，还是可以使模型的可解释性得到改善。它可以帮助人们更深入地了解并正确地使用神经网络，打破了神经网络的传统“黑匣子”特征。

4.3 实例：用可解释性理解 NLP 相关的神经网络模型

在 3.5 节的实例中，实现了一个 TextCNN 模型对电影评论的数据分类。本节将从模型的可解释性角度理解该网络模型的功能。

实例描述 对3.5节TextCNN模型进行可解释性分析，通过算法实现每个句子中单词的可解释性。

本节同样使用 Captum 工具进行可解释性计算。

4.3.1 词嵌入模型的可解释性方法

词嵌入模型最大的特点就是对输入数据进行两次基于权重的转义。

（1）用词嵌入向量表将输入词映射为词嵌入。

（2）对映射好的词嵌入进行神经网络处理，得到最终结果。

词嵌入模型的两次转义如图 4-6 所示。

因为词嵌入向量表可以表示词与词之间的远近关系，本身具有可解释性，所以基于词嵌入模型的可解释性分析可以直接转义为分析神经网络对词嵌入的处理。

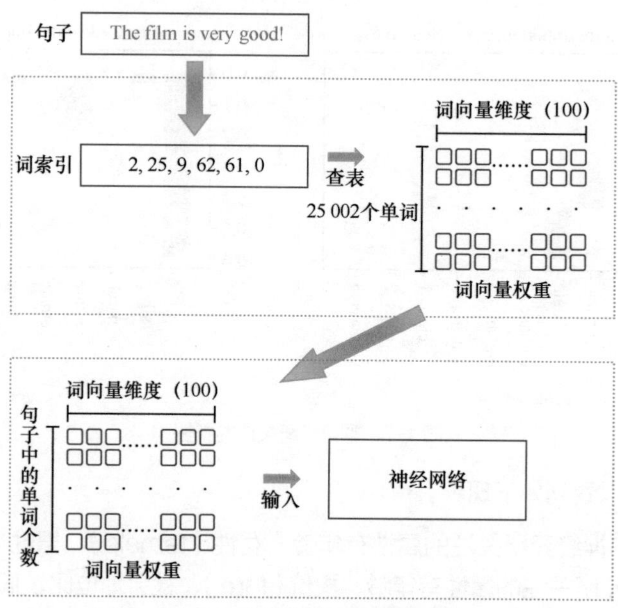

图4-6 词嵌入模型的两次转义

在实现过程中，一般会先把输入词映射为词嵌入这一步骤隔离出来，直接对映射好的词嵌入做梯度积分，从而反向映射出模型对文本中重点单词的关注度。词嵌入模型的可解释过程如图 4-7 所示。

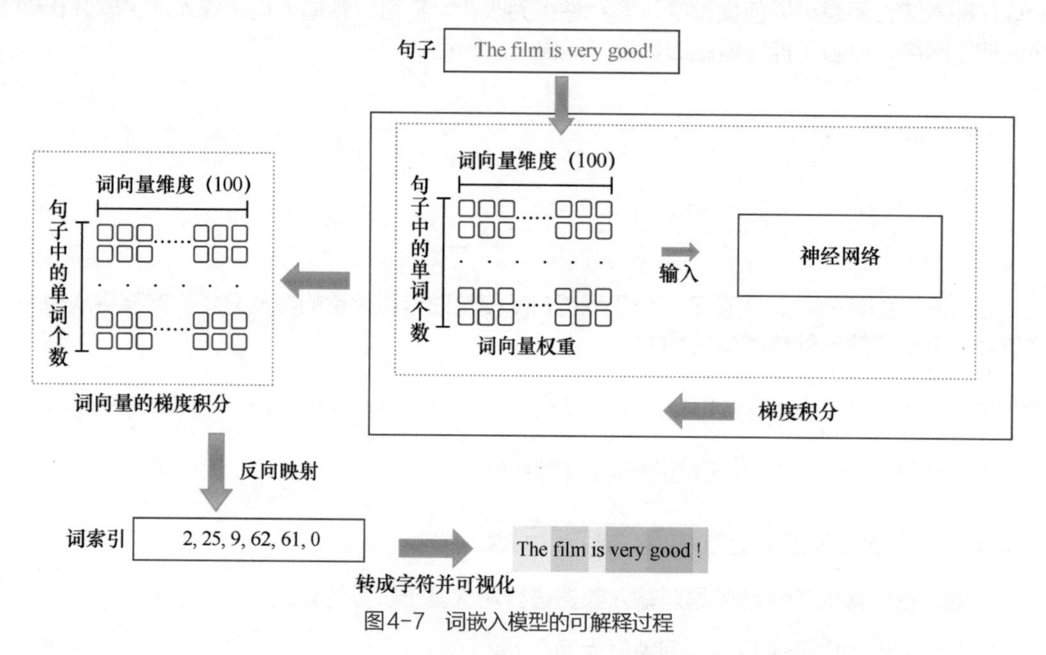

图4-7 词嵌入模型的可解释过程

在 Captum 工具中有一个非常好用的函数 configure_interpretable_embedding_layer，它可以把原有模型中的词嵌入层包装起来，单独提取。利用该函数配合梯度积分算法，即可实现词嵌入的可解释性。

4.3.2 代码实现：载入模型类并将其处理过程拆开

按照 4.3.1 小节介绍的方法，需要将原有的 TextCNN 模型处理过程拆开，分成词嵌入层之前与词嵌入层之后两部分。

- 词嵌入层之前的处理部分可以由 Captum 工具中提供的工具来完成。
- 词嵌入层之后的处理部分需要自己编写。

将 3.5.3 小节的代码文件 code_10_TextCNN.py 载入，并在其基础上创建子类 TextCNNInterpret。

在子类 TextCNNInterpret 中，重载正向传播方法，使其可以支持从词嵌入层之后开始处理。具体代码如下。

代码文件：code_19_TextCNNInterpret.py

```
01 import spacy                                                    #引入分词库
02 import torch                                                    #引入PyTorch库
03 import torch.nn.functional as F
04 #引入解释库
05 from captum.attr import (IntegratedGradients, TokenReferenceBase,
06                     visualization, configure_interpretable_embedding_layer,
07                     remove_interpretable_embedding_layer)
08 #引入本地代码库
09 from code_10_TextCNN import TextCNN, TEXT,LABEL
10 #定义TextCNN的子类
11 class TextCNNInterpret(TextCNN):
12     def __init__(self, *args, **kwargs):                       #透传参数
13         super().__init__(*args, **kwargs)
14     def forward(self, text):                                    #重载模型处理方法
15         embedded = self.embedding(text)                         #从词嵌入层之后开始处理
16         #后面的代码与TextCNN一样
17         embedded = embedded.unsqueeze(1)
18         conved = [self.mish(conv(embedded)).squeeze(3) for conv in self.convs]
19        pooled = [F.max_pool1d(conv, conv.shape[2]).squeeze(2) for conv in conved]
20         cat = self.dropout(torch.cat(pooled, dim = 1))
21         return self.fc(cat)
```

第 14 行代码实现了子类正向传播方法的重载。在该方法中，去掉了原来父类中对输入参数 text 的维度变换语句，直接从词嵌入层之后开始处理。

注意　这样的模型显然是不能直接运行的。它需要用 Captum 库中的 API 处理后才可以使用。读者现在看不懂没关系，待看完 4.3.3 小节的处理方法就会明白。

4.3.3 代码实现：实例化并加载模型权重，提取模型的词嵌入层

用 TextCNN 子类 TextCNNInterpret 实例化模型，并加载模型权重。然后调用 Captum 工具的函数 configure_interpretable_embedding_layer，对模型中的词嵌入层进行封装，使其可以单独使用。具体代码如下。

代码文件：code_19_TextCNNInterpret.py（续）

```
22 #定义模型参数
23 INPUT_DIM = len(TEXT.vocab)#25002
24 EMBEDDING_DIM = TEXT.vocab.vectors.size()[1] #100
25 N_FILTERS = 100
26 FILTER_SIZES = [3,4,5]
27 OUTPUT_DIM = 1
28 DROPOUT = 0.5
29 PAD_IDX = TEXT.vocab.stoi[TEXT.pad_token]
30 #实例化模型
31 model = TextCNNInterpret(INPUT_DIM, EMBEDDING_DIM, N_FILTERS,
32                          FILTER_SIZES, OUTPUT_DIM, DROPOUT, PAD_IDX)
33
34 #加载模型权重
35 model.load_state_dict(torch.load('textcnn-model.pt') )
36 print('Vocabulary Size: ', len(TEXT.vocab))
37 #对词嵌入层进行封装并提取
38 interpretable_embedding = configure_interpretable_embedding_layer (model, 'embedding')
```

实例化和加载模型权重的代码与 code_10_TextCNN.py 文件中的几乎一致，这里不再详述。

第 38 行代码是提取词嵌入层的部分。在调用函数 configure_interpretable_embedding_layer 时，指定好模型对象和模型中的词嵌入层，即可对该模型中的词嵌入层进行封装并提取。

注意：在词嵌入层被提取之后的模型中，原有的词嵌入层将不会进行任何操作。即第 15 行代码相当于如下代码。

```
embedded = text
```

被封装后的模型还可以通过调用 remove_interpretable_embedding_layer 函数进行还原。

4.3.4　代码实现：用梯度积分算法计算模型的可解释性

定义梯度积分算法对象和 interpret_sentence 函数。在 interpret_sentence 函数中对处理指定句子的模型进行可解释性计算，并将结果生成可视化对象，保存到列表中。具体代码如下。

代码文件：code_19_TextCNNInterpret.py（续）

```
39 ig = IntegratedGradients(model)                        #创建梯度积分算法对象
40 vis_data_records_ig = []                               #定义列表，存放可视化记录
41 nlp = spacy.load('en')                                 #为分词库加载英文语言包
42
43 #定义函数，对句子进行可解释性分析
44 def interpret_sentence(model, sentence, min_len = 7, label = 0):
45     sentence=sentence.lower()                          #将句子转为小写
46     model.eval()                                       #设置模型运行方式
47     #分词处理
```

```
48      text = [tok.text for tok in nlp.tokenizer(sentence)]
49      if len(text) < min_len:                          #对小于指定长度的句子进行填充
50          text += [TEXT.pad_token] * (min_len - len(text))
51
52      #将句子中的单词转为索引
53      indexed = [TEXT.vocab.stoi[t] for t in text]
54      model.zero_grad()                               #将模型中的梯度清零
55      input_indices = torch.LongTensor(indexed)       #转为张量
56      input_indices = input_indices.unsqueeze(0)      #增加维度
57
58      #转为词嵌入
59      input_embedding interpretable_embedding.indices_to_embeddings(input_indices)
60
61      #将词嵌入输入模型，进行预测
62      pred = torch.sigmoid(model(input_embedding)).item()
63      pred_ind = round(pred)                                  #计算输出结果
64
65      #创建梯度积分的初始输入值
66      PAD_IDX = TEXT.vocab.stoi[TEXT.pad_token]               #获得填充字符的索引
67      token_reference = TokenReferenceBase(reference_token_idx=PAD_IDX)
68      #制作初始输入索引：复制指定长度的token_reference，并扩展维度
69      reference_indices = token_reference.generate_reference(len(indexed),
70                                                   device='cpu').unsqueeze(0)
71      print("reference_indices",reference_indices)
72      #将制作好的输入索引转成词嵌入
73      reference_embedding = interpretable_embedding.indices_to_embeddings(
74                                                               reference_indices)
75      #用梯度积分算法计算可解释性
76      attributions_ig, delta = ig.attribute(input_embedding,
77                                            reference_embedding,
78                                            n_steps=500,
79                                            return_convergence_delta=True)
80      #输出可解释性结果
81      print('attributions_ig, delta',attributions_ig.size(), delta.size())
82      print('pred: ', LABEL.vocab.itos[pred_ind], '(', %.2f'%pred, ')',',delta:', abs(delta))
83      #加入可视化记录中
84      add_attributions_to_visualizer(attributions_ig, text, pred, pred_ind, label,
        delta, vis_data_records_ig)
85
86  #定义函数，将解释性结果放入可视化记录中
87  def add_attributions_to_visualizer(attributions, text, pred, pred_ind, label, delta,
    vis_data_records):
88      attributions = attributions.sum(dim=2).squeeze(0)
89      attributions = attributions / torch.norm(attributions)
90      attributions = attributions.detach().numpy()
91
92      #将结果添加到列表里
```

```
93      vis_data_records.append(visualization.VisualizationDataRecord(
94                              attributions,
95                              pred,
96                              LABEL.vocab.itos[pred_ind],
97                              LABEL.vocab.itos[label],
98                              LABEL.vocab.itos[1],
99                              attributions.sum(),
100                              text[:len(attributions)],
101                              delta))
```

第76～79行代码为可解释性计算的主要部分。该部分代码调用了梯度积分对象的attribute方法进行计算。该方法目前只支持CPU运算，所以在第69～70行代码制作初始输入索引时，指定的设备为CPU。

注意　本例计算梯度积分时，没有用0作为起始的输入值，而是用了<pad>的词向量。这种表述方式更适合词嵌入模型。

另外，第66～74行代码看着比较复杂，其实实现的逻辑很简单，步骤解析如下。

（1）生成与输入相等长度的数组，元素全为字符<pad>的索引。

（2）将其转为词向量。

第78行代码设置n_steps参数为500，表明将从全部都是<pad>所对应的词向量开始，到输入句子的词向量中间均匀分成500份。然后将这500份依次放到模型中，求出相邻分数之间的梯度，并进行加和。

4.3.5　代码实现：输出模型可解释性的可视化图像

指定几个测试句子输入interpret_sentence函数，并将模型的可解释性结果输出。具体代码如下。

代码文件: code_19_TextCNNInterpret.py（续）

```
102 #输入几个测试句子
103 interpret_sentence(model, 'It was a fantastic performance !', label=1)
104 interpret_sentence(model, 'The film is very good! ', label=1)
105 interpret_sentence(model, 'I think this film is not very bad! ', label=1)
106
107 #根据可视化记录生成网页
108 visualization.visualize_text(vis_data_records_ig)
109
110 #还原模型的词嵌入层
111 remove_interpretable_embedding_layer(model, interpretable_embedding)
```

第103～105行代码指定了3个句子进行可解释性计算。

第108行代码将可解释性结果转化成网页进行显示。

注意　第108行代码的visualize_text 函数内部是通过IPython.display模块实现的，所以该代码只能在Jupyter Notebook上显示结果。

第111行代码将提取的词嵌入层删除，还原原有模型的处理流程。

代码运行后，输出结果如下。

```
reference_indices tensor([[1, 1, 1, 1, 1, 1, 1]])
attributions_ig, delta torch.Size([1, 7, 100]) torch.Size([1])
pred:  pos ( 0.98 ) , delta:  tensor([0.0002])
reference_indices tensor([[1, 1, 1, 1, 1, 1, 1]])
attributions_ig, delta torch.Size([1, 7, 100]) torch.Size([1])
pred:  pos ( 0.86 ) , delta:  tensor([0.0001])
reference_indices tensor([[1, 1, 1, 1, 1, 1, 1, 1, 1]])
attributions_ig, delta torch.Size([1, 9, 100]) torch.Size([1])
pred:  neg ( 0.35 ) , delta:  tensor([0.0001])
```

从输出结果的最后一行可以看到，模型预测了“I think this film is not very bad！”这句话是消极语义。这表明模型对一般的语言描述具有很好的判断力，但是对双重否定句的判断力不足。

接下来可以通过可解释性的可视化结果，查看模型的判断依据，如图 4-8 所示。

Target Lable	Predicted Label	Attribution Lalbel	Attribution Score	Word Importance
pos	pos(0.98)	pos	0.98	it was a fantastic performance ! #pad
pos	pos(0.86)	pos	0.89	the film is very good ! #pad
pos	neg(0.35)	pos	−0.59	i think this film is not very bad !

图4-8　模型的可解释性

从图 4-8 中的最后一行可以看到，模型过度关注了 bad，并将 bad 作为了负向特征（红色），所以使得整体判断错误。

提示

如果想在Spyder之类的非Jupyter Notebook编译器上查看可视化结果，也可以直接修改visualization.visualize_text源码。具体方法如下。

（1）找到visualization.visualize_text源码函数的源码文件。例如，作者本地的路径如下。

D:\ProgramData\Anaconda3\envs\pt15\Lib\site-packages\captum\attr_utils\visualization.py

（2）在该文件的最下面（visualize_text函数的最后）添加如下代码即可。

```
with open('a.html', 'w+') as f: #以二进制的方式打开一个文件
    f.write( ("".join(dom)))  #以文本的方式写入一个用二进制打开的文件会报错
print("save table ok ! in a.html")
```

该代码的意思是将生成的html字符保存到文件中。

代码运行后，即可在本地路径下找到a.html文件。再将其用浏览器打开，便可以看到可视化结果。

通过模型的可解释性可以看出，TextCNN 模型对句子中的关键词更为敏感，而对连续词之间的语义识别比较欠缺。这与卷积神经网络更善于发现彼此之间没有关联的特征有关。

可解释性不仅可以分析模型的预测结果，还可以帮助开发人员了解模型的特点。

4.4　实例：用Bertviz工具可视化BERT模型权重

BERT 模型结构复杂，参数众多，很难直观地了解其内部权重的含义。使用第三方工具

Bertviz 可以对 BERT 模型权重进行可视化，方便理解该模型的可解释性。

实例描述　使用第三方工具Bertviz对BERT模型权重进行可视化，并理解其可视化后的权重含义。

本节将使用第 3 章中使用到的 BERT 预训练模型“bert-base-uncased”，进行可视化处理。

4.4.1　什么是Bertviz工具

Bertviz 是专门针对 BERTology 系列模型权重可视化的工具。该工具完全兼容 Transformer 库中的模型和接口，同时也使用 PyTorch 代码进行调用。具体网址如下。

```
https://github.com/jessevig/bertviz
```

在该网址中，包含 Transformer 库中很多可视化模型（如 BERT、ALBERT、GPT-2 等模型）的源码例子。这些例子都以“.ipynb”结尾，它们可以用 Jupyter Notebook 工具打开。

1. Bertviz工具的安装

Bertviz 工具并没有提供安装包，在使用时，需要下载整个项目的源码，在代码中直接引入 Bertviz 工具，便可以运行。可以使用 Git 工具，将源码下载到本地。具体命令如下。

```
git clone https://github.com/jessevig/bertviz.git
```

2. Bertviz工具的运行环境

为了提升可视化的交互效果，Bertviz 工具中的可视化部分集成了 JavaScript 代码。因为该代码需要通过浏览器进行渲染才可以把效果显示出来，所以需要在 Jupyter Notebook 工具中使用该代码进行可视化操作。

Jupyter Notebook 工具是一个跨平台的 Python 代码编辑器。它支持以 Web 的方式进行编写和运行的 Python 代码，能够在 Windows 和 Linux 操作系统下使用。

4.4.2　代码实现：载入BERT模型并可视化其权重

在 Bertviz 工具中，提供了 3 个有关 BERT 模型的可视化代码文件，具体如下。

- head_view_bert.ipynb：用于可视化 BERT 模型中多个注意力头（multi-head attention）之间的具体权重。
- model_view_bert.ipynb：用于可视化 BERT 模型中每个网络层的多个注意力头之间的具体权重。
- neuron_view_bert.ipynb：用于可视化 BERT 模型中每个神经元的权重。

这 3 个文件保存在 Bertviz 的文件夹根目录下。

一般直接使用 Jupyter Notebook 工具打开这 3 个文件就可以运行。但是由于网络因素，有可能会出现因为 BERT 模型无法完成下载，而导致程序运行失败。这时可以手动加载已经下载好的 BERT 预训练模型，具体操作如下。

1. 修改head_view_bert.ipynb文件

将 head_view_bert.ipynb 文件中的自动加载 BERT 模型代码改成手动加载 BERT 模型代码，具体代码如下。

```
##############原来的自动加载BERT模型代码（已被注释）#######
#model_version = 'bert-base-uncased'
#do_lower_case = True
#model = BertModel.from_pretrained(model_version, output_attentions=True)
#tokenizer = BertTokenizer.from_pretrained(model_version, do_lower_case=do_
lower_case)
#sentence_a = "The cat sat on the mat"
#sentence_b = "The cat lay on the rug"
##############新的手动加载BERT模型代码#######
import os
model_dir = r'G:\pytorch2\08/bert-base-uncased'
tokenizer = BertTokenizer.from_pretrained(
          os.path.join(model_dir,"bert-base-uncased-vocab.txt"), do_lower_case=True)
model = BertModel.from_pretrained(
          os.path.join(model_dir,"bert-base-uncased-pytorch_model.bin"),
          config = os.path.join(model_dir,"bert-base-uncased-config.json"),
          output_attentions=True )
sentence_a = "Who is Li Jinhong ?"
sentence_b = "Li Jinhong is a programmer"
```

代码中的 model_dir 所指向的路径为作者已经下载好的 bert-base-uncased 预训练模型文件的所在路径。该文件可以在本书的配套资源中找到。

model_view_bert.ipynb 文件的修改方式与 head_view_bert.ipynb 文件的修改方式一致，这里不再介绍。下面介绍 neuron_view_bert.ipynb 文件的修改方式。

2. 修改neuron_view_bert.ipynb文件

将 neuron_view_bert.ipynb 文件中的自动加载 BERT 模型代码改成手动加载 BERT 模型代码，具体代码如下。

```
##############原来的自动加载BERT模型代码（已被注释）#######
#model_version = 'bert-base-uncased'
#do_lower_case = True
#model = BertModel.from_pretrained(model_version)
#tokenizer = BertTokenizer.from_pretrained(model_version, do_lower_case=do_lower_case)
#sentence_a = "The cat sat on the mat"
#sentence_b = "The cat lay on the rug"
##############新的手动加载BERT模型代码#######
import os
model_dir = r'G:\pytorch2\08/bert-base-uncased'
tokenizer = BertTokenizer.from_pretrained(
        os.path.join(model_dir,"bert-base-uncased-vocab.txt"), do_lower_case=True)
config = BertConfig.from_pretrained(os.path.join(model_dir,"bert-base-uncased-config.json"))
model = BertModel.from_pretrained(
```

```
        os.path.join(model_dir,"bert-base-uncased-pytorch_model.bin"),
        config = config        )
sentence_a = "Who is Li Jinhong ?"
sentence_b = "Li Jinhong is a programmer"
```

3. 运行程序

在修改完成之后，可以分别在 3 个网页上运行这 3 个代码文件。最终得到的可视化结果如图 4-9 所示。

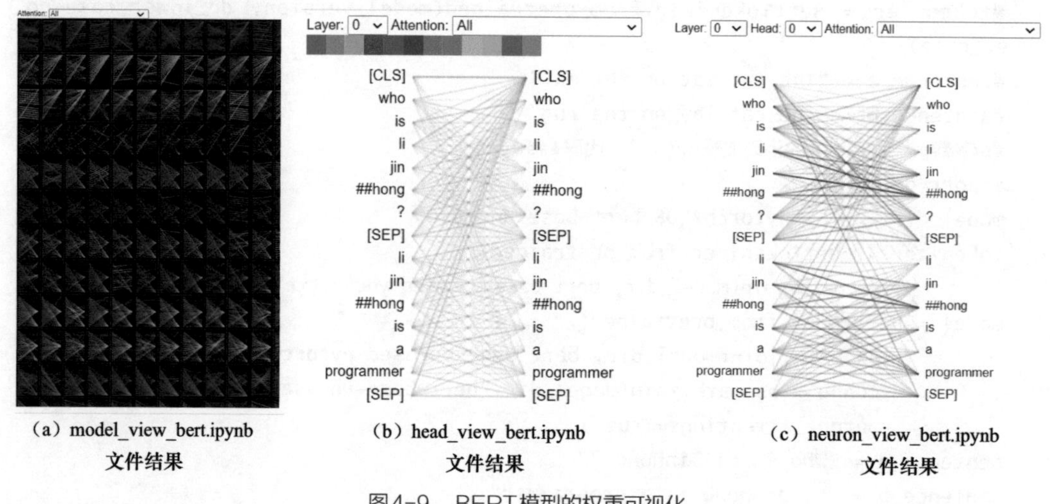

（a）model_view_bert.ipynb 文件结果　（b）head_view_bert.ipynb 文件结果　（c）neuron_view_bert.ipynb 文件结果

图4-9　BERT模型的权重可视化

图 4-9 中的描述如下。

图 4-9（a）显示了 BERT 模型的全部可视化结果。该模型共有 12 层（对应 12 行），每层有 12 个注意力头（对应 12 列）。每个注意力头都可以单独单击，进行放大查看，如图 4-10 所示。

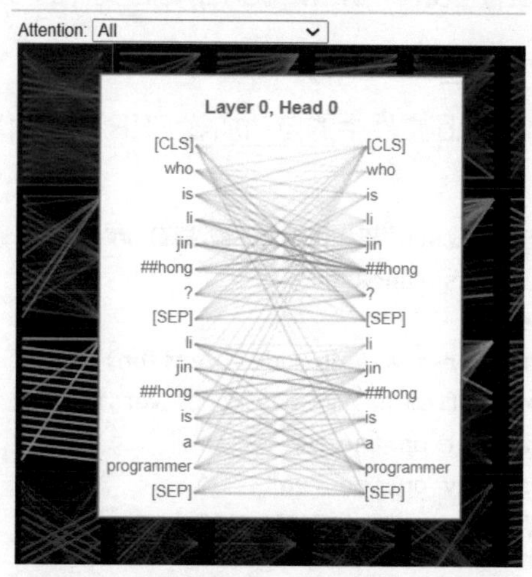

图4-10　BERT模型的注意力头权重可视化

图 4-9（b）显示了 BERT 模型中，每层权重的可视化结果，即将图 4-9（a）中每行的权重图叠加到一起。可以选择该图顶端的下拉菜单来查看具体的层。下拉菜单下面的一行彩色方块共有 12 个，代表该层的 12 个注意力头（12 列）。每个方块都可以通过单击的方式，来控

制其是否显示。如图 4-11 所示，将该图中红框标注的方块全部单击，即可看到第 1 层第 1 个注意力头权重可视化结果。该结果与图 4-10 完全一致。

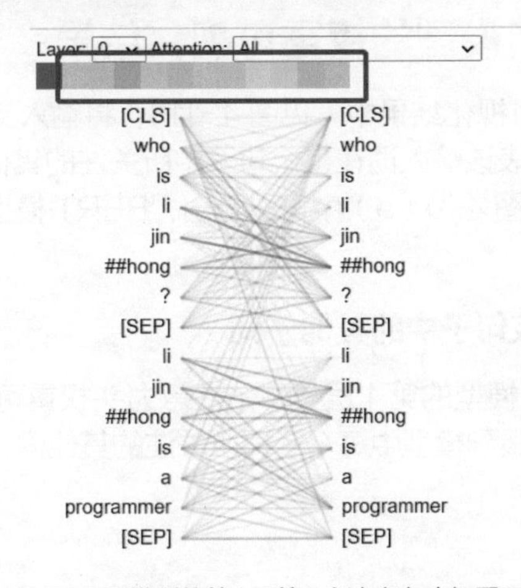

图4-11　BERT模型的第1层第1个注意力头权重可视化

图 4-9（c）显示了 BERT 模型中，每个注意力头中神经元的权重可视化结果。通过选择该图顶部的层和注意力索引，即可定位查看某个具体的注意力头。当把鼠标指针移到文本序列时，会显示一个加号（如图 4-12 所示）。单击该加号，即可看到神经元的运算过程，如图 4-13 所示。

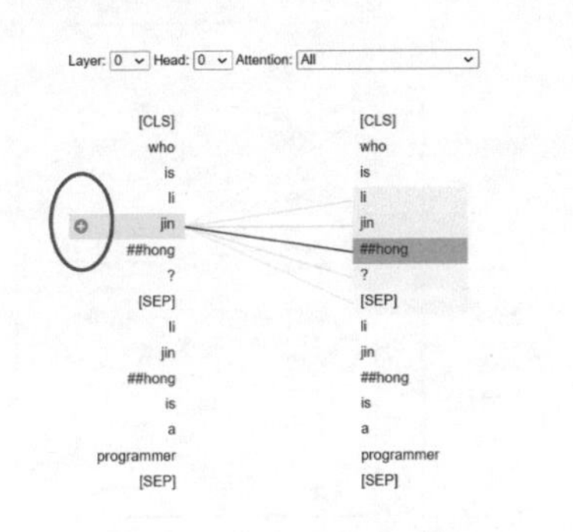

图4-12　查看详细权重按钮

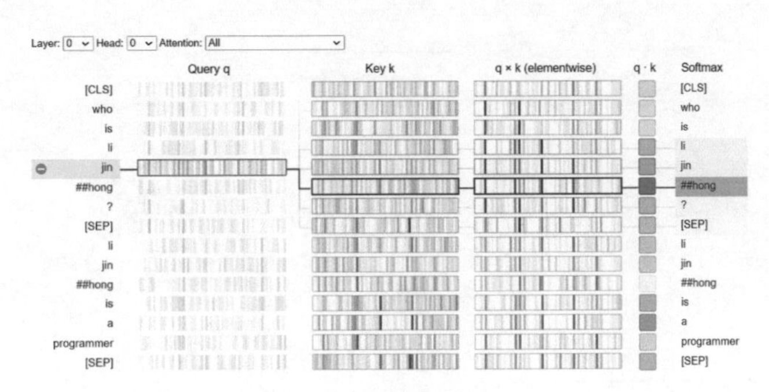

图4-13　展开详细权重

图 4-13 显示了每个词进入 BERT 模型后的详细运算过程。其中 Query q 代表输入词 jin 的 64 维向量，该向量与每个词对应的 64 维向量 Key 做哈达玛积（Hadamard Product），最终得到 q×k 列的结果，如图 4-14 所示。

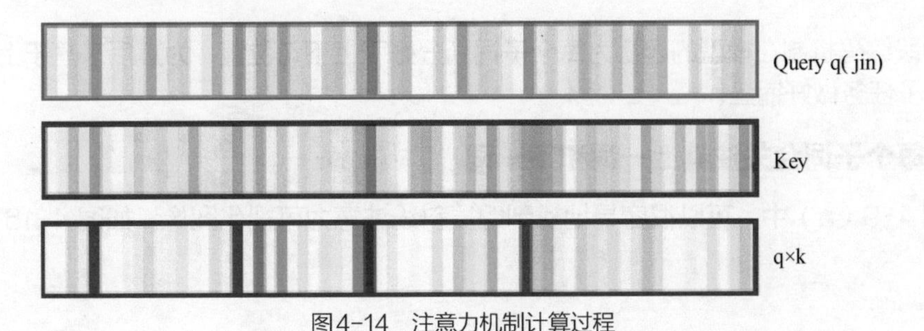

图4-14　注意力机制计算过程

从图 4-14 中可以看到，蓝色代表正值，橙色代表负值。颜色越深代表（正、负方向）值越大，颜色越接近白色代表值越接近 0。

4.4.3 解读BERT模型的权重可视化结果

在 BERT 模型的权重可视化结果中（见图 4-11），将输入文本分成了左右两列，左侧代表要查看的输入词，右侧代表该输入词在整个句子中所关注的其他词。左右之间通过连线的粗细来反映关注度的强弱。从图 4-9（a）中可以看出，BERT 模型对输入词的注意力关系有以下几种情况。

1. 每个子词会关注该句子中的其他子词

图 4-11 显示了 BERT 模型的第 1 层第 1 个注意力头权重可视化。用鼠标在该图左侧子词中依次单击，可以清晰地看到模型中每个子词所关注的其他词，如图 4-15 所示。

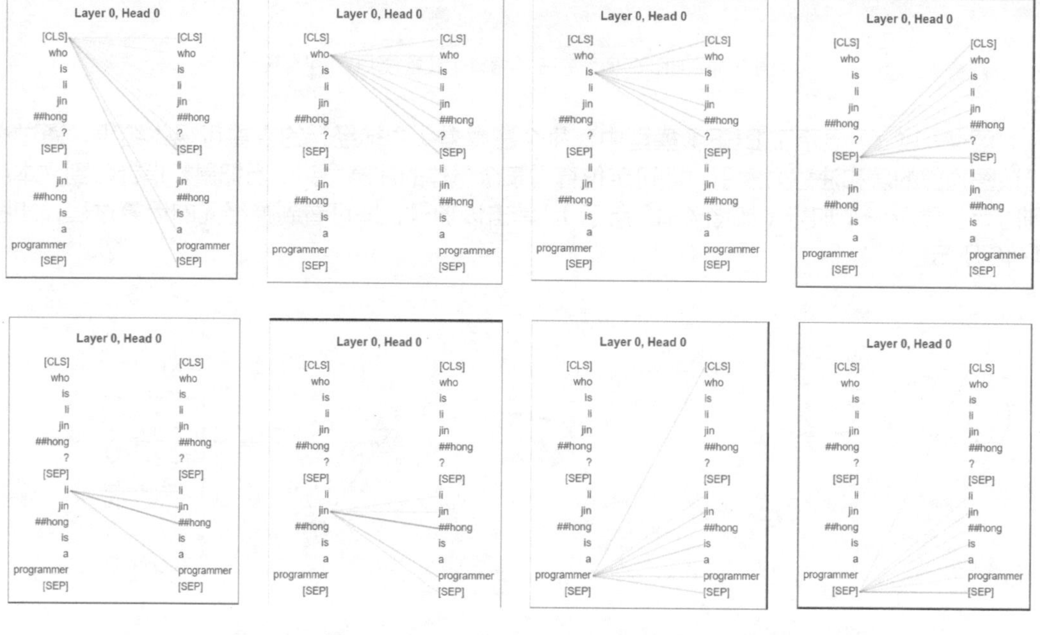

图4-15 BERT模型中子词关注的其他词

从图 4-15 中可以看到，除了特殊字符 [CLS] 和 [SEP] 之外，每个子词只关注本句中的其他词。形成这种注意力效果主要是由于在向模型输入句子的同时，还输入了上下句的位置标识。

这种段编码机制在模型的起初为每个子词划分好了上下句位置，为其后来基于上下句关系所完成的子任务做好铺垫。

2. 每个子词会关注其上一词和下一词

从图 4-9（a）中，可以很容易地找到明显斜线注意力可视化图像，如图 4-16 所示的标记部分。

图4-16　BERT模型中上一词和下一词的注意力关系1

图 4-16 中带有标记的部分，是输入数据关注每个子词上一词或下一词的注意力可视化结果。以第 3 层的第 1 个多头注意力机制（第 3 行第 1 列）和第 4 层的第 6 个多头注意力机制（第 4 行第 6 列）为例，查看该可视化结果的详细信息，如图 4-17 所示。

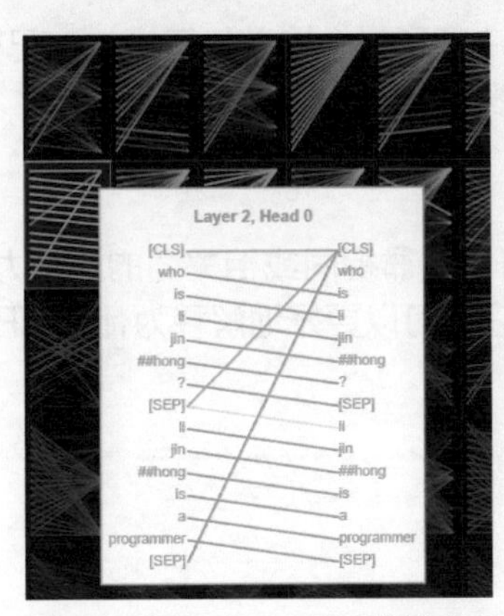

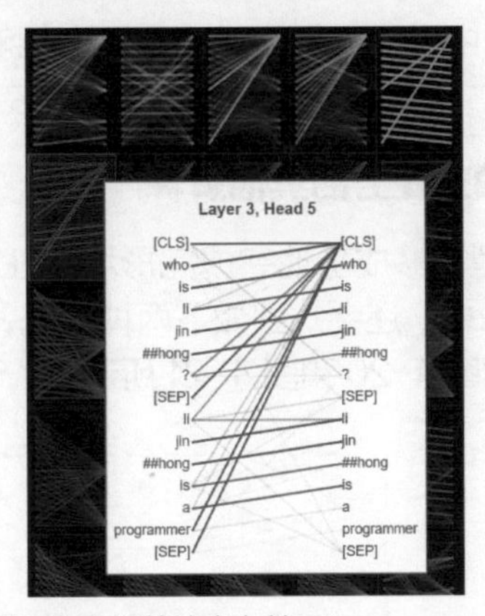

图4-17　BERT模型中下一词和上一词的注意力关系2

从图 4-17 可以看到，除了特殊字符 [CLS] 和 [SEP] 之外，左侧部分的每个子词都重点关注其对应的下一词；右侧部分的每个子词都重点关注其对应的上一词。这种与位置有关的关注能力，主要是由于在向模型输入句子的同时，还输入了带位置的词嵌入。

这种能够注意到上一词和下一词的效果，已经与双向 RNN 序列关系非常相似了。这也是 BERT 模型能够完成下一词预测任务的依据。

3. 每个子词会关注与自己相同或相关的子词

从图 4-9（a）中，可以很容易地找到明显直线注意力可视化图像。以最后一层中的第 9 个注意力图像为例，如图 4-18 所示。

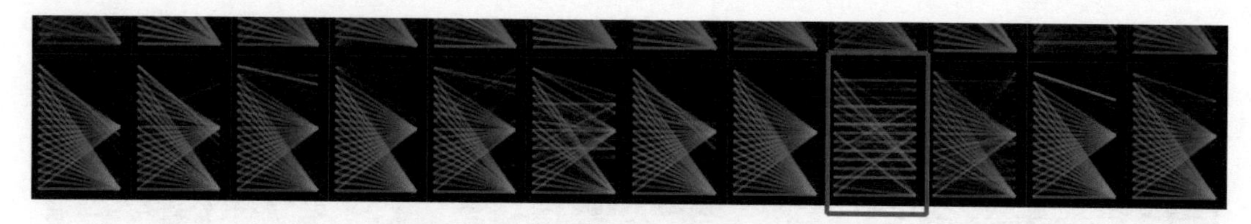

图4-18　明显直线注意力可视化图像

查看图 4-18 中标记部分的详细信息，可以看到每个子词都会关注与自己相同或相关的子词，如图 4-19 所示。

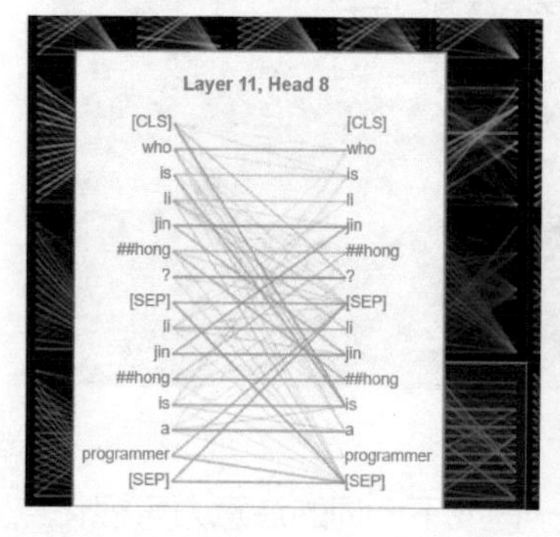

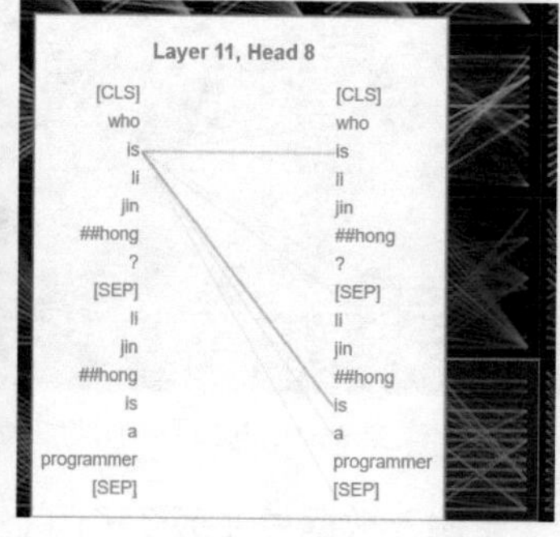

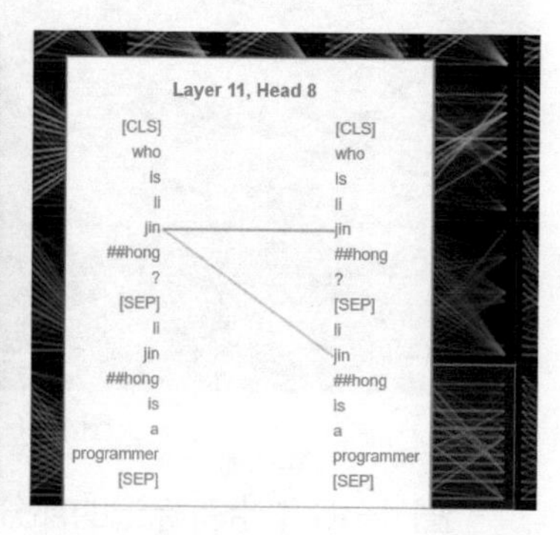

图4-19　关注与自己相同或相关的子词

从图 4-19 中可以看到，BERT 模型能够注意到每个输入句子中与自己相同或相关的子词。该注意力方式可以帮助模型完成完形填空任务。

4. 完形填空任务的其他解释

BERT 模型能够成功地完成完形填空任务，仅靠相同或相关词的注意力机制是不够的。在其可视化图像中，还会找到如下两种情况，它们可以更好地解释为什么 BERT 模型能够完成完形填空，如图 4-20 和图 4-21 所示。

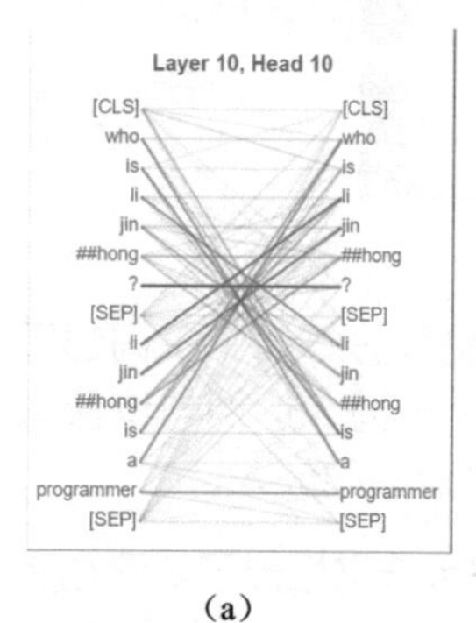

(a)

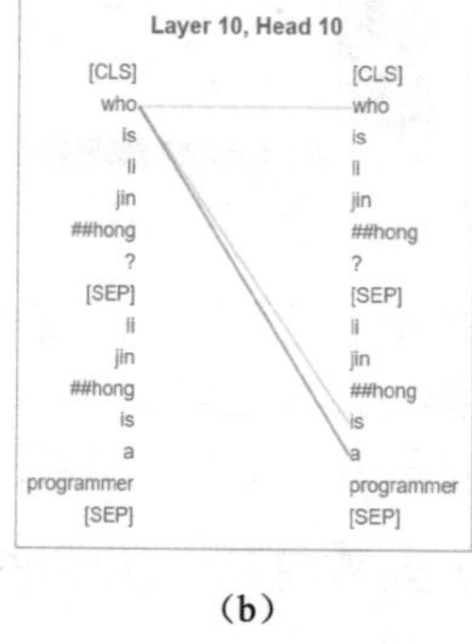

(b)

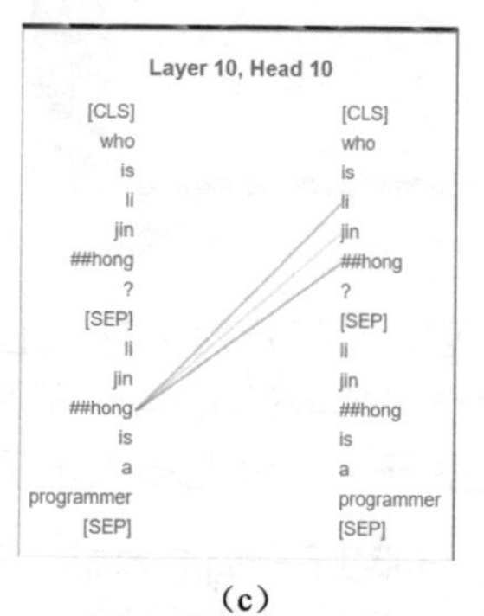

(c)

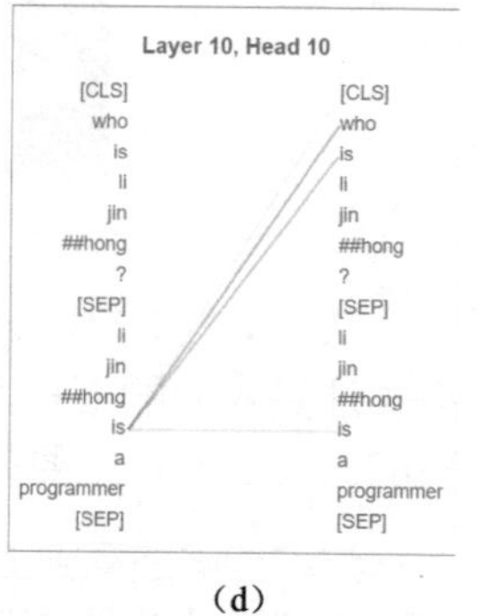

(d)

图4-20　关注其他句子中与自己相同或相关的子词

图 4-20 显示了 BERT 模型跨句子关注相同或相关子词的注意力。如图 4-20（b）所示，模型对第一句中的子词 who 重点关注的是第二句中的 a，其次关注的是第二句中的 is。这种关联关系会帮助模型根据上下语句的内容对 [mask] 部分进行填充。

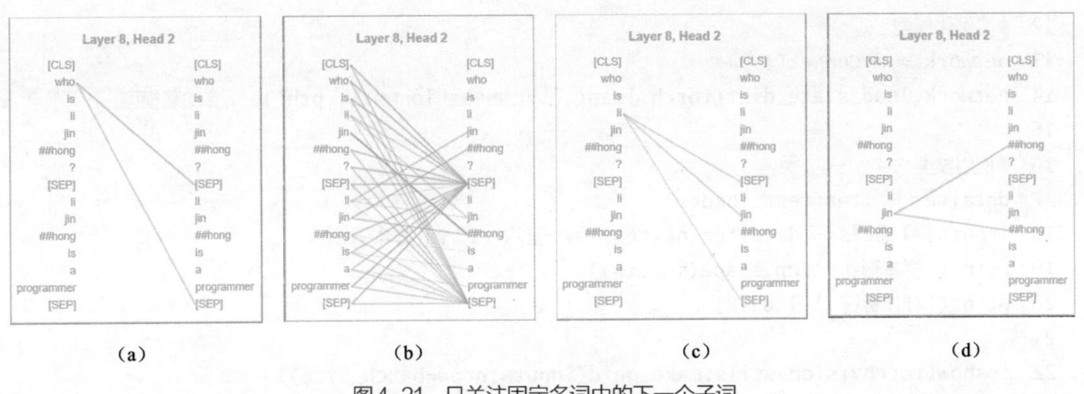

图4-21 只关注固定名词中的下一个子词

图 4-21 显示了 BERT 模型对固定名词的注意力。如图 4-21（b）所示，模型对第一句中的子词 li 重点关注的是第二句中的 jin；如图 4-21（c）所示，模型对第一句中的子词 jin 重点关注的是第二句中的 ##hong。而对非固定名词中的子词，模型会将其关注到句子分隔符中的特殊字符上（作为默认关注项）。如图 4-21（d）所示，模型对第一句中的 who 关注到了两个 [SEP] 特殊字符。从这里也可以理解特殊字符在 BERT 模型中的作用。

4.5 实例：用可解释性理解图像处理相关的神经网络模型

本节将从模型的可解释性角度理解神经网络模型的功能。

本节同样使用 Captum 工具进行可解释性计算。

4.5.1 代码实现：载入模型并进行图像分类

将《PyTorch 深度学习和图神经网络（卷 1）——基础知识》的第 7 章的代码文件 code_10_CNNModel.py 载入，并用其实例化模型对象，同时将《PyTorch 深度学习和图神经网络（卷 1）——基础知识》第 7 章中训练好的模型文件也一并载入。具体代码如下。

代码文件：code_20_CNNModelInterpret.py

```
01 import torchvision
02 import torch                                            #引入PyTorch库
03 from torch.nn import functional as F
04 import numpy as np
05 #引入解释库
06 from captum.attr import (IntegratedGradients,Saliency,DeepLift,
07                          NoiseTunnel, visualization)
08
09 #引入本地代码库
10 from code_10_CNNModel import myConNet,
11                                    classes,test_loader,imshow,batch_size
```

```
12 #实例化模型
13 network = myConNet()
14 network.load_state_dict(torch.load( './CNNFashionMNIST.pth'))  #加载模型
15
16 #使用模型
17 dataiter = iter(test_loader)
18 inputs, labels = dataiter.next() #取一批次（10个）样本
19 print('样本形状：',np.shape(inputs))
20 print('样本标签：',labels)
21
22 imshow(torchvision.utils.make_grid(inputs,nrow=batch_size))
23 print('真实标签： ', ' '.join('%5s' % classes[labels[j]] for j in range(len(inputs))))
24 outputs = network(inputs)
25 _, predicted = torch.max(outputs, 1)
26
27 print('预测结果： ', ' '.join('%5s' % classes[predicted[j]]
28                         for j in range(len(inputs))))
```

第 13、14 行代码实例化模型，并将其权重文件载入。

第 24 ～ 28 行代码将部分数据输入模型并查看预测结果。

代码运行后，输出结果如下。

```
真实标签：  Ankle_Boot Pullover Trouser Trouser Shirt Trouser  Coat Shirt Sandal
            Sneaker
预测结果：  Ankle_Boot Pullover Trouser Trouser Pullover Trouser  Coat Shirt
            Sandal Sneaker
```

同时也将输入图片的内容可视化，如图 4-22 所示。

图4-22　模型的输入图片

4.5.2　代码实现：用4种可解释性算法对模型进行可解释性计算

本小节将使用 4 种可解释性算法对模型进行可解释性计算，其中包括 Saliency、IntegratedGradients（梯度积分）、SmoothGrad Squared、DeepLift。

它们在 Captum 工具中都有具体实现和描述，详细信息请参考 GitHub 中 Captum 的网页内容。

具体代码如下。

代码文件：code_20_CNNModelInterpret.py（续）

```
29 ind = 3  #指定分类标签
30 img = inputs[ind].unsqueeze(0)# 提取单张图片，形状为[1, 1, 28, 28]
```

```
31 img.requires_grad = True
32 network.eval()
33
34 saliency = Saliency(network) #计算Saliency可解释性
35 grads = saliency.attribute(img, target=labels[ind].item())
36 grads = np.transpose(grads.squeeze(0).cpu().detach().numpy(), (1, 2, 0))
37
38 ig = IntegratedGradients(network) #计算梯度积分可解释性
39 network.zero_grad()
40 attr_ig, delta  = ig.attribute(img,target=labels[ind], baselines=img * 0,
41                                return_convergence_delta=True )
42 attr_ig = np.transpose(attr_ig.squeeze(0).cpu().detach().numpy(), (1, 2, 0))
43
44 ig = IntegratedGradients(network) #计算SmoothGrad Squared的梯度积分可解释性
45 nt = NoiseTunnel(ig)
46 network.zero_grad()
47 attr_ig_nt = nt.attribute(img, target=labels[ind],baselines=img * 0,
48                           nt_type='smoothgrad_sq', n_samples=100, stdevs=0.2)
49 attr_ig_nt = np.transpose(attr_ig_nt.squeeze(0).cpu().detach().numpy(), (1, 2, 0))
50
51 dl = DeepLift(network) #计算DeepLift可解释性
52 network.zero_grad()
53 attr_dl = dl.attribute(img,target=labels[ind], baselines=img * 0)
54 attr_dl = np.transpose(attr_dl.squeeze(0).cpu().detach().numpy(), (1, 2, 0))
55
56 print('Predicted:', classes[predicted[ind]],  #输出预测结果
57       ' Probability:', torch.max(F.softmax(outputs, 1)).item())
```

第 29、30 行代码从输入模型的批次图片中取出索引值为 3 的图片，作为测试图片。

第 34 ～ 54 行代码用 4 种可解释性算法实现可解释性计算。

代码运行后，输出结果如下。

```
Predicted: Trouser  Probability: 1.0
```

该输出结果表明模型对图 4-22 所示的索引值为 3 的图片预测结果为 Trouser（裤子）。

4.5.3 代码实现：可视化模型的 4 种可解释性算法结果

将 4.5.2 小节的 4 种可解释性算法结果进行可视化。具体代码如下。

代码文件：code_20_CNNModelInterpret.py（续）

```
58 original_image = np.transpose(inputs[ind].cpu().detach().numpy() , (1, 2, 0))
59
60 #显示输入的原始图片
61 visualization.visualize_image_attr(None, original_image[...,0],
62                       method="original_image", title="Original Image")
63
```

```
64 #显示Saliency可解释性结果
65 visualization.visualize_image_attr(grads, original_image,
66                 method="blended_heat_map", sign="absolute_value",
67                 show_colorbar=True, title="Overlayed Gradient Magnitudes")
68
69 #显示IntegratedGradients可解释性结果
70 visualization.visualize_image_attr(attr_ig, original_image,
71                  method="blended_heat_map",sign="all",
72                 show_colorbar=True, title="Overlayed Integrated Gradients")
73
74 #显示带有SmoothGrad Squared的IntegratedGradients可解释性结果
75 visualization.visualize_image_attr(attr_ig_nt, original_image,
76          method="blended_heat_map", sign="absolute_value", outlier_perc=10,
77      show_colorbar=True, title="Overlayed IG\n with SmoothGrad Squared")
78
79 #显示DeepLift可解释性结果
80 visualization.visualize_image_attr(attr_dl, original_image, method="blended_
   heat_map",sign="all",show_colorbar=True,
81                      title="Overlayed DeepLift")
```

第61～62、65～67、70～72、75～77、80～81行代码分别调用了visualization.visualize_image_attr函数进行可视化处理。该函数实现将两个图片叠加并显示的效果。用这种方法显示模型关注的特征在原图中的区域。

代码运行后输出图片，如图4-23所示。

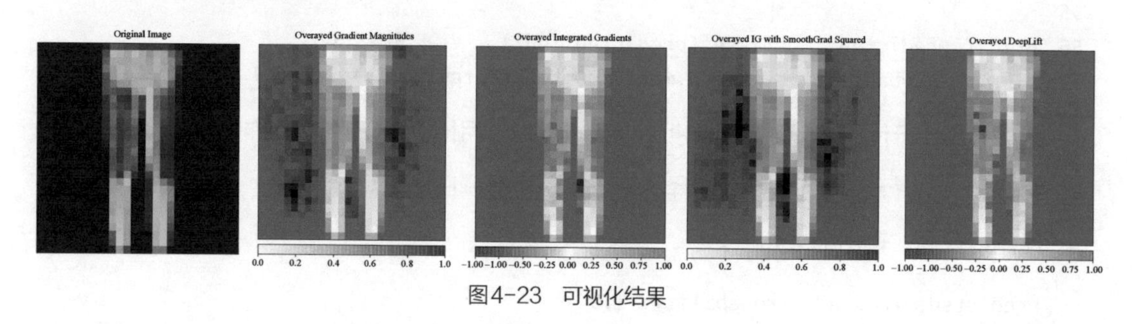

图4-23　可视化结果

图4-23中一共有5张图片，第一张图片是原始图片，后面4张图片分别代表4种可解释性算法的可视化结果。

4.6　实例：用可解释性理解图片分类相关的神经网络模型

在1.7节的实例中，我们使用了一个深度卷积神经网络模型ResNet18对图像进行分类。本节将从模型的可解释性角度理解该网络模型的功能。

实例描述 对1.7节深度卷积神经网络模型ResNet18进行可解释性分析，通过算法实现该模型的可解释性。

本节将使用Grad-CAM方法对深度卷积神经网络模型ResNet18进行可解释性计算。

提示 本例用到了OpenCV模块opencv-python，可直接使用如下命令安装opencv-python模块：

```
pip install opencv-python
```

4.6.1 了解Grad-CAM方法

Grad-CAM（Gradient Class Activation Maps）是一种基于梯度定位的深层网络可视化方法。

Grad-CAM方法以热力图的形式解释深度神经网络模型的分类依据，也就是通过图片的像素做出类别判断。原始图片与分类依据像素如图4-24所示。

（a）原始图片　　（b）分类依据像素

图4-24　原始图片与分类依据像素

其中，图4-24（a）所示为原始图片，图4-24（b）所示为一个人物识别模型在原始图片上标出的分类依据像素。

从图4-24中可以看出，在该人物识别模型中，是以与人脸相关的像素内容来进行识别的。

1. Grad-CAM方法的基本原理

Grad-CAM方法是一种基于梯度定位的深层网络可视化方法。具体做法是在最后一个全局平均池化层之前，类别激活映射（Class Activation Map,CAM）图片被生成为累计加权激活，它被放大到原始图片的大小。

Grad-CAM方法的基本原理是：计算最后一个卷积层中每个特征图对图片类别的权重，然后求每个特征图的加权和，最后把加权和的特征图映射到原始图片中。

Grad-CAM方法的结构如图4-25所示。

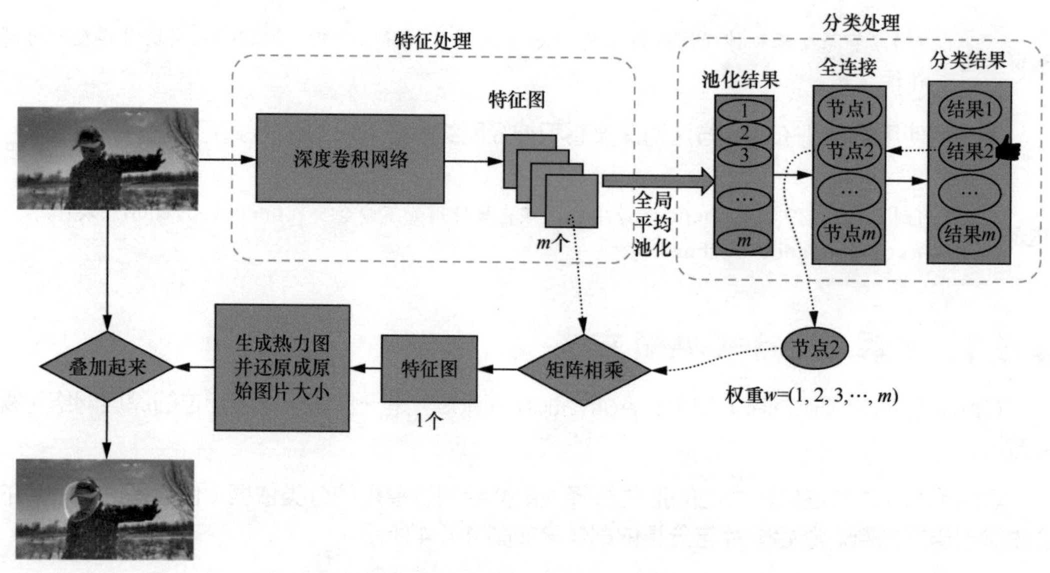

图4-25　Grad-CAM方法的结构

在图 4-25 中，输入的图片经过多个 CNN 卷积层，对最后一个卷积层的特征图计算全局平均池化；然后将池化结果展平成一维，使其成为一个全连接层；接着通过 softmax 激活函数，预测得到分类结果。

同时计算最后一个卷积层中所有特征图对图片类别的权重，然后对这些特征图进行加权求和。最后以热力图的形式把特征图映射到原始图片中。

2. Grad-CAM方法实现的具体步骤

Grad-CAM 方法对深度神经网络进行可视化的基本步骤如下。

（1）把模型的全连接层全部移除。

（2）在最后一个卷积层后面接上全局平均池化层。

（3）再接上一个不带偏置的 softmax 层直接作为分类预测结果。

（4）计算最后一个卷积层中所有特征图对图片类别的权重。

（5）计算最后一个卷积层中所有特征图的加权和。

（6）把加权和的特征图映射到原始图片中。

在第（4）步中，第 k 个特征图对类别 c 的权重记为 α_k^c，其计算公式是

$$\alpha_k^c = \frac{1}{z}\sum_{i\in w}\sum_{i\in h}\frac{\partial y^c}{\partial A_{ij}^k} \tag{4-1}$$

其中的符号意义如下。

- w、h 分别表示特征图的宽度和高度。
- z 表示特征图的像素个数。
- y^c 表示未经过 softmax 层之前时类别 c 的得分，是输入 softmax 层之前的值。

- A_{ij}^{k} 表示第 k 个特征图中位置（i,j）的像素值。

在第（5）步中，计算出所有特征图对类别 c 的权重后，求特征图的加权和即可得到热力图。计算公式是

$$L_{\text{Grad-CAM}}^{c} = \text{ReLU}(\sum_{k} \alpha_{k}^{c} \times A^{k}) \quad (4\text{-}2)$$

其中的符号意义如下。

- ReLU 是激活函数。
- A^{k} 表示第 k 个特征图。
- $L_{\text{Grad-CAM}}^{c} \in R^{u \times v}$，其中 u、v 分别表示特征图的宽度和高度。

Grad-CAM 方法的一个优势就是不必重新训练网络。Grad-CAM 方法不仅可以用在图片分类任务的可视化中，也可以用在图片描述、视觉问答等任务的可视化中。

4.6.2 代码实现：加载ResNet18模型并注册钩子函数提取特征数据

按照 4.6.1 小节所介绍的流程，需要将 ResNet18 模型中，全局平均池化层之前的特征数据提取出来。在 PyTorch 中，采用如下两种方式可以从模型的中间层提取特征数据。

- 模型重组：将原有模型中的第一层特征数据到中间层特征数据提取出来单独组成一个模型。
- 钩子函数：直接对中间层注册一个钩子函数，在钩子函数中提取特征数据。

在本例中，除了需要得到模型的中间层特征数据以外，还需要得到最终的分类结果，所以优先使用钩子函数的方式。仿照 1.7 节的实例，将 ResNet18 模型载入，并为其全局池化层注册钩子函数，在钩子函数中提取特征数据。具体代码如下。

代码文件：code_21_ResNetModelCam.py

```
01 import os
02 import numpy as np
03 import cv2
04 from PIL import Image                                   #引入基础库
05 
06 import torch                                            #引入PyTorch库
07 import torch.nn.functional as F
08 from torchvision import models, transforms              #引入torchvision库
09 
10 model = models.resnet18(pretrained=False)               #True 代表下载
11 model.load_state_dict(torch.load( 'resnet18-5c106cde.pth'))
12 
13 in_list= []                                             #存放输出的特征数据
14 def hook(module, input, output):                        #定义钩子函数
15     in_list.clear()                                     #清空列表
16     for i in range(input[0].size(0)):                   #遍历批次个数，逐个保存特征
```

```
17          in_list.append(input[0][i].cpu().numpy())
18  #注册钩子函数
19  model.avgpool.register_forward_hook(hook)
```

第14行代码定义了钩子函数hook。在hook函数中，可以通过input和output两个参数获取该层的输入、输出特征数据。输入参数input是一个元组类型，其内部的元素代表该层的输入项。在ResNet18模型中，全局池化层的输入项只有一个，所以input中只有一个元素。

第16～17行代码通过input[0].size（0）来获取输入项中批次个数。按照批次个数进行遍历，依次将特征数据存入列表in_list中。

第19行代码为ResNet18模型的全局池化层注册钩子函数。该模型的全局池化层avgpool可以通过ResNet18模型的代码定义找到，也可以通过print（model）语句，从输出的模型结构中找到。

4.6.3 代码实现：调用模型提取中间层特征数据和输出层权重

将图片输入模型，得到预测结果和中间层特征数据。再将模型的输出层权重提取出来，用于区域可视化。具体代码如下。

代码文件: code_21_ResNetModelCam.py（续）

```
20  def preimg(img):                                  #定义图片预处理函数
21      if img.mode=='RGBA':                          #兼容RGBA图片
22          ch = 4
23          print('ch',ch)
24          a = np.asarray(img)[:,:,:3]
25          img = Image.fromarray(a)
26      return img
27  transform = transforms.Compose([                  #对图片尺寸预处理
28   transforms.Resize(256),
29   transforms.CenterCrop(224),
30   transforms.ToTensor(),
31   transforms.Normalize(                            #对图片归一化预处理
32       mean=[0.485, 0.456, 0.406],
33       std=[0.229, 0.224, 0.225]
34          )
35  ])
36
37  photoname = 'bird.jpg'
38  im =preimg( Image.open(photoname) )               #打开图片
39  transformed_img = transform(im)                   #调整图片尺寸
40  inputimg = transformed_img.unsqueeze(0)           #增加批次维度
41
42  with torch.no_grad():
43      output = model(inputimg)                      #输入模型
44  output = F.softmax(output, dim=1)                 #获取结果
45
46  #从预测结果中取出前3名
```

```
47 _, pred_label_idx = torch.topk(output, 3)
48 pred_label_idx = pred_label_idx.detach().numpy()[0]                    #获取结果的标签ID
49 preindex = pred_label_idx[0]                                           #获得最终的预测结果
50
51 print(model.fc)
52 class_weights = list(model.fc.parameters())[0]                         #获取输出层的权重
53
54 conv_outputs = in_list[0]                                              #获取中间层的特征数据
55 #定义可视化后的输出图片名称
56 output_file = os.path.join('./', f"{preindex}.{photoname}")
```

第20～49行代码将图片预处理后，输入模型，并得到预测结果。

第52行代码从输出层中获取权重参数。使用model.fc的parameters方法可以获取输出层的权重和偏置。这里只需要获取其权重参数即可。权重参数class_weights的形状为（1 000，512），其中1 000代表1 000个分类，512代表中间层的特征图有512个通道。

第54行代码获取钩子函数保存的中间层特征数据conv_outputs。conv_outputs的形状为（512, 7, 7），其中512代表中间层的特征图有512个通道，7代表中间层的特征图尺寸。

4.6.4 代码实现：可视化模型的识别区域

定义函数plotCMD，实现如下步骤。

（1）从输出层权重参数class_weights中获取预测类所对应的具体参数。

（2）将该参数与中间层特征数据conv_outputs矩阵相乘。

（3）将第（2）步的结果按照输入图片的尺寸进行变换，并以热力图的形式显示在原始图片上。

具体代码如下。

代码文件：code_21_ResNetModelCam.py（续）

```
57 #在原始图片上绘制热力图
58 def plotCMD(photoname, output_file, predictions, conv_outputs):
59     img_ori = cv2.imread(photoname)          #读取原始图片
60     if img_ori is None:
61         raise ("no file!")
62         return
63
64     #conv_outputs的形状为( 512,7,7)
65     cam = conv_outputs.reshape(in_list[0].shape[0],-1)  #形状为(512,49)
66     #取出预测值对应的权重，形状为(1,512)
67     class_weights_w = class_weights[preindex,:].view(1,
68                                               class_weights.shape[1])
69
70     class_weights_w = class_weights_w.detach().numpy()
71     cam = class_weights_w @  cam             #两个矩阵相乘
72     cam = np.reshape(cam, (7, 7))            #矩阵变成7×7大小
```

```
73     cam /= np.max(cam)                              #归一化
74     #特征图变到原始图片大小
75     cam = cv2.resize(cam, (img_ori.shape[1], img_ori.shape[0]))
76     #绘制热力图
77     heatmap = cv2.applyColorMap(np.uint8(255 * cam), cv2.COLORMAP_JET)
78     heatmap[np.where(cam < 0.2)] = 0                          #热力图阈值为0.2
79     img = heatmap * 0.5 + img_ori                             #在原始图片上叠加热力图
80     cv2.imwrite(output_file, img)                             #保存图片
81 plotCMD(photoname,output_file, preindex,conv_outputs )        #调用函数，生成热力图
```

将图片文件 bird.jpg 和 ResNet18 模型文件 resnet18-5c106cde.pth 放到本地代码的同级目录下，运行代码后，即可看到在本地路径下有图片文件 463.bird.jpg 生成。Grad-CAM 可视化如图 4-26 所示。

（a）原始图片　　（b）Grad-CAM 可视化图片

图4-26　Grad-CAM可视化

其中，图 4-26（a）所示为原始图片，图 4-26（b）所示为 Grad-CAM 可视化图片，该图片中暖色的热力图区域就是模型输出判定结果的依据。

第5章

识别未知分类的方法——零次学习

纯监督学习在很多任务上都达到了让人惊叹的效果。但是这种基于数据驱动的算法在训练模型时需要大量的标签样本，获取足够数量且合适的标签数据集（样本）的成本往往很高。即便是有大量的标签样本，所得到的模型“能力”仍然有限——训练好的模型只能够识别出样本所提供的类别。

例如，利用猫、狗图片所训练出来的分类器（模型），就只能对猫、狗进行分类，无法识别出其他的物种（如鸡、鸭）。这样的模型显然不符合要求。

零次学习（Zero-Shot Learning，ZSL）是为了让模型具有推理能力，令其通过推理，来识别新的类别。即能够从已知分类中总结规律，推理识别出其从没“见过”的类别。

5.1　了解零次学习

零次学习方法可以被归类为迁移学习的一种，该方法侧重于对毫无关联的训练数据集和测试数据集进行图片分类的工作。

本节将介绍有关零次学习的基础知识。

5.1.1　零次学习的思想与原理

零次学习的思想是，基于对象高维特征的描述对图片分类，而不是仅利用训练图片训练出相应的特征对图片分类。

用于分类的对象描述没有任何限定，它可以包括与对象有关的各个方面，如形状、颜色，甚至地理信息等。样本分类的高维特征描述如图 5-1 所示。

图5-1　样本分类的高维特征描述

如果把每个类别与其对应的高维特征描述对应起来，则零次学习可以理解为在对象的多个特征描述之间，实现一定程度的迁移学习。

在人类的理解中，某个类别的描述可以用文字来对应（如斑马可以用有黑色、有白色、不是棕色、有条纹、不在水里、不吃鱼来描述）。

在神经网络的理解中，某个类别的描述已经被该类别文字所翻译成的词向量所代替（如在 BERT 模型中，斑马可以用两个包含 768 个浮点型数字的向量来表示）。这个词向量中所蕴含的语义便是该类别的高维描述。人类和神经网络对类别的描述如图 5-2 所示。

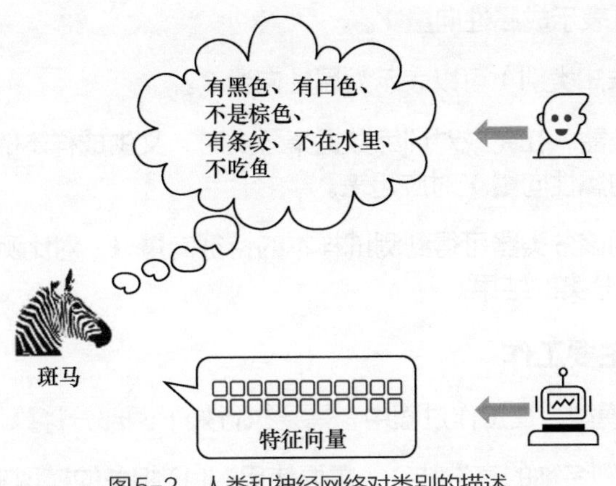

图5-2 人类和神经网络对类别的描述

1. 零次学习的一般做法

零次学习的一般做法可以分为如下 4 步。

（1）准备两套类别没有交集的数据集，一个作为训练数据集，另一个作为测试数据集。

（2）用训练数据集上的数据训练模型。

（3）借助类别的描述，建立训练数据集和测试数据集之间的联系。

（4）将训练好的模型应用在测试数据集上，使其能够对测试数据集的数据进行分类。

例如，模型对训练数据集中的马、老虎、熊猫类别进行学习，掌握了这些类别的特征和对应的描述。则模型可以在测试数据集中，按照描述的要求找出斑马。其中描述的要求是：有着马的轮廓，身上有像老虎一样的条纹，而且它像熊猫一样毛是黑白色的动物，该动物叫作斑马。ZSL 概念如图 5-3 所示。

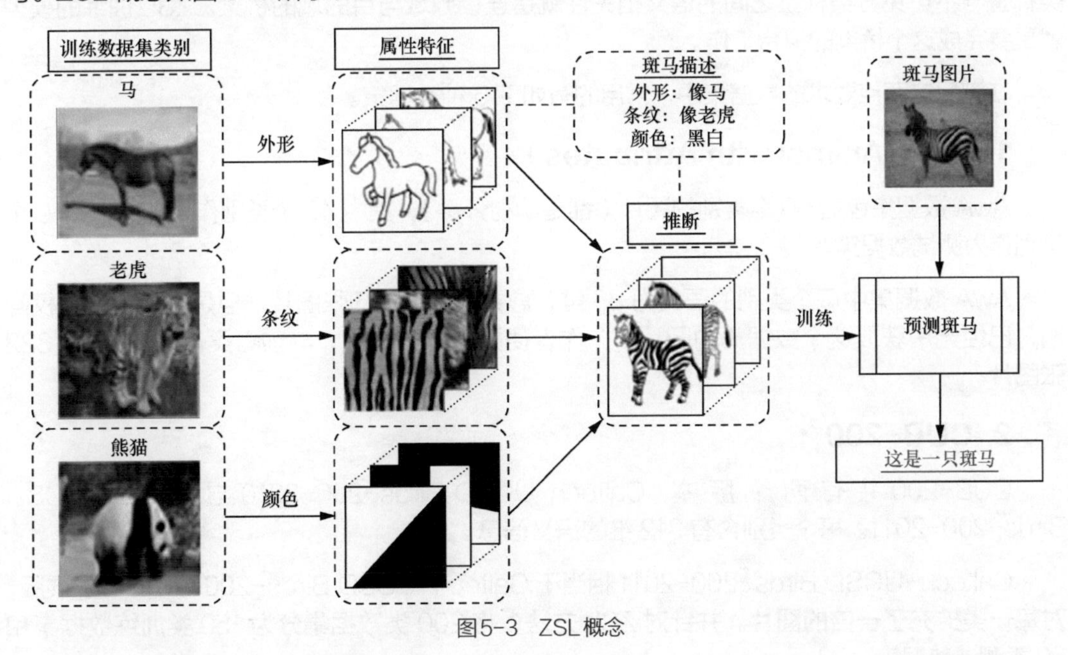

图5-3 ZSL 概念

图 5-3 所示的具体实现步骤如下。

（1）训练类别可以表示成属性向量 $\boldsymbol{Y}$。

（2）测试类别（未知类别）可以表示为属性向量 $\boldsymbol{Z}$。

（3）训练一个分类器，在完成对训练数据集分类时，又生成样本的特征向量 $\boldsymbol{A}$，并让该特征向量 $\boldsymbol{A}$ 与训练类别的属性向量 $\boldsymbol{Y}$ 对应起来。

（4）测试时，利用该分类器可得到测试样本的特征向量 $\boldsymbol{A}$，对比测试数据集类别的属性向量 $\boldsymbol{Z}$，即可预测出测试分类的结果。

2. 零次学习的主要工作

具有 ZSL 功能的模型，在工作过程中，需要执行如下两部分计算。

- 计算出关于类别名称的高维特征，需要使用 NLP 相关的模型来完成。
- 计算出关于图片数据的高维特征，需要使用图片分类相关的模型来完成。

这两部分主要工作是 ZSL 的核心，ZSL 的效果完全依赖于完成这两部分工作的模型。即类别属性描述模型和分类器模型的性能越好，ZSL 对未知分类的识别能力就越强。

5.1.2 与零次学习有关的常用数据集

在 ZSL 相关的研究中，对数据集有如下两点要求。

- 训练集与测试集中的样本不能有重叠。
- 可见分类标签（训练集中的标签）与不可见分类标签（测试集中的标签）语义上有一定的相关性。

如果将训练集的样本当作源域，则测试集的样本就是 ZSL 需要识别的目的域，而可见分类标签与不可见分类标签之间的语义相关性就是连接源域与目的域的桥梁。ZSL 训练的模型就是要完成这个桥梁的拟合工作。

在满足这两点要求的数据集中，常用的有如下 5 种数据集。

1. AwA (Animal with Attributes)

AwA 数据集包括 50 个类别的图片（都是动物分类），其中 40 个类别作为训练集，10 个类别作为测试数据集。

AwA 数据集中每个类别的语义为 85 维，总共有 30 475 张图片。但是目前由于版权问题，已经无法获取这个数据集的图片了，作者便提出了 AwA2，与前者类似，总共 37 322 张图片。

2. CUB-200

CUB-200 共有两个版本，Caltech-UCSD Birds-200-2010 与 Caltech-UCSD Birds-200-2011。每个类别含有 312 维的语义信息。

Caltech-UCSD Birds-200-2011 相当于 Caltech-UCSD Birds-200-2010 的扩展版，对每一类扩充了一倍的图片。并针对 ZSL 方法，将 200 类数据集分为 150 类训练数据集和 50 类测试数据集。

3. SUN (SUN database)

SUN 总共有 717 个类别，每个类别 20 张图片，类别语义为 102 维。传统的分法是训练集 707 类，测试数据集 10 类。具体可查 csail 官网。

4. aPY (Attribute Pascal and Yahoo dataset)

aPY 共有 32 个类，其中 20 个类作为训练数据集，12 个类作为测试数据集，类别语义为 64 维，共有 15 339 张图片。具体可查 vision 官网。

5. ILSVRC2012/ILSVRC2010 (ImNet-2)

利用 ImageNet 做成的数据集，由 ILSVRC2012 的 1 000 个类作为训练数据集，ILSVRC2010 的 360 个类作为测试数据集，有 254 000 张图片。它由 4.6MB 的 Wikipedia 数据集训练而得到，共 1 000 维。

上述数据集中前 4 个都是较小型（Small-Scale）的数据集，第 5 个是大型（Large-Scale）数据集。虽然前 4 个数据集已经提供了人工定义的类别语义，但也可以从维基语料库中自动提取出类别的语义表示，来检测自己的模型。

5.1.3 零次学习的基本做法

在 ZSL 中，会把利用深度网络提取的图片特征称为特征空间（Visual Feature Space），把每个类别所对应的语义向量称为语义空间。而 ZSL 要做的，就是建立特征空间与语义空间之间的映射。

为了识别不可见类的对象，大多数现有的 ZSL 首先基于源可见类的数据学习公共语义空间和视觉空间之间的兼容投影函数，然后将其直接应用于目标不可见分类。

5.1.4 直推式学习

直推式学习（Transductive Learning）常用在测试数据集只有图片数据，没有标签数据的场景下。它是一种类似于迁移学习的 ZSL 实现方法。在训练模型时，先用已有的分类模型对测试数据集数据计算特征向量，并将该特征向量当作测试数据集类别的先验知识，进行后面的推理预测。相关内容请参考论文（参见 arXiv 网站上编号是“1501.04560”的论文）。

5.1.5 泛化的零次学习任务

泛化的 ZSL（Generalized ZSL）对普通的 ZSL 提出了更高的要求，在测试模型时，测试数据集中的数据，并不是纯粹的未知分类数据，还包含已知分类数据。这种任务更符合 ZSL 的实际应用情况，也更能表现出 ZSL 模型的能力。

5.2 零次学习中的常见问题

在 ZSL 的研究中，常会遇到以下问题，它们也是影响 ZSL 效果的主要问题。

5.2.1 领域漂移问题

领域漂移问题（Domain Shift Problem）是指同一种属性在不同的类别中，视觉特征的表现可能差别很大。

1. 领域漂移问题的根本原因

斑马和猪都有尾巴，但是在类别的语义表示中，两者尾巴的视觉特征却相差很大，如图5-4所示。

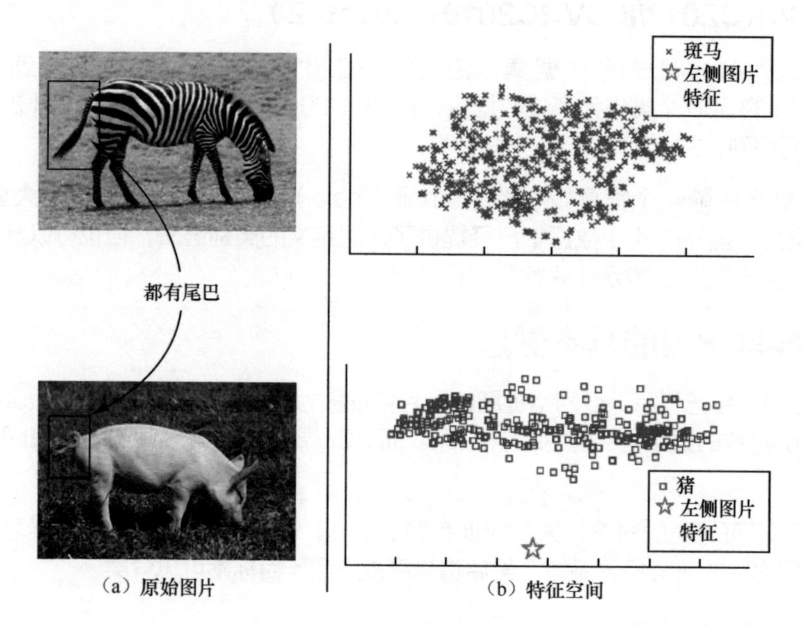

图5-4 领域漂移问题

图5-4中第1行描述了一个学习斑马分类语义和图片属性对应的模型结果。右侧蓝色的叉号为根据图片所预测出的语义特征，红色的五角星为图片本身的特征。将该模型用于不可见分类猪的图片上，便得到第2行右侧的特征分布。可以看到，所预测出来猪的语义特征与猪图片本身的特征相差很大。这就是领域漂移问题，它导致了学习斑马分类的模型无法对未见过的猪分类做出正确的预测。

因为样本的特征维度往往比语义的维度大，所以在建立从图片到语义映射的过程中，往往会丢失信息。这是领域漂移问题的根本原因。

2. 领域漂移问题的解决思路

比较通用的解决思路是将映射到语义空间中的样本再重建回去，这样学习到的映射就能够保留更多的信息。如语义自编码模型（SAE）（参见arXiv网站上编号是“1704.08345”的论文）。

重建过程的方法与非监督训练中的重建样本分布方法完全一致。如自编码模型的解码器部分，或是GAN模型的生成器部分。它可以完全使用非监督训练中重建样本分布的相关技术进行实现。

利用重建过程生成测试数据集的样本之后，就可以将问题转化成一个传统的监督分类任务，提高了预测的准确率。

5.2.2 原型稀疏性问题

原型稀疏性（Prototype Sparsity）问题是指每个类中的样本个体不足以表示类内部的所有可变性，或无法帮助消除类间相重叠特征所带来的歧义。即，在同一类别中的不同样本个体之间的差异往往是巨大的，这种差异大导致的类间相似性，会使 ZSL 分类器难以预测出正确的结果（参见 arXiv 网站上编号为“1501.04560”的论文）。

该问题本质还是个体和分布之间的关系问题，5.2.1 小节的解决思路同样适用于该问题。

5.2.3 语义间隔问题

语义间隔（Semantic Gap）问题是指样本在特征空间中所构成的流形与语义空间中类别构成的流形不一致。

样本的特征往往是视觉特征，如用深度网络提取到的特征，而语义表示却是非视觉的。当二者对应到数据上时，很容易会出现流形不一致的现象。语义间隔问题如图 5-5 所示。

提示 *流形是指局部具有欧几里得空间性质的空间，在数学中用于描述几何形体。*

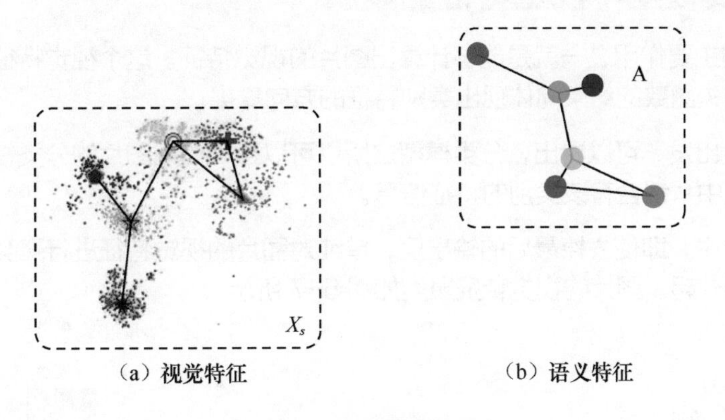

图5-5 语义间隔问题

这种现象使得直接学习两者之间的映射变得困难。

解决此问题的思路要从将两者的流形调节一致入手。在实现时，先使用传统的 ZSL 方法，将样本特征映射到语义特征上；再提取样本特征中潜在的类级流形，生成与其流形结构一致的语义特征（流形对齐）；最后训练模型实现样本特征到流形对齐后的语义特征之间的映射（参见 arXiv 网站上编号为“1703.05002”的论文），如图 5-6 所示。

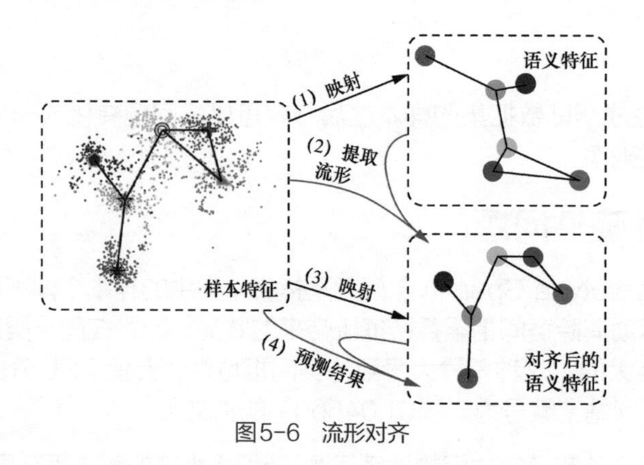

图5-6 流形对齐

5.3 带有视觉结构约束的VSC模型

视觉结构约束（Visual Structure Constraint,VSC）模型使用了一种新的视觉结构约束，来提高训练数据集图片特征与分类语义特征之间的投影通用性，从而缓解 ZSL 中的领域漂移问题。

下面将介绍 VSC 模型中所涉及的主要技术。

5.3.1 分类模型中视觉特征的本质

分类模型的主要作用之一就是能够计算出图片的视觉特征。这个视觉特征在模型的训练过程中，会根据损失函数的约束向体现出类别特征的方向靠拢。

从这个角度出发，可以看出，分类模型之所以可以正确识别图片的分类，是因为其所计算出来的视觉特征中，都含有该类别的特征信息。

在分类模型中，即使去掉最后的输出层，单纯对图片的视觉特征进行聚类，也可以将相同类别的图片分到一起。图片的视觉特征聚类如图 5-7 所示。

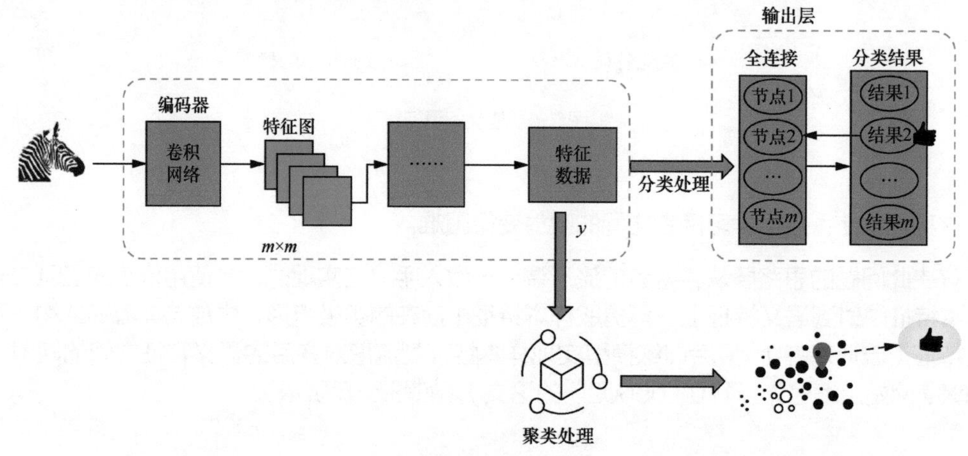

图5-7 图片的视觉特征聚类

5.3.2 VSC 模型的原理

VSC 模型的原理可以从如下几个方面进行分解。

1. 视觉特征聚类

VSC 模型就是以图 5-7 所描述的理论为出发点，对训练数据集和测试数据集中所有图片的视觉特征进行聚类，使相同类别的图片聚集在一起。这样就可以将单张图片的分类问题，简化成多张图片的分类问题。

2. 直推方式的应用

通过视觉特征的聚类方法可以将未知分类的图片分成不同的簇，然后将不同的簇与未知分类的类别标签一一对应。

在视觉特征簇与分类标签对应的工作中，使用直推 ZSL 的方式，对测试数据集（未知分类）的类别的属性特征和测试数据集的视觉特征簇中心进行对齐，从而实现识别未知分类的功能。VSC 模型的原理如图 5-8 所示。

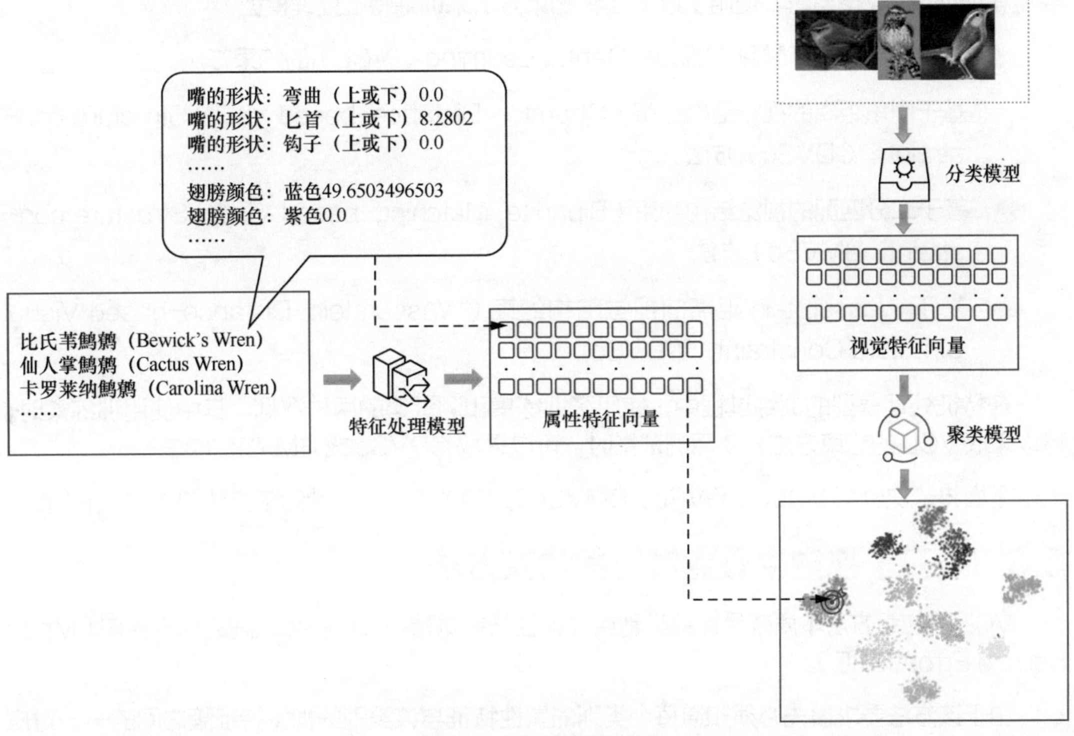

图5-8 VSC模型的原理

图 5-8 中涉及 3 个模型：分类模型、聚类模型及特征处理模型。整个 ZSL 的任务可以理解成训练特征处理模型，使其对类别标签计算后生成的类属性特征能够与图片的视觉特征聚类中心点对齐。

如果特征处理模型能够将任意的目标类别标签转换成该类别视觉特征的中心点，则可以根据待测图片距离中心点的远近，来识别该图片是否属于目标类别。这便是 VSC 模型的原理。

3. VSC模型的核心任务和关键问题

分类模型可以使用迁移学习方法对通用的预训练分类模型进行微调而得到。而聚类算法也是传统的机器学习范畴，可以直接拿来使用。如何训练出有效的特征处理模型便是 VSC 模型的核心任务。

在 5.5 节的例子中，特征处理模型的输入和输出很明确。输入是数据集中带有类别标注的 312 个属性值，输出是该类别的视觉特征中心点。

在实现时，可以用一个两层的神经网络模型来作为特征处理模型的结构，并将其输入向量的维度设为 312（与类别标注的 312 个属性值对应），输出向量的维度设为 2048（与视觉特征的维度相同）。

因为对图片视觉特征聚类后会产生多个簇，但并不知道每个簇与未知类别的对应关系，所以在训练过程中，必须要找到与类别对应的簇，才能够使用损失函数拉近两个类别的属性特征与簇中心点间的距离。

4. VSC模型中关键问题的解决方法

在训练 VSC 模型时，使用了以下 4 种约束方法来训练特征处理模型。

- 基于视觉中心点学习（Visual Center Learning，VCL）的约束方法。
- 基于倒角距离的视觉结构约束（Chamfer-Distance-based Visual Structure constraint，CDVSc）方法。
- 基于二分匹配的视觉结构约束（Bipartite-Matching-based Visual Structure constraint，BMVSc）方法。
- 基于 Wasserstein 距离的视觉结构约束（Wasserstein-Distance-based Visual Structure Constraint，WDVSc)

在特征处理模型的训练过程中，使用了训练集和测试集的两种数据。其中使用训练集时，可以采取 VCL 的约束方法；使用测试集时，可以采取 CDVSc 或 BMVSc 方法。

下面将依次介绍 VCL、CDVSc、BMVSc 和 WDVSc 这 4 种约束方法的内容和应用。

5.3.3 基于视觉中心点学习的约束方法

VCL 的约束方法本质就是计算类别属性特征与视觉特征簇中心点之间的均方误差（Mean Square Error ,MSE）。

由于该方法要求事先必须知道每个类别的属性特征与该类别的视觉特征簇之间的一一对应关系，因此其只适用于模型在训练集上的训练（因为在训练集中，会有每个图片的分类信息，能够实现类别和图片的一一对应）。

VCL 的约束方法使用训练数据集中的数据对每个类进行属性特征和视觉特征的拟合。这种方式可以使模型从已有的数据中学到属性特征与视觉特征之间的关系。直接将 VCL 的约束方法作用到测试集，也能够对未知分类实现一定的识别能力。

如果在 VCL 的约束方法的基础上，让模型还能够从未知分类的数据中学到属性特征与视觉特征的对应关系，则模型的准确率还会进一步提升。这也是采用 CDVSc 或 BMVSc 方法的动机。

5.3.4 基于倒角距离的视觉结构约束方法

CDVSc 方法作用于模型在测试数据集上的训练。它的目的是使每个未知分类的属性特征和视觉特征拟合。

其中，类别的属性可以通过类属性标注文件获取；每个类的视觉特征就是测试数据集中图片视觉特征的聚类中心点。

由于测试集中图片的类别标签未知，类别的属性特征与类别的视觉特征无法一一对应。这种拟合问题，就变成了两个集合间的映射关系，即对类别的属性特征集合与类别的视觉特征集合进行拟合。

这种问题可以使用处理 3D 点云任务中的损失值计算方法（对称的倒角距离）来进行处理。对称的倒角距离的主要过程是在另一个集合中找到最近的点，并将其距离的平方求和（参见 arXiv 网站上编号为“1612.00603”的论文）。

5.3.5 什么是对称的倒角距离

倒角距离（Chamfer-Distance，CD）表示的意思是：先对集合 1 中的每个点，分别求出其到集合 2 中每个点的最小距离，再将每个最小距离平方求和。

对称的倒角距离就是在倒角距离的基础上，对集合 2 中的每个点，分别求出其到集合 1 中每个点的最小距离，再将每个最小距离平方求和。

对称的倒角距离算法是一个连续可微的算法。该算法可以被直接当作损失函数使用，因为它具有如下特性：

- 在点的位置上是可微的；
- 计算效率高，能满足数据多次在网络中前传和后传；
- 对少量的离群点也具有较强的稳健性。

对称的倒角距离算法的特点是能更好的保存物体的详细形状，并且每个点之间是独立的，所以很容易分布计算。

5.3.6 基于二分匹配的视觉结构约束方法

虽然 CDVSc 方法有助于保持两个集合的结构相似性，但是也可能会产生两个集合元素间多对一的匹配现象。而在 ZSL 中，是需要类别的属性特征与类别的视觉特征两个集合中的元素一一对应。

在使用 CDVSc 方法进行训练的过程中，当两个集合中的元素出现多对一匹配的情况时，属性特征中心点将被拉到错误的视觉特征中心点，从而导致对未知分类的识别错误。

为了解决这个问题，可以使用数据建模领域中的指派问题（见 5.3.7 小节）的解决方法进行处理。这种方法就叫作 BMVSc 方法。

5.3.7 什么是指派问题与耦合矩阵

指派问题是数学建模中的一个经典问题。接下来将通过一个具体的例子，来描述指派问题。

例如，指派3个人去做3件事，每人只能做一件事。这3个人做这3件事的时间可以表示为如下矩阵（矩阵的行数据表示人，矩阵的列数据表示事）。

$$\begin{bmatrix} 4 & 1 & 2 \\ 5 & 3 & 1 \\ 2 & 2 & 3 \end{bmatrix}$$

如何分配人和事之间的指派关系，来使整体的时间最短？

由于数据量比较小，可以直接看出这个问题的答案：第1个人做第2件事，第2个人做第3件事，第3个人做第1件事。

对于数据量比较大的任务，就要使用专门的算法来进行解决了，如匈牙利算法（Hungarian Algorithm）、最大权匹配算法（Kuhn-Munkres Algorithm，KM）等。

在具体实现时，不再需要读者详细了解算法的实现过程，直接在Python环境中使用SciPy库中的linear_sum_assignment函数便可以对指派问题求解（linear_sum_assignment函数使用的是KM算法）。具体代码如下。

```
import numpy as np
from scipy.optimize import linear_sum_assignment


task=np.array([[4,1,2],[5,3,1],[2,2,3]])
row_ind,col_ind=linear_sum_assignment(task)          #返回计算结果的行、列索引
print(row_ind)                                       #输出行索引：[0 1 2]
print(col_ind)                                       #输出列索引：[1 2 0]
print(task [row_ind,col_ind])                        #输出每个人的消耗时间：[1 1 2]
print(cost[row_ind,col_ind].sum())                   #输出总的消耗时间：4
```

在处理指派任务中，通常把代码中task对应的矩阵叫作系数矩阵，把行、列索引row_ind、col_ind所表示的矩阵叫作耦合矩阵（Coupling Matrix）。耦合矩阵可以反映出指派关系的最终结果。该问题的耦合矩阵如下。

$$\begin{bmatrix} 0 & 1 & 0 \\ 0 & 0 & 1 \\ 1 & 0 & 0 \end{bmatrix}$$

指派问题的最优解有这样一个性质，若从系数矩阵的一行（列）各元素中分别减去该行（列）的最小元素，得到新矩阵，那么以新矩阵为系数矩阵求得的最优解和用原系数矩阵求得的最优解相同。利用这个性质，可使原系数矩阵变换为含有很多0元素的新矩阵，而最优解保持不变。

5.3.8 基于W距离的视觉结构约束方法

5.3.7小节中指派问题的例子需要一个前提条件——每个人都是被独立指派去完成一个完整的事情。从概率的角度来看，3个待分配事件被指派给1个人的概率，要么是0，要么是1。

这种方式也叫作硬匹配。

如果打破 5.3.7 小节例子中的前提条件，每个人可以将精力分成多份，同时去做多件事情，每件事情只做一部分。这样，从概率的角度来看，3 个待分配事件被指派给 1 个人的概率，便可以是 0 ～ 1 的小数。这种方式便叫作软匹配。软匹配方式使分配规则更为细化，与硬匹配方式相比，它会使 3 个人完成 3 件事所消耗的总时间变得更少。

基于 W 距离的视觉结构约束（Wasserstein-Distance-based Visual Stucture Constraint,WDVSc）方法本质上就是一种软匹配的解决方法。

1. 软匹配的应用

在现实中，软匹配的人事安排也会提升企业整体的工作效率。企业中的员工大多都会被同时分配多个任务，或被划分到多个项目组中。根据项目的匹配程度，来分配自身投入的百分比。

在 ZSL 中，由于样本中的噪声存在，或是特征转换过程中的误差存在，类别的属性特征与类别的视觉特征两个集合的中心点，并不会完全按照 0、1 概率这样硬匹配。所以在训练过程中，使用软匹配方式会更符合实际的情况。

2. 最优传输中的软匹配

在最优传输（Optimal Transport,OT）领域中，这种软匹配方式又叫作推土距离（Earth Mover’s 距离或 Wasserstein 距离），也被人们常称为 W 距离。

W 距离是指从一个分布变为另一个分布的最小代价，可以用来测量两个分布之间的距离。

在最优传输理论中，W 距离被证明是衡量两个离散分布之间距离的良好度量，其目的是找到可以实现最小匹配距离的最佳耦合矩阵 X。其原理与指派问题的解决思路相同，但 X 表示软匹配的概率值，而不是 $\{0,1\}$（如 5.3.7 小节中的耦合矩阵）。

3. WDVSc方法的实现

在实现过程中，可以将拟合类别的属性特征与类别的视觉特征两个集合的约束当作最优传输问题，通过带有熵正则化的 Sinkhorn 算法进行解决。

WDVSc 方法可以用来测量两个分布之间的距离，能产生相较于 CD 算法更紧凑的结果，但有时会过度收缩局部结构。

5.3.9　什么是最优传输

随着神经网络的不断强大，在日渐成熟的学术环境中，想要进一步改善算法、提升性能，没有数学的支撑是不行的。而最优传输（Optimal Transport，简称 OT）便是神经网络的数学理论中的重要环节。它对于改进人工智能算法有着很大的潜力。

最优传输问题最早是由法国数学家蒙日（Monge）于 1780 年提出，由俄国数学家 Kantorovich 证明了其解的存在性，由法国数学家 Brenier 建立了最优传输问题和凸函数之间的内在联系。

1. 最优传输描述

最优传输理论可以用蒙日所举的例子来非正式地描述：把一堆沙子里的每一铲沙子都对应

到一个沙雕上的一铲沙子，怎么搬沙子最省力气，这就是最优传输问题。

提示 “省力气”相当于成本函数（Cost Function）。

最优传输的关键点是要考虑怎样把多个数据点同时从一个空间映射到另一个空间上，而不是只考虑一个数据点。

很明显能够看出最优传输和机器学习之间千丝万缕的关系，如 GAN 本质上就是从输入的空间映射到生成样本的空间。同时最优传输也被越来越多地用于解决成像科学（如颜色或纹理处理）、计算机视觉和图形（用于形状操纵）或机器学习（用于回归、分类和密度拟合）中的各种问题（参见 arXiv 网站上编号为“1803.00567”的论文）。

了解最优传输中的数学理论，可以更轻松地阅读前沿的学术文章、更有方向性地对模型进行改进。

2. 最优传输中的常用概念

在 5.3.7 小节中介绍了耦合矩阵，它反映了两个集合间元素的对应关系。在最优传输中，更确切地说，耦合矩阵应该表示为从集合 **A** 中的一个元素到集合 **B** 中的一个元素上需要分配的概率质量。

为了计算出质量分配的过程需要做多少功，还需要引入第二个矩阵：成本矩阵。

成本矩阵是用来描述将集合 **A** 中的每个元素移动到集合 **B** 中的成本。

距离矩阵是定义这种成本的一种方式，它是由集合 **A** 和 **B** 中元素之间的欧几里得距离所组成的，也被称为地面距离（ground distance）。

例如，将集合 {1,2} 移动到集合 {3,4} 上，其成本矩阵为

$$\boldsymbol{C}=\begin{bmatrix}3-1 & 4-1\\3-2 & 4-2\end{bmatrix}=\begin{bmatrix}2 & 3\\1 & 2\end{bmatrix} \tag{5-1}$$

假设耦合矩阵 $\boldsymbol{P}$ 为

$$\begin{bmatrix}1/2 & 0\\0 & 1/2\end{bmatrix}$$

则总的成本可以表示为 $\boldsymbol{P}$ 和 $\boldsymbol{C}$ 之间的 Frobenius 内积，即

$$\langle \boldsymbol{C},\boldsymbol{P} \rangle = \sum_{ij} C_{ij} P_{ij} = 1 \tag{5-2}$$

5.3.10 什么是最优传输中的熵正则化

最优传输中的熵正则化是一种正则化方法，而熵正则化则是使用熵来作为正则化惩罚项的。

1. 熵正则化的原理

在 L2 正则化中，L2 范数会随原目标之间的损失值变化，损失值越大，正则化的惩罚项 L2 范数就越大；损失值越小，正则化的惩罚项 L2 范数就越小。

在最优传输中，最关心的是集合 **A** 传输到集合 **B** 中的成本，它可以写成由集合 **A** 中每个元素到集合 **B** 中的距离矩阵与耦合矩阵之间的 Frobenius 内积，见式（5-2）。

耦合矩阵的熵也会随集合 **A** 传输到集合 **B** 中的成本变化，即成本越大，耦合矩阵的熵就越大；成本越小，耦合矩阵的熵就越小。

最优传输中的熵正则化，就是计算耦合矩阵的熵。

2. 熵正则化与集合间的重叠关系

如果集合中的质量都相等，则耦合矩阵直接会与两个集合间的距离有关。因此耦合矩阵的熵也可以反应出两个集合间的重叠关系，如图 5-9 所示。

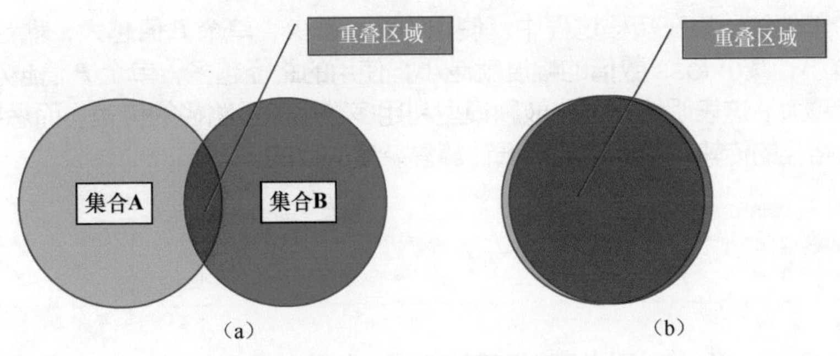

图5-9 集合的重叠关系

图 5-9（a）的两个集合重叠区域会比图 5-9（b）的两个集合重叠区域小，其耦合矩阵的熵也会比图 5-9（b）的耦合矩阵的熵小。

3. 熵正则化与最优传输方案

熵可以表示为

$$(H,\boldsymbol{U}) = -\sum_{i=1}^{n} p_i \log(p_i) \tag{5-3}$$

其中 $\boldsymbol{U}$ 可以当作集合 **A** 和集合 **B** 间的耦合矩阵，p 可以当作耦合矩阵中集合 **A** 中某个元素转移到集合 **B** 中某个元素的概率。

由熵的极值性可以推出，成本矩阵中的 p 分布均匀时（所有 p 的概率取值都相同），$\boldsymbol{U}$ 的信息熵达到了最大。

在元素的质量相同的情况下，如果将集合 **A** 中每个元素都均匀地分开，并传输到集合 **B** 中每个元素的位置上，则耦合矩阵中的 p 分布将会非常均匀。此时的熵最大，表明这种做法成本最大。

相反，如果将集合 **A** 中每个元素都整体地传输到集合 **B** 中的某个位置上，则耦合矩阵中的 p 分布将会非常稀疏（没有传输的位置，p 都是 0）。此时的熵最小，表明这种做法成本最小。

一个熵较低的耦合矩阵将会更稀疏，它的大部分非零值集中在几个点周围。相反，一个具有高熵的矩阵将会更平滑，其中的每个元素的值接近于均匀分布。

在计算最优传输方案时，可以从耦合矩阵的熵入手，通过调节耦合矩阵中的 p 来使成本矩阵中的熵最小，从而得到最优传输方案。这就是 Sinkhorn 算法的主要思想（详见 5.4 节）。

4. 熵正则化在损失函数中的作用

熵正则化与 L2 正则化一样，也可以用在训练模型的反向传播中作为正则化惩罚项来使用。如果放到损失函数的公式里，同样需要加入一个调节参数 ε，该参数用来控制正则化对损失值的影响，见式（5-4）

$$\text{loss}=\min_P\langle \boldsymbol{C},\boldsymbol{P}\rangle-\varepsilon H(\boldsymbol{P}) \tag{5-4}$$

式（5-4）中，loss 代表最终的损失值，$\langle \boldsymbol{C},\boldsymbol{P}\rangle$ 代表真实的最优传输的最小成本，$H(\boldsymbol{P})$ 代表耦合矩阵的熵正则化惩罚项。

同样一个单位的质量在转移过程中，使用的路径越少，单个 $\boldsymbol{P}$ 值越大，耦合矩阵越稀疏，$H(\boldsymbol{P})$ 的值越小，减小 loss 数值的幅度就越小；使用的路径越多，单个 $\boldsymbol{P}$ 值越小，减小 loss 数值的幅度就越大。这表明熵正则化鼓励模型利用多数小流量路径的传输，而惩罚稀疏的，利用少数大流量路径的传输，由此达到降低计算复杂度的目的。

5.4　详解 Sinkhorn 算法

Sinkhorn 算法，通过对相似矩阵求解的方式，将最优传输问题转化成了耦合矩阵的最小化熵问题。即在众多耦合矩阵中找到熵最小的那个矩阵，就可以近似地认为该矩阵是传输成本最低的耦合矩阵。

5.4.1　Sinkhorn 算法的求解转换

Sinkhorn 算法将耦合矩阵 $\boldsymbol{P}$ 表示成如下公式。

$$\boldsymbol{P}=\text{diag}(\boldsymbol{U})\boldsymbol{K}\text{diag}(\boldsymbol{V}) \tag{5-5}$$

式（5-5）中的 diag 代表对角矩阵，$\boldsymbol{K}$ 代表变化后的成本矩阵，$\boldsymbol{U}$ 和 $\boldsymbol{V}$ 是 Sinkhorn 算法中用于学习的两个向量。如果将该式子展开，耦合矩阵中的每个元素 p_{ij} 可以表示为

$$p_{ij}=f_i k_{ij} g_j \tag{5-6}$$

式（5-6）中的符号说明如下。

- i 和 j 分别代表矩阵的行和列。
- p_{ij} 代表耦合矩阵中下标为 i 行 j 列的元素。
- f_i 代表 $\mathrm{e}^{u_i/\varepsilon}$，其中 u_i 是向量 $\boldsymbol{U}$ 中下标为 i 的元素，参数 ε 对耦合矩阵进行调节。
- k_{ij} 代表 $\mathrm{e}^{-c_{ij}/\varepsilon}$，其中 c_{ij} 是成本矩阵中下标为 i 行 j 列的元素。
- g_j 代表 $\mathrm{e}^{v_j/\varepsilon}$，其中 v_j 是向量 $\boldsymbol{V}$ 中下标为 j 的元素。

因为成本矩阵 $\boldsymbol{C}$ 是已知的，所以 $\boldsymbol{K}$ 矩阵也已知。

只要 Sinkhorn 算法能够计算出合适的向量 $\boldsymbol{U}$ 和 $\boldsymbol{V}$，就可以将其代入式（5-5）中，得到所求的耦合矩阵。

> **提示**　Sinkhorn 算法有两种实现方法：基于对数空间运算和直接运算。本文所介绍的是基于对数空间运算方法。该方法的好处是，可以利用幂的运算规则，将参数中的乘法变成加法，能够大大提升运算速度。

在 Sinkhorn 算法的运算过程中，参数 ε 的作用与 5.3.10 小节中参数 ε 的作用一致，即当参数 ε 取值较小时，传输集中使用少数路径；当参数 ε 取值变大时，正则化传输的最优解变得更加“扁平”，使用更多的路径进行传输。

5.4.2　Sinkhorn 算法的原理

在式（5-6）中 k_{ij} 的值与成本矩阵的负值有关。这样做的目的是让成本矩阵中最大的元素所对应的耦合矩阵概率最小。反之，如果要计算传输过程中的最大成本，则直接令 k_{ij} 的值为 $e^{c_{ij}/\varepsilon}$ 即可。

Sinkhorn 算法所计算的耦合矩阵是根据成本矩阵的负值得来的，即按照成本矩阵中取负后的元素大小来分配行、列方向的概率（参见 arXiv 网站上编号为“1306.0895”的论文）。

1. 简化版的 Sinkhorn 算法举例

例如，一个成本矩阵的单行向量为 [3　6　9]，则对其取负后变为 [-3　-6　-9]。为了方便理解，先将 Sinkhorn 算法中的概率分配规则，简化成按照每个值在整体中所占的百分比计算，则得到的概率为 [1/6　1/3　1/2]。如果成本矩阵只有单行，则这个值便为其耦合矩阵。它是由单行向量中每个元素都乘以 -1/18 得来的。这里的 -1/18 就是式（5-6）中的 f_i，即 f_i 可以理解成某一行的归一化因子（计算归一化中的分母部分）。

2. 实际中的 Sinkhorn 算法举例

实际中的 Sinkhorn 算法，对成本矩阵先做了一次数值转化，再按照简化版的方式进行求解。数值转化的方式如下。

（1）将成本矩阵中的每个值按照参数 ε 进行缩放。

（2）将缩放后的值作为 e 的指数，进行数值转化。

转化后的值便可以按照简化版的 Sinkhorn 算法进行计算。

在 Sinkhorn 算法中，对一个成本矩阵的单行为 [3　6　9] 的向量进行计算时，真实的归一化分母为 $1/(e^{-3/\varepsilon}+e^{-6/\varepsilon}+e^{-9/\varepsilon})$，所计算出的耦合矩阵单行的概率向量为 [$e^{-3/\varepsilon}/(e^{-3/\varepsilon}+e^{-6/\varepsilon}+e^{-9/\varepsilon})$ $e^{-6/\varepsilon}/(e^{-3/\varepsilon}+e^{-6/\varepsilon}+e^{-9/\varepsilon})$ $e^{-6/\varepsilon}/(e^{-3/\varepsilon}+e^{-6/\varepsilon}+e^{-9/\varepsilon})$]。

使用这种数值转化的方式可以增大成本矩阵中元素间的数值差距（由原始的线性距离上升到 e 的指数距离），从而使得在按照数值大小进行百分比分配时，效果更加明显，可以加快算法的收敛速度。

缩放参数 ε 在成本矩阵数值转化过程中，可以使元素间的数值差距的调节变得可控。

3. Sinkhorn 算法中的迭代计算过程

计算耦合矩阵的本质方法就是对成本矩阵取负（简称负成本矩阵），再沿着行和列的方向进行归一化操作。而 Sinkhorn 算法主要目的是计算负成本矩阵沿着行、列方向的归一化因子，即式（5-5）中的 $\boldsymbol{U}$ 和 $\boldsymbol{V}$。

因为在对负成本矩阵做行归一化时，可能会破坏列归一化的分布；同理，对列归一化时，也可能会破坏行归一化的分布。所以 Sinkhorn 算法通过迭代的方法，对负成本矩阵沿着行、列的方向交替进行归一化计算。直到得到一对合适的归一化因子，即得到最终解 $\boldsymbol{U}$、$\boldsymbol{V}$。归一化后的负成本矩阵，在行、列两个方向都满足归一化分布，这种满足条件的矩阵便是最终的耦合矩阵。

5.4.3　Sinkhorn 算法中参数 ε 的原理

Sinkhorn 算法本质是在众多耦合矩阵中找到熵最小的那个矩阵。利用耦合矩阵中熵与传输成本间的正相关性，将其近似于最优传输问题中的解。

为了使算法可控，在其中加入了一个手动调节参数 ε，使其能够对耦合矩阵的熵进行调节（见 5.4.1 小节的式（5-6））。

该做法的原理是利用指数函数的曲线特性，用参数 ε 来缩放每行或每列中各元素间的概率分布差距。指数函数的曲线如图 5-10 所示。

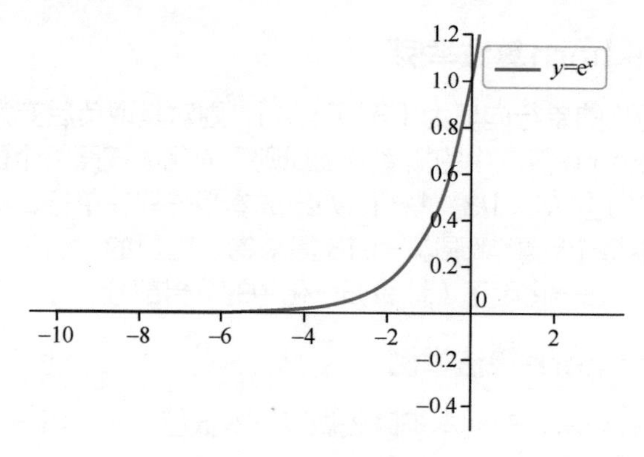

图5-10　指数函数的曲线

参数 ε 在式（5-6）中，是以倒数的形式被作用在 $y=e^x$ 中的 x 上的，即 $k_{ij}=e^{-c_{ij}/\varepsilon}$。其中 $\boldsymbol{C}$ 为成本矩阵，其内部的元素恒大于 0。则当参数 ε 变小时，会使图 5-10 中的 x 值变小，最终导致 y 值（k_{ij}）变得更小（一旦 x 值大于 −6，所对应的 y 值将非常接近 0）。

而耦合矩阵 $\boldsymbol{P}$ 是由成本矩阵 $\boldsymbol{K}$ 计算而来的，$\boldsymbol{P}$ 中小的概率值会随着 k_{ij} 值变小而变得更小，从而产生更多接近于 0 的数，使矩阵变得更为稀疏，熵就变得更小。反之，参数 ε 变大时，会得到更多 y 值不为 0 的数，使矩阵变得更为平滑，熵就变得更大。

5.4.4　举例 Sinkhorn 算法过程

为了更好地理解 Sinkhorn 算法，本小节将用一个具体的实例来描述 Sinkhorn 算法的计算过程（在本节的例子中，先不涉及算法中的参数 ε）。

1. 准备集合

假设有一个集合 $\mathbf{A}$ 和集合 $\mathbf{B}$，其内部的元素如图 5-11 所示。

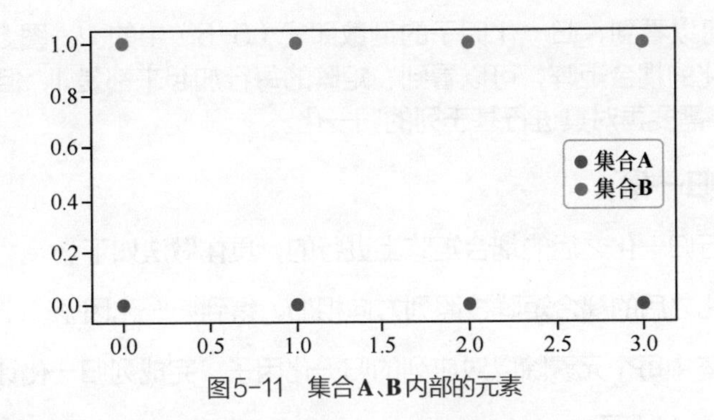

图5-11 集合**A**、**B**内部的元素

图 5-11 中的集合 **A**、**B** 各由 4 个点组成，具体数值如下。

```
A: {[0, 0], [1, 0], [2, 0], [3, 0]}
B: {[0, 1], [1, 1], [2, 1], [3, 1]}
```

2. 计算成本矩阵

集合 **A** 与集合 **B** 的成本矩阵可以由两点间的欧氏距离求得，即 $d=(x_1-x_2)^2+(y_1-y_2)^2$。其中两个点的坐标分别为 (x_1, y_1) 和 (x_2, y_2)。

经过计算后，集合 **A** 与集合 **B** 的成本矩阵与负成本矩阵如图 5-12 所示。

$$\begin{bmatrix} 1 & 2 & 5 & 10 \\ 2 & 1 & 2 & 5 \\ 5 & 2 & 1 & 2 \\ 10 & 5 & 2 & 1 \end{bmatrix} \xrightarrow{\text{取负}} \begin{bmatrix} -1 & -2 & -5 & -10 \\ -2 & -1 & -2 & -5 \\ -5 & -2 & -1 & -2 \\ -10 & -5 & -2 & -1 \end{bmatrix}$$

图5-12 集合**A**、**B**成本矩阵与负成本矩阵

3. 对行进行归一化

假设缩放参数 ε 的取值为 1，则先对负成本矩阵进行以 e 为底的幂次方转化，并对转化后的矩阵进行基于行的归一化计算，最终得到满足行归一化的耦合矩阵。行归一化如图 5-13 所示。

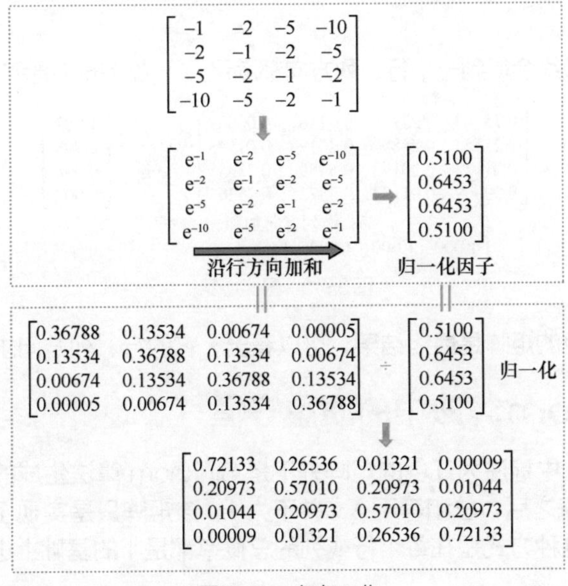

图5-13 行归一化

从图5-13中可以看到，归一化因子的倒数即式（5-5）中的$\boldsymbol{U}$。图5-13中最下面的矩阵便是满足行归一化的耦合矩阵，可以看到，矩阵的每行加起来都是1，但是矩阵的每列加起来并不为1，所以还需要再对其进行基于列的归一化。

4. 对列进行归一化

列归一化是在行归一化之后的耦合矩阵上进行的，具体做法如下。

（1）将行归一化之后的耦合矩阵按照列方向相加，得到归一化因子。

（2）将耦合矩阵中每个元素除以对应列的归一化因子，完成列归一化计算。

列归一化如图5-14所示。

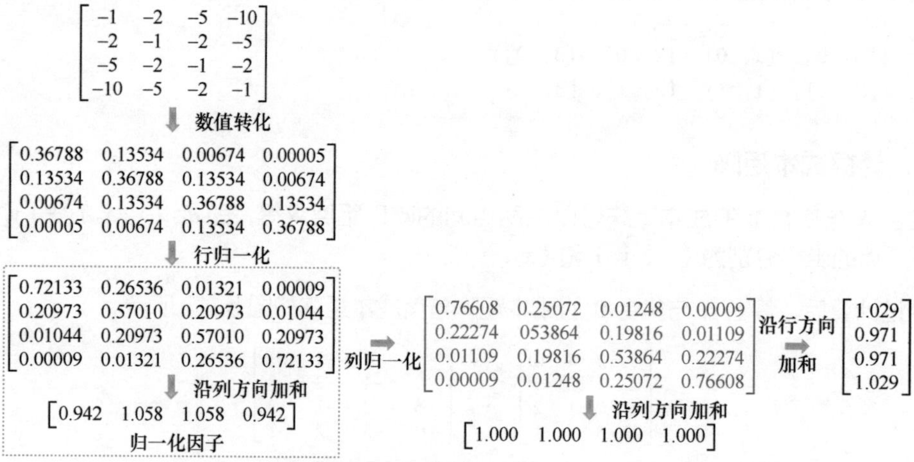

$$\begin{bmatrix} -1 & -2 & -5 & -10 \\ -2 & -1 & -2 & -5 \\ -5 & -2 & -1 & -2 \\ -10 & -5 & -2 & -1 \end{bmatrix}$$

数值转化

$$\begin{bmatrix} 0.36788 & 0.13534 & 0.00674 & 0.00005 \\ 0.13534 & 0.36788 & 0.13534 & 0.00674 \\ 0.00674 & 0.13534 & 0.36788 & 0.13534 \\ 0.00005 & 0.00674 & 0.13534 & 0.36788 \end{bmatrix}$$

行归一化

$$\begin{bmatrix} 0.72133 & 0.26536 & 0.01321 & 0.00009 \\ 0.20973 & 0.57010 & 0.20973 & 0.01044 \\ 0.01044 & 0.20973 & 0.57010 & 0.20973 \\ 0.00009 & 0.01321 & 0.26536 & 0.72133 \end{bmatrix} \xrightarrow{\text{列归一化}} \begin{bmatrix} 0.76608 & 0.25072 & 0.01248 & 0.00009 \\ 0.22274 & 053864 & 0.19816 & 0.01109 \\ 0.01109 & 0.19816 & 0.53864 & 0.22274 \\ 0.00009 & 0.01248 & 0.25072 & 0.76608 \end{bmatrix} \xrightarrow[\text{加和}]{\text{沿行方向}} \begin{bmatrix} 1.029 \\ 0.971 \\ 0.971 \\ 1.029 \end{bmatrix}$$

沿列方向加和（左）：

$$\begin{bmatrix} 0.942 & 1.058 & 1.058 & 0.942 \end{bmatrix}$$

归一化因子

沿列方向加和（右）：

$$\begin{bmatrix} 1.000 & 1.000 & 1.000 & 1.000 \end{bmatrix}$$

图5-14 列归一化

图5-14中归一化因子的倒数即式（5-5）中的$\boldsymbol{V}$；红色的部分为列归一化后的耦合矩阵，可以看到，该矩阵的沿列方向的和都是1，但是沿行方向的和并不等于1，说明它破坏了沿行方向的归一化分布。

5. 迭代处理

经过多次迭代，最终会得到一个行、列方向都满足归一化分布的耦合矩阵，如图5-15所示。

$$\begin{bmatrix} 0.75263 & 0.23735 & 0.01182 & 0.00009 \\ 0.23555 & 0.54890 & 0.20193 & 0.01173 \\ 0.01173 & 0.20193 & 0.54890 & 0.23555 \\ 0.00009 & 0.01182 & 0.23735 & 0.75263 \end{bmatrix} \xrightarrow[\text{加和}]{\text{沿行方向}} \begin{bmatrix} 1.002 \\ 0.998 \\ 0.998 \\ 1.002 \end{bmatrix}$$

沿列方向加和

$$\begin{bmatrix} 1.000 & 1.000 & 1.000 & 1.000 \end{bmatrix}$$

图5-15 最终结果

图5-15中，红色的矩阵是最终结果，可以看出，它的行、列方向求和后都接近于1。

5.4.5 Sinkhorn算法中的质量守恒

其实，在图5-15中标注为红色的矩阵并不是Sinkhorn算法生成的最终结果。因为该矩阵中全部的元素加起来之后，总和等于4，并不为1。该矩阵只是实现了行、列两个方向都满足归一化分布而已。这种方式是在每个行或列的总概率都是1的基础上进行的。它只显示了在

将集合 **A** 中所有的元素运输到集合 **B** 中时，每个元素自身概率的分配情况。

1. 质量守恒

在实际情况中，如果将集合 **A** 或 **B** 分别作为一个整体，质量各为 1，则其内部每个元素的质量都是 1 中的一部分。所以，在最优传输中，计算行归一化或列归一化时，都要在归一化后的耦合矩阵上，乘以每个元素所占的质量百分比。

在没有特殊要求时，默认集合中元素的质量是平均分配的，即每个元素一般都会取值 $1/n$，其中 n 代表集合中的元素个数。按照这种设置，则在 Sinkhorn 算法中，对应于图 5-13 的真实计算过程，如图 5-16 所示。

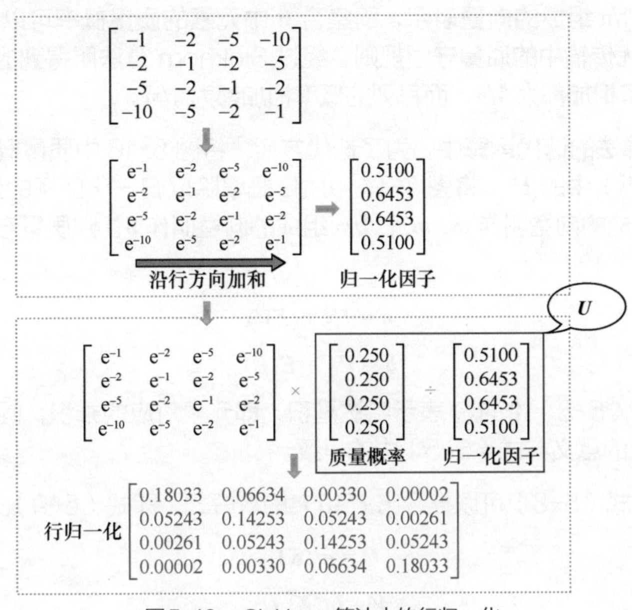

图5-16 Sinkhorn算法中的行归一化

图 5-16 所示的红色矩阵中的所有元素加和为固定值 1，这便是质量守恒。同理，对应于图 5-14 的真实计算过程，如图 5-17 所示。

$$\begin{bmatrix} -1 & -2 & -5 & -10 \\ -2 & -1 & -2 & -5 \\ -5 & -2 & -1 & -2 \\ -10 & -5 & -2 & -1 \end{bmatrix}$$

数值转化

$$\begin{bmatrix} 0.36788 & 0.13534 & 0.00674 & 0.00005 \\ 0.13534 & 0.36788 & 0.13534 & 0.00674 \\ 0.00674 & 0.13534 & 0.36788 & 0.13534 \\ 0.00005 & 0.00674 & 0.13534 & 0.36788 \end{bmatrix}$$

行归一化

$$\begin{bmatrix} 0.18033 & 0.06634 & 0.00330 & 0.00002 \\ 0.05243 & 0.14253 & 0.05243 & 0.00261 \\ 0.00261 & 0.05243 & 0.14253 & 0.05243 \\ 0.00002 & 0.00330 & 0.06634 & 0.18033 \end{bmatrix}$$

沿列方向加和

$$\times \begin{bmatrix} 0.250 & 0.250 & 0.250 & 0.250 \end{bmatrix} \div \begin{bmatrix} 0.235 & 0.265 & 0.265 & 0.235 \end{bmatrix}$$

质量概率　归一化因子　V

列归一化

$$\begin{bmatrix} 0.19152 & 0.06268 & 0.00312 & 0.00002 \\ 0.05568 & 0.13466 & 0.04954 & 0.00277 \\ 0.00277 & 0.04954 & 0.13466 & 0.05568 \\ 0.00002 & 0.00312 & 0.06268 & 0.19152 \end{bmatrix} \xrightarrow{\text{沿行方向加和}} \begin{bmatrix} 0.25734 \\ 0.24266 \\ 0.24266 \\ 0.25734 \end{bmatrix}$$

沿列方向加和

$$\begin{bmatrix} 0.250 & 0.250 & 0.250 & 0.250 \end{bmatrix}$$

图5-17 Sinkhorn算法中的列归一化

经过多次迭代运算，最终可以得到满足质量守恒的耦合矩阵，如图5-18所示。

$$\begin{bmatrix} 0.18816 & 0.05934 & 0.00295 & 0.00002 \\ 0.05889 & 0.13723 & 0.05048 & 0.00293 \\ 0.00293 & 0.05048 & 0.13723 & 0.05889 \\ 0.00002 & 0.00295 & 0.05934 & 0.18816 \end{bmatrix} \xrightarrow{\text{沿行方向加和}} \begin{bmatrix} 0.250 \\ 0.250 \\ 0.250 \\ 0.250 \end{bmatrix}$$

沿列方向加和

$$\begin{bmatrix} 0.250 & 0.250 & 0.250 & 0.250 \end{bmatrix}$$

图5-18　Sinkhorn算法的最终结果

2. 利用质量守恒计算U和V

假设要将含有n个元素的集合**A**传输到含有m个元素的集合**B**上，则集合**A**中元素的质量概率可以用n个$1/n$组成的向量表示，而集合**B**中元素的质量概率可以用m个$1/m$组成的向量表示。根据最优传输中的质量守恒规则，经过Sinkhorn算法所得到的耦合矩阵为n行m列，其中每行的概率相加都为$1/n$，而每列的概率相加都为$1/m$。

在Sinkhorn算法的迭代运算中，为了迭代方便，将图5-16中质量概率除以归一化因子的结果当作式（5-5）中的$\boldsymbol{U}$；将图5-17中质量概率除以归一化因子的结果当作式（5-5）中的$\boldsymbol{V}$；n个$1/n$组成的向量叫作$\boldsymbol{a}$；m个$1/m$组成的向量叫作$\boldsymbol{b}$。则质量守恒可以被表示成式（5-7）、式（5-8）。

$$\boldsymbol{a} = \boldsymbol{U} \odot (\boldsymbol{KV}) \tag{5-7}$$

$$\boldsymbol{b} = \boldsymbol{V} \odot (\boldsymbol{K}^{\mathrm{T}}\boldsymbol{U}) \tag{5-8}$$

式（5-7）、式（5-8）中的⊙表示哈达马积，即元素对应的乘积；圆括号里的运算表示矩阵相乘；$\boldsymbol{K}$所代表的意义与式（5-5）中的一致。

由式（5-7）、式（5-8）可以推导出$\boldsymbol{U}$和$\boldsymbol{V}$的求解式，即式（5-9）、式（5-10）。

$$\boldsymbol{U} = \boldsymbol{a}/(\boldsymbol{KV}) \tag{5-9}$$

$$\boldsymbol{V} = \boldsymbol{b}/(\boldsymbol{K}^{\mathrm{T}}\boldsymbol{U}) \tag{5-10}$$

在代码实现时，先给$\boldsymbol{V}$赋一个初始值，再依据式（5-9）、式（5-10）对$\boldsymbol{U}$和$\boldsymbol{V}$进行交替运算。式（5-9）所计算的$\boldsymbol{U}$本质上是获得对数空间中，矩阵中每行元素归一化的分母；而式（5-10）所计算的$\boldsymbol{V}$本质上是获得对数空间中，矩阵中每列元素归一化的分母。由于式（5-9）和式（5-10）分别对同一个矩阵做基于行和列的归一化处理，这导致做行归一化时，会打破列归一化的数值；做列归一化时，会打破行归一化的数值。通过多次迭代，可以使二者逐渐收敛，最终实现行和列都符合归一化之后，便完成Sinkhorn算法的迭代。这便是Sinkhorn算法的完整过程。

判断Sinkhorn算法迭代停止的方法是，将式（5-9）所得到的$\boldsymbol{U}$与上一次运行式（5-9）的$\boldsymbol{U}$进行比较，判断是否发生变化。如果两次运行式（5-9）所得到的$\boldsymbol{U}$不再发生变化，则表明式（5-10）在运行时，没有破坏行的归一化分母。即矩阵的行、列都符合归一化，可以退出迭代。

5.4.6　Sinkhorn算法的代码实现

Sinkhorn算法是一种迭代算法，它通过对矩阵的行和列交替进行归一化处理，最终收敛得到一个每行、每列加和均为固定向量的双随机矩阵（Doubly Stochastic Matrix）。

由于 Sinkhorn 算法只包含乘、除操作，因此 Sinkhorn 算法完全可微，能够被用于端到端的深度学习训练中。在实现 Sinkhorn 算法时，可以借助 PyTorch 的自动微分技术，使其反向传播更为简单高效。

为了让计算简单，Sinkhorn 算法优先使用对数空间计算方法，即在矩阵中的元素相乘时，先将其转换为 e 的幂次方，再对最终结果取对数（ln）。这种方式可以借助幂的运算规则，将乘法转化为加法。

Sinkhorn 算法的代码实现也可以从本书的配套资源中找到。

Sinkhorn 算法的核心是循环迭代更新 u、v 部分，具体代码如下。

```
01 C = self._cost_matrix(x, y)                        #计算成本矩阵
02 for i in range(self.max_iter):                     #按照指定迭代次数计算行列、归一化
03 u1 = u                                             #保存上一步u值
04 u = self.eps * (torch.log(mu+1e-8) - torch.logsumexp(self.M(C, u, v), dim=-
1)) + u
05 v = self.eps * (torch.log(nu+1e-8) - torch.logsumexp(self.M(C, u,
v).transpose(-2, -1), dim=-1)) + v
06 err = (u - u1).abs().sum(-1).mean()
07 if err.item() < thresh:                            #如果u值不再更新，则结束
08 break
```

代码中的第 04、05 行是式（5-9）、式（5-10）的实现过程。该代码较难理解，以第 04 行更新 u 值为例，详细介绍如下。

1. 计算指数空间的耦合矩阵

self.M(C, u, v) 用于计算指数空间的耦合矩阵，其中，M 函数的定义如下。

```
def M(self, C, u, v):#计算指数空间的耦合矩阵
    return (-C + u.unsqueeze(-1) + v.unsqueeze(-2)) / self.eps
```

该函数中的 self.eps 对应于式（5-5）中的参数 ε，C 为成本矩阵。

2. 计算对数空间的耦合矩阵归一化因子

使用 torch.logsumexp 函数，对指数空间的耦合矩阵先进行 torch.exp 计算，再按照行方向求和，最终对求和后的向量取对数。

3. 计算对数空间的 U

在 torch.log(mu+1e-8) 中，变量 mu 为质量概率（$1/n$），1e-8 是一个防止该项为 0 的极小数。

(torch.log(mu+1e-8) - torch.logsumexp(self.M(C, u, v), dim=-1)) 的意思是：按照图 5-16 中所标注的 $\boldsymbol{U}$ 计算方法，得到本次对数空间的 $\boldsymbol{U}$ 值（在对数空间中，可以将除法变成减法）。由于在计算指数空间的耦合矩阵时，对 C、u、v 分别除以 self.eps，因此在计算之后，还要乘以 self.eps，将其缩放空间还原。

4. 基于 $\boldsymbol{U}$ 的累计计算

从图 5-17 中可以看出，在交替计算 $\boldsymbol{U}$ 或 $\boldsymbol{V}$ 时，每次迭代都是在上一次计算的耦合矩阵

结果基础之上计算的。在计算本次 $\boldsymbol{U}$ 值之后，需要在原始成本矩阵 $\boldsymbol{C}$ 上，乘以前几次的全部 $\boldsymbol{U}$ 值和 $\boldsymbol{V}$ 值才能得到用于下次计算的耦合矩阵。由于整个过程是在对数空间进行的，因此用上一次的 $\boldsymbol{U}$ 值加上本次的 $\boldsymbol{U}$ 值即可得到在对数空间中，前几次 $\boldsymbol{U}$ 值的累计相乘结果。

更新 $\boldsymbol{V}$ 值的原理与 $\boldsymbol{U}$ 值一致，读者可以参考 $\boldsymbol{U}$ 值的介绍进行理解。

5.5　实例：使用VSC模型来识别未知类别的鸟类图片

通过已知类别的图片进行训练模型，使模型能够识别未知图片，这便是 ZSL 的应用场景。使用这种方式可以实现图片的快速分类，大大节约了人力成本。

实例描述	准备两部分鸟类图片，一部分带有分类信息作为训练数据集，每个类别都带有若干属性描述；另一部分不带有分类信息作为测试数据集。测试数据集中的每张图片都有可能不属于训练数据集中的已知类别。再准备几种测试数据集中可能出现的分类描述和目标类别名称。要求从测试数据集中找到属于目标类别的图片。

在本例任务中，待分类的图片和待分类的类别名称都是已知的，未知的待分类图片与待分类的类别名称之间有对应关系。

在实现时，可以通过使用与待分类别属性相近的其他类别数据集进行训练，从已知类别与图片间的对应关系，推导出未知类别与图片间的对应关系。

5.5.1　样本介绍：用于ZSL任务的鸟类数据集

本例使用 Caltech-UCSD-Birds-200-2011 数据集来实现。该数据集的介绍可以参考 5.1.2 小节。

在下载 Caltech-UCSD Birds-200-2011 数据集之后，可以在其 CUB_200_2011 文件夹下找到 README 文件，该文件里介绍了数据集中各个文件的详细说明。

除了数据集中的分类图片，本例还需要用到每个类别的属性标注信息。在 Caltech-UCSD Birds-200-2011 数据集中，有一个 attributes.txt 文件，该文件列出了每种鸟类所包含的属性项。该属性项共 312 个，可以作为扩展鸟类名称所代表的种类信息。部分鸟类属性项如图 5-19 所示。

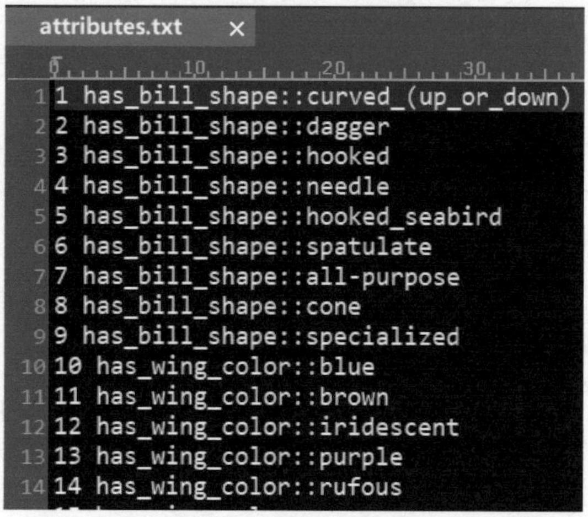

```
attributes.txt
1 has_bill_shape::curved_(up_or_down)
2 has_bill_shape::dagger
3 has_bill_shape::hooked
4 has_bill_shape::needle
5 has_bill_shape::hooked_seabird
6 has_bill_shape::spatulate
7 has_bill_shape::all-purpose
8 has_bill_shape::cone
9 has_bill_shape::specialized
10 has_wing_color::blue
11 has_wing_color::brown
12 has_wing_color::iridescent
13 has_wing_color::purple
14 has_wing_color::rufous
```

图5-19　部分鸟类属性项

在 Caltech-UCSD Birds-200-2011\CUB_200_2011\attributes 目录下有一个 class_attribute_labels_continuous.txt 文件。该文件包含 200 行和 312 列（以空格分隔）。每行对应一个类（与 classes.txt 相同的顺序），每列包含一个对应于一个属性的实数值（与 attributes.txt 相同的顺序）。每个数字

代表当前类别中，符合对应属性的百分比（0～100），即每种鸟类所对应的 312 项属性的概率，如图 5-20 所示。

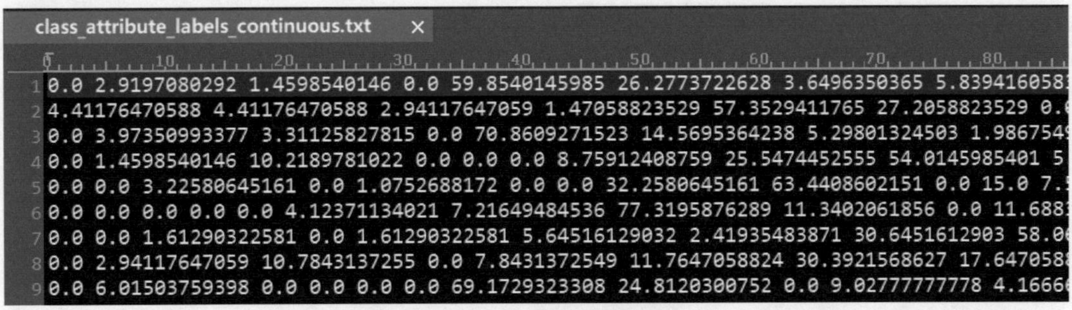

```
class_attribute_labels_continuous.txt
1 0.0 2.9197080292 1.4598540146 0.0 59.8540145985 26.2773722628 3.6496350365 5.839416058
2 4.41176470588 4.41176470588 2.94117647059 1.47058823529 57.3529411765 27.2058823529 0.
3 0.0 3.97350993377 3.31125827815 0.0 70.8609271523 14.5695364238 5.29801324503 1.986754
4 0.0 1.4598540146 10.2189781022 0.0 0.0 0.0 8.75912408759 25.5474452555 54.0145985401 5
5 0.0 0.0 3.22580645161 0.0 1.0752688172 0.0 0.0 32.2580645161 63.4408602151 0.0 15.0 7.
6 0.0 0.0 0.0 0.0 0.0 4.12371134021 7.21649484536 77.3195876289 11.3402061856 0.0 11.688
7 0.0 0.0 1.61290322581 0.0 1.61290322581 5.64516129032 2.41935483871 30.6451612903 58.0
8 0.0 2.94117647059 10.7843137255 0.0 7.8431372549 11.7647058824 30.3921568627 17.647058
9 0.0 6.01503759398 0.0 0.0 0.0 0.0 69.1729323308 24.8120300752 0.0 9.02777777778 4.1666
```

图5-20 每种鸟类的属性值

在具体实现中，使用 Caltech-UCSD Birds-200-2011 数据集的前 150 类图片当作训练集，后 50 类图片当作测试集。

本例的任务可以进一步细分成，用训练集训练模型，并通过 ZSL 方法将其识别能力进行迁移；通过 class_attribute_labels_continuous.txt 文件中对未知鸟类（后 50 种未知参与训练的鸟类）的属性描述，在测试集中找到对应的图片。

5.5.2 代码实现：用迁移学习的方式获得训练数据集分类模型

在 1.8 节的迁移学习实例的基础上，修改训练数据集模型的种类，重新训练模型，使其只对 CUB-200 数据集中前 150 个类别进行识别，后 50 个类别当作不可见的类别用于测试。

实现时，只需要在 code_02_FinetuneResNet.py 基础上再做两处改动。

1. 修改加载目录函数 load_dir

复制 code_02_FinetuneResNet.py 文件，并将其重命名为 code_22_FinetuneResNet150.py。重写该代码文件中的 load_dir 函数，使其只加载前 150 个分类目录。具体代码如下。

代码文件：code_22_FinetuneResNet150.py（片段）

```
01 def load_dir(directory,labstart=0,classend=None):          #添加了参数classend
02     #返回path指定的文件夹所包含的文件或文件夹的名字列表
03     strlabels = os.listdir(directory)
04     #对标签进行排序，以便训练和验证按照相同的顺序进行
05     strlabels.sort()
06     if classend is not None:                                 #按照classend加载目录
07         strlabels = strlabels[0:classend]
08     #创建文件标签列表
09     file_labels = []
10     for i,label in enumerate(strlabels):
11         jpg_names = glob.glob(os.path.join(directory, label, "*.jpg"))
12         #加入列表
13         file_labels.extend(zip( jpg_names,[i+labstart]*len(jpg_names))  )
14     return file_labels,strlabels
```

第06和07行代码为新加的代码，表示从strlabels列表中取出前classend个目录进行加载。

2. 修改load_dir函数的调用关系

为了使实例的内部逻辑更为清晰，这里不再加入None类，而是将代码文件中调用load_data函数的地方修改成直接调用load_dir函数，来对文件和标签进行加载。

> 提示 这样做仅为了实例演示方便，即模型载入150个类别，输出的分类也是150个结果。在实际应用中，还是建议添加None类，来获得更好的性能。

具体代码如下。

代码文件: code_22_FinetuneResNet150.py（片段）

```
01 ......
02 #源代码部分
03 #dataset_path = r'./data/'
04 #filenames, labels,classes = load_data(dataset_path)
05 #新代码部分
06 dataset_path = r'./data/images'
07 tfile_labels,classes = load_dir(dataset_path,classend = 150)
08 filenames, labels=zip(*tfile_labels)
09 ......
```

第06行代码改变了输入的数据目录。这是因为load_dir函数在load_data函数中用于处理内层目录，所以直接调用load_dir函数时，需要传入更深一层的目录（images）。

3. 运行程序，得到模型文件

在修改完成之后，可以直接运行该程序。该程序使用的数据集是Caltech-UCSD Birds-200-2011数据集。

待程序运行之后，可以得到两个模型文件finetuneRes101_1.pth和finetuneRes101_2.pth。为了不与1.8节的模型文件混淆，将finetuneRes101_2.pth命名为CUB150Res101_2.Pth，用于本例中的视觉特征提取环节。

5.5.3 使用分类模型提取图片视觉特征

在这一环节中，需要得到两个层面的视觉特征。

（1）图片层面：使用模型对每个类别进行处理，得到其对应的视觉特征。

（2）类别层面：使用均值和聚类两种方式来获取每个类别的视觉特征。

下面主要介绍如下。

1. 使用均值方式获取类别的视觉特征

根据数据集中类别与图片的对应关系，对每个类别中图片视觉特征取均值，分别得到训练数据集（前150类）和测试数据集（后50类）中每个类别的视觉特征。

因为在实际情况中得不到测试数据集中类别与图片的关系，所以用均值方式获取的类别特征只在训练数据集中使用。

2. 使用聚类方式获取类别的视觉特征

将测试数据集（后 50 类）中所有图片的视觉特征聚类成 50 个簇，可以得到这 50 个未知类别的视觉特征。如果能使这 50 个未知类别的视觉特征与其属性特征一一对应，便可以实现最终的分类任务。

3. 使用程序提取特征

直接运行本书配套资源中的代码文件 code_23_Extractor.py，便可以得到所要提取视觉特征文件。这些文件分别放在两个文件夹中，具体如下。

- 文件夹 CUBfeature：按照原有数据集的类别结构，存放每个图片的视觉特征文件。每个子文件夹代表一个类别，每个类别里有一个 .json 文件，该文件里存放该类别中所有图片的视觉特征。
- 文件夹 CUBVCfeature：包含两个 .json 文件 ResNet101VC.json 和 ResNet101VC_testCenter.json，分别用于存放以均值方式和聚类方式获取的类别视觉特征。

特征提取后的文件拓扑如图 5-21 所示。

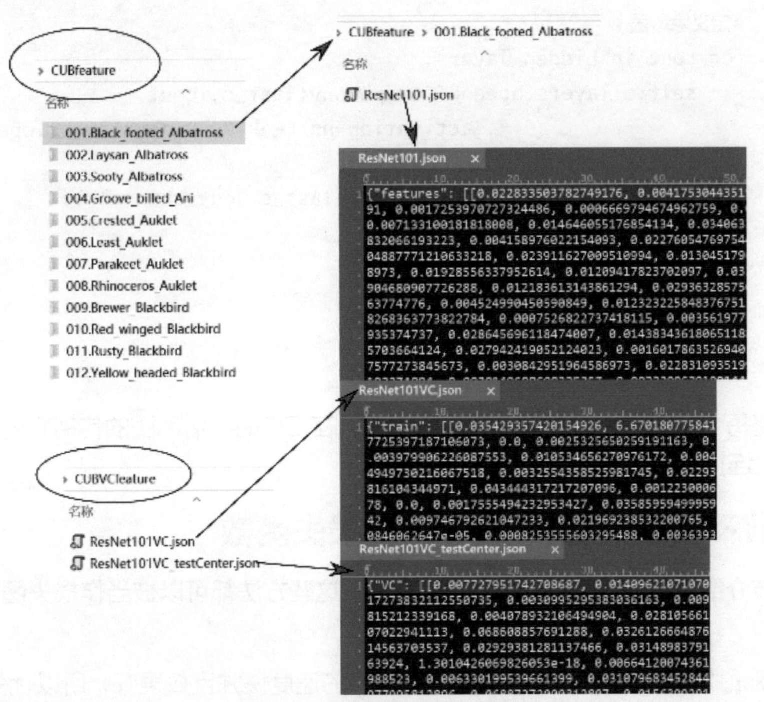

图5-21　特征提取后的文件拓扑

5.5.4 代码实现：用多层图卷积神经网络实现VSC模型

用 DGL 库编写一个多层图卷积神经网络，并将类别属性特征做成带有自环的图结构数据，使每一个类别属性特征经过全连接变换，生成与类别视觉特征维度相同的数据。具体代码如下。

代码文件：code_24_Train.py

```
01 import json                                                    #引入基础库
02 import time
03 import os
04 import numpy as np
05
06 import torch                                                   #引入PyTorch库
07 import torch.nn.functional as F
08 from torch.optim import lr_scheduler
09 import torch.nn as nn
10 from dgl.nn.pytorch.conv import GraphConv                      #引入图卷积
11
12 from code_22_Wasserstein import SinkhornDistance               #引入Sinkhorn算法
13
14 class GCN(nn.Module):                                          #定义多层图卷积
15     def __init__(self,  in_channels, out_channels, hidden_layers,device):
16         super(GCN,self).__init__()
17         self.m_layers = nn.ModuleList()
18         last_c = in_channels
19         #定义隐藏层
20         for cout in hidden_layers:
21             self.m_layers.append( GraphConv(last_c, cout,
22                                   activation=nn.LeakyReLU(negative_slope=0.2)))
23             last_c = cout
24          self.m_layers.append( GraphConv(last_c, out_channels))
25     def forward(self, g,inputs):
26         h = inputs
27         for layer in self.m_layers:#调用隐藏层
28             h = layer(g, h)
29         return F.normalize(h)
```

该模型将每个类别当作图数据中的一个节点，在工作时，借助图的传播方式，按照层数对每个节点做全连接变换。

5.5.5　代码实现：基于W距离的损失函数

在5.3节介绍过VSC模型的几种约束方法，这些方法都可以被当作损失函数，用于训练GCN模型。

在实际测试中，基于W距离的损失函数执行的速度快并且效果好，所以优先使用基于W距离的损失函数。具体代码如下。

代码文件：code_24_Train.py（续）

```
30 def WDVSc(a,b,device,n,m,no_use_VSC=True):
31     WD=SinkhornDistance(0.01,1000,None,"mean")
32     mask=list(range(n-m))
```

```
33      L2_loss=((a[mask] - b[mask])**2).sum()/((n-m)*2) #基于训练数据集的L2损失
34      A = a[n - m:]     #获取测试数据集的特征
35      B = b[n - m:]
36      A=A.cpu()
37      B=B.cpu()
38      if no_use_VSC:
39          WD_loss=0.
40          P=None
41          C=None
42      else:
43          WD_loss,P,C=WD(A,B)                    #进行Sinkhorn算法迭代，得到损失值
44          WD_loss = WD_loss.to(device)
45      lamda=0.001
46      tot_loss=L2_loss+WD_loss*lamda             #合成最终的损失值
47      return tot_loss,P,C
```

WDVSc 函数中实现了两种损失，具体如下。

- 基于训练数据集的 L2 损失：令训练数据集中的类别属性经过 GCN 模型之后得到的结果向该类别的视觉特征靠近。
- 基于 W 距离的损失：令测试数据集中的类别属性经过 GCN 模型之后得到的结果向未知类别图片聚类后的视觉特征中心点靠近

其中基于 W 距离的损失部分，属于对两个集合间的距离进行计算，这里使用了 Sinkhorn 算法进行实现。经过测试发现，该损失值乘以 0.001 再与基于训练数据集的 L2 损失合并，可以得到最优的效果。

当 WDVSc 函数的参数 no_use_VSC 设为 True 时，表明只对训练数据集做 L2 损失，即 VCL 损失。

5.5.6 加载数据并进行训练

读取数据集中的类别属性标注文件 class_attribute_labels_continuous.txt，将每个类别的 312 个属性载入，并将 5.5.3 小节所制作好的 ResNet101VC.json 和 ResNet101VC_testCenter.json 文件载入。

- ResNet101VC.json 文件的内容是训练数据集每个类别的视觉特征，在训练过程中，用于训练数据集类别属性特征的标签。
- ResNet101VC_testCenter.json 文件的内容是测试数据集中聚类后的类别视觉特征，在训练过程中，用作测试数据集类别属性特征的标签。

在模型的训练过程中，使用了退化学习率配合 Adam 优化器，迭代次数为 5000。运行之后可以得到测试数据集上每个未知类别属性所对应的视觉特征。该特征数据会被保存在文件 Pred_Center.npy 中。

该部分代码可以参考 code_24_Train.py 文件中模型训练的代码。

5.5.7 代码实现：根据特征距离对图片进行分类

在得到类别属性对应的视觉特征之后，便可以根据每张图片与类别属性之间的视觉特征距离远近，来对其进行分类。

实现时，先将特征数据文件 Pred_Center.npy 载入，再从中找到离待测图片视觉特征最近的类别，将该类别作为图片最终的分类结果。具体代码如下。

代码文件：code_24_Train.py（片段）

注：为了方便讲解代码，程序的编号从 01 开始，完整程序请参见本书提供的配套资源。

```
01 centernpy = np.load("Pred_Center.npy")                  #载入特征数据文件
02 center=dict(zip(classname,centernpy))                  #获取全部中心点
03 subcenter = dict(zip(classname[-50:],centernpy[-50:])) #获取未知类别中心点
04 cur_root = r'./CUBfeature/'
05 allacc = []
06 for target in classname[classNum-unseenclassnum:]:     #遍历未知类别的特征数据
07     cur=os.path.join(cur_root,target)
08     fea_name=""
09     url=os.path.join(cur,"ResNet101.json")
10     js = json.load(open(url, "r"))
11     cur_features=js["features"]                         #获取该类图片的视觉特征
12 
13     correct=0
14     for fea_vec in cur_features:                        #遍历该类别中的所有图片
15         fea_vec=np.array(fea_vec)
16         ans=NN_search(fea_vec,subcenter)                #查找距离最近的类别
17 
18         if ans==target:
19             correct+=1
20 
21     allacc.append( correct * 1.0 / len(cur_features) )
22     print( target,correct)
23 #输出模型的准确率
24 print("The final MCA result is %.5f"%(sum(allacc)/len(allacc)))
```

代码运行后，输出结果如下。

```
151.Black_capped_Vireo 22
152.Blue_headed_Vireo 2
……
199.Winter_Wren 48
200.Common_Yellowthroat 26
The final MCA result is 0.51364
```

从输出结果中可以看到，模型在没有未知类别的训练样本情况下，实现了对图片基于未知类别的分类。由于本例主要用于学习，在实际应用中，精度还有很大的提升空间。

5.6 针对零次学习的性能分析

在 5.5 节的实例中，使用 VSC 模型实现了一个完整的零次学习任务。通过对该实例的学习，可以了解到，零次学习任务的主要工作就是跨域的特征匹配。而在整个训练环节中，会涉及多个模型的结果组合，其中的任意一个模型都会对整体的精度造成影响。

本节将在 5.5 节基础之上，介绍一些分析零次学习的性能的方法。这些方法可以在提升模型整体性能的过程中，提供解决思路和方案。

5.6.1 分析视觉特征的质量

在 5.3 节介绍过 VSC 模型的出发点，它是建立在相同类别图片的视觉特征可以被聚类到一起的基础之上实现的，这也是 ZSL 中的常用思路。

ZSL 模型的精度与图片的视觉特征息息相关。某种程度上，它可以标志着 ZSL 模型精度的上限。也就是说，如果用图片与类别视觉特征间的距离作为分类方法，该方法所得到的精度，即整个 ZSL 模型的最大精度。

ZSL 模型本身就是用图片与类别视觉特征间的距离作为分类方法的，在这个基础之上，还要进行类别属性向类别视觉特征的跨域转换。因为由类别属性转化而成的视觉特征本身就不如类别原始的视觉特征，所以 ZSL 模型的整体精度，必定小于用类别的原始视觉特征距离进行分类的精度。

在 5.5 节的实例中，可以使用训练数据集中类别的视觉特征进行基于距离的分类，测试该实例中所使用视觉特征的质量，从而可以了解该模型能够提升的最大精度。

修改 5.5.7 小节的代码，具体操作如下。

（1）修改 5.5.7 小节的第 03 行代码，将 subcenter 换成数据集中全部类别视觉特征 vccenter。具体代码如下。

```
vcdir= os.path.join(r'./CUBVCfeature/',"ResNet101VC.json") #可见类别的VC中心文件
#保存可见类别的VC中心文件
obj=json.load(open(vcdir,"r"))
VC=obj["train"]                                          #获得可见类别的中心点
VCunknown = obj["test"]
allVC = VC+VCunknown                                     #视觉中心点
vccenter = dict(zip(classname,allVC))                    #全部中心点
```

（2）修改 5.5.7 小节的第 06 ～ 16 行代码，使用全部类别的视觉特征 vccenter 在训练数据集上做基于距离的分类。具体代码如下。

```
06 for target in classname [:classNum-unseenclassnum]:       #遍历训练数据集类别
07     cur=os.path.join(cur_root,target)
08     fea_name=""
09     url=os.path.join(cur,"ResNet101.json")
10     js = json.load(open(url, "r"))
11     cur_features=js["features"]                          #获取该类图片的视觉特征
12
```

```
13      correct=0
14      for fea_vec in cur_features:                          #遍历该类别中的所有图片
15          fea_vec=np.array(fea_vec)
16          ans=NN_search(fea_vec, vccenter)                  #查找距离最近的类别
```

第 06 行代码对训练数据集中的图片进行测试，依次查找与其距离最近的类别。如果图片的视觉特征足够优质，则所有的图片都可以通过该方法正确地找到自己的所属类别。

代码运行后，输出结果如下。

```
001.Black_footed_Albatross 54
002.Laysan_Albatross 53
……
147.Least_Tern 49
148.Green_tailed_Towhee 58
149.Brown_Thrasher 55
150.Sage_Thrasher 52
The final MCA result is 0.85184
```

从输出结果中可以看出，使用模型输出的视觉特征通过距离的方式进行分类，在训练数据集上的精度只有 85%。这表明使用该视觉特征所完成的 ZSL 任务，最高精度不会超过 85%。

要想提高 ZSL 任务的精度上限，就必须找到更好的视觉特征提取模型。

为了能够得到更好的视觉特征提取模型，可以在微调模型时，训练出分类精度更高的模型；或者尝试使用更好的分类模型；或者使用其他手段来增大不同类别之间视觉特征的距离。

5.6.2　分析直推式学习的效果

在 5.5.5 小节使用了 W 距离实现对类别属性转换（直推式学习）模型的训练，该方法所训练出的模型质量，并不能完全通过训练过程的损失值来衡量。最好的衡量方式是直接使用测试数据集的类别视觉特征来代替模型输出的特征，测试未知分类的准确度。

修改 5.5.7 小节的第 06 ～ 16 行代码，使用类别的视觉特征 vccenter 来进行测试。具体代码如下。

代码文件: code_24_Train.py(片段)

```
06  for target in classname [classNum-unseenclassnum:]:       #遍历测试数据集类别
07      cur=os.path.join(cur_root,target)
08      fea_name=""
09      url=os.path.join(cur,"ResNet101.json")
10      js = json.load(open(url, "r"))
11      cur_features=js["features"]                           #获取该类图片的视觉特征
12
13      correct=0
14      for fea_vec in cur_features:                          #遍历该类别中的所有图片
15          fea_vec=np.array(fea_vec)
16          ans=NN_search(fea_vec, vccenter)                  #查找距离最近的类别
```

代码运行后，输出结果如下。

```
151.Black_capped_Vireo 33
152.Blue_headed_Vireo 24
......
198.Rock_Wren 47
199.Winter_Wren 51
200.Common_Yellowthroat 41
The final MCA result is 0.70061
```

输出结果显示，直接使用数据集中类别视觉特征的分类精度为 70%，分类精度明显提高。

这表明模型在直推式学习过程中，损失了很大的精度。接下来，便可以用 5.6.3 小节的方法分析直推模型的能力。

5.6.3 分析直推模型的能力

测试直推模型能力的方法，可以使用该模型输出的测试数据集结果与测试数据集的标签（测试数据集中类别的视觉特征）进行比较。

在 5.5.7 小节的代码后面，添加如下代码，可以对直推模型能力进行评估。

```
#在模型的输出结果中，查找与测试数据集类别视觉特征最近的类别
for i,fea_vec in enumerate(VCunknown):          #遍历测试数据集中真实类别的视觉特征
    fea_vec=np.array(fea_vec)
    ans=NN_search(fea_vec,center)               #在模型输出的结果中查找最近距离的类别
    if classname[150+i]!=ans:
        print(classname[150+i],ans)             #输出不匹配的结果
```

代码运行后，输出结果如下。

```
152.Blue_headed_Vireo 153.Philadelphia_Vireo
154.Red_eyed_Vireo 178.Swainson_Warbler
162.Canada_Warbler 168.Kentucky_Warbler
163.Cape_May_Warbler 162.Canada_Warbler
168.Kentucky_Warbler 167.Hooded_Warbler
169.Magnolia_Warbler 163.Cape_May_Warbler
171.Myrtle_Warbler 169.Magnolia_Warbler
176.Prairie_Warbler 163.Cape_May_Warbler
179.Tennessee_Warbler 153.Philadelphia_Vireo
180.Wilson_Warbler 182.Yellow_Warbler
```

结果输出了 10 条数据。这表明模型在对 50 个类别的属性特征转化成视觉特征过程中，出现了 10 个错误，相当于精度损失了 20%。

造成这种现象的原因可能有如下两种。

- 模型本身的拟合能力太弱。这种情况可以从模型的训练方法（VCL、BMVSc、WDVSc 等）上进行分析，寻找更合适的训练方法。
- 数据集中的标签不准。在测试集中，标签（类别的视觉特征）是通过聚类方式得到的，

并不能保证其聚类结果与测试数据集中的真实标签完全一致，二者之间可能存在误差。该误差会直接影响到未知类别的属性特征与视觉特征之间的匹配关系。

在实际情况中，由于数据集中的标签不准导致模型精度下降的情况更为常见。对于这方面的分析见 5.6.4 小节。

5.6.4 分析未知类别的聚类效果

未知类别的聚类效果，是决定 ZSL 任务整体精度的关键所在。可以通过比较测试数据集中类别的属性特征与类别的视觉特征之间的距离，来评估未知类别的聚类效果。

1. 评估聚类效果

在 5.5.7 小节的代码后面，添加如下代码，来实现对聚类效果的评估。

代码文件: code_24_Train.py（片段）

注：代码的编号是完整程序中的编号。

```
47 result = {}                                          #保存匹配结果
48 for i,fea_vec in enumerate(test_center):             #遍历测试数据的聚类中心点
49     fea_vec=np.array(fea_vec)
50     ans=NN_search(fea_vec,vccenter)    #查找与聚类中心点最近的类别
51     classindex = int(ans.split('.')[0])
52     if classindex<=150:                #如果聚类中心点超出范围，则聚类错误
53         print("聚类错误的类别",i,ans)
54     if classindex not in result.keys():
55         result[classindex]=i
56     else:                              #如果两个聚类结果匹配到相同类别，则聚类重复
57         print("聚类重复的类别",i,result[classindex],ans)
58 for i in range(150,200):               #查找聚类失败的类别
59     if i+1 not in result.keys():
60         print("聚类失败的类别: ",classname[i])
```

代码运行后，输出结果如下。

```
聚类错误的类别 0 135.Bank_Swallow
聚类重复的类别 30 21 177.Prothonotary_Warbler
聚类重复的类别 35 26 163.Cape_May_Warbler
聚类重复的类别 36 11 188.Pileated_Woodpecker
聚类重复的类别 38 6 179.Tennessee_Warbler
聚类重复的类别 41 14 197.Marsh_Wren
聚类重复的类别 43 40 195.Carolina_Wren
聚类重复的类别 44 32 166.Golden_winged_Warbler
聚类重复的类别 46 7 155.Warbling_Vireo
聚类失败的类别: 152.Blue_headed_Vireo
聚类失败的类别: 157.Yellow_throated_Vireo
聚类失败的类别: 161.Blue_winged_Warbler
聚类失败的类别: 167.Hooded_Warbler
聚类失败的类别: 170.Mourning_Warbler
聚类失败的类别: 176.Prairie_Warbler
```

```
聚类失败的类别: 178.Swainson_Warbler
聚类失败的类别: 182.Yellow_Warbler
聚类失败的类别: 184.Louisiana_Waterthrush
```

输出结果中，显示了3种聚类的出错信息：聚类错误的类别、聚类重复的类别和聚类失败的类别。这便是导致5.5.7小节模型精度不高的真实原因。

2. 分析聚类效果不好的原因

造成聚类效果不好的原因主要有以下两点。

- 提取视觉特征的模型不好，没有将每个图片的同类特征更好地提取出来，导致同类特征距离不集中，或类间特征距离不明显。
- 测试集中的样本过于混杂。测试集中的样本可能会包含已知、未知的类别，甚至是不在待识别分类中的其他噪声数据。

3. 聚类效果不好时应采取的方案

当测试出聚类环节出现问题时，可以从以下3个方面进行优化。

- 使用更好的特征提取模型，按照5.6.1小节中的模型选取方案，更换或重新训练更好的模型来提取特征。
- 对测试集进行清洗。具体清洗方法见5.6.5小节。
- 拆分任务，保留模型聚类成功的类别特征。利用这些类别，使用VSC模型的训练方式，生成一个具有部分分类能力的模型。该方法虽然不能将所有的50个未知类别分开，但是可以保证模型能够对部分未知类别做出正确的预测。

5.6.5 清洗测试集

在实际情况下，测试集中可能存在许多不属于任何已知类别的图片。如果直接对所有这些未清洗（人工智能中的专用术语）的图片进行聚类，则得到的中心点有可能会与该类别本身的中心点出现偏差，从而影响后续的训练效果。

为了解决测试数据集中样本不“纯净”的问题，可以先使用如下步骤，对测试数据集进行清洗。

（1）采取VCL方法，用训练数据集训练一个两层网络，实现类别属性特征到类别视觉特征中心点的映射。

（2）利用该模型对测试数据集的未知类别属性进行处理，得到其对应的类别视觉特征中心点，即未知类别的中心点。

（3）在训练数据集中每个分类样本里找出两个特征距离最远的点，并求出它们的最大值D_{max}。

（4）在测试数据集中找出距离中心点C中小于$D_{max}/2$的样本。

（5）对这些样本进行基于视觉结构约束的训练。

这种方式相当于先借助训练数据集的中心点预测模型，来找到测试数据集中的中心点，然后根据测试数据集中样本离中心点的距离来筛选出一类“纯净”测试样本。

有了这些“纯净”样本之后，再对其提取视觉中心点，进行视觉特征与属性特征的匹配训练，才会得到更好的效果。

5.6.6　利用可视化方法进行辅助分析

除了前文介绍的一些分析方法以外，还可以利用可视化方法进行辅助分析。通过对数据分布和中心点的可视化，可以更直观地帮助开发人员调试和定位问题。

对本例测试数据集中的 50 个未知类别进行可视化处理，如图 5-22 所示。

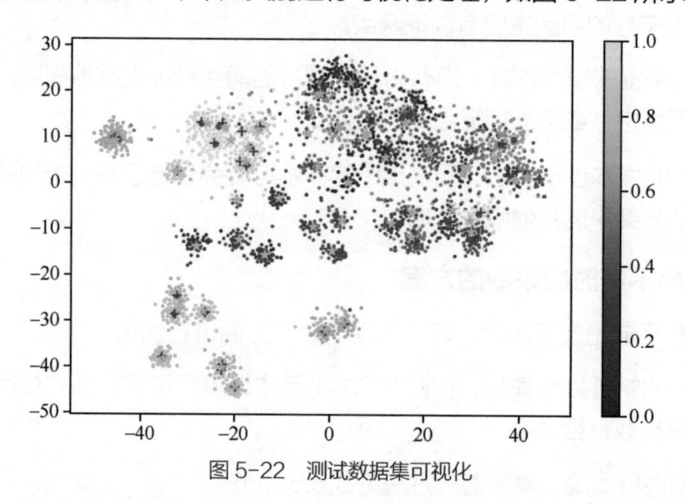

图 5-22　测试数据集可视化

图 5-22 显示了测试数据集中基于图片视觉特征的可视化结果。其中，红色圆点为每个类别视觉特征，蓝色加号为对图片视觉特征进行聚类后的 50 个聚类中心点，黄色五角星为 VSC 模型根据类别属性特征所转化成的 50 个预测类别的视觉特征。

整体来看，图 5-22 中，右上角区域中的图片特征分布较平均，类间边界模糊，VSC 模型的输出结果和聚类结果相对于真实的类别视觉特征误差较大；左下角和中间区域中的图片特征分布较稀疏，类间边界清晰，VSC 模型输出的结果与真实的类别视觉特征误差较小。

另外，可视化还对调试代码过程中，发现数据逻辑层面的问题有很大帮助，如图 5-23 所示，可以很容易看出聚类的环节发生了错误。

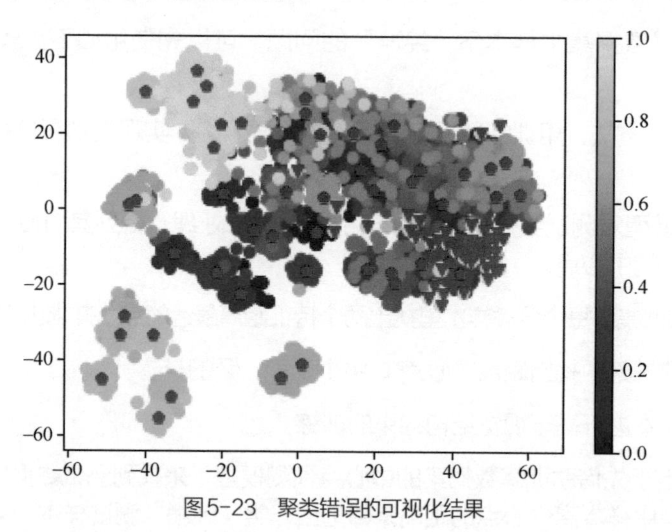

图5-23　聚类错误的可视化结果

图 5-23 中，红色的 5 边形是每个类别的中心点，红色的倒三角形是聚类后的结果。可以看出大部分的聚类结果都集中在偏右侧的中部，并没有分布在每个类别的中心点附近。这表明聚类环节的代码出现了数据逻辑错误。

第6章 异构图神经网络

异构图神经网络属于图神经网络的一部分，它主要用于处理异构图（Heterogeneous Graph）数据。因为同构图（Homogeneous Graph）属于异构图的一个特例，所以异构图神经网络也适用于同构图数据。

本章内容主要分为3部分：第1部分介绍异构图相关的理论知识，第2部分介绍DGL中实现异构图的相关接口，第3部分以实例讲解异构图模型在推荐系统中的应用。

6.1 异构图的基础知识

《PyTorch深度学习和图神经网络（卷1）——基础知识》介绍的图神经网络模型都是基于同构图数据实现的。但在实际场景中，异构图的应用更为广泛。基于异构图所实现的异构图神经网络也是图神经网络中非常重要的应用之一。下面将介绍异构图相关的理论知识。

6.1.1 同构图与异构图

同构图数据中只存在一种节点和边，因此在构建图神经网络时，所有节点共享同样的模型参数并且拥有同样维度的特征空间。

异构图又叫异形图。它是相对于同构图而言的，是指包含不同类型的节点和边的图。在异构图中可以有多种节点和边，且允许不同类型的节点拥有不同维度的特征或属性。

在生活中，异构图比同构图使用得更为广泛。如果用图来描述我们和周围事物的关系就会发现，所有产生的图都是天然异构的。例如，我今天购买了一本图书，那么“我”作为读者就和图书之间建立了“购买”这一关系。

而异构图可以用来描述这种交互关系的集合。在异构图中，可以分为“读者”和“图书”两类节点，以及“购买”这一类边。

“我”作为读者，和图书所具有的不同的属性，需要用不同的模型或者不同的特征维度来表达。这种结构中含有不同属性元素所构成的图天然就具有异构性。

6.1.2 什么是异构图神经网络

异构图神经网络是指基于异构图训练的神经网络。它与传统网络相比，能够获得更好的效果与表现。

一般来讲，由于异构图中不同类型的节点和边具有不同类型的属性，异构图神经网络需要使用具有不同维数的表示方法才能利用这些不同属性的节点和边进行建模，从而捕获到每个节点和边类型的特征。

异构图神经网络也被应用到知识图谱、推荐系统以及恶意账户识别等领域和任务中。

6.1.3 二分图

二分图又称为二部图，是图论中的一种特殊模型。它是指有两个子图，每个子图内部的节点只与外部的节点相连，同一个子图内部的节点互不相连。

二分图结构在推荐算法中经常遇到。以用户购买商品的场景为例，每个用户和商品都可以看作节点，用户购买商品的行为可以看作边，这种结构所构成的图就是二分图，如图6-1所示。

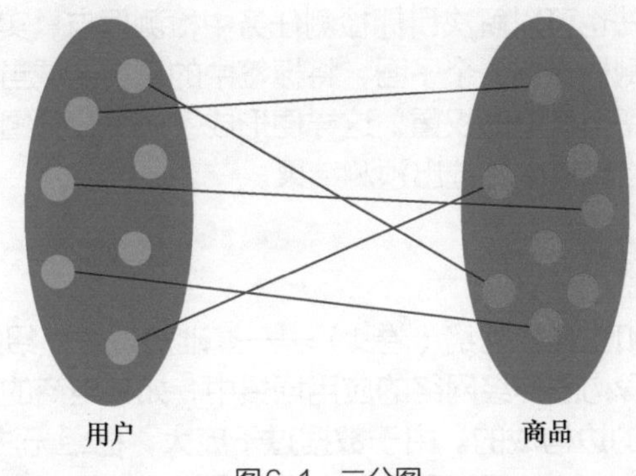

图6-1 二分图

1. 二分图的特性与判定

二分图具有以下特性。

- 二分图至少有两个顶点。
- 如果二分图中的顶点存在回路，则回路的边数必定是偶数。
- 二分图中的顶点也可以不存在回路。

以上特性可以被用来检测图的二分性。例如，在图 6-2 中，图 6-2（a）就是一个二分图，因为顶点①、②的回路边数是 4；而图 6-2（b）则不是一个二分图，因为其顶点①的回路边数为 3，是奇数。

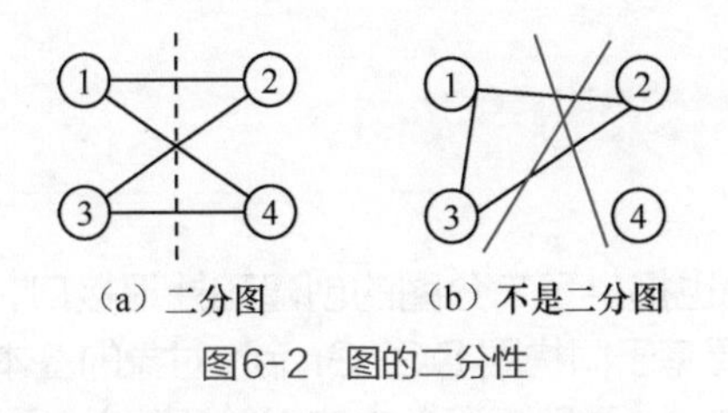

图6-2 图的二分性

在实现时，可以通过邻接表法或染色法用程序进行判断。这些方法已经不再需要手动实现。因为在 NetworkX 以及类似的工具库中，都会提供现成的接口，直接进行调用即可（参考 6.2.1 小节）。

2. 匹配的概念及方法

匹配是二分图中的一个概念。它是指给定一个二分图 G，在 G 的一个子图 M 中，M 的边集 $\{E\}$ 中的任意两条边都不依附于同一个顶点，则称 M 是一个匹配。

在二分图中常用的匹配方法有如下 3 种。

- 极大匹配：指在当前已完成的匹配下，无法再通过增加未完成匹配的边的方式来增加匹配的边数。
- 最大匹配：所有极大匹配当中边数最大的一个匹配，选择这样的边数最大的子集称为图的最大匹配问题。
- 完全匹配（完备匹配）：一个匹配中，图中的每个顶点都和图中某条边相关联。

利用二分图的匹配方法也可以解决目标检测任务中检测框与真实区域的匹配问题。在实现时，可以将模型输出的检测框当作一个子图，将标签中的真实区域当作另一个子图，每个检测框与真实区域之间的重叠率当作边的权重。这样便形成了一个二分图结构。通过二分图的最大匹配方法，即可从大量的检测框中筛选出预测结果。

6.1.4　局部图卷积

《PyTorch深度学习和图神经网络（卷1）——基础知识》介绍的图神经网络多数是对整张图进行运算的。但是在异构图神经网络的应用场景中，如某电商的推荐系统，图结构数据是由几十亿的节点和上百亿的边构成的。由于数据过于庞大，已经无法实现对整张图进行运算。于是需要采用局部图卷积的方法，只对局部节点进行图卷积计算，来实现大型图结构数据的处理。具体步骤如下。

（1）选取目标节点的N个邻居节点作为计算目标。

（2）把目标节点及其N个邻居节点当作一个新的子图，在这个新的子图上做图卷积运算。

（3）依次将图中的每个节点当作目标节点，按照第（1）、（2）步进行操作，最终得到图中所有节点的特征值。

局部图卷积可以保证邻居节点的个数固定，使计算过程中所占用的内存可控。

在局部图卷积中，每个卷积模块都学习如何聚合来自子图的信息并堆叠起来，以获得局部网络拓扑信息。并且卷积模块的参数在所有节点之间共享，大大减少复杂度，不受输入图尺寸的影响。

6.2　二分图的实现方式

在DGL、NetworkX中也提供了二分图的创建和处理接口，它在同构图的操作基础之上进行了扩展。建议读者在掌握基于同构图DGLGraph对象的基本操作之后（见《PyTorch深度学习和图神经网络（卷1）——基础知识》中的相关章节），再来学习本节内容。

6.2.1　用NetworkX实现二分图

NetworkX中可以使用Graph或DiGraph类来表示二分图结构数据。在创建时必须为每个子图的节点集合进行标注，同时还需要确保同一集合的节点之间互不相连。

1. 创建完全匹配二分图

在NetworkX中可以使用complete_bipartite_graph函数创建基于完全匹配的二分图。具体代码如下。

```
import networkx as nx
nxcg = nx.complete_bipartite_graph(2, 3) #创建二分图
nxcg.nodes()    #输出：NodeView((0, 1, 2, 3, 4))
nxcg.edges()    #输出：EdgeView([(0, 2), (0, 3), (0, 4), (1, 2), (1, 3), (1, 4)])
```

在complete_bipartite_graph函数所创建的二分图中，两个子图的节点个数分别为2和3。该二分图的边满足完全匹配，即每个子图的节点都与另一个子图的节点相连。

2. 创建自定义二分图

除了创建完全匹配二分图以外，NetworkX 还支持自定义二分图的创建。

自定义二分图的创建过程与创建普通图非常相似，只是在向图中添加节点时，需要多传入一个参数 bipartite。该参数可以取值 0 或 1，用于指定所添加的节点属于哪个子图。具体代码如下。

```
import networkx as nx
nxg= nx.DiGraph()                                          #定义一个有向图
nxg.add_nodes_from(['u0', 'u1', 'u2'], bipartite=0)        #添加3个节点
nxg.add_nodes_from(['v0', 'v1'], bipartite=1)              #添加2个节点
nxg.add_edges_from([('u0', 'v0'), ('u1', 'v0'),            #添加边
                    ('u1', 'v1'), ('u2', 'v1')])
```

使用 NetworkX 创建二分图仍然属于 Graph 类对象，从内存结构上看，它与普通的图没有任何区别。在添加节点时加入的 bipartite 参数只是一个用于安全检查的标志位而已。

3. 判定二分图

对于任意的 Graph 类对象，都可以使用 NetworkX 中的 is_bipartite 函数来进行二分性判定。is_bipartite 函数会根据二分图的特性，来检查当前图是否满足二分图的结构特点。具体代码如下。

```
nx.is_bipartite(nxg)  #输出True
```

4. 给二分图着色

在 NetworkX 的算法子模块中有一个 bipartite 库，可以对二分图做基于各种算法的处理，包括计算最大匹配、计算邻接矩阵、聚类、光谱测量等。具体说明可以在 NetworkX 的主页中的帮助文档里查看。

这里以一个二分图节点着色的功能为例，具体代码如下。

```
from networkx.algorithms import bipartite
c = bipartite.color(nxg) #c的值为{'u0': 1, 'v0': 0, 'u1': 1, 'v1': 0, 'u2': 1}
```

color 函数可以对任意满足二分图结构的 Graph 类对象进行处理，并根据二分图的结构将图对象中的节点分成两个子图。该函数执行后会返回一个字典，字典的 key 为每个节点的名称，字典的 value 为二分图中所属子图的颜色。在使用时，可以用这个颜色值来检测节点类型或进行绘图。

5. 绘制二分图

利用 color 函数所返回的着色结果，可以很容易地将二分图绘制出来。具体代码如下。

```
clist = [ c[i] for i in nxg.nodes]                  #将着色结果转化为列表
import matplotlib.pyplot as plt
nx.draw(nxg,with_labels=True,node_color=clist,)     #显示二分图
plt.show()
```

代码运行后，输出的二分图绘制结果如图 6-3 所示。

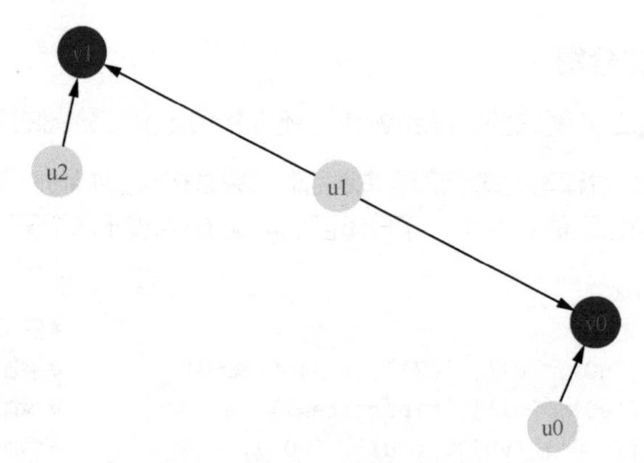

图6-3　输出的二分图绘制结果

图 6-3 所示的节点分为两种颜色，即黄色和紫色，分别代表二分图中的两个子图集合。

6. 提取二分图中的子图节点

在 bipartite 库中，还有一个 sets 函数。它的功能与 color 函数类似，都可以对任意满足二分图结构的 Graph 类对象进行二分图处理。不同的是 sets 函数不对节点着色，而是直接将两个子图的节点提取出来。具体代码如下。

```
bottom_nodes, top_nodes = bipartite.sets(B)
```

代码运行后，对象bottom_nodes和top_nodes的值分别为{'u0','u1','u2'}和{'v0','v1'}。

7. 计算最大匹配

在 bipartite 库中，直接调用 maximum_matching 函数即可计算二分图中每个节点的最大匹配。该函数会以字典的形式返回每个节点的匹配规则。在使用过程中，用户完全不需要关心最大匹配算法的特定实现。具体代码如下。

```
bipartite.maximum_matching(nxg)  #输出：{'u1':'v0','u2': 'v1','v0': 'u1','v1': 'u2'}
```

计算的结果中显示了每个节点与另一个子图集合中节点的映射关系。

6.2.2　使用DGL构建二分图

本书所介绍的异构图神经网络模型都是基于 DGL 框架实现的。在使用 DGL 构建模型之前，需要将输入数据也转换成 DGL 框架所支持的形式。

在 DGL 中提供了 bipartite 函数，用于生成 DGL 框架下的二分图结构。为了使结构更为通用，该函数可以支持多种数据格式的输入。下面就来一一介绍。

1. 将NetworkX二分图转化成DGL二分图

将 6.2.1 小节中在 NetworkX 下所实现的二分图结构传入 DGL 的 bipartite 函数中，可以生成基于 DGL 的二分图结构。具体代码如下。

```
import dgl
g = dgl.bipartite(nxg)          #生成基于DGL的二分图结构
print(g)
```

代码运行后，输出结果如下。

```
Graph(num_nodes={'_U': 3, '_V': 2},                      #节点数
    num_edges={('_U', '_E', '_V'): 4},                   #边数
    metagraph=[('_U', '_V')])                             #元图
```

从输出结果中可以看到，DGL 的二分图对象共有 3 个成员，分别是节点数、边数和元图。其中节点数 num_nodes 对象是一个字典类型，里面存放了两个子图集合，分别命名为 _U 和 _V，这是 bipartite 默认的节点名称。

从输出结果的第 2 行可以看到，边数 num_edges 对象也是一个字典类型，其中的边集合被默认命名为 _E。

输出结果的第 3 行是元图。它是一个 NetworkX 中的 MultiDiGraph 类型对象，可以直接使用 NetworkX 进行操作。具体代码如下。

```
meta_g = g.metagraph                 #获得MultiDiGraph类型对象
meta_g.nodes()                       #获得节点类型：NodeView(('_U', '_V'))
meta_g.number_of_nodes()             #获得节点类型个数：2
meta_g.edges()                       #获得边类型：OutMultiEdgeDataView([('_U', '_V')])
meta_g.number_of_edges()             #获得边类型个数：1
```

2. 为二分图指定名称

DGL 支持对二分图中的节点集合和边集合指定名称。被命名后的二分图会使人更容易理解。例如，有 3 个用户和 2 款游戏，用户与游戏的关系如图 6-4 所示。

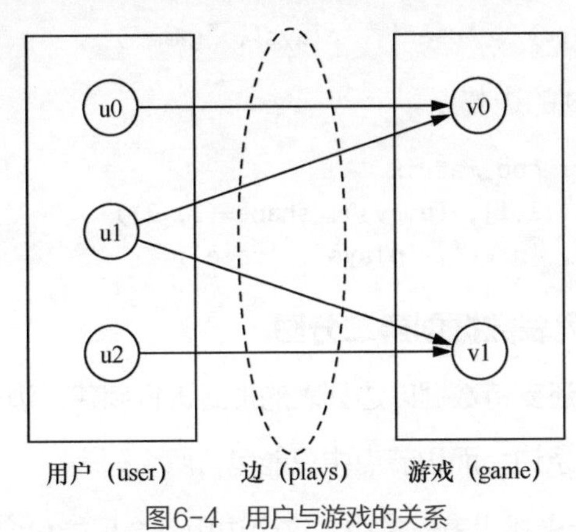

图6-4 用户与游戏的关系

根据图 6-4 所示的关系，来构建二分图。具体代码如下。

```
g = dgl.bipartite(nxg, 'user', 'plays', 'game')
print(g)
```

代码运行后，输出结果如下。

```
Graph(num_nodes={'user': 3, 'game': 2},                  #节点数
    num_edges={('user', 'plays', 'game'): 4},            #边数
    metagraph=[('user', 'game')])                         #元图
```

从输出结果中可以看到，用户 user 数量为 3，游戏 game 数量为 2，两个子图间的边

plays 数量为 4。如果想看到边的具体信息，可以使用如下代码。

```
g.edges() #输出: (tensor([0, 1, 1, 2]), tensor([0, 0, 1, 1]))
```

从输出结果中可以看到，图对象 g 的边是用两个张量类型的数组定义的，这两个张量列表分别代表边的两个节点。在 DGL 中，默认会为每个子图中的节点从 0 开始编号，每个张量列表中的数值即该子图中的节点索引。

3. 使用DGL从边节点数据创建二分图

DGL 的 bipartite 函数还支持从 Python 原生的边节点数据来创建二分图。在实现时，可以仿照二分图的边定义方式在两个列表中，定义每条边对应的两端节点。具体代码如下。

```
u = [0, 1, 1, 2]                                             #定义子图u的边节点
v = [0, 0, 1, 1]                                             #定义子图v的边节点
g = dgl.bipartite((u, v))                                    #根据边节点定义二分图
g = dgl.bipartite((u, v), 'user', 'plays', 'game')  #指定二分图的名称
```

DGL 的 bipartite 函数还支持 PyTorch 张量类型和稀疏矩阵形式的边节点数据。在定义列表对象时，将上面代码中的 u 和 v 定义成如下两种形式，程序也可以正确执行。

（1）使用 PyTorch 张量类型的边节点。

```
import torch
tu = torch.tensor(u)
tv = torch.tensor(v)
g = dgl.bipartite((tu, tv) , 'user', 'plays', 'game')
```

（2）使用稀疏矩阵形式的边节点。

```
from scipy.sparse import coo_matrix
spmat = coo_matrix(([1,1,1,1], (u, v)), shape=(3, 2))
g = dgl.bipartite(spmat, 'user', 'plays', 'game')
```

4. 使用DGL从边列表数据创建二分图

DGL的bipartite函数还支持数据以边列表的形式进行创建。边列表与边节点的区别如下。

- 边列表可以包含多条边；而边节点中只能包含两个列表。
- 边列表中的每个元素都代表一条边，这个边用一个只能包含两个元素的元组或列表表示；而边节点中每个元素都代表一个子图的节点集合，这个节点集合用一个元组或列表表示，每个集合中的元素都可以是多个。

在使用时，bipartite 函数会根据输入的对象结构来自动识别输入数据是边列表还是边节点。使用边列表创建二分图的代码如下。

```
gb = dgl.bipartite([(0, 0), (1, 0), (1, 1)], 'user', 'plays', 'game')
                                          #根据边列表创建二分图
print(gb.edges())                         #输出二分图的边: (tensor([0, 1, 1]), tensor([0, 0, 1]))
```

该代码中，向 bipartite 函数传入了 3 条边。所生成的二分图 gb 的结构如下。

```
Graph(num_nodes={'user': 2, 'game': 2},
      num_edges={('user', 'plays', 'game'): 3},
      metagraph=[('user', 'game')])
```

6.2.3 二分图对象的调试技巧

虽然 DGL 库提供了非常方便的使用接口，使得开发人员不需要关心底层的实现过程，但是为了能够在编写代码过程中，最大化地保证程序的健壮性，还需要掌握一些调试技巧，以验证内存中二分图数据的准确性。

基于二分图的调试技巧主要分为两方面：查看二分图中的详细信息和使用二分图的验证机制。

1. 查看二分图中的详细信息

使用如下代码，可以查看二分图中的详细信息。

```
g = dgl.bipartite(([0,1,1,2],[0,0,1,1]),'user','plays','game') #定义二分图
g.number_of_nodes('user')    #输出user节点的个数：3
g.number_of_nodes('game')    #输出game节点的个数：2
g.number_of_edges('plays')   #输出边plays的条数：4
g.edges()                    #输出边plays的详细信息：tensor([0,1,1,2]), tensor([0,0,1,1])
g.out_degrees(etype='plays')#输出边plays输出方向的度：tensor([1, 2, 1])
g.in_degrees(etype='plays') #输出边plays输入方向的度：tensor([2, 2])
```

其中最后两行代码也可以写成如下形式。

```
g['plays'].out_degrees()
g['plays'].in_degrees()
```

2. 使用二分图的验证机制

在 bipartite 函数中，还可以使用 validate 参数来对二分图进行验证。当 validate 参数设为 True 时，程序会检查输入参数 num_nodes 中的节点个数与边节点数组中的值是否匹配。因为边节点数组中的元素是子图的索引值，所以元素中的最大值必须要小于参数 num_nodes 中的节点个数，否则程序就会报错，提示验证失败。具体代码如下。

```
gv = dgl.bipartite(([0, 1, 2], [1, 2, 3]), num_nodes=(2, 4), validate=True)
```

该代码中，使用 bipartite 函数时，向其传入了 validate=True，表明启用二分图的验证机制。其中第一个子图的边节点（[0, 1, 2]）最大值为 2，且该子图有 3 个节点（0、1、2）。而参数 num_nodes 所设置的节点个数为 2，并不是 3，则运行时会报错，提示边节点的索引出界。具体如下。

```
DGLError: Invalid node id 2 (should be less than cardinality 2).
```

如果将代码中第一个子图的边节点改成 [0, 1, 1]，则程序可正确运行。具体代码如下。

```
gv = dgl.bipartite(([0, 1,1], [1, 2, 3]), num_nodes=(2, 4), validate=True)
```

这种验证方式对于构建图结构输入数据时非常有用。在实际场景中，图节点数据的总个数往往是已知条件。在构建子图数据时，一般都需要逐个样本进行转换。如果由于转换

中的数据错误，产生了异常的索引值，则在程序整体运行时，会产生无法预料的错误。使用验证机制可以保证二分图部分的节点数据是正确的。二分图的验证机制能够减轻排查错误的工作量。

6.3　异构图的实现方式

异构图是由多个任意结构的图组合而成的。在 DGL 中，可使用 heterograph 函数或 hetero_from_relations 函数进行实现。

6.3.1　创建异构图

异构图既可以由同构图或二分图的图对象组合而成，也可以通过手动方式直接设置。下面通过一个具体的例子来进行演示。

假设有一个关系数据，如图 6-5 所示。

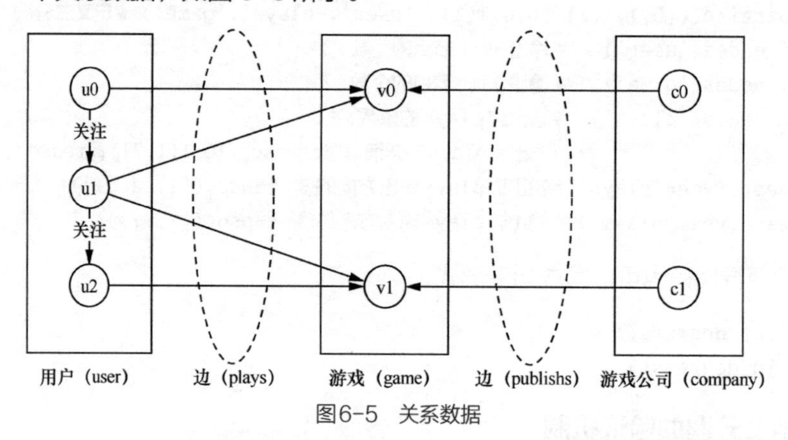

图6-5　关系数据

在图 6-5 中，包含一个普通图和两个二分图，其中用户内部的关注关系是普通图、用户与游戏之间的关系是二分图、游戏与游戏公司之间的关系是二分图。

1. 用heterograph函数实现异构图

使用 heterograph 函数实现该图结构的代码如下。

```
user_g = dgl.graph(([0, 1], [1, 2]), 'user', 'attentions')  #用户内部的关注关系图
#用户与游戏之间的关系图
spmat_g = coo_matrix(([1,1,1,1], ([0, 1, 1, 2], [0, 0, 1, 1])), shape=(3, 2))
#游戏与游戏公司之间的关系图
nx_g = nx.DiGraph()
nx_g.add_nodes_from(['c0', 'c1'], bipartite=0)
nx_g.add_nodes_from(['v0', 'v1'], bipartite=1)
nx_g.add_edges_from([('c0', 'v0'), ('c1', 'v1')])
g = dgl.heterograph({                                              #生成异构图
     ('user', 'attentions', 'user') : user_g,
     ('user', 'plays', 'game') : spmat_g,
     ('company', 'publishs', 'game') : nx_g  })
```

为了能够演示代码的多种编写方式，将用户内部的关注关系图、用户与游戏之间的关系图及游戏与游戏公司之间的关系图分别用 dgl.graph 函数、稀疏矩阵、NetworkX 的方式进行实现。DGL 的 heterograph 函数可以兼容这几种图对象作为输入，来生成异构图。

```
Graph(num_nodes={'company': 2, 'game': 2, 'user': 3},
      num_edges={('user', 'attentions', 'user'): 2, ('user', 'plays', 'game'): 4,
('company', 'publishs', 'game'): 2},
      metagraph=[('company', 'game'), ('user', 'user'), ('user', 'game')])
```

在创建异构图时，还可以直接手动指定子图数据。例如，可以将演示代码中游戏与游戏公司之间的关系图换为手动设置，则调用 heterograph 函数的代码可以改写成如下代码。

```
g = dgl.heterograph({                          #生成异构图
    ('user', 'attentions', 'user') : user_g,
    ('user', 'plays', 'game') : spmat_g,
    ('company', 'publishs', 'game') : [(0, 0), (1, 1)] })
```

代码最后一行用手动设置边列表数据的方法来实现游戏与游戏公司之间的关系图，并将其与 user_g、spmat_g 一起合并组成异构图对象 g。

2. 用hetero_from_relations函数实现异构图

还可以使用 hetero_from_relations 函数实现异构图。具体代码如下。

```
plays_g = dgl.bipartite(([0, 1, 1, 2], [0, 0, 1, 1]), 'user', 'plays', 'game')
publishs_g = dgl.bipartite(([(0, 0), (1, 1)]), 'company', 'publishs', 'game')
g = dgl.hetero_from_relations([user_g, plays_g, publishs_g])
```

6.3.2　设置异构图的节点个数

在创建异构图时，每个节点的个数是根据传入边的关系数据而决定的（用边关系中节点的最大索引值来代表节点个数）。然而，这种构图方式无法将没有边的节点包含。如果想要在异构图中增加节点，则可以通过 heterograph 函数的 num_nodes_dict 参数来实现。num_nodes_dict 参数是一个字典类型，其中的 key 值代表节点类型，value 值代表节点个数。具体代码如下。

```
g = dgl.heterograph({                                            #生成异构图
    ('user', 'attentions', 'user') : user_g,
    ('user', 'plays', 'game') : spmat_g,
    ('company', 'publishs', 'game') : [(0, 0), (1, 1)], },
{'company': 3, 'game': 3, 'user': 3}  )                          #指定节点个数
Print(g)                                                         #输出g的结构
```

代码运行后，所得到的异构图 g 的结构如下。

```
Graph(num_nodes={'company': 3, 'game': 3, 'user': 3},
      num_edges={('user', 'attentions', 'user'): 2, ('user', 'plays', 'game'): 4,
('company', 'publishs', 'game'): 2},
      metagraph=[('company', 'game'), ('user', 'user'), ('user', 'game')])
```

从输出结果的第一行可以看到，异构图 g 中 company 类型的节点变成了 3 个。该个数与调用 heterograph 函数时所设置的一致。

在同构图对象中，可以通过 add_nodes 函数向已有的图中添加节点；通过 add_edge 函数、add_edges 函数向已有的图中添加边。在异构图对象中同样有 add_nodes、add_edge 及 add_edges 这 3 个函数，它们的用法与同构图一致。

6.3.3 异构图结构的查看方式

异构图结构的查看方式与二分图结构的查看方式大致相同。下面通过代码来说明。

1. 查看异构图的二分图结构属性

在 6.3.2 小节的代码之后，编写如下代码，可以查看异构图的二分图结构属性。

```
print(g.is_unibipartite)                #输出False，因为g中的子图user_g不是二分图
g2=dgl.heterograph({                    #重新创建异构图，使其子图全为二分图
    ('user', 'plays', 'game') : spmat_g,
    ('company', 'publishs', 'game') : [(0, 0), (1, 1)],  })
print(g2.is_unibipartite)               #输出True
```

当异构图的子图全是二分图时，其 is_unibipartite 属性值为 True，否则为 False。

2. 查看节点的类型

使用异构图对象的 ntypes 属性可以查看节点的类型。具体代码如下。

```
print(g2.ntypes)#输出节点类型：['company', 'game', 'user']
```

另外，还可以使用 6.2.2 小节的方法，用元图对象来查看节点的类型。

如果异构图的二分图结构属性为 True，则还可以对图中源节点和目的节点的类型单独查看。具体代码如下。

```
print(g2.srctypes) #输出源节点类型：['company', 'user']
print(g2.dsttypes) #输出目的节点类型：['game']
```

如果异构图的二分图结构属性为 False，则 srctypes 和 dsttypes 属性失效，返回的都是全部节点类型。具体代码如下。

```
print(g.srctypes) #输出全部节点类型：['company', 'game', 'user']
print(g.dsttypes) #输出全部节点类型：['company', 'game', 'user']
```

另外，还可以通过 get_ntype_id、get_ntype_id_from_src、get_ntype_id_from_dst 函数获得指定的节点类型在列表中所对应的索引。具体代码如下。

```
g.get_ntype_id('company') #输出：0
g.get_ntype_id_from_src('company')#输出：0
g.get_ntype_id_from_dst('company')#输出：0
```

3. 查看节点的个数

使用 number_of_nodes 函数可以查看指定节点的个数。具体代码如下。

```
g.number_of_nodes('user')     #输出：3
```

如果异构图的二分图结构属性为 True，则还可以对源节点和目的节点的个数单独查看。

具体代码如下。

```
g2.number_of_src_nodes('user') #输出：3
g2.number_of_dst_nodes('game') #输出：2
```

4. 查看边的类型

使用异构图对象的 etypes 属性可以查看边的类型。具体代码如下。

```
print(g.etypes) #输出边类型：['attentions', 'plays', 'publishs']
```

另外，还可以使用 6.2.2 小节的方法，用元图对象来查看边的类型。

在 DGL 中定义了边类型的规范化格式，具体为（源节点类型，边类型，目的节点类型）。该格式可以通过以下代码获得。

```
    print(g.to_canonical_etype('publishs'))#输出'publishs'边类型的标准格式：('company',
'publishs', 'game')
    print(g.canonical_etypes)#输出全部边类型的标准格式：[('user', 'attentions', 'user'),
('user', 'plays', 'game'), ('company', 'publishs', 'game')]
```

5. 查看边的个数

有 3 种方式可以查看边的个数。具体代码如下。

```
g.number_of_edges('plays')                          #普通方式，输出：4
g['plays'].number_of_edges()                        #切片方式
g.number_of_edges(('user', 'plays', 'game'))        #三元组方式
```

以上代码都可以得到边的个数。

当异构图中有名称相同的边时，只能使用三元组方式来指定具体的边。假设 g 中还有一个图为 ('user', 'plays', 'ball')，它与 ('user', 'plays', 'game') 图中的边名称相同，都为 plays。在这种情况下，如果使用 plays 来获取边数，则系统无法知道用户到底要查看哪个图中的边，只有使用三元组方式，系统才能定位到唯一的图。

6. 查看边的度

通过下面代码可以查看异构图中指定边的度。具体如下。

```
g.out_degrees(etype='plays') #查看出度，输出：tensor([1, 2, 1])
g['plays'].out_degrees()      #查看出度的另一种写法，输出：tensor([1, 2, 1])
g.in_edges(0,etype='plays')  #查看第0个节点的入度，输出：(tensor([0,1]), tensor([0,0]))
g['plays'].in_edges(1)       #查看第1个节点的入度，输出：(tensor([1,2]), tensor([1,1]))
```

7. 查看边的内容

在异构图中，需要通过边的类型来查看边的内容。在实现时可以使用异构图对象的 edges 方法，也可以使用异构图对象的 all_edges 方法，两个方法的使用方式完全一致。以 edges 方法为例，该方法有 3 个参数，具体说明如下。

- 参数 form：用于指定方法返回的内容。当 form 为 'uv' 时，返回边的详细信息；当

form 为 'eid' 时，返回边的 ID 信息；当 form 为 'all' 时，返回边的详细信息和 ID 信息。

- 参数 order：用于指定返回结果的排列顺序。当 order 为 'eid' 时，按照边的索引进行排序；当 order 为 'srcdst' 时，按照源节点和目的节点索引进行排序。
- 参数 etype：用于指定边的类型。

具体代码如下：

```
g3 = dgl.bipartite([(1, 1), (0, 0), (1, 2)], 'user', 'plays', 'game') #定义图对象
#查看类型为plays的边
g3.edges(form='uv',  etype='plays')#查看边的详细信息，输出：(tensor([1, 0, 1]), tensor([1, 0, 2]))
g3.edges(form='eid',  etype='plays')  #查看边的ID信息，输出：tensor([0, 1, 2])
g3.edges(form='all',  etype='plays')#查看边的详细信息和ID信息，输出：(tensor([1, 0, 1]), tensor([1, 0, 2]), tensor([0, 1, 2]))
g3.edges(form='all', order='srcdst', etype='plays')#按照源节点和目的节点索引进行排序，
#输出：(tensor([0, 1, 1]), tensor([0, 1, 2]), tensor([1, 0, 2]))
```

在上面代码中，如果将所有的 edges 方法换成 all_edges 方法，也会输出一样的结果。另外，还可以用如下方法来查看边的类型。

```
g3['plays'].all_edges()        #查看类型为plays的边
```

8. 查看边的对端顶点

使用异构图对象的 successors 方法可以根据源节点查看目的节点；使用异构图对象的 predecessors 方法可以根据目的节点查看源节点。具体代码如下。

```
g3 = dgl.bipartite([(1, 1), (0, 0), (1, 2)], 'user', 'plays', 'game') #定义图对象
g3.successors(0, 'plays')       #查看第0个节点的目的节点，输出：tensor([0])
g3.successors(1, 'plays')       #查看第1个节点的目的节点，输出：tensor([1, 2])
g3.predecessors(1, 'plays')     #查看第1个节点的源节点，输出：tensor([1])
g3.predecessors(2, 'plays')     #查看第2个节点的源节点，输出：tensor([1])
```

6.3.4 异构图与同构图的相互转化

使用 to_homo 函数可以将异构图转化成同构图。下面通过代码来说明。

1. 将异构图转化成同构图

在 6.3.2 小节的代码之后，编写如下代码，将异构图转化成同构图。

```
homo_g = dgl.to_homo(g)
print(homo_g)
```

代码运行后，输出结果如下。

```
Graph(num_nodes=9, num_edges=8,
      ndata_schemes={'_TYPE': Scheme(shape=(), dtype=torch.int64), '_ID': Scheme(shape=(), dtype=torch.int64)}
```

```
    edata_schemes={'_TYPE': Scheme(shape=(), dtype=torch.int64), '_ID':
Scheme(shape=(), dtype=torch.int64)})
```

使用如下代码可以看到同构图中的节点和边。

```
    homo_g.ndata      #输出节点:{'_TYPE': tensor([0, 0, 0, 1, 1, 1, 2, 2, 2]), '_
ID': tensor([0, 1, 2, 0, 1, 2, 0, 1, 2])}
    homo_g.edata      #输出边:{'_TYPE': tensor([0, 0, 1, 1, 1, 1, 2, 2]), '_ID':
tensor([0, 1, 0, 1, 2, 3, 0, 1])}
```

2. 将同构图还原回异构图

使用to_hetero函数可以将同构图还原回异构图。具体代码如下。

```
hetero_g_2 = dgl.to_hetero(homo_g, g.ntypes, g.etypes)
print(hetero_g_2)
```

代码运行后，输出结果如下。

```
Graph(num_nodes={'company': 3, 'game': 3, 'user': 3},
    num_edges={('company', 'publishs', 'game'): 2, ('user', 'attentions', 'user'):
2, ('user', 'plays', 'game'): 4},
    metagraph=[('company', 'game'), ('user', 'user'), ('user', 'game')])
```

从输出结果中可以看到，异构图hetero_g_2的结构与原始的异构图g的结构相同。

3. 从异构图中提取子图

调用异构图对象的edge_type_subgraph方法，可以获取其内部的子图。具体代码如下。

```
subg = hetero_g_2.edge_type_subgraph(['plays']) #获取含有plays边的子图
print(subg)
```

代码运行后，输出结果如下。

```
Graph(num_nodes={'game': 3, 'user': 3},
     num_edges={('user', 'plays', 'game'): 4},
     metagraph=[('user', 'game')])
```

6.3.5　异构图与同构图的属性操作方式

由于异构图的结构比同构图的结构更加复杂，在DGL中，异构图的属性操作方式也适用于同构图。但是同构图的属性操作方式却不适合异构图。下面将从异构图到同构图依次介绍属性操作方式。

1. 操作异构图中属性的通用方式

通过访问图对象中指定节点或边的data对象，即可实现图的属性操作。这是最通用的图属性操作方式。它适用于DGL中的任何图结构对象。具体代码如下。

```
g4 = dgl.heterograph({                              定义异构图
('user', 'plays', 'game'): [(0, 1), (1, 2)],
```

```
('user', 'reads', 'book'): [(0, 1), (1, 0)] })
#为节点属性赋值
g4.nodes['user'].data['h'] = torch.zeros(2, 3)
g4.nodes['game'].data['h'] = torch.zeros(3, 3)
#为边属性赋值
g4.edges['plays'].data['h'] = torch.zeros(2, 3) #指定具体的边
```

需要注意的是，在为节点或边属性赋值时，所赋的属性值第一个维度必须与该图结构中的数量相等。例如，user 节点一共有两个，则为该节点属性赋值时，第一个维度必须为 2。

2. 对二分图结构的属性进行操作

当异构图满足二分图结构时，还可以通过源、目的的方式对节点属性进行操作。具体代码如下。

```
print(g4.is_unibipartite)                                #判断是否满足二分图结构
g4.dstnodes['game'].data['h'] = torch.zeros(3, 3) #为源节点属性赋值
g4.srcnodes['user'].data['h']= torch.zeros(2, 3) #为目的节点属性赋值
```

该方式适用于边、源节点及目的节点都有多种类型的二分图结构。

3. 对简单二分图结构的属性进行操作

如果二分图结构中只有一种类型的边，且源节点、目的节点类型各只有一种，则还可以使用如下方式对边和节点属性进行操作。具体代码如下。

```
g5 = dgl.bipartite([(0, 1), (1, 2)], 'user', 'plays', 'game')
g5.srcdata['h'] = torch.zeros(2, 5) #为源节点属性赋值
g5.dstdata['h'] = torch.zeros(3, 3) #为目的节点属性赋值
g5.edata['h'] = torch.zeros(2, 5) #为边属性赋值
```

4. 对同构图的属性进行操作

对同构图的属性进行操作，无须指定节点和边的类型，可以直接进行赋值。具体代码如下。

```
g6 = dgl.graph([(0, 1), (1, 2)], 'user', 'follows')
g6.ndata['h'] = torch.zeros(3, 5)                   #为节点属性赋值
g6.edata['h'] = torch.zeros(2, 5)                   #为边属性赋值
```

另外，在异构图中，如果边的类型有多种，且节点的类型只有一种，还可以使用如下方式为边属性赋值。

```
g6['follows'].ndata['h']                                  #为边属性赋值
```

6.4　随机行走采样

随机行走采样是一种基于图数据的采样方式。随机行走采样常应用在处理大型、复杂的图数据任务中，也是异构图延伸到网络中的常用采样技术。

6.4.1　什么是随机行走

随机行走（Random Walk，RW）是一种数学统计模型。它是由一连串的轨迹所组成的，其中每一次轨迹都是随机的。它能用来表示不规则的变动形式。

在图数据的节点中，按照节点间的边进行随机行走，可以得到一个基于图的序列。这个序列可以理解为从种子节点（或起始节点）数组生成随机行走的轨迹，即基于给定的元路径。在一定程度上，它能够体现出节点间的边关系。在图神经网络中，常使用该路径来对海量图节点进行采样，或特征计算。

对单个种子节点所实行的随机行走步骤如下。

（1）从 0 开始设定，从当前节点沿着边行走到下一节点。

（2）如果当前节点有多条边，则随机选择一条边行走。

（3）如果当前节点没有边，则提前完成随机行走过程。

（4）在行走过程中，每走一步都会计数，当走的步数达到预先指定的步数，则完成随机行走过程。

（5）在随机行走过程完成之后，将整个过程所行走的轨迹（所经过的节点）以数组形式返回。

在具体实现时，如果一个随机行走过程提前停止，其返回值会将未完成的步数填充 -1，保证返回的数组与指定的长度相同。

6.4.2　普通随机行走

在 DGL 中，使用 sampling.random_walk 函数可以实现普通随机行走。下面将通过代码来实现普通随机行走。

1. 构建同构图

编写代码，构建一个同构图。具体代码如下。

```
g1 = dgl.graph([(0, 1), (1, 2), (1, 3), (2, 0), (3, 0)])
```

该代码实现了一个含有 4 个顶点、5 条边的同构图，如图 6-6 所示。

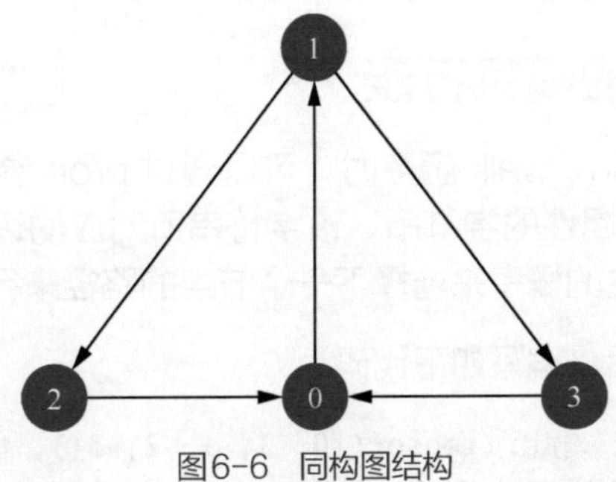

图6-6　同构图结构

2. 实现普通随机行走

调用 sampling.random_walk 函数，指定种子节点、行走步数（4），实现普通随机行走。具体代码如下。

```
nrw = dgl.sampling.random_walk(g1, [0, 1, 2, 0], length=4)
print(nrw)
```

代码运行后，系统会从 [0, 1, 2, 0] 这 4 个节点开始，沿着边的方向依次行走 4 步，并将行走的路径返回。输出结果如下。

```
tensor([[0, 1, 3, 0, 1], [1, 3, 0, 1, 3], [2, 0, 1, 3, 0], [0, 1, 2, 0, 1]])
tensor([0, 0, 0, 0, 0])
```

输出结果中包含两个张量，具体介绍如下。

- 第一个张量是 4 个种子节点的行走路径列表，列表中的元素是图中的节点（共有 5 个节点，形成了 4 条边）。
- 第二个张量是行走路径列表中每个节点的类型索引。由于同构图 g1 中仅有一种节点类型，且所有的节点类型都相同，因此该值都是 0。该张量在异构图中用于指定具体节点，在本例的同构图中可以忽略。

6.4.3 带停止概率的随机行走

在调用 sampling.random_walk 函数时，可以通过 restart_prob 参数对行走过程进行控制。系统每次会根据所设置的概率来决定是否提前停止。在 6.4.2 小节的代码之后，编写如下代码。

```
rwwr = dgl.sampling.random_walk(g1, [0, 1, 2, 0], length=4, restart_prob=0.5)
print(rwwr)
```

在调用 sampling.random_walk 函数时，传入 restart_prob 的值为 0.5，表明每次行走过程都有 50% 的概率要提前停止。

代码运行后，输出结果如下。

```
tensor([[ 0, -1, -1, -1, -1], [ 1, 3, 0, 1, 3], [ 2, -1, -1, -1, -1], [ 0, 1, -1, -1, -1]])
tensor([0, 0, 0, 0, 0])
```

从输出结果中可以看到，在系统返回的行走路径列表中，出现了多个 -1。含有 -1 的行走路径列表表明行走过程已经提前停止。

6.4.4 带路径概率的随机行走

在调用 sampling.random_walk 函数时，可以通过 prob 参数对行走过程的路径进行控制。prob 参数是一个代表边属性的字符串，该字符串所对应的边属性里，包含每条边的选择概率。系统每次会根据边属性的概率来选择下一个节点的路径来行走。

在 6.4.3 小节的代码之后，编写如下代码。

```
g1.edges()       #获取g1的边，输出：(tensor([0, 1, 1, 2, 3]), tensor([1, 2, 3, 0, 0]))
#将选择概率添加到边属性，不允许从1节点走到2节点
g1.edata['p'] = torch.FloatTensor([1, 0, 1, 1, 1])
nnrw =dgl.sampling.random_walk(g1, [0, 1, 2, 0], length=4, prob='p')
print(nnrw)
```

代码运行后，输出结果如下：

```
tensor([[0, 1, 3, 0, 1], [1, 3, 0, 1, 3], [2, 0, 1, 3, 0], [0, 1, 3, 0, 1]])
tensor([0, 0, 0, 0, 0])
```

从输出结果中可以看到，每个1节点后面，都没有2节点。这是因为在行走过程中，边属性p中的第二个元素设置为0，表明不允许从1节点走到2节点。

6.4.5 基于原图的随机行走

基于原图的随机行走常用在异构图中。由于异构图里有多个子图，在进行随机行走时，需要指定具体的节点和边，系统才能执行。下面将通过代码实现基于原图的随机行走。

1. 构建异构图

编写代码，构建一个异构图。该异构图包括3个子图，分别表示用户间的关注关系、用户与商品间的购买关系及商品与用户间的被浏览关系。具体代码如下。

```
g2 = dgl.heterograph({
  ('user','follow','user'):[(0, 1),(1, 2),(1, 3),(2, 0),(3, 0)],#用户间的关注关系
    ('user','buy','item'):[(0, 1),(2, 1),(3, 0),(3, 1),(3, 2)], #用户与商品间的购买关系
    ('item','viewed','user'):[(0,0),(0, 2),(2, 2),(2,1)]})    #商品与用户间的被浏览关系
print(g2)
```

代码运行后，输出异构图g2的结构如下。

```
Graph(num_nodes={'item': 3, 'user': 4},
    num_edges={('user','follow','user'):5,('user','bu','item'):5,('item','viewed', 'user'):4},
    metagraph=[('item', 'user'), ('user', 'user'), ('user', 'item')])
```

从输出结构中可以看到，异构图g2中包含3个商品节点、4个用户节点、3种类型的边、3个原图。异构图可视化结构如图6-7所示。

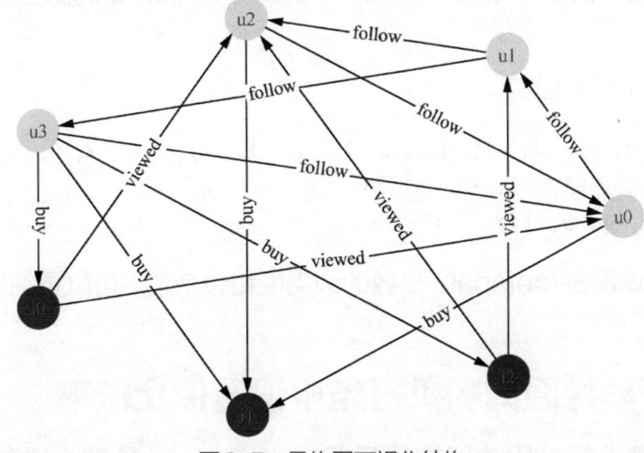

图6-7 异构图可视化结构

图6-7中，以u开头的节点代表用户节点，以i开头的节点代表商品节点。

2. 实现基于原图的随机行走

在调用sampling.random_walk函数时，可以通过metapath参数传入所要经过的边类

型，实现基于原图的随机行走。在运行时，系统会根据 metapath 参数中的边类型，来寻找下一步的行走路径。具体代码如下。

```
mrw = dgl.sampling.random_walk(
      g2, [0, 1, 2, 0], metapath=['follow', 'buy', 'viewed'] )
print(mrw)
```

metapath 参数中一共有 3 个元素，表明随机行走的步数为 3 步。这 3 步所经过的边分别是 follow、buy 和 viewed。

代码运行后，输出结果如下。

```
tensor([[ 0,  1, -1, -1], [ 1,  3,  0,  0], [ 2,  0,  1, -1], [ 0,  1, -1, -1]])
tensor([1, 1, 0, 1])
```

输出结果的第一行为基于种子节点 [0, 1, 2, 0] 所形成的行走路径列表。每个行走路径列表中有 4 个节点，对应于 3 条边。

输出结果的第二行为行走路径列表中 4 个节点的类型索引。异构图 g2 中的节点类型可以通过 g2.ntype 得到。具体代码如下。

```
print(g2.ntypes)       #输出：['item', 'user']
```

3. 在异构图中设置随机行走的边类型

sampling.random_walk 函数中的 metapath 参数非常灵活，在使用时，可以向 metapath 参数中放入任意长度的边类型。在运行时，系统会按照 metapath 参数的长度随机行走指定的步数。在 6.4.4 小节的代码之后，编写如下代码。

```
mrw2 = dgl.sampling.random_walk(
      g2, [0, 1, 2, 0], metapath=['follow', 'buy', 'viewed'] *2)
print(mrw2)
```

该代码传入的 metapath 参数中包含 6 个元素，则随机行走的路径结果将会包含 6 条边（由 7 个节点组成）。

代码运行后，输出结果如下。

```
tensor([[ 0, 1, -1, -1, -1, -1, -1], [ 1, 2, 1, -1, -1, -1, -1], [ 2, 0, 1, -1, -1, -1, -1],
        [ 0,  1, -1, -1, -1, -1, -1]])
tensor([1, 1, 0, 1, 1, 0, 1])
```

在异构图中，通过设置 metapath 参数的边类型和边个数，可以更细粒度地控制随机行走的路径。

6.4.6 在基于异构图的随机行走中设置停止概率

基于异构图的随机行走用法同样适用于 restart_prob 参数。该参数与 6.4.3 小节的 restart_prob 参数的作用一致。在 6.4.5 小节的代码之后，编写如下代码。

```
rmrw = dgl.sampling.random_walk(
      g2, [0, 1, 2, 0], metapath=['follow', 'buy', 'viewed'], restart_prob=0.5 )
pirnt(rmrw)
```

该代码在运行时，每执行一步行走，都会按照 restart_prob 参数所设置的概率决定是否需要提前停止。

代码运行后，输出结果如下。

```
tensor([[ 0, -1, -1, -1], [ 1,  3,  2,  2], [ 2,  0,  1, -1], [ 0,  1, -1, -1]])
tensor([1, 1, 0, 1])
```

6.4.7 基于随机行走采样的数据处理

在 DGL 中，提供了一个 pack_traces 函数，用于对随机行走采样后的数据进行加工和提取。pack_traces 函数可以直接用 sampling.random_walk 函数的输出结果作为输入，并将其解析为更方便的数据结构。在 6.4.6 小节的代码之后，编写如下代码。

```
concat_vids, concat_types, lengths, offsets = dgl.sampling.pack_traces(*rmrw)
print(concat_vids)      #合并后的行走路径，输出：tensor([0, 1, 3, 2, 2, 2, 0, 1, 0, 1])
print(concat_types)     #节点类型，输出：tensor([1, 1, 1, 0, 1, 1, 1, 0, 1, 1])
print(lengths)          #每个行走路径的长度，输出：tensor([1, 4, 3, 2])
print(offsets)          #每个行走路径在concat_vids中的偏移，输出：tensor([0, 1, 5, 8])
```

pack_traces 函数返回了 4 个结果，分别为合并后的行走路径、节点类型、每个行走路径的长度及每个行走路径在 concat-vids 中的偏移。通过这 4 个结果，可以很方便地在程序中使用随机行走数据。

6.4.8 以随机行走的方式对邻居节点采样

DGL 还为用户提供了一个高级接口 dgl.sampling.RandomWalkNeighborSampler，它实现了以随机行走的方式对邻居节点进行采样。这种接口是专门为处理推荐系统任务中的巨大异构图所设计的。例如，在“用户”与“商品”的购买关系中，假设以某个商品 A 为种子节点，该接口能够返回与商品 A 有购买关系的用户所购买过的其他商品。这种采样后的商品可以作为种子节点的邻居节点参与局部图卷积计算。该接口主要是根据 PinSAGE 模型中的采样方式来实现的。

下面通过代码演示该接口的具体使用方法。

1. 构建异构图

使用 scipy.sparse.random 函数构建一个密度为 0.3 的稀疏矩阵，并将该矩阵转化成异构图。具体代码如下。

```
import scipy
spg =scipy.sparse.random(4, 5, density=0.3)
print(spg.A) #输出矩阵内容：
        #     array([[0.        , 0.4595962 , 0.        , 0.        , 0.        ],
        #            [0.61265127, 0.06300989, 0.        , 0.        , 0.88530157],
        #            [0.        , 0.        , 0.        , 0.        , 0.47886123],
        #            [0.        , 0.        , 0.        , 0.        , 0.30249948]])
hg = dgl.heterograph({ ('A', 'AB', 'B'): spg,     #构建异构图
                       ('B', 'BA', 'A'): spg.T})
```

在异构图hg中，有两种节点类型A和B。从A到B的关系边为AB，从B到A的关系边为BA。

2. 调用采样接口

DGL中的dgl.sampling.RandomWalkNeighborSampler接口是以类进行封装的，在使用时需要先对其进行实例化，再通过实例化对象进行采样。

在dgl.sampling.RandomWalkNeighborSampler接口的实例化过程中，可以通过指定行走步数random_walk_length、停止概率random_walk_restart_prob、行走次数num_random_walks、邻居采样个数num_neighbors、采样路径metapath进行设置。

该接口在工作时，内部的处理逻辑如下。

（1）将采样路径metapath参数仅表示为行走一步的路径单元，即行走步数random_walk_length表示为采样路径metapath的重复次数。

（2）系统按照行走步数random_walk_length每走完一步（完成一次采样路径metapath）时，都会按照停止概率random_walk_restart_prob来判断是否需要继续行走。

（3）对于一个种子节点，系统会按照指定的行走次数num_random_walks进行随机行走采样。

（4）在得到所有的采样结果之后，系统会提取每一步行走路径中的最后节点，并按照节点出现的次数进行统计，将前num_neighbors个节点作为采样的邻居节点。

（5）将邻居节点作为源节点，将种子节点作为目的节点，组成同构图，进行返回。

以上逻辑都已经在dgl.sampling.RandomWalkNeighborSampler接口中封装好了，用户只需要关心具体使用的方法。使用该接口的具体代码如下。

```
sampler = dgl.sampling.Random WalkNeighborSampler(hg,random_walk_length=1,
                                                  random_walk_restart_prob=0.5,
                                                  num_random_walks=10,
                                                  num_neighbors = 2,
                                                  metapath=hg.etypes )#实例化
seeds = torch.LongTensor([0, 1,2])                #定义种子节点
frontier = sampler(seeds)                         #对种子节点进行采样
```

在实例化采样接口的代码中，令每个种子节点使用随机行走的方式进行10次，并从中提取两个邻居节点，最后返回到同构图对象frontier中。

3. 分析采样接口的返回值

为了更好的理解采样结果，可以通过如下代码查看同构图对象frontier的详细信息。具体代码如下。

```
print("邻居节点的采样结果：",frontier)
print("采样结果的节点类型：",frontier.ntypes)
print("采样结果的边：",frontier.edges(order='eid') )
print("在采样结果中，边的ID属性：",frontier.edata[dgl.EID])
print("在采样结果中，边的weights属性：",frontier.edata['weights'] )
```

代码运行后，输出结果如下。

```
邻居节点的采样结果: Graph(num_nodes=4, num_edges=6, ndata_schemes={}
                    edata_schemes={'_ID': Scheme(shape=(), dtype=torch.int64),
                                   'weights': Scheme(shape=(), dtype=torch.int64)})
采样结果的节点类型: ['A']
采样结果的边: (tensor([0, 1, 1, 2, 2, 3]), tensor([0, 0, 1, 1, 2, 2]))
在采样结果中，边的ID属性: tensor([0, 1, 2, 4, 5, 7])
在采样结果中，边的weights属性: tensor([5, 5, 6, 2, 5, 3])
```

从输出结果中可以看出，在同构图对象 frontier 中，有如下两点重要信息。

每个边都有 ID 属性和 weights 属性，其中 weights 属性是指邻居节点在随机行走采样结果中出现的次数。

种子节点被放到了边的目的节点处，而邻居节点被放到了边的源节点处。这种设计是为了在对采样后的数据做局部计算时，可以和块图无缝对接（关于块图的介绍请参考 6.5 节）。

6.5 DGL 库中的块图结构

在 DGL 库中，有一种特殊的内存结构叫作块图。它是一个由两组节点集合 SRC 和 DST 组成的单向二分图。每个集合可以有多种节点类型，块图中的边都是从SRC节点指向DST节点的。

块图是 DGL 库中特有的结构，仅在图计算过程中，方便消息聚合时使用。在处理异构图数据时，常使用 DGL 库中的块图结构来构建局部子图并进行计算。

6.5.1 设计块图的动机

在异构图的处理过程中，常常会把随机行走采样后的数据转化成块图进行聚合运算。如果将列表中的边所构成的图结构当作一个二分图，则可以将随机行走采样中的种子节点当作二分图的一个子集，其他节点当作二分图的另一个子集。这样便可以清晰地在图结构中表现出每个节点的邻居节点。

如果将所有的邻居节点当作边的源节点，所有的种子节点当作边的目的节点，则按照边的方向所进行的消息传播便是图节点的聚合过程。如图 6-8 所示，这便是设计块图的动机。

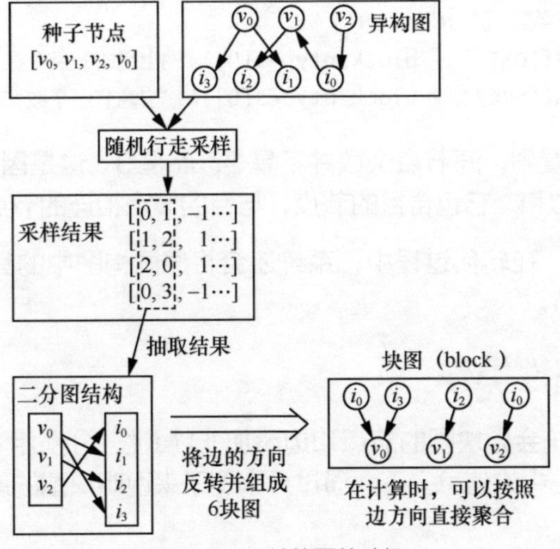

图6-8 设计块图的动机

为了方便节点的属性操作，在块图的结构设计中，将源节点设计成由邻居节点和目的节点组成。这可以理解为在节点聚合过程中，块图为目的节点增加了自环边。

6.5.2 将同构图转化成块图

使用 graph 函数可以将列表形式的边转化成同构图，使用 to_block 函数可以将同构图转化成块图。具体代码如下。

```
gorg = dgl.graph([(0, 11), (11, 21), (21, 31)])        #将列表形式的边转化成同构图
gorg.edges(form='all')  #输出边：(tensor([0,11,21]),tensor([11,21,31]),tensor([0, 1, 2]))
print(gorg)             #输出同构图的信息
block = dgl.to_block(gorg, torch.LongTensor([31, 21])) #将同构图转化成块图
print(block) #输出块图信息
```

代码运行后，可以得到如下同构图和块图的结构。

```
Graph(num_nodes=32, num_edges=3,
     ndata_schemes={}
     edata_schemes={})
Graph(num_nodes={'_N': 2},
     num_edges={('_N', '_E', '_N'): 2},
     metagraph=[('_N', '_N')])
```

输出结果的前 3 行是同构图 gorg 的结构，该图有 32 个节点和 3 条边。

输出结果的后 3 行是块图 block 的结构。其中节点个数 num_nodes 的值为 2，表示块图中的目的节点有两个；边数 num_edges 的值为 2，表示与目的节点相连的边有 2 条。

可以通过如下代码查看边的内容。

```
block.edges(order='eid') #输出：(tensor([1, 2]), tensor([0, 1]))
```

可以看到，在将同构图转化成块图时，系统会对块图中的节点重新编号，并压缩原同构图中与目的节点不相关的节点和边。

块图中的目的节点和源节点的个数可以通过如下代码进行查看。

```
block.ntypes #输出节点类型：['_N', '_N']
block.number_of_nodes('DST/' + block.ntypes[0])#输出目的节点个数：2
block.number_of_nodes('SRC/' + block.ntypes[0])#输出源节点个数：3
```

从输出结果中可以看到，源节点个数并不是 2，而是 3。这是因为在块图的结构设计中，源节点为所有边的节点总和，它包含目的节点、与目的节点相连的节点。

为了防止信息丢失，在转化过程中，系统还会将原同构图中的其他信息放到块图的属性中。具体参考 6.5.3 小节。

6.5.3 块图的属性操作

在转化过程中，系统会为块图的节点和边添加 ID 属性，分别用 dgl.NID、dgl.EID 表示。该属性中记录着原同构图中的信息。下面通过几个例子来说明块图的属性操作。

1. 查看块图中节点的ID属性

可以通过如下代码查看块图中节点的 ID 属性。

```
block.nodes['_N'].data[dgl.NID] #输出所有节点的ID属性: tensor([31, 21, 11])
block.dstdata[dgl.NID] #输出目的节点的ID属性: tensor([31, 21])
block.srcdata[dgl.NID] #输出源节点的ID属性: tensor([31, 21, 11])
```

2. 在块图中获取目的节点属性

块图的源节点属性可以代表所有节点属性，它包含目的节点属性。可以通过切片方式获取目的节点属性。具体代码如下。

```
block.nodes['_N'].data['h'] = torch.zeros(3, 3) #为节点添加属性
dstnum = block.number_of_nodes('DST/' + block.ntypes[0])#获取目的节点个数
block.nodes['_N'].data['h'][:dstnum] #获取目的节点属性
```

3. 查找块图在原同构图中所对应的边

块图节点属性中的 ID 属性值与块图中节点的编号是一一对应的。可以通过边信息中的源节点、目的节点编号配合节点属性，找到原同构图的边。具体代码如下。

```
induced_dst = block.dstdata[dgl.NID] #获取目的节点编号: tensor([31, 21])
induced_src = block.srcdata[dgl.NID] #获取源节点编号: tensor([31, 21, 11])
src,dst= block.edges(order='eid') #获取边中的源节点和目的源节点编号: src=[1,2],dst=[0, 1]
induced_src[src] #输出边的源节点: (tensor([21, 11]),)
induced_dst[dst] #输出边的目的节点: tensor([31, 21])
```

4. 查看块图中边的ID属性

块图中边的 ID 属性中记录了原同构图中的边索引，可以通过如下代码进行查看。

```
  gorg.edges(form='all')#输出原同构图中的边: (tensor([ 0, 11, 21]), tensor([11, 21,
31]), tensor([0, 1, 2]))
  block.edata[dgl.EID]  #输出块图中的边属性: tensor([2, 1])
```

块图中的边属性为 [2,1]，对应原图中索引值为 2 和 1 的边。

6.5.4 将二分图转化成块图

将二分图转化成块图的方式与将同构图转化成块图的方式非常相似。因为二分图的节点可以有多种类型，在创建块图和操作块图的节点属性时，需要参照 6.3.5 小节所介绍的方式指定具体的节点类型。具体代码如下。

```
g = dgl.bipartite([(0, 1), (1, 2), (2, 3)], utype='A', vtype='B') #定义二分图
block = dgl.to_block(g, {'B': torch.LongTensor([3, 2])})#将'B'类型的节点作为目的节点
block.number_of_nodes('A') #输出A节点的节点数: 2
block.number_of_nodes('B') #输出B节点的节点数: 2
block.nodes['B'].data[dgl.NID]#输出B节点的属性值: tensor([3, 2])
block.nodes['A'].data[dgl.NID] #输出A节点的属性值: tensor([2, 1])
```

对于多种类型的节点，同样可以使用标识符 ‘DST/’ 和 ‘SRC/’ 进行查看。具体代码如下。

```
block.ntypes：#输出节点类型：['A', 'B', 'A', 'B']
block.number_of_nodes('DST/' + block.ntypes[0]) #输出类型为'A'的目的节点个数：0
block.number_of_nodes('SRC/' + block.ntypes[0]) #输出类型为'A'的源节点个数：2
block.number_of_nodes('DST/' + block.ntypes[1]) #输出类型为'B'的目的节点个数：2
block.number_of_nodes('SRC/' + block.ntypes[1]) #输出类型为'B'的源节点个数：2
```

因为目的节点只有‘B’类型，所以类型为‘A’的目的节点个数为0。因为块图结构的源节点中包含目的节点，所以类型为‘B’的源节点个数为2。

6.6 实例：使用PinSAGE模型搭建推荐系统

PinSAGE是一个用于处理异构图数据的模型。本例将使用PinSAGE模型搭建推荐系统。

实例描述 有一组数据，记录着用户对电影的评分，从评分的高低可以看出用户对电影的喜爱程度。使用PinSAGE模型在该数据上进行训练，使其能够预测出用户可能会打高分的电影。这个结果可以结合到推荐系统中，推荐给用户。

在这个实例中，将介绍PinSAGE模型的原理，以及使用DGL实现PinSAGE模型的开发过程。该实例来自DGL库的官方例子，读者可以从GitHub网站上的DGL项目找到原版代码。

6.6.1 准备MoiveLens数据集

本例使用的是MoiveLens数据集。该数据集记录了用户对电影的评级数据。通过该数据集中用户对不同电影的评级，可以反映出用户对电影的喜爱程度。推荐系统的任务就是通过电影的历史评级数据，为用户推荐其喜爱的电影。

该数据集的下载地址见本书的配套资源“数据集下载地址.txt”。将数据集下载后，可以看到，它一共包括3个文件，每个文件中都包含多列数据，列与列之间用“::”进行分隔。具体如下。

- movies.dat文件：电影的基本信息，共有3列，分别是电影ID、电影的标题、电影的类型，如图6-9所示。
- user.dat文件：用户的基本信息，共有5列，分别是用户ID、性别、年龄、职业、邮政编码，如图6-10所示。
- ratings.dat文件：用户的评分信息，共有4列，分别是用户ID、电影ID、电影评分、评分时间，如图6-11所示。

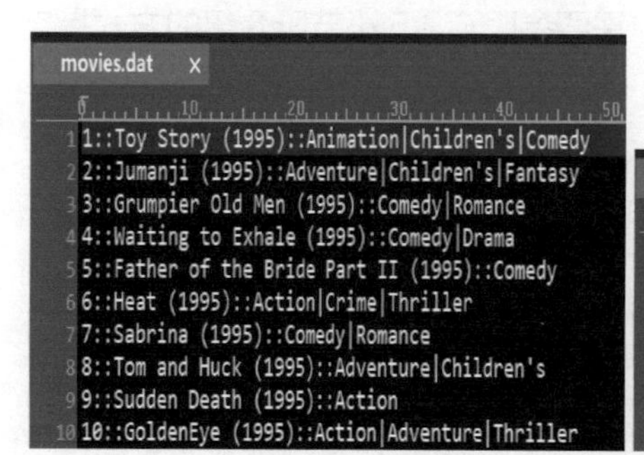

图6-9 movies.dat文件

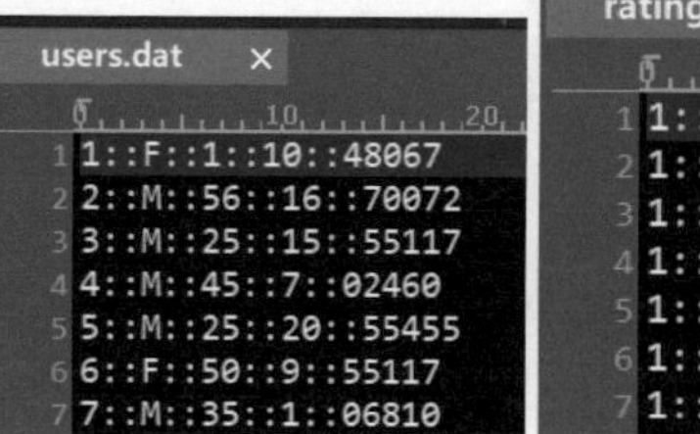

图6-10 user.dat文件

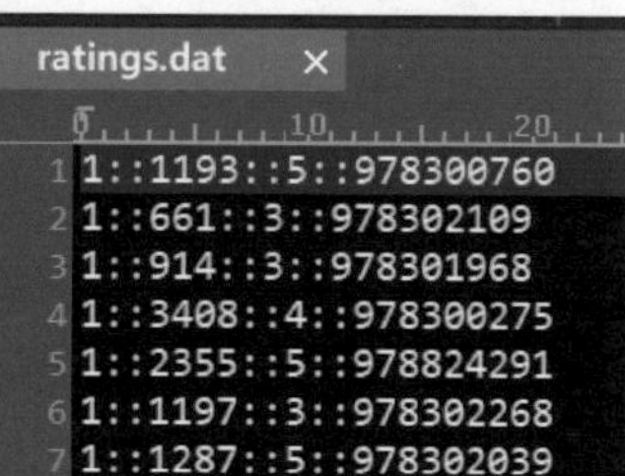

图6-11 ratings.dat文件

在 MoiveLens 数据集中，用户 ID 的取值范围是 1 ~ 6040，电影 ID 的取值范围是 1 ~ 3952，评分采用 5 星级标准（仅限全星级），时间戳以自纪元以来的秒数表示，每个用户至少有 20 个评分。

在大多数的电商场景中，用户与商品之间往往都是购买关系，很难精确地统计每个用户购买商品后的评价信息。为了使本例中的推荐系统能够适应更多场景，这里也忽略了数据集中用户对电影的评级信息，只使用用户与电影之间的观看关系。

6.6.2 代码实现：用Panadas库加载数据

用 Panadas 库将 MoiveLens 数据集载入内存。因为本例重点是对电影的属性以及用户与电影间的观看关系进行处理，所以在载入数据集时，忽略了用户的基本信息以及用户对电影的评级信息。具体代码如下。

代码文件：code_25_processm1.py（片段）

```
01 directory = './ml-1m'                    #定义数据集目录
02 output_path = './data.pkl'               #定义预处理后的输出文件
03
04 users = []                               #定义列表保存用户数据
05 with open(os.path.join(directory, 'users.dat'), encoding='latin1') as f:
06     for l in f:
07         id_, gender, age, occupation, zip_ = l.strip().split('::')
08         users.append({'user_id': int(id_) })        #用户ID
09 users = pd.DataFrame(users).astype('category')
10
11 movies = []                              #定义列表保存电影数据
12 with open(os.path.join(directory, 'movies.dat'), encoding='latin1') as f:
13     for l in f:
14         id_, title, genres = l.strip().split('::')#读取电影ID、电影的标题、电影的类型
15         genres_set = set(genres.split('|'))
16         assert re.match(r'.*\([0-9]{4}\)$', title)
17         year = title[-5:-1]                     #电影的发行年代
18         title = title[:-6].strip()              #电影的标题
19
20         data = {'movie_id': int(id_), 'title': title, 'year': year}
21         for g in genres_set:
22             data[g] = True
23         movies.append(data)
24 movies = pd.DataFrame(movies).astype({'year': 'category'})
25
26 ratings = []                                          #定义列表保存评级数据
27 with open(os.path.join(directory, 'ratings.dat'), encoding='latin1')as f:
28     for l in f:
29         user_id, movie_id, rating, timestamp = [int(_) for _ in l.split('::')]
30         ratings.append({
31             'user_id': user_id,                             #用户ID
32             'movie_id': movie_id,                           #电影ID
```

```
33          'timestamp': timestamp,                      #评分时间
34          })
35  ratings = pd.DataFrame(ratings)
```

第09、24、35行代码分别将数据集中的用户、电影、评级数据读入列表对象users、movies、ratings中。其中第09行代码将用户数据设置成category类型、第24行代码将电影的发行年代设置成category类型。

6.6.3　Categories与category类型

category类型是Panadas库所支持的特殊类型，该类型可以作用在数据帧（pd.DataFrame）对象的字段之上。使用该类型可以非常方便地实现数据预处理过程中的数值转化。Categories是指含有多个category类型的对象。下面通过具体实例来介绍Categories与category类型。

1. 查看数据帧对象中的字段类型

在6.6.2小节的代码之后，使用如下代码可以查看数据帧对象中各个字段的具体类型。

```
print (movies.dtypes)
```

代码运行后，输出结果如下。

```
movie_id          int64
title            object
year           category
Comedy           object
Animation        object
dtype: object
```

结果显示了movies对象中的year字段类型为category。

2. 查看数据帧对象中的内容

year字段中的内容可以使用如下代码进行获取。

```
print (movies['year'])
```

代码运行后，输出结果如下。

```
0       1995
1       1995
......
3881    2000
3882    2000
Name: year, Length: 3706, dtype: category
Categories (81, object): [1919, 1920, 1921, 1922, ..., 1997, 1998, 1999, 2000]
```

结果显示了year字段中的具体年代、总的条数（3 706条）、Categories类型对象个数（81个）。

注意　数据集中的电影ID并不是连续的。电影ID的最大值为3 882，而其总条数只有3 706。

3. 查看数据帧对象中的Categories类型索引

可以通过 Categories 类型的 cat.codes 属性查看每条记录所对应的对象索引。具体代码如下。

```
print(movies['year'].cat.codes)
```

代码运行后，输出结果如下。

```
0       75
1       75
……
3882    80
Length: 3706, dtype: int8
```

结果显示了每条电影数据所对应的 Categories 类型索引。这个索引值可以被当作数据预处理后的向量值，直接参与模型的运算。

4. 提取数据帧对象中的Categories类型索引

Categories 类型还提供了一个更加方便的方法，直接将要参与运算的向量值从数据帧对象中提取出来。具体代码如下。

```
print(movies['year'].cat.codes.values)
```

代码运行后，输出结果如下。

```
array([75, 75, 75, ..., 80, 80, 80], dtype=int8)
```

结果表明，使用 Categories 类型的 cat.codes.values 属性，可以实现对任意类型做向量值转化，并返回 NumPy 形式的数组。该类型的数组可以与 PyTorch 框架无缝对接。

6.6.4 代码实现：生成异构图

利用 6.6.3 小节所介绍的 Categories 类型特性，对数据集中的用户和电影数据进行加工，并用加工后的属性值构建异构图。具体代码如下。

代码文件：code_25_processm1.py（续）

```
36 distinct_users_in_ratings = ratings['user_id'].unique()             #获取评级用户
37 distinct_movies_in_ratings = ratings['movie_id'].unique()           #获取被评级电影
38 #过滤数据，留下评级用户和被评级电影
39 users = users[users['user_id'].isin(distinct_users_in_ratings)]
40 movies = movies[movies['movie_id'].isin(distinct_movies_in_ratings)]
41 #加工电影特征
42 genre_columns = movies.columns.drop(['movie_id', 'title', 'year'])
43 movies[genre_columns] = movies[genre_columns].fillna(
44                             False).astype('bool') #将电影的类型加工成bool类型
45 movies_categorical = movies.drop('title', axis=1)                   #去掉标题列
46 
47 graph_builder = PandasGraphBuilder()                        #实例化异构图对象
48 graph_builder.add_entities(users, 'user_id', 'user')                #添加用户节点
```

```
49 #添加电影节点
50 graph_builder.add_entities(movies_categorical, 'movie_id', 'movie')
51 #用户和电影的关系，作为边
52 graph_builder.add_binary_relations(ratings, 'user_id', 'movie_id', 'watched')
53 graph_builder.add_binary_relations(ratings, 'movie_id','user_id','watched-by')
54 g = graph_builder.build()#构建异构图
55 #为异构图添加节点属性，所有的属性值以张量类型添加
56 g.nodes['movie'].data['year'] = torch.LongTensor(
57                         movies['year'].cat.codes.values) #转为索引向量
58 g.nodes['movie'].data['genre'] = torch.FloatTensor(
59                                   movies[genre_columns].values)
60 #为异构图添加边属性
61 g.edges['watched'].data['timestamp'] = torch.LongTensor(
62                                   ratings['timestamp'].values)
```

第 47 ~ 54 行代码实现了异构图的构建。在异构图中构建了两个子图，分别用来表示用户看电影和电影被用户看这两种关系。

第 56 ~ 62 行代码为构建好的异构图添加节点和边属性。该属性用于模型计算异构图中每个节点的特征。

6.6.5 代码实现：用边分组方法拆分并保存数据集

定义 train_test_split_by_time 函数，实现按照电影评级的时间拆分成训练数据集、测试数据集和验证数据集。具体拆分规则如下。

如果一个用户评级了 1 部以上的电影，则将该用户评级的最后一部电影放到测试数据集中。

如果一个用户评级了 2 部以上的电影，则将该用户评级的倒数第 2 部电影放到验证数据集中。

1. 代码实现

在 train_test_split_by_time 函数中，对图数据中边的源节点（用户节点）进行分类，得到每个用户所评级的电影。然后调用子函数 splits，对每个分类后的边进行处理，按照拆分规则提取数据。具体代码如下。

代码文件：code_25_processm1.py（续）

```
63 def train_test_split_by_time(g, column, etype, itype):    #定义函数，拆分数据集
64     n_edges = g.number_of_edges(etype)                    #获得边数量
65     with g.local_scope():
66         def splits(edges):                    #定义子函数，处理分类后的边
67             #获得当前分类（用户）个数，以及每个用户评级的电影数
68             num_edges, count = edges.data['train_mask'].shape
69             #对每个用户评级的时间排序
70             _, sorted_idx = edges.data[column].sort(1)
71             #获得掩码
72             train_mask = edges.data['train_mask']
73             val_mask = edges.data['val_mask']
```

```
74            test_mask = edges.data['test_mask']
75
76            x = torch.arange(num_edges)#构建用户索引
77
78            #如果用户评级的电影超过1部，则将该用户评级的最后一次评级的电影放到测试数据集中
79          if count > 1:
80              train_mask[x, sorted_idx[:, -1]] = False
81              test_mask[x, sorted_idx[:, -1]] = True
82            #如果用户评级的电影超过2部，则将该用户评级的倒数第2次评级的电影放到验证数据集中
83          if count > 2:
84                train_mask[x, sorted_idx[:, -2]] = False
85                val_mask[x, sorted_idx[:, -2]] = True
86            #返回掩码
87          return {'train_mask': train_mask, 'val_mask': val_mask, 'test_mask': test_mask}
88      #定义待拆分数据集的掩码
89      g.edges[etype].data['train_mask'] = torch.ones(n_edges,
90                                                     dtype=torch.bool)
91        g.edges[etype].data['val_mask'] = torch.zeros(n_edges,
92                                                     dtype=torch.bool)
93        g.edges[etype].data['test_mask'] = torch.zeros(n_edges,
94                                                     dtype=torch.bool)
95        #按边的源节点分类，并处理分类后的数据
96      g.group_apply_edges('src', splits, etype=etype)
97        #根据掩码获取数据集
98      train_indices = g.filter_edges(
99                  lambda edges: edges.data['train_mask'], etype=etype)
100       val_indices = g.filter_edges(
101                 lambda edges: edges.data['val_mask'], etype=etype)
102       test_indices = g.filter_edges(
103                 lambda edges: edges.data['test_mask'], etype=etype)
104     return train_indices, val_indices, test_indices #返回数据集索引
105
106 #调用函数，拆分数据集
107 train_indices, val_indices, test_indices = train_test_split_by_time(g,
    'timestamp', 'watched', 'movie')
```

第 63 行代码定义了 train_test_split_by_time 函数进行数据集拆分。

第 107 行代码调用了 train_test_split_by_time 函数，使其按照‘timestamp’，对图对象 g 按照边‘watched’对‘movie’节点进行数据拆分。该代码执行后可以得到 3 个索引值，这 3 个索引值是图对象 g 中‘movie’类型的节点索引，分别对应于训练数据集、测试数据集和验证数据集。

2. DGL 的边分组处理机制

在第 96 行代码中，调用了图对象的 group_apply_edges 方法。该方法是先将图中的边按照指定节点进行分类，再将分类后的边放到回调函数中处理。

为了提高处理的效率，将 group_apply_edges 方法传入回调函数中的边是以批处理方

式进行的，即同样节点个数的边放在一起传入回调函数。具体代码如下。

```
def handle_feat(edges):                          #定义回调函数
    feat = edges.data['feat']
    print(edges.data['feat'].shape,feat)         #显示批处理的边
    return {'norm_feat': feat}

g = dgl.DGLGraph()                               #定义图
g.add_nodes(4)                                   #添加节点
g.add_edges(0, [1, 2, 3])                        #添加边
g.add_edges(1, [2, 3])
g.add_edges(2, [2, 3])
print(g,g.edges(order='eid',form='all'))         #输出图结构和对应的边

g.edata['feat'] =g.edges(order='eid',form='all')[-1]          #将边索引添加到边属性中
g.group_apply_edges(func=handle_feat, group_by='src')         #按照源节点进行分组处理
```

最后一行代码向 group_apply_edges 方法中的 group_by 参数传入了‘src’，表明对图进行基于源节点的分组处理。如果传入的值是‘dst’，则表明对图进行基于目的节点的分组处理。

代码运行后，输出结果如下。

```
DGLGraph(num_nodes=4, num_edges=7, ndata_schemes={} edata_schemes={})
 (tensor([0, 0, 0, 1, 1, 2, 2]), tensor([1, 2, 3, 2, 3, 2, 3]), tensor([0, 1, 2, 3, 4, 5, 6]))
torch.Size([1, 3]) tensor([[0, 1, 2]])
torch.Size([2, 2]) tensor([[3, 4], [5, 6]])
```

输出结果的第1行是图对象的结构。该信息显示了图对象有4个节点、7条边。

输出结果的第2行是图对象的边信息。该信息中包含3个张量，前两个张量用于描述边的源节点和目的节点，最后一个张量是边的索引信息。在代码中，将边的索引信息放到了边属性‘feat’中，用于演示回调函数中的批处理过程。

输出结果的最后两行是 group_apply_edges 方法回调函数 handle_feat 的输出内容。从结果中可以看出，group_apply_edges 方法对边进行基于两个批次的划分，将前3条边划分到第1个批次中，将后4条边划分到第2个批次中。这种划分的规则是根据源节点和目的节点之间的对应数量来进行的。即第1个批次中，1个源节点对应了3个目的节点；第2个批次中，1个源节点对应了2个目的节点。

为了使读者能够进一步理解这种分组规则，在原图中额外再加1个节点和3条边。具体代码如下。

```
g.add_nodes(1)                                   #添加1个节点
g.add_edges(4, [0, 3,2])                         #添加3条边
print(g,g.edges(order='eid',form='all'))         #显示图结构和边信息

g.edata['feat'] =g.edges(order='eid',form='all')[-1] #将边索引添加到边属性中
g.group_apply_edges(func=handle_feat, group_by='src') #按照源节点进行分组处理
```

代码运行后，输出结果如下。

```
DGLGraph(num_nodes=5, num_edges=10, ndata_schemes={} edata_schemes={})
  (tensor([0, 0, 0, 1, 1, 2, 2, 4, 4, 4]), tensor([1, 2, 3, 2, 3, 2, 3, 0, 3, 2]),
tensor([0, 1, 2, 3, 4, 5, 6, 7, 8, 9]))
torch.Size([2, 3]) tensor([[0, 1, 2],  [7, 8, 9]])
torch.Size([2, 2]) tensor([[3, 4], [5, 6]])
```

从输出结果中可以看到，group_apply_edges 方法将新加的边 [7, 8, 9] 分到了第 1 个批次中进行处理，因为它们都是 1 个源节点与 3 个目的节点对应。

3. 保存预处理数据集

将拆分后的数据集索引组成的数据集对象保存到 data.pkl 文件中，以便在模型训练过程中使用。其中，训练数据集用图对象表示，测试数据集和验证数据集用稀疏矩阵对象表示。同时还要将电影的标题用字典对象保存起来。

6.6.6 PinSAGE 模型

PinSAGE 模型的主要作用是对图节点属性的计算。该模型的输入是一个具有异构图结构的巨大图，输出是巨大图上每个指定类型节点的属性特征。在本例中，PinSAGE 模型的输入是用 MoiveLens 数据集做成的异构图，输出是异构图中每个电影节点的属性特征。当得到每个电影节点的属性特征之后，就可以根据特征间的距离，为用户找到推荐观看的电影。

PinSAGE 模型的特点是在不需要依赖过高的硬件条件下，实现对巨大图的数据处理。其内部主要使用了带有邻居节点采样的局部图卷积技术，以及基于最大边界的损失函数（Max-Margin Ranking Loss）。

1. 带有邻居节点采样的局部图卷积技术

PinSAGE 模型使用了带有邻居节点采样的局部图卷积技术，来实现在大型异构图数据上的训练任务。该技术可以推广到解决用户与任何推荐项之间的任务。其本质是利用用户与电影之间的观看关系以及电影与用户之间的被观看关系，在异构图上，找出当前电影节点的部分邻居节点，然后基于这些邻居节点所临时组成的图结构来进行图卷积操作，最终得到每个电影节点的属性特征。具体实现步骤如下。

（1）将所有的电影节点当作待训练的数据集。按照指定批次，依次从中取出部分节点进行处理。

（2）将取出的待处理电影节点当作种子节点，用随机行走方式对种子节点的邻居节点进行采样。

（3）从邻居节点采样的路径中，统计随机行走对电影节点的访问次数，并对该访问次数排序，取前 N 个电影节点作为种子节点的邻居节点。

（4）将每个邻居节点的访问次数作为种子节点与邻居节点之间的边，组成一个局部图。

（5）使用带边权重的图卷积算法，在局部图上做图卷积操作，得到种子节点的属性特征。

2. 基于最大边界的损失函数

PinSAGE 模型使用了一个基于最大边界的损失函数。该损失函数的目的是最大化同类样本之间的特征相似度。即在最大化相同推荐度商品的属性特征的同时，最小化不同推荐度商品的属性特征。

因为在神经网络中，两个特征的相似度可以用内积来表示，所以 PinSAGE 模型的损失函数可以转化为：在使正、负样本之间的内积小于正样本之间的内积的前提下，最大化正样本之间的内积。具体操作如下：

（1）从异构图中，每次随机取出一批次节点进行处理。

（2）使用随机行走方式，从异构图选取当前节点的上一个邻居节点，组成正样本对；再随机取出一个与当前节点没有邻居关系的节点，与当前节点组成负样本对。

（3）分别对这两对节点中的每个节点做带有邻居节点采样的局部图卷积，得到每个节点的属性特征。

（4）在正样本对中，对两个节点的属性特征做内积操作，得到正向的相似度分值 ps。

（5）在负样本对中，对两个节点的属性特征做内积操作，得到负向的相似度分值 ns。

（6）将正、负向的相似度分值带入式 loss=（ns-ps+1）中，得到损失值。

其中第（6）步的损失值含义是让模型在训练过程中，对正样本对的分值与负样本对的分值之间差值趋近于 1。

在本例中，将同一用户所看过的两部电影作为正样本对，将不同用户所看过的两部电影作为负样本对。

6.6.7　代码实现：构建带有邻居节点采样功能的数据加载器

构建带有邻居节点采样功能的数据加载器，输入模型并进行训练，具体步骤如下。

（1）载入数据。将 6.6.5 小节保存好的数据集文件载入。

（2）加工数据。将数据集中用户和电影的 ID 属性值放到图节点的属性中，并将电影的标题转化成词向量。

（3）构建数据加载器。构建带有邻居节点采样功能的数据加载器，并将数据加载器转化成迭代器，输入模型并进行训练。

在编写代码之前，需要先将 3.5 节实例中的预训练词向量 glove.6B.100d 复制到本地代码的同级目录下。因为在第（2）步的加工数据过程中，需要使用预训练词向量 glove.6B.100d 对电影的标题进行转化。

具体代码实现如下。

1. 载入数据

按照 6.6.5 小节保存的数据格式，将数据读入内存。具体代码如下。

代码文件：code_29_train.py（片段）

```
01 #指定设备
02 device = torch.device("cuda:0"if torch.cuda.is_available() else "cpu")
03 print(device)
```

```
04 #读取数据集
05 dataset_path = './data.pkl'
06 with open(dataset_path, 'rb') as f:
07     dataset = pickle.load(f)
08 g = dataset['train-graph']                              #读取图结构数据
09 item_texts = dataset['item-texts']                      #读取电影的标题
```

第 08 行代码将训练数据以图的形式读入内存。

第 09 行代码将电影的标题以文本的形式读入内存。

2. 加工数据

加工数据阶段分为以下两部分。

（1）将用户和电影的 ID 属性值放到图节点的属性中（见第 11、12 行代码）。

（2）将电影的标题转化成词向量（见第 15 ~ 26 行代码）。

其中，第（2）步使用了 torchtext 库的内置预训练词向量进行转化。具体代码如下。

代码文件：code_29_train.py（续）

```
10 #设置节点属性值
11 g.nodes['user'].data['id'] = torch.arange(g.number_of_nodes('user'))
12 g.nodes['movie'].data['id'] = torch.arange(g.number_of_nodes('movie'))
13
14 #加载词向量，用于解析电影的标题
15 fields = {}
16 examples = []
17 titlefield = torchtext.data.Field(include_lengths=True,
18                                   lower=True, batch_first=True)
19 fields = [('title', titlefield)]
20 for i in range(g.number_of_nodes('movie')):
21     example = torchtext.data.Example.fromlist(
22                                   [item_texts['title'][i] ],  fields)
23     examples.append(example)
24 textset = torchtext.data.Dataset(examples, fields)
25 titlefield.build_vocab(getattr(textset, 'title'), #将样本数据转为词向量
26                              vectors = "glove.6B.100d")
```

代码运行后，将得到一个 torchtext 数据集类型的对象 textset。该对象会载入预训练词向量文件 glove.6B.100d，并将电影标题中的词映射成维度大小为 100 的向量特征。

3. 构建数据加载器

本例将要构建两个数据加载器，分别用于训练场景和测试场景。具体说明如下。

- 用于训练场景的数据加载器：以正、负样本对的形式返回指定批次的图节点，以及每个图节点所对应的邻居节点。
- 用于测试场景的数据加载器：按顺序返回指定批次的图节点，以及每个图节点所对应

的邻居节点。

数据加载器采用 PyTorch 的 torch.utils.data.DataLoader 模块进行实现，该模块会配合采样器与 collate_fn 函数一起工作。

用于训练场景的数据加载器与用于测试场景的数据加载器在实现方面主要是采样器与 collate_fn 函数的处理不同。

- 在采样器中，用于训练场景的数据加载器需要从图节点中找到正、负样本对进行返回；而用于训练场景的数据加载器直接按照电影 ID 的顺序返回。
- 在 collate_fn 函数中，用于训练场景的数据加载器需要对正、负样本对中的节点进行基于邻居节点的采样，并返回正、负样本的图数据；而用于训练场景的数据加载器直接按照采样器中的电影节点，进行基于邻居节点的采样。

采样器和 collate_fn 函数都是在代码文件 code_31_sampler.py 中实现的。在 code_29_train.py 文件中，直接导入并调用即可。具体代码如下。

代码文件：code_29_train.py（续）

```
27 num_layers =2                    #定义层数
28 hidden_dims = 32                 #定义隐藏层维度
29 batch_size = 32                  #定义批次大小
30
31 #构建基于邻居节点的采样器
32 neighbor_sampler = sampler_module.NeighborSampler(   g, 'user',
33                                                     'movie', num_layers)
34 #构建collate_fn函数的处理类
35 collator = sampler_module.PinSAGECollator(neighbor_sampler, g, 'movie', textset)
36
37 #构建用于训练的采样器
38 batch_sampler = sampler_module.ItemToItemBatchSampler
39     (g, 'user', 'movie', batch_size)
40
41 #构建用于训练场景的数据加载器
42 dataloader = DataLoader( batch_sampler, collate_fn=collator.collate_train)
43
44 #构建用于测试场景的数据加载器
45 dataloader_test = DataLoader( torch.arange(g.number_of_nodes('movie')),
46    batch_size=batch_size, collate_fn=collator.collate_test)
47
48  dataloader_it = iter(dataloader)# 将数据加载器转化成迭代器对象
```

第 32 行代码中的 sampler_module 对象为导入的 code_31_sampler.py 文件。该文件中的 PinSAGECollator 类用于生成数据加载器中的 collate_fn 函数、ItemToItemBatchSampler 函数。这两个函数可以返回用于训练的正、负样本对。

4. 在训练场景下，数据加载器的返回结果

第 48 行代码将数据加载器转化成迭代器对象 dataloader_it 之后，便可以通过 next 函

数从迭代器对象中取出数据。具体代码如下：

```
pos_graph, neg_graph, blocks = next(dataloader_test_it)
```

用于训练场景的数据加载器会返回 3 个对象：正样本对 pos_graph、负样本对 neg_graph、块图 blocks。下面将这 3 个对象的内容依次显示出来。

（1）查看正、负样本对的详细信息。具体代码如下。

```
print("正样本对的图结构:", pos_graph)
print("负样本对的图结构:", neg_graph)

print("正样本对的节点:", pos_graph.ndata[dgl.NID])   #相同的节点
print("负样本对的节点:", neg_graph.ndata[dgl.NID])

print("正样本对的边:", pos_graph.edges())
print("负样本对的边:", neg_graph.edges())
```

代码运行后，输出结果如下。

```
  正样本对的图结构: Graph(num_nodes=96, num_edges=32,……)
  负样本对的图结构: Graph(num_nodes=96, num_edges=32,……)

  正样本对的节点: tensor([ 381, 2963, 2542,  454, 1872, 1157, 3607, 2764,  861, 2624,
2550, 1316,……689, 1036,  218,  938,  512,  437,  174, 2198])
  负样本对的节点: tensor([ 381, 2963, 2542,  454, 1872, 1157, 3607, 2764,  861, 2624,
2550, 1316,…… 689, 1036,  218,  938,  512,  437,  174, 2198])

  正样本对的边: (tensor([ 0,  1,  2,  3,  4,  5,  6,  7,  8,  9,……, 30, 31]),
              tensor([32, 33, 34, 35, 36, 37, 38, 39, 40, 41…… 61, 62, 63]))
  负样本对的边: (tensor([ 0,  1,  2,  3,  4,  5,  6,  7,  8,  9, ……, 30, 31]),
              tensor([64, 65, 66, 67, 68, 69, 70, 71, 72, 73, 74, ……92, 93, 94, 95]))
```

从输出结果的图结构中可以看出，正样本对的节点数为 96、边数为 32。这 32 条边的源节点索引值是 0 ~ 31，目的节点索引值是 32 ~ 63。

负样本对的节点数和边数与正样本对的相同。不同的是，在负样本对的 32 条边中，目的节点的索引值是 64 ~ 95。

> **提示** 实际运行过程中，有可能输出的正、负样本对图节点不足96个。这是由于在随机行走采样过程中提前终止所引起的。

（2）查看块图的详细信息。具体代码如下：

```
print("块图的结构:", blocks)
print("块图的节点类型:", blocks[0].ntypes)

print("第一个块图的源节点个数:",blocks[0].number_of_nodes('SRC/'+blocks[0].ntypes[0]))
print("第二个块图的源节点个数:", blocks[1].number_of_nodes('SRC/' + blocks[1].
ntypes[0]))
```

```
print("第一个块图的源节点属性:", blocks[0].nodes['movie'])
print("第二个块图的源节点属性:", blocks[1].nodes['movie'])

print("第一个块图的目的节点属性:", blocks[0].dstdata)
print("第二个块图的目的节点属性:", blocks[1].dstdata)

print("第一个块图的边属性:", blocks[0].edata)
print("第二个块图的边属性:", blocks[1].edata)
```

代码运行后，输出结果如下。

```
块图的结构: [Graph(num_nodes={'movie': 306},
            num_edges={('movie', '_E', 'movie'): 918},
            metagraph=[('movie', 'movie')]),
        Graph(num_nodes={'movie': 96},
            num_edges={('movie', '_E', 'movie'): 288},
            metagraph=[('movie', 'movie')])
        ]
块图的节点类型: ['movie', 'movie']
第一个块图的源节点个数: 605
第二个块图的源节点个数: 306
第一个块图的源节点属性: NodeSpace(data={
    '_ID': tensor([  95, 3398, 1329, 2547, 2410, ……190, 1150]),
    'year': tensor([74, 54, 74, 67, 25, 75, 74, 77,……, 74, 76, 75, 69]),
    'genre': tensor([[0., 0., 0.,  ……, 0., 0., 0.],
                [0., 0., 0., ……, 0., 0., 0.],
                [0., 0., 1., ……, 0., 0., 0.],
                ……,
                [0., 0., 0.,  ……, 0., 0., 0.]]),
    'id': tensor([  95, 3398, 1329, 2547, 2410,  378, ……  190, 1150]),
    'title': tensor([[4275,    1,    1, ……,     1,    1,    1],
                [  9,   16,    2, ……,     1,    1,    1],
                ……,
                [ 264,    1,    1, ……,     1,    1,    1]]),
    'title__len': tensor([ 1,  6,  ……1,  1,  1])})
第二个块图的源节点属性: NodeSpace(data={
    '_ID': tensor([  95, 3398, 1329, 2547, 2410,  ……1277,  579])})
第一个块图的目的节点属性: NodeSpace(data={
    '_ID': tensor([  95, 3398, 1329, 2547, 2410,  ……1277,  579])})
第二个块图的目的节点属性: NodeSpace(data={
    '_ID': tensor([  95, 3398, 1329, 2547, 2410,  ……412, 2603])})
    'year': tensor([74, 54, 74, 67, 25, 75, 74, 77,……, 73, 72]),
    'genre': tensor([[0., 0., 0.,  ……, 0., 0., 0.],
                [0., 1., 1., ……, 0., 0., 0.],
                ……,
               [0., 0., 0., ……, 0., 0., 0.]]),
     'id': tensor([  95, 3398, 1329, 2547, 2410,  378, ……412, 2603]),
    'title': tensor([[4275,    1,    1, ……,     1,    1,    1],
```

```
                [   9,   16,    2,  ……,    1,    1,    1],
                ……,
                [1224, 1170,    1,    1,    1,    1,    1,    1]]),
    'title__len': tensor([ 1,  6,  ……, 2, 2, 2])}})
第一个块图的边属性：{
    '_ID': tensor([ 99, 100, 101, 891, 892, 893, 714, ……, 451, 452]),
    'weight': tensor([1, 1, 1, 1, 2, 1, 1, 1, 2, 1, 1, 1, ……, 1, 1, 1, 1, 1])}
第二个块图的边属性：{
    '_ID': tensor([ 12,  13,  14, 267, ……, 34,  35]),
    'weights': tensor([1, 1, 1, 1, 1, 1, 2, 1, 1, 1, 1, 1, ……, 1, 1, 1])}
```

从输出结果中可以看到，代码中的 blocks 对象是一个列表，该列表含有两个块图对象。它是系统对图数据做 2 次邻居节点采样的结果（因为第 27 行代码所设置的层数为 2，所以进行了 2 次采样）。

在列表对象 blocks 中，两次采样的结果以倒序方式进行排列，即第二个块图对象是第一次采样的结果，它有 96 个目的节点、306 个源节点、288 条边；第一个块图对象是第二次采样的结果，它将第一次采样过程中的源节点当作种子节点进行采样，得到 306 个目的节点、605 个源节点、918 条边。

两个块图的节点属性也不同。第一个块图的源节点和第二个块图的目的节点属性中，含有电影的图节点 ID、发行年代、类型、ID、标题属性；而第一个块图的目的节点和第二个块图的源节点属性中，只含有图节点的 ID 属性。

两个块图的边属性相同，都包含边的 ID 属性和权重属性。其中权重属性是随机行走采样时邻居节点的访问次数。

5. 在测试场景下，数据加载器的返回结果

在测试场景下，数据加载器只返回 blocks 对象。该对象与训练场景下数据加载器返回的 blocks 对象具有相同的结构。

数据加载器返回的 blocks 对象是系统对邻居节点采样的结果。具体采样过程见 6.6.8 小节。

6.6.8 代码实现：PinSAGE 模型的采样过程

PinSAGE 模型的采样过程主要在代码文件 code_31_sampler.py 中实现。在该代码文件中，主要实现了 3 个类，具体如下。

- ItemToItemBatchSampler 类：训练数据的采样器，返回正、负样本对。
- NeighborSampler 类：基于邻居节点的采样器。
- PinSAGECollator 类：对 NeighborSampler 类的封装，使其可以被当作 collate_fn 函数，在构建数据加载器过程中使用。

这 3 个类的具体实现如下。

1. ItemToItemBatchSampler 类的实现

ItemToItemBatchSampler 类是一个生成式数据集，该类继承 IterableDataset 类，用

于返回一个生成器对象。该类的实现步骤如下。

（1）随机取出一批节点作为种子节点。

（2）使用随机行走采样方式，找到该节点的邻居节点，作为正向样本对的目的节点。

（3）随机取出一批节点，作为负向样本对的目的节点。

（4）将第（1）步、第（2）步及第（3）步的节点以生成器的方式返回，完成采样过程。

具体代码如下。

代码文件：code_31_sampler.py（片段）

```
01 class ItemToItemBatchSampler(IterableDataset):
02     def __init__(self, g, user_type, item_type, batch_size):
03         self.g = g
04         self.user_type = user_type
05         self.item_type = item_type
06         #获得用户到电影之间的边类型('watched')
07         self.user_to_item_etype = list(
08                                 g.metagraph[user_type][item_type])[0]
09         #获得电影到用户之间的边类型('watched-by')
10         self.item_to_user_etype = list(
11                                 g.metagraph[item_type][user_type])[0]
12         self.batch_size = batch_size
13 
14     def __iter__(self): #在迭代器中实现采样逻辑
15        while True:
16           heads = torch.randint(0,
17                             self.g.number_of_nodes(self.item_type),
18                             (self.batch_size,))
19             #沿着边找到看过当前电影的用户所看过的其他电影
20             tails = dgl.sampling.random_walk(self.g, heads,
21                 metapath=[self.item_to_user_etype, self.user_to_item_etype]
22                                             )[0][:, 2]
23             #随机找到其他电影
24             neg_tails = torch.randint(0,
25                               self.g.number_of_nodes(self.item_type), 0
26                              (self.batch_size, ))
27             #去掉提前停止的采样节点
28             mask = (tails != -1)
29             yield heads[mask], tails[mask], neg_tails[mask]
```

第07、08行代码通过元图中的节点类型获得用户到电影之间的边类型（'watched'）。

第10、11行代码通过元图中的节点类型获得电影到用户之间的边类型（'watched-by'）。

第20～22行代码使用sampling.random_walk函数在图对象g上沿着['watched', 'watched-by']路径进行随机行走采样；接着从采样结果（节点类型为['movie','user', 'movie']的路径）中，提取最后一个节点作为种子节点的邻居节点。这个采样过程实现了：

沿着边找到看过当前电影的用户所看过的其他电影。

2. NeighborSampler类的实现

NeighborSampler 类实现了一个基于邻居节点的采样器。该类有两个接口，即 sample_blocks 和 sample_from_item_pairs，分别支持基于种子节点的采样和基于正、负样本对的采样。具体代码如下。

代码文件: code_31_sampler.py（续）

```
30 def compact_and_copy(frontier, seeds):    #将同构图转化成块图
31     block = dgl.to_block(frontier, seeds)
32     for col, data in frontier.edata.items():
33         if col == dgl.EID:
34             continue
35         block.edata[col] = data[block.edata[dgl.EID]]
36     return block
37 class NeighborSampler(object):              #基于邻居节点的采样器
38     def __init__(self, g, user_type, item_type, num_layers,
39                  random_walk_length= 2,  random_walk_restart_prob = 0.5,
40                  num_random_walks= 10, num_neighbors=3):
41         self.g = g
42         self.user_type = user_type
43         self.item_type = item_type
44         #获得用户到电影之间的边类型（'watched'）
45         self.user_to_item_etype = list(
46                                 g.metagraph[user_type][item_type])[0]
47         #获得电影到用户之间的边类型（'watched-by'）
48         self.item_to_user_etype = list(
49                                 g.metagraph[item_type][user_type])[0]
50         #按照指定层数，定义多个采样器
51         self.samplers = [  dgl.sampling.PinSAGESampler (g,
52                             item_type, user_type,  random_walk_length,
53                  random_walk_restart_prob, num_random_walks, num_neighbors)
54                             for _ in range(num_layers)  ]
55     #对种子节点进行基于邻居节点的采样，并将结果以块图的形式返回
56     def sample_blocks(self, seeds, heads=None, tails=None, neg_tails=None):
57         blocks = []
58         for sampler in self.samplers:
59             frontier = sampler(seeds) #对种子节点进行基于邻居节点的采样
60             if heads is not None:
61                 eids = frontier.edge_ids(torch.cat([heads, heads]),
62                                 torch.cat([tails, neg_tails]),
63                                 return_uv=True)[2]
64                 if len(eids) > 0:  #从采样结果中删除含有正、负样本对的边
65                     old_frontier = frontier
66                     frontier = dgl.remove_edges(old_frontier, eids)
67                     frontier.edata['weights'] = old_frontier.edata['weights']
[frontier.edata[dgl.EID]]
```

```
68            block = compact_and_copy(frontier, seeds) #将采样结果转化成块图
69            seeds = block.srcdata[dgl.NID] #获得块图的全部节点，作为下一层的种子节点
70            blocks.insert(0, block)    #以倒序方式保存当前块图
71          return blocks
72      #定义采样器接口，适用于输入数据为正、负样本对的情况
73      def sample_from_item_pairs(self, heads, tails, neg_tails):
74         pos_graph = dgl.graph(      #将正样本对转化成同构图
75            (heads, tails),
76            num_nodes=self.g.number_of_nodes(self.item_type),
77            ntype=self.item_type)
78          neg_graph = dgl.graph(      #将负样本对转化成同构图
79             (heads, neg_tails),
80             num_nodes=self.g.number_of_nodes(self.item_type),
81             ntype=self.item_type)
82          #压缩图，去掉多余的节点
83          pos_graph, neg_graph = dgl.compact_graphs ([pos_graph, neg_graph])
84          seeds = pos_graph.ndata[dgl.NID]#获得种子节点
85          #将种子节点传入采样器，进行基于邻居节点的采样
86          blocks = self.sample_blocks(seeds, heads, tails, neg_tails)
87          return pos_graph, neg_graph, blocks
```

第51～54行代码调用dgl.sampling.PinSAGESampler类实例化了PinSAGE采样器对象。dgl.sampling.PinSAGESampler类是对dgl.sampling.RandomWalkNeighborSampler接口的二次封装，它与dgl.sampling.RandomWalkNeighborSampler接口只是传入的参数（调用方式）不同，二者所使用的采样逻辑与返回结果完全相同。

第64～67行代码从采样结果中删除含有正、负样本对的边。这样可以使正、负样本对中的节点相互独立，方便模型使用边界损失进行训练。

第83行代码调用了compact_graphs函数对输入的pos_graph、neg_graph进行压缩。

compact_graphs函数可以删除图中没有边的节点。在基于巨大图采样时，在子图中进行消息传播时需要用到这个函数。

如果有多个图，它们的节点个数和节点类型完全相同，则可以用compact_graphs函数对图节点同时压缩。在这种情况下，compact_graphs函数会对压缩后的多个图节点取并集，示例代码如下。

```
g = dgl.bipartite([(1, 3), (3, 5)], 'user', 'plays', 'game', num_nodes=(20, 10))
g2 = dgl.bipartite([(1, 6), (6, 8)], 'user', 'plays', 'game', num_nodes=(20, 10))
new_g, new_g2 = dgl.compact_graphs([g, g2]) #对g和g2同时压缩
# new_g, new_g2具有相同的节点
new_g.number_of_nodes('user')           #输出节点个数: 3
new_g2.number_of_nodes('user')          #输出节点个数: 3
new_g.nodes['user'].data[dgl.NID]       #输出user节点: tensor([1, 3, 6])
new_g2.nodes['user'].data[dgl.NID]      #输出user节点: tensor([1, 3, 6])
new_g.nodes['game'].data[dgl.NID]       #输出game节点: tensor([3, 5, 6, 8])
new_g2.nodes['game'].data[dgl.NID]      #输出game节点: tensor([3, 5, 6, 8])
# new_g, new_g2具有不同的边
```

```
new_g.edges(order='eid', etype='plays') #输出边：(tensor([0, 1]), tensor([0, 1])
new_g2.edges(order='eid', etype='plays') #输出边：(tensor([0, 2]), tensor([2, 3])
```

第 84 行代码的 pos_graph 图是经过 compact_graphs 函数压缩后的图，所以该图中的节点包括正、负样本对中的全部节点，可以直接用来当作种子节点赋值给 seeds 对象。

3. PinSAGECollator 类的实现

PinSAGECollator 类的实现相对比较简单，只是对 NeighborSampler 类做了一层封装，使其能够符合数据加载器中 collate_fn 函数的调用规范。具体代码请参考本书的配套资源 code_31_sampler.py 文件。这里不再详述。

6.6.9 代码实现：搭建 PinSAGE 模型

在本例中所实现的 PinSAGE 模型主要由 4 个类组成，具体如下。

- LinearProjector 类：将电影的原始属性转化为特征向量。
- WeightedSAGEConv 类：实现带有边权重的图卷积层。
- SAGENet 类：基于嵌套块图的多层图卷积，每一层图卷积使用 WeightedSAGEConv 类进行实现。
- PinSAGEModel 类：将 SAGENet 类和 LinearProjector 类返回的原始属性特征更新到图节点上，并利用 SAGENet 类按照块图的结构进行聚合，生成每个图节点的最终特征。

1. LinearProjector 类的实现

LinearProjector 类的实现主要是通过 3 个神经网络模型将电影的类型、发行年代、标题这 3 个原始属性转化为特征向量。其中，处理电影的类型属性时，使用了全连接形式的神经网络模型；处理电影的发行年代属性时，使用了词嵌入形式的神经网络模型；处理电影的标题属性时，先将标题用预训练词向量模型转化成词向量，再使用全连接神经网络模型对转化后的词向量进行处理。

在代码实现时，这 3 个网络模型被统一放在 module_dict 模型字典里，由 _init_input_modules 函数生成。具体代码如下。

代码文件：code_30_model.py（片段）

```
01 def _init_input_modules(g, ntype, textset, hidden_dims):#初始化网络模型
02
03     module_dict = nn.ModuleDict()          #定义模型字典对象
04     for column, data in g.nodes[ntype].data.items():#遍历电影节点的属性
05         if column == dgl.NID:
06             continue
07         if data.dtype == torch.float32:      #处理电影的类型属性
08             assert data.ndim == 2            #电影的类型属性是二维数据
09             m = nn.Linear(data.shape[1], hidden_dims) #定义全连接神经网络模型
10             nn.init.xavier_uniform_(m.weight)
```

```
11            nn.init.constant_(m.bias, 0)
12            module_dict[column] = m          #将模型加入模型字典
13        elif data.dtype == torch.int64:  #处理电影的发行年代属性
14            assert data.ndim == 1            #电影的类型属性是一维数据
15            m = nn.Embedding(                        #定义词嵌入模型
16                data.max() + 2, hidden_dims, padding_idx=-1)
17            nn.init.xavier_uniform_(m.weight)
18            module_dict[column] = m                  #将模型加入模型字典
19            print("print(column):", column)
20
21    if textset is not None:                          #处理电影的标题属性
22        for column, field in textset.fields.items():
23            if field.vocab.vectors is not None:   #该属性要求使用预训练词向量
24                module_dict[column] = BagOfWordsPretrained(#定义词嵌入模型
25                                        field, hidden_dims)
26            else:
27                print("wrong! please use vectors first!!!")
28
29    return module_dict
30 #定义加载预训练词向量的全连接模型类
31 class BagOfWordsPretrained(nn.Module):
32    def __init__(self, field, hidden_dims):
33        super().__init__()
34        input_dims = field.vocab.vectors.shape[1] #输入的词向量维度为100
35        self.emb = nn.Embedding(
36            len(field.vocab.itos), input_dims,
37            padding_idx=field.vocab.stoi[field.pad_token])
38
39        self.emb.weight.data.copy_(field.vocab.vectors)
40        self.emb.weight.requires_grad = False #设置词嵌入部分不参与训练
41
42        self.proj = nn.Linear(input_dims, hidden_dims)#定义全连接层
43        nn.init.xavier_uniform_(self.proj.weight)        #初始化模型权重
44        nn.init.constant_(self.proj.bias, 0)
45    def forward(self, x, length):
46        #对标题中各词的词向量进行平均值计算
47        x = self.emb(x).sum(1) / length.unsqueeze(1).float()
48        #用全连接神经网络将平均词向量（100维）转化为hidden_dims维，并返回
49        return self.proj(x)
50
51 class LinearProjector(nn.Module):#将电影的原始属性转化为特征向量
52    def __init__(self, full_graph, ntype, textset, hidden_dims):
53        super().__init__()
54        self.ntype = ntype
55        self.inputs = _init_input_modules( #获得模型字典对象
56                        full_graph, ntype, textset, hidden_dims)
57    def forward(self, ndata):#处理电影属性
58        projections = []
59        for feature, data in ndata.items(): #遍历电影节点的属性
```

```
60              #忽略ID属性和长度属性
61              if feature == dgl.NID or feature.endswith('__len'):
62                  continue
63              module = self.inputs[feature]  #根据节点属性取出处理模型
64              if isinstance(module, BagOfWordsPretrained):
65                  length = ndata[feature + '__len']
66                  result = module(data, length)#处理标题属性时，还需要传入长度
67              else:
68                  result = module(data)
69              projections.append(result)#将处理后的特征加入列表
70          #将所有属性特征加和，得到最终的hidden_dims特征，并返回
71          return torch.stack(projections, 1).sum(1)
```

第 15 ~ 16 行代码在定义词嵌入模型时，设置传入的参数个数为 data.max() + 2。其中 data.max() 是数据索引中的最大值，对该值加 1 则可以表示 data 中的参数个数。另外，还要为词嵌入模型添加一个 padding_idx = −1。所以参数个数为 data.max() + 2。

第 40 行代码将词嵌入模型的权重设置成不参与训练，使系统只训练词嵌入输出后的全连接网络。

注意 通过将模型权重的 requires_grad 属性设为 False 来阻止模型参与训练的方法，只有在 PyTorch 的 1.3 版本之后才可以正常运行。如果在 PyTorch 的 1.3 或 1.3 以前的版本中运行，则会出现如下错误。
RuntimeError: you can only change requires_grad flags of leaf variables.

2. WeightedSAGEConv 类的实现

WeightedSAGEConv 类实现了一个带有边权重的图卷积层。

在节点的聚合过程中，WeightedSAGEConv 类将邻居节点的特征属性与边的边权重相乘，再进行节点聚合，最终对聚合后的结果按照边的权重总和取平均值。WeightedSAGEConv 类的计算过程如图 6-12 所示。

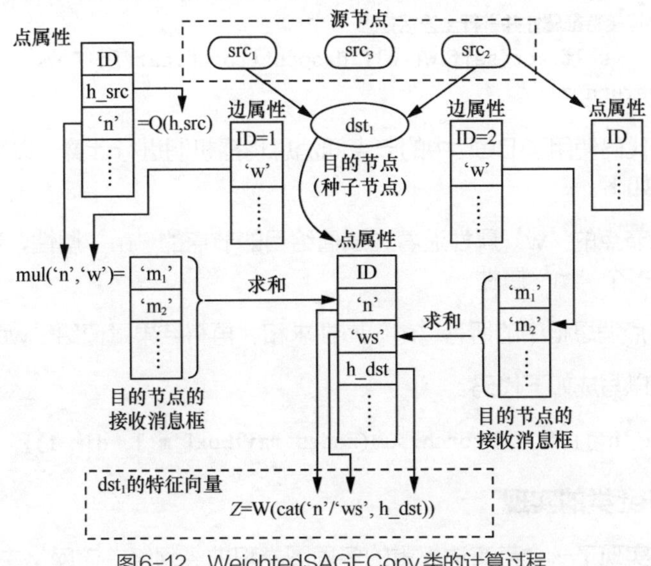

图6-12 WeightedSAGEConv类的计算过程

图6-12中的符号与代码中的变量名字一致。WeightedSAGEConv类的最终结果Z是由图卷积后的源节点属性与原始的目的节点属性（使用cat函数）连接后，经过全连接神经网络W处理而成的。具体代码如下。

代码文件：code_30_model.py（续）

```
72  class WeightedSAGEConv(nn.Module): #带有边权重的图卷积层
73      def __init__(self, input_dims, hidden_dims, output_dims, act=F.relu):
74          super().__init__()
75          self.act = act                  #定义激活函数
76          self.Q = nn.Linear(input_dims, hidden_dims)#定义全连接层
77          self.W = nn.Linear(input_dims + hidden_dims, output_dims)
78          self.reset_parameters()
79          self.dropout = nn.Dropout(0.5)
80      def reset_parameters(self):         #初始化权重
81          gain = nn.init.calculate_gain('relu')
82          nn.init.xavier_uniform_(self.Q.weight, gain=gain)
83          nn.init.xavier_uniform_(self.W.weight, gain=gain)
84          nn.init.constant_(self.Q.bias, 0)
85          nn.init.constant_(self.W.bias, 0)
86      def forward(self, g, h, weights):
87          h_src, h_dst = h
88          with g.local_scope():
89              #对源节点属性特征做全连接处理，并更新到'n'中
90              g.srcdata['n'] = self.act(self.Q(self.dropout(h_src)))
91              g.edata['w'] = weights.float() #提取边权重
92              #将源节点属性特征与边权重相乘，得到'm'，再对'm'求和，更新到'n'中
93              g.update_all(fn.u_mul_e('n', 'w', 'm'), fn.sum('m', 'n'))
94              #对边权重求和，并更新到'ws'中
95              g.update_all(fn.copy_e('w', 'm'), fn.sum('m', 'ws'))
96              n = g.dstdata['n']
97              ws = g.dstdata['ws'].unsqueeze(1).clamp(min=1)
98              #连接特征属性并进行全连接处理
99              z = self.act(self.W(self.dropout(torch.cat([n / ws, h_dst], 1))))
100             return z
```

第93、95行代码使用了DGL中的节点间消息传播机制进行计算。以第95行代码为例，该代码实现的步骤如下。

（1）将每个源节点的‘w’属性沿着边赋值给目的节点的‘m’属性，这样在目的节点的消息框中，就会有多个‘m’属性。

（2）对目的节点消息框中的所有‘m’属性求和，再将结果赋值给‘ws’属性。

该实现步骤可以写成如下代码。

```
{'m': edges.data['h']},{'h': torch.sum(nodes.mailbox['m'], dim=1)}
```

3. SAGENet类的实现

SAGENet类实现了一个带有边权重的多层图卷积神经网络，该网络主要用于处理6.6.7

小节所生成的块图数据。

因为本例中的块图数据是一个两层的嵌套结构，所以 SAGENet 类也需要有两个带有边权重的图卷积层。SAGENet 类对嵌套块图的处理过程如图 6-13 所示。

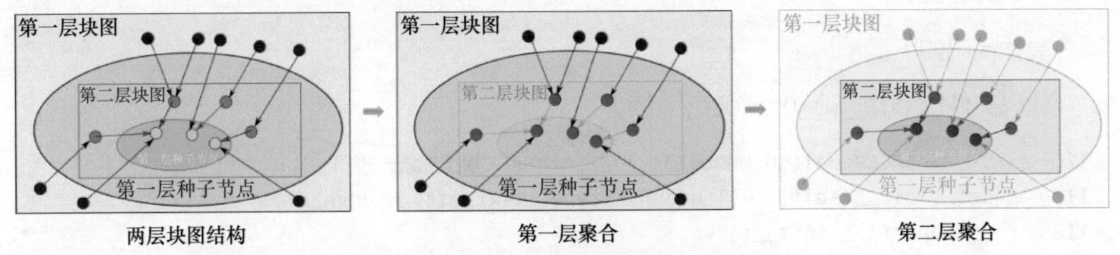

图6-13 SAGENet类对嵌套块图的处理过程

在 SAGENet 类的实现时，每个带有边权重的图卷积层主要是由 WeightedSAGEConv 类实现的。具体代码如下。

代码文件：code_30_model.py（续）

```
101  class SAGENet(nn.Module):          #带有边权重的多层图卷积神经网络
102      def __init__(self, hidden_dims, n_layers):
103          super().__init__()
104          self.convs = nn.ModuleList()        #定义模型列表
105          for _ in range(n_layers): #构建多层图卷积
106              self.convs.append(WeightedSAGEConv(
107                                      hidden_dims, hidden_dims, hidden_dims))
108      def forward(self, blocks, h):
109          #遍历嵌套块图，进行多层处理
110          for layer, block in zip(self.convs, blocks):
111              #提取目的节点属性
112              h_dst = h[:block.number_of_nodes('DST/' + block.ntypes[0])]
113              #调用单层图卷积
114              h = layer(block, (h, h_dst), block.edata['weights'])
115          return h
```

第 112 行代码利用块图中节点属性的存储特性（目的节点在前面存储），提取所有目的节点属性。

4. PinSAGEModel类的实现

PinSAGEModel 类对外提供了一个统一的接口，支持训练和测试两种场景下的调用。

- 在训练场景中：根据输入的正、负样本对和块图数据，计算出每个节点的属性特征和样本对之间的分值，并返回正、负样本对之间的最大边界损失。该接口返回的损失值可以直接用于训练。
- 在测试场景中：根据输入的块图数据，返回每个节点的属性特征。该接口的返回值可以直接用于计算推荐关系。

PinSAGEModel 类生成了以下两种结果。

- 节点属性特征：由 SAGENet 类返回的属性和节点本身的属性连接而成。在实现过程中，对特征结果进行了 L2 范数归一化处理。
- 样本对分值：由节点属性特征间的点积计算而成。在实现过程中，对点积结果加入了偏置权重。

具体代码如下。

代码文件：code_30_model.py（续）

```
116 class PinSAGEModel(nn.Module): #定义PinSAGE模型的统一接口
117     def__init__(self, full_graph, ntype, textsets, hidden_dims, n_layers):
118         super().__init__()
119 
120         self.proj = LinearProjector(full_graph, #实例化节点的属性处理类
121                                 ntype, textsets,  hidden_dims)
122         self.sage = SAGENet(hidden_dims, n_layers)#实例化嵌套块图的多层处理类
123         n_nodes = full_graph.number_of_nodes(ntype)#计算图节点个数
124         self.bias = nn.Parameter(torch.zeros(n_nodes))#初始化偏置权重
125 
126     def _add_bias(self, edges):#为分值加上偏置权重
127         bias_src = self.bias[edges.src[dgl.NID]]
128         bias_dst = self.bias[edges.dst[dgl.NID]]
129         return {'s': edges.data['s'] + bias_src + bias_dst}
130 
131     def scorer(self, item_item_graph, h): #计算样本对分值
132         with item_item_graph.local_scope():
133             item_item_graph.ndata['h'] = h
134             item_item_graph.apply_edges(fn.u_dot_v('h', 'h', 's'))
135             item_item_graph.apply_edges(self._add_bias)
136             pair_score = item_item_graph.edata['s']
137         return pair_score
138 
139     def forward(self, pos_graph, neg_graph, blocks):
140         h_item = self.get_repr(blocks) #获取节点特征
141         pos_score = self.scorer(pos_graph, h_item)#计算正样本对分值
142         neg_score = self.scorer(neg_graph, h_item) #计算负样本对分值
143         return (neg_score - pos_score + 1).clamp(min=0)#计算边界损失
144 
145     def get_repr(self, blocks):#计算节点特征
146         h_item = self.proj(blocks[0].srcdata)#计算外层种子节点的属性特征
147         #计算内层种子节点的属性特征
148         h_item_dst = self.proj(blocks[-1].dstdata)
149         #将内层种子节点的属性特征与多层图卷积输出的节点特征连接
150         z =  h_item_dst + self.sage(blocks, h_item)
151         z_norm = z.norm(2, 1, keepdim=True)       #计算特征的L2范数
152         z_norm = torch.where(z_norm == 0,         #处理范数中值为0的数据
```

```
153                                         torch.tensor(1.).to(z_norm), z_norm)
154         return z / z_norm                                    #计算L2范数归一化，并返回
```

第 151 ~ 154 行代码使用了 L2 范数归一化方法对节点的属性特征进行处理。L2 范数归一化方法是将特征向量中的每个值除以自身的 L2 范数。

提示　在L2范数归一化处理后的向量上做相似度评估会非常方便。因为一组向量一旦都被L2范数归一化处理后，它们的欧氏距离和余弦相似度是等价的。

6.6.10　代码实现：实例化PinSAGE模型类并进行训练

对 PinSAGE 模型类进行实例化，并定义优化器，训练 PinSAGE 模型。具体代码如下。

代码文件：code_29_train.py（续）

```
49 model = PinSAGEModel(g, 'movie', textset,  #实例化PinSAGE模型类
50                            hidden_dims, num_layers).to(device)
51 #定义优化器
52 opt = torch.optim.Adam(model.parameters(), lr=0.001,  weight_decay=5e-4)
53
54 num_epochs = 2                   #定义训练次数
55 batches_per_epoch = 5000  #定义每次训练的批次数
56
57 for epoch_id in range(num_epochs):#按照指定次数迭代训练
58     model.train()
59     for batch_id in tqdm.trange(batches_per_epoch): #按照指定批次数读取数据
60         pos_graph, neg_graph, blocks = next(dataloader_it)
61         for i in range(len(blocks)):                    #将块图对象复制到计算硬件上
62             blocks[i] = blocks[i].to(device)
63         pos_graph = pos_graph.to(device)               #将正向样本对复制到计算硬件上
64         neg_graph = neg_graph.to(device)
65         #调用模型计算损失值
66         loss = model(pos_graph, neg_graph, blocks).mean()
67         opt.zero_grad()
68         loss.backward()
69         opt.step()
70     print(epoch_id, loss) #输出：训练结果
```

在训练时，使用了带有退化学习率的优化器，初始学习率为 0.001，退化率为 5e-4。

6.6.11　代码实现：用PinSAGE模型为用户推荐电影

待训练完成之后，便可以用 PinSAGE 模型为用户推荐电影。具体步骤如下。

（1）利用 PinSAGE 模型对所有的电影进行特征计算。

（2）从数据集中获取某个用户最后一次观看的电影，作为源电影。

（3）利用电影间的特征距离，计算数据集中每部电影与源电影之间的相似度。

（4）从第（3）步的结果中找到与源电影相似度最高的电影，推荐给用户。

具体代码如下：

代码文件：code_29_train.py（续）

```
71 model.eval()
72 with torch.no_grad():
73     h_item_batches = []                                  #定义列表，用于存储所有的电影特征
74     for blocks in dataloader_test:                       #遍历数据集
75         for i in range(len(blocks)):
76             blocks[i] = blocks[i].to(device)
77         h_item_batches.append(model.get_repr(blocks)) #调用模型计算电影特征
78      h_item = torch.cat(h_item_batches, 0) #存储电影特征
79
80 graph_slice = g.edge_type_subgraph(['watched']) #获取用户观看电影的子图
81 #查找每个用户最后一次观看的电影
82 latest_interactions = dgl.sampling.select_topk(graph_slice, 1,
83                         'timestamp', edge_dir='out')
84 #利用边的源节点目的节点获取用户最后一次观看的电影ID
85 user, latest_items = latest_interactions.all_edges(form='uv',
86                                                     order='srcdst')
87 user_batch = user[:batch_size] #取一批次用户，用于测试
88 #得到测试用户最后一次观看的电影ID
89 latest_item_batch = latest_items[user_batch].to(device=h_item.device)
90 dist = h_item[latest_item_batch] @ h_item.t()#计算电影间的相似度
91 #删除已经看过的电影
92 for i, u in enumerate(user_batch.tolist()):#遍历用户
93     #获取用户看过的所有电影
94     interacted_items = g.successors(u, etype='watched')
95     dist[i, interacted_items] = -np.inf #将用户看过的电影的相似度设为负无穷大
96
97 #从相似度分值由高到低的排名中，取出前5个
98 scores, re_index = dist.cpu().topk(5, 1)
99
100  for i in range(batch_size):                           #为每个用户推荐电影，并输出结果
101      uid = user_batch[i].numpy()
102      movieid = latest_item_batch[i].cpu().numpy()
103      moviestr = item_texts['title']
104      print("用户：", uid," 最后一次观看的电影：", movieid, moviestr[ movieid ])
105      print("推荐的电影标题：", moviestr[re_index[i].numpy()])
106      print("推荐的电影分数：", scores[i].numpy())
107      print("推荐的电影 id:", re_index[i].numpy())
```

第82 ~ 83行代码调用了sampling.select_topk函数来查找用户最后一次观看的电影。该函数会在图对象graph_slice里，从目的节点相同的边中，查找'timestamp'属性值最大的边，并返回一个新的子图latest_interactions。

子图对象latest_interactions中边的目的节点里有每个用户最后一次观看的电影ID。

第 90 行代码用矩阵相乘的方式计算电影间的相似度。

第 92 ~ 95 行代码从相似度中删除用户已经看过的电影，防止推荐重复。

代码运行后，输出结果如下。

```
用户：0  最后一次观看的电影：1727 Mulan
推荐的电影标题：['Little Nemo: Adventures in Slumberland'
 'NeverEnding Story II: The Next Chapter, The' 'Pagemaster, The' 'Lassie'
 'Condorman']
推荐的电影分数：[0.9438451  0.926263   0.9145448  0.91048294 0.9103199 ]
推荐的电影 id: [2595 1981  544  470 1860]
用户：1  最后一次观看的电影：1420 Lost World: Jurassic Park, The
......
推荐的电影 id: [ 506 3039 1049 2347 3029]
用户：31  最后一次观看的电影：2502 Arlington Road
推荐的电影标题：['Thomas Crown Affair, The' "One Man's Hero" 'Corruptor, The'
 'Patriot, The' 'Reindeer Games']
推荐的电影分数：[0.9372587  0.9267061  0.92554176 0.92404205 0.9232739 ]
推荐的电影 id: [2558 2045 2345 3510 3090]
```

6.6.12 扩展：在 PinSAGE 模型中融合更多的特征数据

本例中所完成的推荐系统，其原理是利用电影间属性特征的相似度，为用户做关联查找。其中，最核心的部分在于对电影属性特征的计算。这部分工作是通过 PinSAGE 模型实现的。即利用用户与电影间的观看关系做图节点间的关系数据，并将电影的标题、类型、发行年代一起作为电影节点的属性数据，对电影的属性特征进行计算。

在实际应用中，为了得到更好的属性特征，还可以向 PinSAGE 模型中加入更多有关电影的属性信息，如导演、主演、片长、宣传海报、情节描述等。

PinSAGE 模型更像是一个通用的框架，它可以将深度学习的属性特征作为推荐商品的节点属性，利用推荐商品和被推荐用户之间的图结构关系做特征融合，从而得到推荐商品更为精确的特征表示。

另外，在本例的邻居节点采样过程中，仅使用了用户与电影间的观看关系作为边，并按照随机行走的访问次数对邻居节点进行采样。在这一过程中，如果将用户自身的属性信息与用户对电影的评分当作用户与电影间边的权重，则可以在对邻居节点进行采样的过程中，令随机行走的路径按照权重进行。这样会得到更好的采样效果。

6.7 总结

图神经网络的出现，为多特征融合提供便利。它使模型处理样本的同时，还能借助样本之间的关系；处理序列语言的同时，还能借助语法规则间的信息；处理图片的同时，还能借助与其相关的描述信息……借助图神经网络的多领域特征融合模型，会有更好的拟合效果，也会有更大的发展空间。

从本书的部分实例来看，越来越多的模型都会同时使用欧氏空间数据和非欧氏空间数据进行综合计算。

这种综合数据的处理模型可以用于图像处理领域、NLP 领域、数值分析领域、推荐系统领域以及社群分析领域。它需要使用深度学习和图神经网络两方面的知识才能完成，同时，也反映了下一代人工智能的技术趋势。在未来的人工智能应用中，会有更多的问题需要使用多领域特征融合的方式进行解决。